쉽게 배우는

디지털 신호처리

황재호 지음

敎友社

머리말

디지털 신호처리

흔히 디지털 신호처리 과목을 접하는 학생들이 공부의 필요성은 인식하면서도 막상 공부하려면 본 과목 안에 있는 수많은 수식과 개념 및 원리에 당황하여 무척 어려워하는 것을 보아왔다. 현대의 모든 신호체계가 디지털로 되어 있으며 휴대폰이나 멀티미디어, 인터넷 등의 대부분 신호가 디지털 신호처리를 그 근간으로 하고 있다. 사용하기는 편리한데, 막상 이를 기술적으로 접근하기가 용이하지 않음은 사실이다. 여기에는 디지털과 신호전달 변형에 대한 이해의 부족에 그 원인이 있다고 하겠다. 대학에서 십수년간 신호처리를 강의해온 저자는 수학적 배경과 공학이나 신호에 대한 이해가 부족한 학생들을 위해 보다 손쉽게 공부할 수 있는 교재를 고심하던 중 본 저서를 집필하게 되었다.

디지털 신호처리는 매우 쉬운 과목이다. 어렵다고 생각하는 것은 수학적 표현에 덜 익숙해 있고 신호처리의 원리를 너무 어렵게 생각하기 때문이다. 사람에게 익숙하고 늘 사용하는 신호를 단지 디지털화하여 처리하였다고 어려워질 이유는 없다. 수학 자체도 고난도의 수학이 필요한 것은 아니다. 물론 깊이 들어가면 여러 가지 수학이 사용되기는 하지만 초급 단계에서는 덧셈이나 곱셈 그리고 몇 가지 기초 수학 정도이면 무난히 극복할 수 있다. 신호처리의 이해도 크게 나누어 두 가지이다. 하나는 디지털 신호의 표현과 이해이고 다른 하나는 신호 처리하는 디지털 필터에 대한 것이다.

이러한 점을 고려하여 수학적 이해와 함께 원리를 쉽게 설명하였으니, 자세히 내용을 따라가다 보면 그리 어렵지 않게 과목을 공부할 수 있으리라 본다. 디지털 신호처리는 응용 분야가 흥미로운 만큼, 이를 이해하고 적용하는데 그만한 학문적 노력을 기울여야 하는 분야이다.

대부분의 신호처리가 수학적 알고리즘들로 수행되기 때문에 수학의 도움을 통해 보다 신속히 소기의 목적을 달성할 수 있다는 점을 인정해야 한다. 개념과 원리를 알고, 수학적 툴을 통해 원리를 이해하고 알고리즘으로 구현한다면 어렵지 않게 정복할 수 있다. 마지막으로 부족한 책의 출판을 흔쾌히 허락하신 교우사 오판근 사장님과 무더위도 아랑곳하지 않고 수많은 그림과 수식 교정에 노고를 아끼지 않으신 편집부 여러분께 깊은 감사를 드린다.

2007. 8

저자 **황재호** 씀

디지털 신호처리

차례

제 5 장 〉〉 Z-변환 / 145

제 6 장 〉〉 DFT / 199

제 7 장 〉〉 디지털 필터 해석과 설계 / 249

제 1 장 디지털 신호는 우리에게 친숙하다.

들어가는 말

본 단원에서는 본격적인 디지털신호처리 이론에 들어가기 전의 준비 및 소개 단계로서 신호처리 학문 전반의 일반적인 개요와 접근 및 해석 방법을 제시한다. 신호는 대개 시간영역과 주파수 영역에서 수학적으로 표현된다. 수학적 표현이란 대개 2차내지는 3차 함수를 의미하며, 함수적 표현은 곧바로 다른 수학적 해석에 의한 신호변환과정의 정량적 분석을 가능케 한다. 신호의 흐름과 변환은 수학을 기본 수단으로 표현되고 해석된다. 여기에는 우리에게 친숙하고 자연적인 연속 신호를 비롯하여, 컴퓨터의 등장으로 새로운 신호체계로 등장한 이산 신호도 포함된다. 이러한 신호체계에 의해 다양한 현대 전자 문명이 탄생하였고 공학을 비롯한 여러 분야에 응용되고 있다. 이 단원을 공부하게 되면 신호처리의 전반적인 개요와 산업 분야에 어떻게 활용되는가를 이해하게 될 것이다.

내 용

디지털 세계와 현대 문명

모든 디지털 신호는 수학으로 표현할 수 있다.

1.1 디지털 세계와 현대 문명

인간을 비롯하여 자연계에 존재하고 생존하는 모든 생명체는 태어나면서부터 신호의 세계 속에 살고 있다 하여도 지나친 말은 아니다. 그만큼 생명체는 신호 속에 살며 또한 신호에 의존하여 생명을 유지하고 삶을 영위한다. 자연계에는 수많은 신호들이 있고, 이 신호들은 생명체들에게 자연 속에서 살아가는 방법을 가르친다. 물소리, 바람소리, 새소리, 짐승들의 울부짖는 소리를 비롯하여 심지어 미물의 풀벌레 소리에 이르기까지 신호의 세계 속에 살아간다. 이러한 생명의 찬미 속에 무가치하거나 무시할 수 있는 것은 하나도 없다. 귀로 감지할 수 있는 소리뿐만 아니라 눈에 보이는 여러 신호들도 마찬가지이다. 태양과 달빛이 제공하는 물성계의 여러 현란하고 다종다양한 형태와 색상들은 소리 신호와 함께 생태계의 조화와 생물의 생존에 없어서는 안될 필요 불가결한 신호들이다. 눈을 뜨지 못한 어린 새끼들이 어미의 소리를 감지하지 못한다면 살아남을 수 없고, 제 짝의 소리를 알지 못한다면 새들이 둥지를 찾거나 짝짓기를 할 수도 없다. 또한 빛이 주는 혜택에 의해 물체를 파악하고 형체를 분간할 수 없다면 한 발자국도 걸어갈 수 없고 먹이를 찾을 수도 없을 것이다.

이러한 신호의 활용은 현대 물질문명을 탄생시킨 인간에게 있어서는 더욱 중요하다. 과학이 발달하면서 인류는 자연계의 감각적 신호에 의존하던 종전의 방식에서 벗어나 적극적으로 신호의 세계를 연구하기 시작하였다. 그들에게 다가오는 신호를 분석하여 필요한 정보를 얻어내었을 뿐만 아니라, 다양한 장치와 기구들을 고안하여 신호를 변형 내지는 새로운 신호를 창출하기도 하였다. 그리고 단순히 보고 듣는 신호의 세계뿐만 아니라 눈에 보이거나 들리지도 않고 냄새를 맡을 수 없는 신호의 세계가 있음도 발견하였다. 전기나 전파의 영역이 바로 그것이다. 기계적 신호에서 진보한 전기자기적 현상의 신호화는 이에 새로운 지평을 열었고, 신호의 효율적 활용과 서로의 교환, 전송 및 새로운 신호의 형성을 가능케 하였다. 이로써 무전기나 유선 전화기가 출현하였고 오디오나 비디오 시스템이 발명되었다. 인류는 보다 간편한 방식으로 자신이 원하는 신호의 세계에 접근하게 되었고 신호를 적절히 사용함으로 더욱 편리한 문명의 혜택을 누렸다. 자연 그대로의 신호에 변형을 가하고, 이를 전기적 현상에 의해 또 다른 신호 형태를 고안하는 기기와 장치들이 무수히 쏟아져 나왔다.

신호체계에 대한 인간의 관심과 연구는 신호의 수학적 해석과 전자 산업의 급속한 발달에 따라 더욱 가속화하였다. 신호와 수학의 접목은 신호처리의 알고리즘 화를 가능케 하였고 정량적 분석을 실현하였다. 대부분의 신호들이 시간축 상에서 발생하기 때문에 시간(t)

을 독립변수로 하고 신호의 세기를 종속변수로 하는 함수적 접근이 가능하다. 신호를 시간 함수로 규정할 수 있음은 수학적 방식에 의해 새로운 신호에로의 전환과 신호 분석을 할 수 있음을 의미한다. 이 과정에서 여러 수학적 천재들이 제시했던 공식과 알고리즘들이 유감없이 사용되었다. 오늘날 신호처리에서 무수히 활용되는 - 아니 신호처리 자체가 그러한 수학적 기반 위에 세워졌다 하여도 결코 지나친 말은 아니지만 - 라플라스 변환이나 푸리에 변환을 고안해 낸 라플라스나 푸리에 자신도, 그들이 만들어낸 수학적 변환식이 20C의 거대한 전자통신 산업의 모체가 되리라고는 상상도 못했을 것이다. 신호가 수학적으로 표현 가능하였기 때문에 보다 진보된 신호처리 장치들이 나올 수 있었다. 따라서 독자는 신호의 세계에 많은 수학들이 동원됨을 의아하게 생각할 것이 아니라 오히려 다행스럽게 여겨야 할 것이다. 신호가 수학적 도움을 받지 않았다면, 어떻게 지구에서 우주로 쏘아 올린 우주선이 정확히 달에 착륙했겠으며, 또한 무사히 지구로 귀환할 수 있었겠는가? 그리고 화성에 착륙시킨 우주선이 어떻게 화성 표면의 사진과 화성 지질 및 기상 정보를 지구에 보낼 수 있었겠는가? 여기에는 물론 수학 말고도 여러 고도의 과학이 사용된 것은 부인할 수 없으나 수학적 분석과 해석 및 알고리즘이 없었다면 불가능한 일이었다.

인간이 접하는 자연계의 신호들은 감각기관을 통해 감지된다. 청각, 시각, 맛, 냄새 그리고 촉각 등이 그것이다. 인간뿐만 아니라 자연계에 존재하는 대부분의 생명체는, 그 기능에 있어서 다소 우열의 차이는 있을지 몰라도 대개 이러한 감삭을 동해 외부 세계의 정보를 수집하고 이성과 감성의 판단에 의해 반응한다. 그런데 이 과정에서 특이한 사실은, 하나의 자극에서 두 종류의 정보를 받아들인다는 것이다. 인간은 귀를 통해 소리를 들어 소리의 내용을 알아차리는 동시에 그 소리의 실체를 파악한다. 눈을 통해 물체를 볼 때도 마찬가지이다. 물체의 내용을 식별하는 동시에 물체의 색깔을 알아낸다. 예를 들어 오케스트라가 음악을 연주하는 경우, 그 소리를 들으면서 음악의 주제와 멜로디에 무한한 감응을 느끼는 동시에 오케스트라가 연주하는 악기들의 소리를 분간해 낸다. 텔레비전을 통해 연속극을 볼 때에도 연속극의 줄거리와 내용 전개에 울고 웃고 하는 감성적 반응을 하는 동시에 연기자들이 입고 있는 옷의 색상이나 건물의 색깔을 비롯한 색으로 처리된 주변 분위기에도 민감한 반응을 보인다. 이와 같은 현상은 거의 동시에 일어나고, 아무도 이를 별도로 감지하지 않는 자연스러운 일이다. 이는 인간의 감각기관이 내용과 특징을 함께 감지하는 우수한 기능을 지니고 있음을 가리킨다. 이를 수학적으로 정확히 표현하면 내용은 시간함수이고 색깔과 특징은 주파수 함수에 해당된다. 두 영역은 완전히 다르며 별개이다. 신호의 정의역 자체가 하나는 시간이라는 연속성을 갖고 있지만, 다른 하나는 시간과 무관한 영역인 주파수라는 영역에서 논의되기 때문이다. 이 둘 사이의 연결은 오직 변환(Transfer)라는 통로를 통해서만이 가능하다. 인간이 감지하는 신호의 세계가 이와 같이 서로 다른 별개의 두 영역에서 독립적으로 접근할 수 있다는 사실은 감각의 세계가 시간에만 예속되어 있지 않고, 시간을 벗어난 또 다른 세계에서도 얼마든지 분석 가능하다는 점을 보여준다. 따라서 신호는 반드시 시간영역과 주파수 영역에서 동시에 취급되어야 한다. 이에 대한 분석도 물론 수학적으로 가능해야만 한다. 신호처리를 공부하는 학도들은 이 두 축을 항상 염두에 두어야 한다. 이 두 기본 골격 위에 신호처리라는 학문이 세워지기 때문에 논의되고 설명되어질 기본축 설정에 신경을 쓸 필요가 있다. 한 영역에서는 시간에 의해 움직여지고, 다른 영역에서는 시간이 배제된 상태에서 설명되어진다는 것은 감각의 세계가 시간에 종속되어 있지 않고 시간을 초극한 다른 세계 또한 주어질 수 있다는 철학적 사유를 넘어서, 인간의 삶 속에 시사하는 바가 적지 않다.

그러면 신호 자체는 어떤 형태로 감지되는가를 살펴보자. 물성계에 존재하는 거의 대부분의 신호는 시간축 상에서 연속적으로 발생되고 파급된다. 순간 발생하였다가 사라지는 신호는 그리 흔치않다. 음성신호나 영상신호 대부분이 또한 그러하다. 감지되는 대부분의 신호가 그렇기 때문에 인간은 연속적으로 진행되는 신호에 익숙해 있고 또한 그러한 신호를 무의식적으로 요구한다. 전자・통신 분야가 발달하기 시작했던 20C 중반까지만 하더라도 인간의 취향에 맞는 신호체계는 연속 신호였다. 연속 신호에 적응되어 있는 인간에게 컴퓨터의 출현은 신호 세계의 새로운 전환점이 되었다. 0과 1이라는 2진수로 동작되는 컴퓨터와 연속 신호를 과연 어떻게 조화시킬 수 있는가가 주된 관건으로 공학계에 떠올랐다. 성능과 효과 면에서 엄청난 장점을 갖고 있는 컴퓨터로 신호를 처리하려면 연속 신호와 2진수 신호와를 연결시킬 수 있는 기술이 필요하였다. 신호처리의 모든 연산 과정은 2진수로 행하여지지만 인간이 접하는 입・출력신호는 연속 신호여야 했다. 여기서 등장한 것이 샘플링 과정이라든지 A/D 변환 또는 D/A 변환 기술 등이다. 이러한 기술이 발달하면서 신호처리는 종래의 연속 신호처리의 범주를 넘어서 Sampling된 신호인 이산 신호처리에 연구가 집중되었다. 그에 따른 수학적 해법들이 제시되었고 시스템적 분석이 고안되었다. 연속 신호만이 신호의 전부인 것으로 알고 있었던 고정 관념이 깨지고 20C 후반에 들어서면서 이산 신호처리는 새로운 학문 분야로 자리 잡았다. 컴퓨터의 발달과 급속한 보급은 이를 더욱 가속화하였고, 종래의 연속 신호처리를 훨씬 뛰어넘는 거대한 학문・기술체계가 등장하였다.

이러한 발달에 힘입어 종래의 연속 신호를 취급하던 기기와 장치들은 점차 산업현장에서 밀려나고 컴퓨터에 의해 동작되는 새로운 발명품들이 보다 저렴한 가격으로 전 산업계와 공학계를 석권하였다. 이는 새로운 세기의 놀라운 공학 혁명이기도 했다. 음악・영상 매체는 물론이고 군사 분야의 각종 미사일, 항공기, 군함을 비롯하여 의학 분야의 각종 진단 장비뿐만 아니라 통신, 우주항공, 심지어 일상용 복사기, 팩시밀리 및 장난감에 이르기까지 그 활용 분야는 엄청난 속도로 넓어졌다. 현대 물질문명 아래 21C 인류문명은 아마 이러한 신호처리의 세계가 될 것이다. 인간이 듣고 보고 감지하는 모든 신호의 세계가 컴퓨터에 의해 분석, 조합될 것이고 다양한 정보의 교환과 자료 소통이 이루어지면서 보다 편리한 세상을 살아갈 것이다. 다른 과학 분야의 발달과 함께 전자통신 분야에서의 신호처리 기술의 발달은 컴퓨터 기술의 발전에 힘입어 새로운 정보화, 기술고도화 세계를 열어갈 것이다.

1.2 모든 디지털 신호는 수학으로 표현할 수 있다.

앞의 개요에서 언급하였듯이 신호는 수학적으로 표현되었을 때 비로소 해석 가능하다. 신호를 처리하는 시스템 역시 수학적으로 나타내어야 한다. 여기에는 기본적으로 여러 수학적 기법들이 사용된다. 신호처리의 수학적 해석은 신호 자체의 수학적 표현, 신호에 내재된 성분들의 분석을 위한 수학, 그리고 그 신호를 변형함에 필요한 수학적 기법들로 나누어진다. 오늘날의 모든 신호는 컴퓨터에 의해 처리된다. 아마도 학생들은 눈을 떠서 잠자리에 들기까지 컴퓨터와 아예 붙어산다고 해도 지나치지 않을게다. 핸드폰을 몸의 분신처럼 가지고 다닌다. 화장실 갈 때도 가지고 갈 것이다. 잘 때도 머리맡에 놓고 자고, 핸드폰은 일종의 소형 컴퓨터이다. 단지 용도에 맡게 세팅해 놓고 기능 버턴을 사용할 뿐이다. 손바닥에 한 손으로 쥘 정도로 작은데서 어떻게 그렇게 많은 기능을 수행하는지 신기하기만 하다. 집에 있는 컴퓨터나 들고 다니는 노트북은 또 어떤가? MP3, CD 플레이어, 디지털 앰프, LCD 화면에 기가 막힐 정도로 선명하게 나오는 영상들 그리고 입체 음향, 등등… 이 모든 것이 컴퓨터가 부리는 장난의 세계이다. 컴퓨터에 수많은 신호들이 들락거리면서 듣고, 보고, 말하고, 노래하고, 움직이고, 소리 지르고, 밥하고, 빨래하고, 청소하고, 자동차에 길을 알려주고, 인터넷에서 정보를 얻고, 친구에게 메일 보내고, 채팅하고, … 하는 일을 모두 말하라면 며칠은 걸릴게다. 컴퓨터가 신호를 받아먹고 어찌어찌 처리한 후 모니터나 스피커 또는 어떤 동작으로 신호를 내보냄으로 이루어지는 현상들이다.

문제는 이러한 신호들이 과연 어떠한 모습을 지니고 있느냐 하는 것이다. 놀랍게도 컴퓨터는 1과 0 밖에 모른다. 사람들이 사는 세계는 10진수, 12진수, 60진수 등의 여러 수의 진수를 사용한다. 100, 200, 1000 하는 것은 10진수이다. "올 한해도 벌써 12월이 되었구나. 12개월이 지났으니 한 해가 가는구나." 할 때는 12진수이다. "1분은 60초이고 1시간은 60분"하는 것은 60진법이다. 사람의 나이 60을 환갑이라 하는 것도 60진법이 인류 문명사에 뿌리 깊게 내려져 있는 진수의 개념이다. 그런데 컴퓨터는 2진수이다. 모든 수를 1과 0으로 표현해야하며, 계산과 판단도 1과 0으로만 해야 한다. 사람은 컴퓨터를 쉽게 사용하지만 컴퓨터는 이 모든 것들을 오로지 1과 0으로만 해야 하니 컴퓨터 입장에서는 얼마나 힘들고 고달프겠는가? 사람들 보고 1과 0으로만 모든 일을 하라고 하면, 1분도 안돼서 머리에 쥐가 날 것이다. 이와 같은 컴퓨터에 일을 시키려면 컴퓨터가 알아들을 수 있는 수로 바꾸어야 한다. 이는 마치 먹이를 먹을 때 털도 안 뽑고 흙도 안 털고 요리는 고사하고 발톱까지 씹지도 않고 그대로 삼키는 동물을 연상해 보면 알 수 있다. 사람이 음식을 먹으려면 여러 요리 과정을 거친다. 닭고기 요리를 하려면 먼저 닭을 사서 털을 뽑고 물로 깨끗이 씻은 후에 불필요한 부분은 모두 버리고 필요한 부분만 남겨서 여러 양념을 섞은 후 냄비에 넣어 끓인다. 음식이 다 된 이후에도 뼈나 껍질은 발라내고 안에 있는 부드러운 속살만 입으로 들어간다. 모든 생명체 가운데 인간이 무척이나 까다로운 존재임은 분명하다. 먹는 것 하나도 그냥 먹는 것이 아니라, 자신에게 맞게 만들어 먹는다. 컴퓨터도 그러하다. 물성계에 아무렇게나 존재하는 신호를 처리하려면 컴퓨터가 받아들일 수 있는 형태로 요리를 해야 한다. 물성계의 신호들 대부분이 아날로그 형태이기 때문에 일단은 이를 전기적 신호로 변환하고 다시 컴퓨터가 요구하는 신호 형태로 바꿔야 한다.

컴퓨터에서 사용하는 신호를 디지털 신호라고 한다. 논리적으로 0과 1로 표현한다. 디지털 신호를 얻으려면 여러 공정을 거쳐야 한다. 이해를 돕기 위해 [그림 1-1]을 통해 설명한다.

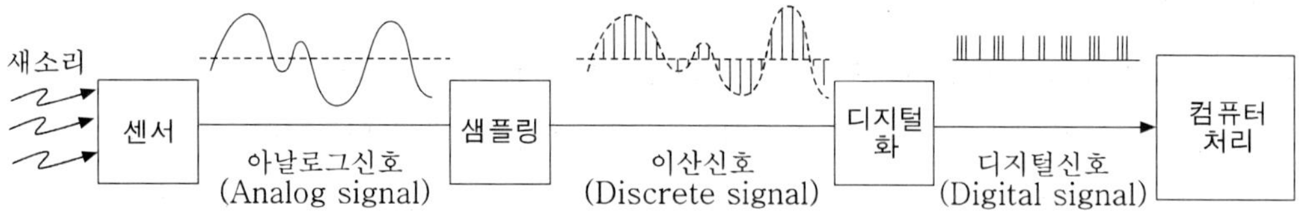

[그림 1-1] 신호의 디지털화

[그림 1-1]을 자세히 보면 왼쪽은 물성계 신호이고 오른쪽은 컴퓨터이다. 새소리, 물소리, 바람소리, 사람들이 떠드는 소리 그리고 수많은 영상과 그림들이 센서를 통해 전기적 신호인 전류나 전압으로 바뀐다. 소리 신호를 변환하는 대표적 센서가 마이크로음이고 영상신호는 반도체 센서를 사용하여 만들어진다. 일단 전기적 신호로 변환된 것은 연속적으로 발

생하는 아날로그 신호이다. 이 신호를 그대로 컴퓨터에 사용할 수 없기 때문에 아날로그 신호를 세로축으로 잘게 썰은 이산신호를 만들어낸다. 이 과정을 샘플링(sampling)이라 하고 샘플링 과정의 결과로 얻은 신호를 이산신호라고 한다. 여기서 이산(離散)이란 흩어져 있다는 뜻으로 "이산가족" 할 때의 바로 그 이산이다. 신호들이 일정 간격으로 흩어져 있기에 붙여진 이름이다. 크고 작은 신호들이 일정한 간격을 두고 나열해 있기 때문에 때로는 "수열" 이나 "시퀀스(sequence)"라고 불리기도 하다. 어쨌든 이산신호는 크고 작은 값들이 간격을 두고 자기 자리에 위치해 있으므로 일종의 데이터라 할 수 있다. 그러나 이산신호는 컴퓨터가 바로 사용할 수 없는 신호라는 점을 명심하기 바란다. 음식으로 비유하면 감자를 찾아놓고 양파를 썰어 놓은 단계이다. 컴퓨터가 받아 먹기 위해서는 디지털화라는 단계를 하나 더 거쳐야 한다. 디지털화는 양자화라고도 부르는데 이산신호의 각각의 데이터를 8비트나 16비트, 32비트 또는 64비트로 변환하는 작업이다. 이 과정을 거쳐야 비로소 디지털 신호인 0과 1로 나타내어지고 컴퓨터에서 처리되는 것이다.

그러면 우리가 공부할 디지털 신호처리는 무엇인가? [그림 1-1]의 단계에서 어디를 말하는 것인가? 우리가 흔히 부르는 디지털신호처리(약칭 DSP. Digital Signal Processing)는 이산신호를 가리킨다. 엄밀히 말해서 디지털 신호처리는 이산신호처리이다. 샘플링 전단계인 아날로그 신호처리나 디지털화가 끝나서 0과 1로 변환된 신호가 대상이 아니다. 아날로그 신호, 이산신호 그리고 디지털 신호는 신호 체계가 완전히 다르나. 수학적 집근에도 큰 차이가 있다. 아날로그 신호는 시간 영역에서 연속으로 발생하여 우리에게 가장 친숙한 신호이긴 하지만 이를 수학적으로 나타내는 것은 거의 불가능하다. 수학적으로 표현 가능한 아날로그 신호는 0.1(%)도 안 된다. 수학적으로 쓸 수 없기 때문에 컴퓨터에서의 연산은 더욱더 불가능하다. 0과 1로만 나타내는 디지털 신호도 컴퓨터에서는 쓸 수 있을지 몰라도 수많은 알고리즘과 신호처리 기법을 창출하기는 불가능하다. 소위 신호처리 학문 분야는 이산신호 형태에서만 가능하다. 아날로그 신호와 디지털 신호의 중간 단계인 이산신호야 말로 공학도들이 취급하고 연구해야 할 대상이다.

그런데 재미있는 것은 수학적으로 표현 불가능한 그 수많은 아날로그 신호가 샘플링을 거쳐 이산신호가 되면 100(%) 수학적으로 나타낼 수 있다는 점이다. 마법과도 같이 모든 신호는 사람들이 손쉽게 다룰 수 있는 수학의 범주 안에 그 도도했던 그리고 까다로웠던 고개를 떨구고 고분고분해 진다. 일찍이 수학자들이 만들어 내었던 임펄스 함수가 이를 가능케 한다. 임펄스 함수에 대해서는 다음 장에서 자세히 다루기로 하고, 일단은 "모든 이산신호는 임펄스 함수로 표현된다."는 사실을 기억하기 바란다. 수학적인 몇 가지 쉬운 기법을 사용함으로 이산신호는 수학적으로 표현되고, 그렇게 얻은 수학적 표현에 근거하여 수많은 신호처리 기법들과 알고리즘들이 개발된다.

저자가 이와 같이 말하는 것은 디지털 신호처리를 쉽게 접근하게 하고자 함이다. 임펄스 함수에 관한 간단한 수학적 이해만 있으면 어렵지 않게 이 학문을 마스터 할 수 있다.

제 2 장 임펄스 함수, 디지털 신호처리의 시작이다.

들어가는 말

디지털 신호처리는 임펄스 함수를 이해함으로써 비롯된다. 임펄스 함수들을 밀고 댕기고 서로 합쳐서 이산신호를 수학적으로 표현한다. 본 단원에서는 무척이나 쉬운 임펄스 함수를 제시하고 이들의 이동과 크기, 서로 결합을 통해 이산신호가 만들어지고 수학적 함수 형태를 갖추게 되는 과정을 설명한다. 고도의 수학적 이해가 없이도 기초적인 수학상식만 있으면 어렵지 않게 본 단원을 정복할 수 있다.

내 용

2.1 임펄스 함수와 이산신호

개념 이해

임펄스 함수에 대한 고도의 수학적 설명은 뒤로 미루기로 하고 일단은 이산신호의 기본 단위인 임펄스 신호를 임펄스 함수로 표현하는 것을 공부한다. 이산신호 가운데 가장 중요하면서도 기본이 되는 신호는 임펄스 신호 $\delta(n)$이다. 거의 모든 이산신호는 임펄스 신호로 표기할 수 있으며, 이 신호에 크기와 위치를 바꾸어 표기하고 이 신호의 합으로 구성되어 있다. 그 밖에 단위 계단 신호 $u(n)$, 지수 신호 $e(n)$, 정현파 신호 등에 대하여 살펴본다.

임펄스 신호(Impulse Signal), $\delta(n)$

정의: 시퀀스축 $n=0$에서 크기가 1인 신호를 임펄스 신호라 한다. $\delta(n)$으로 쓰고 "델타 엔"으로 읽는다. $n=0$에서 이산신호의 $\delta(n)=\delta(0)=1$이고 $n\neq 0$에서는 $\delta(n)=0$이다. 임펄스 신호는 [그림 2-1]과 같고 수식으로 표현하면 다음 식 (2.1)이다.

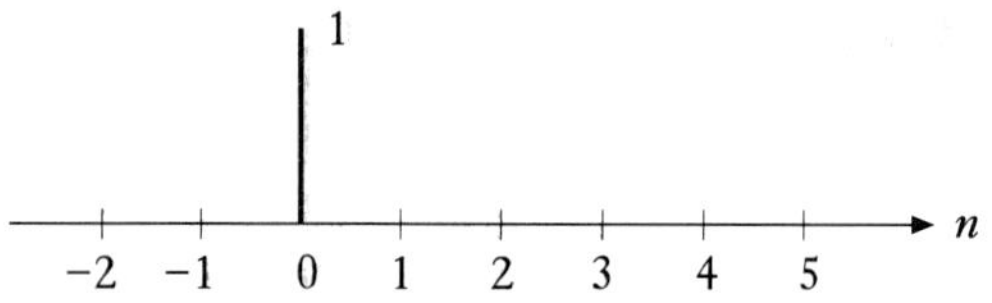

[그림 2-1] $\delta(n)$

$$\delta(n) = \begin{cases} 1\ , & n=0 \\ 0\ , & n\neq 0 \end{cases} \tag{2.1}$$

설명: $\delta(n)$은 $n=0$일 때만 값이 1이고 n이 0이 아니면 값이 모두 0이다. 즉 $\delta(1)=0$, $\delta(-2)=0$, $\delta(-300)=0$, $\delta(1313)=0$이다. 오직 $\delta(0)=1$만이 성립한다. $n=0$이 아닌 모든 곳에서 함수 값은 0이다. 이 임펄스 신호의 수학적 형태는 간결하면서 매우 함축적인 의미를 담고 있다. 수학적으로 $n=0$은 현실적으로는 현재를 가리킨다. 이산신호는 데이터 형태를 갖고 있기 때문에 이전의 데이터나 이후의 데이터 모두 0이다. 존재하지 않는다를 뜻한다. 임펄스 신호의 이러한 형태는 임펄스 함수를 그 근간으로 하고 있다. 임펄스 함수를 수학적으로 설명하면 다음과 같다. 조금 까다롭기는 하지만 알고 있으면 많은 도움이 된다.

참 고 임펄스 함수의 이해

임펄스 함수를 수학적 기호로 $\delta(t)$로 표현한다. 변수가 t인 시간함수이다.

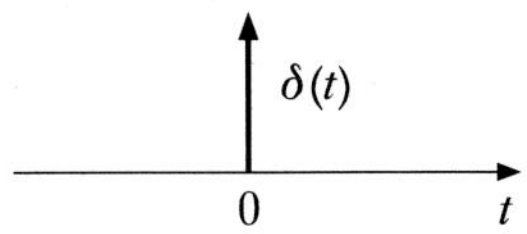

[그림 2-2]

[그림 2-2]와 같이 어느 순간에 0에서 무한대로 치솟고는 순간적으로 0으로 빠지는 형태이다. 함수 이름도 충격이라는 Impulse라고 붙였다. 어느 순간에 무한대로 나타났다가 사라진다.

신호적 이해 : 순간적으로 빛이 번쩍이고 사라지거나, 문을 두드리거나 망치로 내려치는 신호등이 이에 해당된다. 사람들은 물체의 상태나 재질을 알기 위해 손으로 두드려 보거나 금속체로 때려서 그 반응 소리를 듣는다. 사기그릇을 살 때 단단한지 두드려 보고, 수박이 잘 익었는지 여부를 알고자 할 때도 손가락으로 두드려서 확인한다. 인간은 의식적이든 무의식적이든 이미 임펄스 신호에 친숙해 있고 공학 분야뿐만 아니라 실제 생활에 많이 활용하고 있다. 이 신호를 많이 사용하는 이유는 그 신호를 가했을 때의 반응 신호를 얻고자 하는데 있다. 그 출력 신호를 분석함으로써 대상물의 정보를 얻을 수 있음이다.

수학적 의미: 수학적 의미에서 임펄스 함수는 미소구간의 시간적 변화를 의미한다. 개념적으로 알아둘 필요는 있으나 별로 쓰이지 않으니 이해만 하기 바란다. 두 가지 면에서 이 신호를 정의한다. 하나는 구간 $t_0 \sim t_1$ 사이에 $\delta(t)$ 함수를 적분하였을 때의 적분 값이 1이 되도록 하는 함수를 말한다. 즉 임펄스 신호 $\delta(t)$에 대하여

$$\int_{t_0}^{t_1} \delta(t)dt = 1 \tag{2.2}$$

을 만족하는 신호를 $\delta(t)$로 정의한다. 만약 $t_0 = -\infty$이고 $t_1 = 0$이라 하고 t_0를 0으로 계속 접근하면 다음 [그림 2-3]과 같이 되고, $t_0 \simeq t_1$이면, 신호는 거의 무한대로 치솟는다.

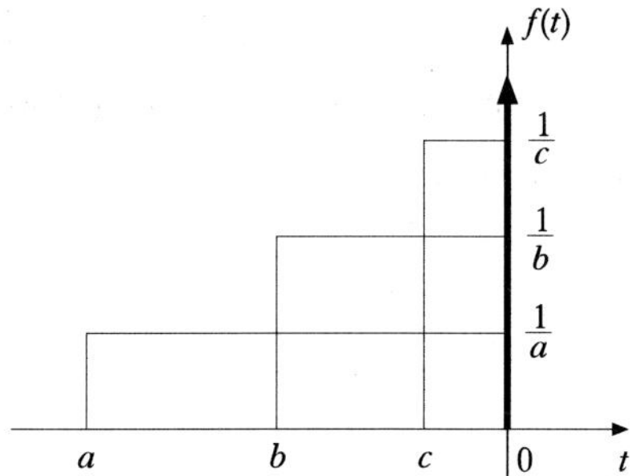

[그림 2-3]

수식으로 표현: 임펄스 함수는 $\delta(t)$로 표시한다. $t=0$일 때만 값을 갖고, 그 외에는 모두 0이다. 이론적으로 $t=0$에서의 값은 무한대(∞)이지만, 이를 그대로 공학에 쓰는 것은 무리이다.

$$\delta(t) = \begin{cases} 0 & , \ t \neq 0 \\ undefined & , \ t = 0 \end{cases} \tag{2.3}$$

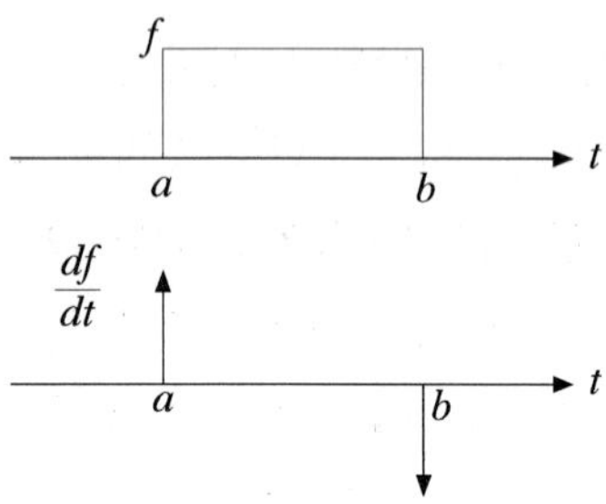

[그림 2-4]

또 다른 형태의 정의는 구형파 신호를 미분하였을 때 발생하는 신호이다. [그림 2-4]를 보면 알 수 있다. 구형파가 미분되면서 임펄스 신호 두 개가 각각 양끝에 나타난다. 하나는 (+) 방향이고, 다른 하나는 (-) 방향이다. 이 [그림 2-4]에서 시간 $t=a$와 $t=b$ 각각에서 순간적으로 값이 바뀌므로 시간 간격은 0이다. $\Delta t = 0$이지만 크기 변화는 $\Delta f = c$이다. 그것의 미분값이 임펄스 신호이다.

$$\frac{\Delta f}{\Delta t} = \frac{c}{0} = \infty \tag{2.4}$$

수학적으로는 무한대이다. 즉 시간적 변화가 0인 상태에서 함수의 크기가 변했을 때 그 미분 신호를 일종의 임펄스 신호로 보는 것이다.

단위 임펄스 신호: 이상과 같이 $\delta(t)$를 수학적으로 정의할 수도 있으나, 이렇게 정의된 신호를 공학적으로 사용하는 것은 무리이다. 현상계에서 함수 값이 순간적으로 무한대로 치솟는 경우는 매우 드물다. 폭탄이 터지거나 화산이 순간 폭발 하거나 또는 종교에서 순간적으로 이상한 경지에 가버리는 것들을 제외하고는 흔치 않다. 따라서 현실적으로 정의식 보다는 [그림 2-5]와 같이 신호의 크기를 1로 한정한 $\delta(t)$ 신호를 사용함이 타당하다. 이를 단위 임펄스 함수(unit impulse function)로 부르고 다음과 같은 수식으로 표현한다.

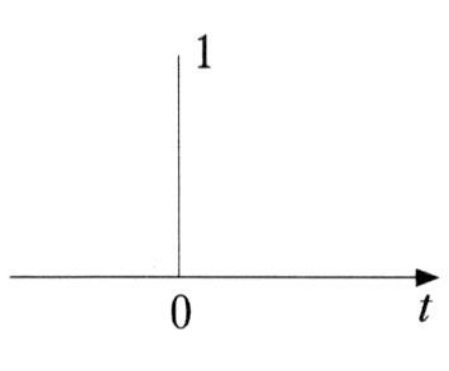

[그림 2-5] 단위임펄스신호

$$\delta(t) = \begin{cases} 1 & , \ t = 0 \\ 0 & , \ t \neq 0 \end{cases} \tag{2.5}$$

이상의 설명에서 임펄스 신호나 임펄스 함수에 관하여 이해하였으리라 본다. 우리가 필요로 하는 것은 임펄스 신호 $\delta(n)$이므로, 이 $\delta(n)$을 가지고 이산신호를 나타내는 기법들을 살펴본다. $\delta(n)$을 좌우로 이동하고 또 크기를 조정할 수 있다.

임펄스 신호의 크기 조정과 위치 이동 : 다음 [그림 2-6]과 [그림 2-7]은 크기를 조정하고 위치를 이동한 예를 보이고 있다. 크기는 그대로 늘리고 줄이면 된다. 위치이동도 좌우로 밀면 그만이다. 수학적 표현에 눈여겨보기 바란다.

i) [그림 2-6]: 크기 조정. 그림 (a)는 3배, 그림 (b)는 (-)쪽으로 2배 늘렸고, 그림 (c)는 $\frac{1}{2}$로 축소하였다. 각각의 이산신호를 $\delta(n)$으로 표기하였다. $\delta(n)$앞의 값만 변했다.

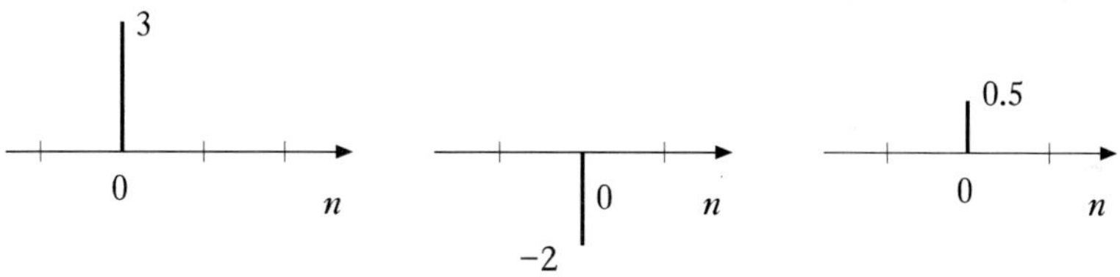

(a) $3\delta(n)$ (b) $-2\delta(n)$ (c) $0.5\delta(n)$

[그림 2-6]

그림 (a): $3\delta(n)$
그림 (b): $-2\delta(n)$
그림 (c): $0.5\delta(n)$

ii) [그림 2-7]: 위치 이동, $\delta(n) \rightarrow \delta(n+a)$에 의해 n축상에서의 위치 변경이 가능하다. [그림 2-7]에 그러한 예를 보였다.

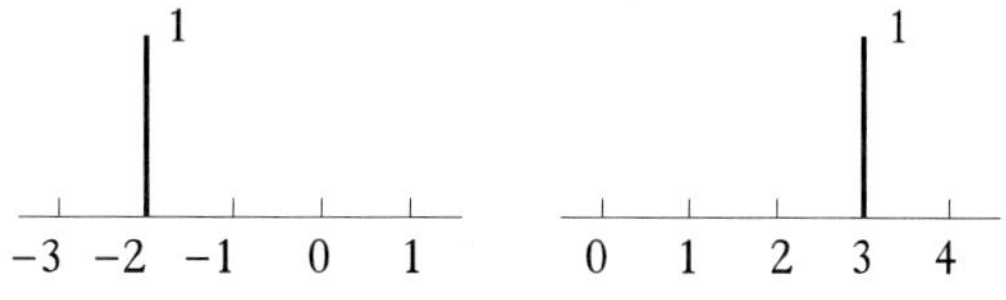

(a) $\delta(n+2)$ (b) $\delta(n-3)$

[그림 2-7]

그림 (a): $\delta(n+2)$로서 $\delta(n)$을 n축 왼쪽으로 2눈금 옮겼다.
그림 (b): $\delta(n-3)$이다. $\delta(n)$을 n축 오른쪽으로 3눈금 이동하였다.

이때 오른쪽으로 이동하면 $\delta(n \ominus a)$의 해당 부호가 (-)이고, 왼쪽으로 가면 $\delta(n \oplus a)$의 해당부호가 (+)이다. 오른쪽은 (+)방향인데 (-)를 취하고, 왼쪽은 (-)방향인데 (+)를 취하는 점을 잊어서는 안 된다. 그 이유와 자세한 것은 곧이어 설명한다.

iii) [그림 2-8]: 크기와 위치 동시 변경. 크기를 조정하거나 위치를 동시에 이동할 수 있다. [그림 2-8]이 그러한 예를 보여준다.

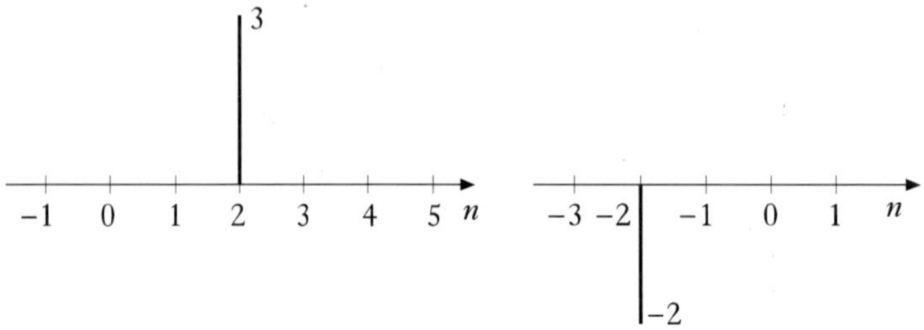

(a) $3\delta(n-2)$ (b) $-2\delta(n+2)$

[그림 2-8]

그림 (a): $3\delta(n-2)$, 크기를 3배 늘리고 우측으로 2눈금 이동

그림 (b): $-2\delta(n+2)$, 크기를 -2배하고 좌측으로 2눈금 이동

개념 이해 예제 1

다음 [그림 2-9]의 이산신호 $x(n)$을 임펄스 신호로 나타내어라.

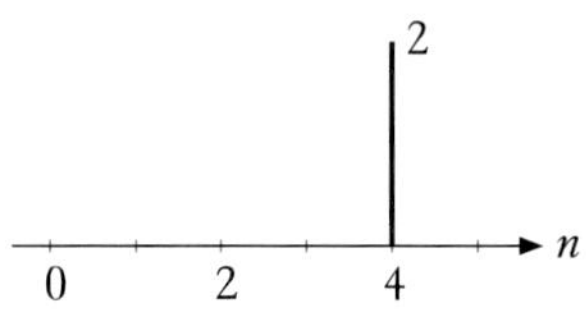

[그림 2-9]

풀이와 해설

$x(n)$은 $\delta(n)$을 2배 늘린 후 오른쪽으로 4눈금 이동하였다.

$$x(n) = 2\delta(n-4)$$

개념 이해 예제 2

어떤 이산신호 $x(n) = 2\delta(n) - 4\delta(n-1)$이다. $x(n)$을 n축상에 나타내어라.

풀이와 해설

이산신호 $x(n)$은 두 임펄스 신호의 합이다. 이를 집합으로 표현하면

$$x(n) = \{2\delta(n),\ -4\delta(n-1)\}$$

로서 $2\delta(n)$과 $-4\delta(n-1)$을 n축상에 각각 표기한 것과 같다.[그림 2-10]

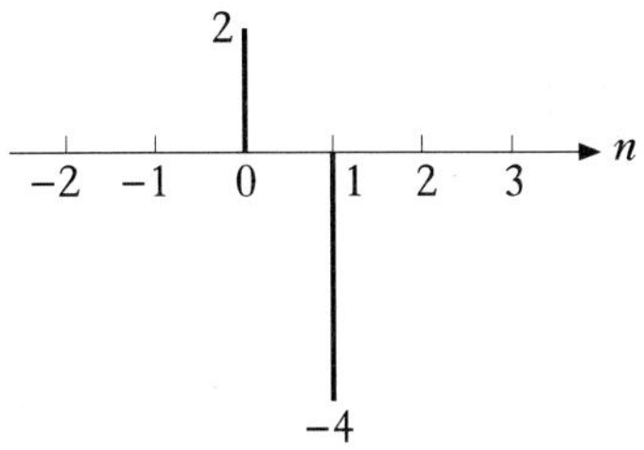

[그림 2-10]

참고 함수의 좌우이동과 수학적 표현

결론을 먼저 이야기 하면, 그래프가 오른쪽으로 이동하면 변수 옆의 부호가 (-) 왼쪽으로 이동하면 (+)이다. 즉 함수 $x(t)$를 $a(a>0)$ 만큼 오른쪽으로 이동했으면 $x(t-a)$이고 왼쪽으로 이동했으면 $x(t+a)$이다.

신호의 시간 이동(Time shift): 신호의 시간 이동은 신호가 먼저 발생하거나 늦게 나타남을 말하고, 이산신호에서는 데이터들이 앞에 있거나 뒤에 있거나를 의미한다.

신호처리 과정에서 흔히 발생되는 신호의 시간적 지연이나 앞섬 등을 함수적으로 표현하는 일은 대단히 중요하다. 특히 시간 앞섬보다 시간지연(Time Delay)은 흔히 발생된다. 장거리 통신이나 인공위성 통신에서 전송시간 지연에 따른 신호의 시간적 이동이라든지 신호시스템 자체의 시간지연 원인 때문에 입력 신호가 일정 시간 지연된 후에 출력 측에 나타난다든지 하는 것이 그러한 예이다. 통신이나 전자회로에서 발생되는 신호의 시간지연은 비교적 짧은데 비해 온도, 유량, 수위 등과 같은 시스템에서는 입력신호에 대한 출력지연은 길게는 수십 분에 달하는 경우도 적지 않다.

수식으로 표현

기본원칙: 함수 $x(t)$를 가로축에서 좌우로 움직이는 것을 시간이동이라 한다.
좌우로 이동하면 함수 $x(t)$는 $x(t \pm a)$ 형태로 된다.

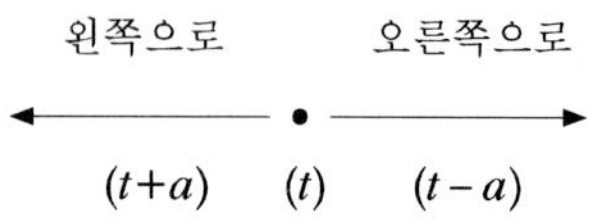

[그림 2-11]

$x(t)$가 오른쪽으로 이동: a 앞의 부호가 (−)

$x(t)$가 왼쪽으로 이동: a 앞의 부호가 (+)

[그림 2-11]에 이 개념을 보이고 있다.

개념 이해 예제 3

[그림 2-12]의 $x(t)$를 오른쪽으로 3만큼 옮겨 $x_0(t)$를 얻었다. $x(t) = 2t$라고 할 때 $x_0(t)$를 구하여라.

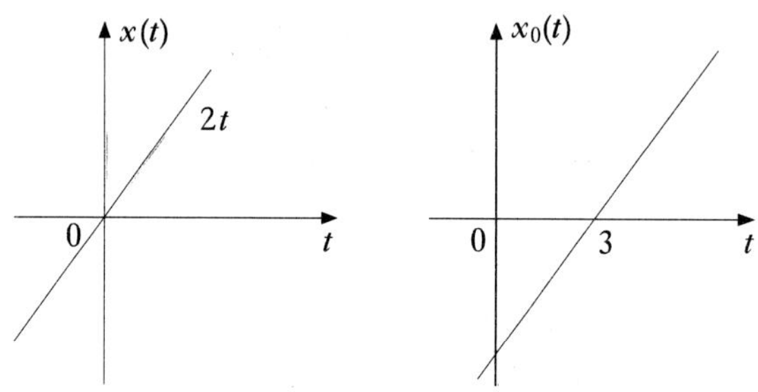

(a)

[그림 2-12]

풀이와 해설

$x(t) = 2t$가 3만큼 오른쪽으로 이동하였으므로 t 대신에 $t-3$을 대입한다.

$$x_0(t) = 2(t-3)$$

답 $x_0(t) = 2t - 6$

시간 이동에 대한 이해: 오른쪽으로 움직인 것은 (+) 방향이고, 왼쪽으로 움직인 것은 (-) 방향이다. 방향과 반대로 이동거리의 부호를 잡는다. (+) 방향으로 a만큼 이동하였으면 $(t-a)$, (-)방향으로 a만큼 움직였다면 $(t+a)$로 본래함수 $x(t)$의 t를 대신한다.

개념 이해 예제 4

$x(t) = 4t^2 - t + 2$를 왼쪽으로 4만큼 수평 이동한 함수 $x_0(t)$의 수식을 구하여라.

풀이와 해설

왼쪽으로 4만큼이므로 t 대신에 $(t+4)$를 대입한다. t가 있는 곳을 모두 $(t+4)$로 바꾼다.

$$x_0(t) = 4(t+4)^2 - (t+4) + 2$$
$$= 4t^2 + 31t + 62$$

이동의 신호적 의미

신호는 시간의 진행에 따라 발생한다. 먼저 발생한 것과 뒤에 나타난 것이 시간축에서 그려진다. 시간적으로 k(초)만큼 먼저 발생한 것은 $(t+k)$로 처리하며, 뒤에 발생한 것은 $(t-k)$로 처리한다. 가령 [그림 2-13]에서 $u(t)$를 오른쪽으로 a만큼 이동하여 $u(t-a)$를 얻었다 하자. $u(t)$라는 신호는 시간 t가 항상 0이상일 때만 $(t \geq 0)$ 1이라는 값을 갖고, $t < 0$에서는 모두 0이다.

그런데 $u(t-a)$에서 $t=0$이 되면 $u(-a)$가 되어 괄호( )안의 값이 $-a$로서 시간 $t<0$이다. 즉 $u(-a)=0$이다. $u(t-a)$가 1이라는 값을 갖기 시작하는 것은 $t=a$에서부터이다. [그림 2-13(c)]의 경우도 마찬가지이다. $u(t+a)$에서 $t=0$이면 $u(a)=1$이 된다. $t=0$일 때 이미 값을 갖고 있었다. $u(t+a)$가 값을 갖기 시작하는 것은 $t=-a$로서 $t=0$보다 a만큼 앞선 때였다.

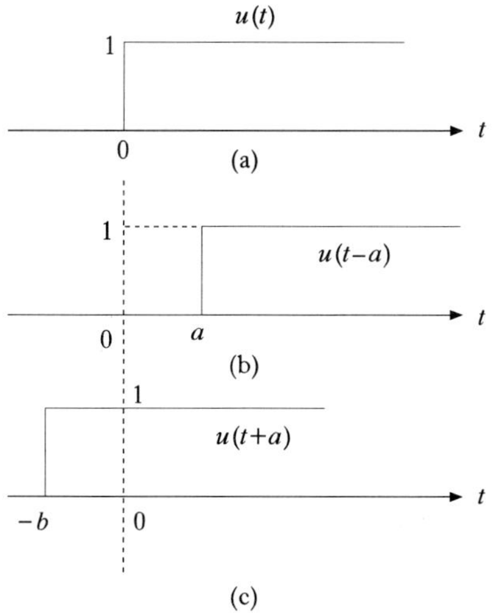

[그림 2-13]

임펄스 신호 $\delta(n)$의 경우도 마찬가지이다. [그림 2-14]에서 그림 (a)는 $\delta(n)$이고, $\delta(n)$을 왼쪽으로 3만큼 이동한 그림 (b)는 $\delta(n+3)$이다. $\delta(n)$을 오른쪽으로 2만큼 이동하면 $\delta(n-2)$로서 그림 (c)이다. $\delta(n+3)$은 $\delta(n)$보다 3단계 앞에 나타난 신호이고 $\delta(n-2)$는 $\delta(n)$보다 2단계 늦게 나타난 신호이다.

이들을 모두 합쳐서 이산신호 $x(n)$을 만들면

$$x(n) = \delta(n+3) + \delta(n) + \delta(n-2)$$

이 되고 $x(n)$은 그림 (d)와 같다.

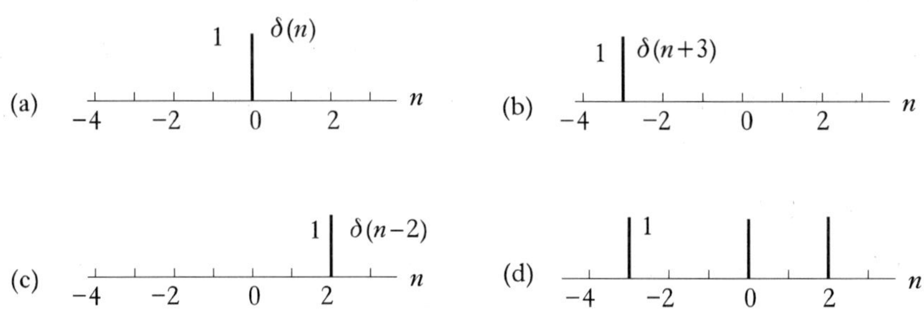

[그림 2-14]

기초 예제 1

$x(n) = \delta(n+2) + \delta(n) - 2\delta(n-3)$의 신호를 그림으로 나타내고 이 신호가 오른쪽으로 2만큼 이동하였을 때의 수식을 구하고 그림으로 표현하시오.

풀이와 해설

$x(n)$을 그림으로 나타낸 것이 [그림 2-15(a)]이다.

$x(n)$을 오른쪽으로 2만큼 이동한 신호를 $y(n)$이라 하면 $y(n)$은 $x(n)$의 n 대신에 $n-2$를 대입한 것과 같다.

$$\begin{aligned} y(n) &= \delta(n-2+2) + \delta(n-2) - 2\delta(n-2-3) \\ &= \delta(n) + \delta(n-2) - 2\delta(n-5) \end{aligned}$$

$y(n)$의 그림은 [그림 2-15(b)]이다.

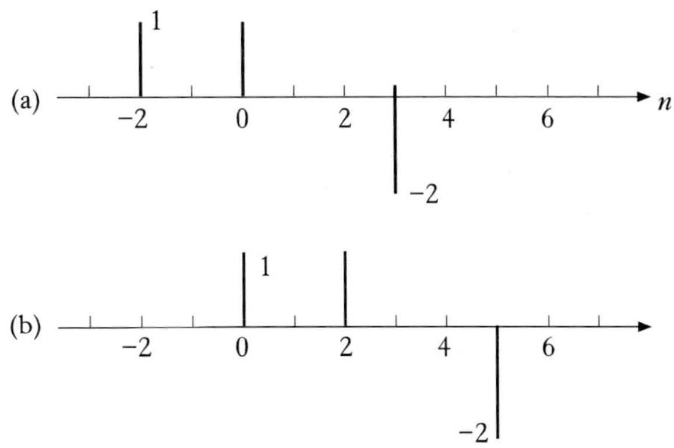

[그림 2-15]

기초 예제 2

$x(t) = 10\sin(3t-2)$를 3초 만큼 왼쪽으로 시간이동 하였다. 수식으로 나타내어라.

풀이와 해설

시간 이동한 신호를 $y(t)$라 하면, $y(t)$는 $x(t)$의 변수 t를 $t+3$으로 대치한 것과 같다.

$$y(t) = 10\sin[3(t+3)-2] = 10\sin(3t+7)$$

이상의 시간이동에 관한 참고 해설에서 시간이동의 수학적 및 신호적 의미를 충분히 숙지하였으리라 본다. 기초적 이해가 되었으면 이제는 본격적으로 이산신호를 임펄스 함수로 나타내 보도록 하자. 먼저 이산신호를 간략히 소개한다.

이산신호 만들기: 이산신호는 연속신호(아날로그 신호라고도 함)를 샘플링해서 얻는 신호이다. 보다 자세한 설명은 뒤로 미루기로 하고 먼저 [그림 2-16]을 보기 바란다.

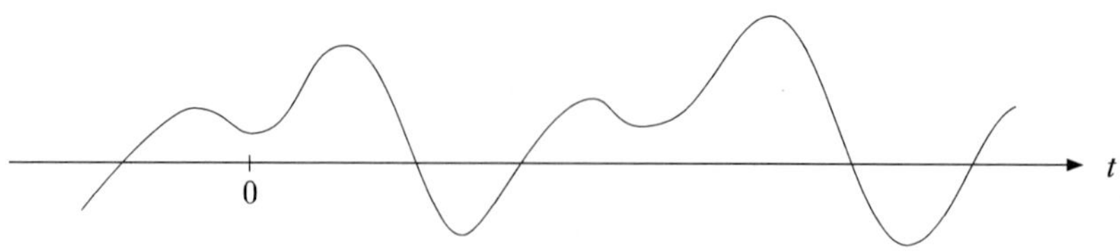

(a) 연속신호 $x(t)$

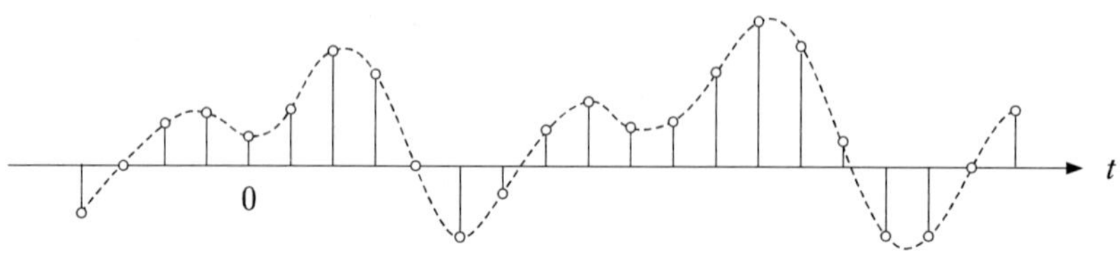

(b) 샘플링 과정

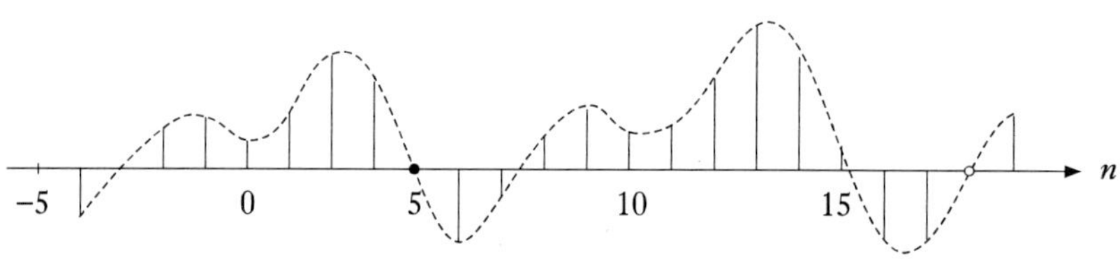

(c) 이산신호 $x(n)$

[그림 2-16] 이산신호 만들기

[그림 2-16 설명] 그림을 보면 샘플링 과정을 통해 이산신호가 만들어지는 것을 대충은 이해하리라 본다. 연속으로 발생한 신호를 일정간격(이를 샘플링 주기라고 한다)으로 값을 찾아내어 이산신호 데이터를 만들어가는 과정이다. 여기서 가장 중요한 점은 최종 만들어진 이산신호 $x(n)$은 변수가 n이라는 사실이다. 변수가 시간 t가 아니라 정수 n이다. n이 정수이므로 t에서와 같이 1.1, 1.32, -4.75와 같은 유리수나 무리수가 아니다. -3, -2, -1, 0, 1, 2, 3, … 하는 하나 둘 세는 데이터이다. 즉 샘플링을 통해 연속신호는 데이터들의 집합이 되었다. n축상의 −3, −2, −1, 0, 1, 2 등은 먼저 있고 나중 있고 하는 차이일 뿐이다. 연속신호 $x(t)$에서 보는 바와 같은 시간 개념이 희석되고 차례나 순서(그래서 이산신호를 시퀀스라 부른다)가 있는 데이터 개념으로 바뀌었다. 또 한 가지는 이산신호 $x(n)$은 여러 개의 임펄스 신호들로 이루어졌다는 점이다. 그 하나하나가 임펄스 함수 형태이다.

이산신호를 임펄스 함수로 표현하기 : 앞의 이산신호 만들기에서 살펴보았듯이 모든 이산신호

$x(n)$은 임펄스 신호로 표현할 수 있다. 개념이해를 위해 [그림 2-17]을 통해 설명한다. n축 상에 있는 각각의 신호는 모두 임펄스신호로 표현되고 $x(n)$은 그 신호들의 합이다.

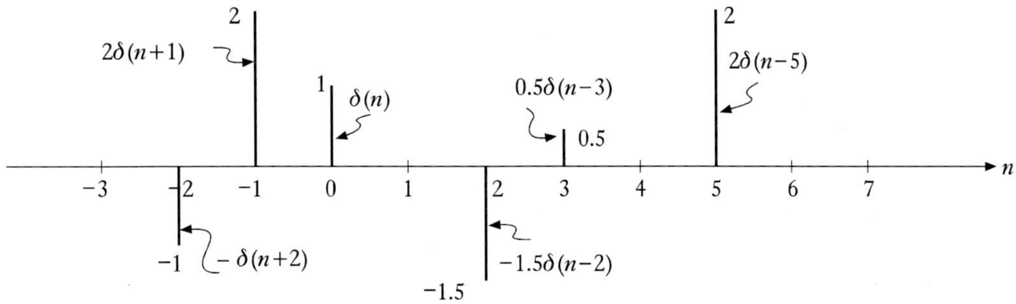

[그림 2-17] $x(n)$

[그림 2-17]에 있는 신호들을 임펄스 함수로 표현해 놓았다. 이산신호 $x(n)$은 이들 임펄스 신호들의 합이다. $x(n)$은 집합으로 나타낼 수 있고 (+)로 나타내기도 한다.

$$x(n) = \{-\delta(n+2),\ 2\delta(n+1),\ \delta(n),\ -1.5\delta(n-2),\ 0.5\delta(n-3),\ 2\delta(n-5)\}$$
$$x(n) = -\delta(n+2) + 2\delta(n+1) + \delta(n) - 1.5\delta(n-2) + 0.5\delta(n-3) + 2\delta(n-5)$$

[그림 2-17]을 통해 쉽게 개념을 이해하였을 것이다. 연속신호 처리에서는 $\delta(t)$가 별로 사용되지 않고 단지 충격신호나 샘플링 신호 정도였는데 비해, 이산신호처리에서는 임펄스 신호의 용도가 매우 광범위하다. 이 임펄스 신호는 뒤에서 설명할 신호의 Z-변환시에도 매우 유용하게 사용되니, 임펄스 신호에 의한 이산신호의 표기를 숙달하기 바란다. 이산신호 $x(n)$의 임펄스 신호적 표기는 다음과 같다.

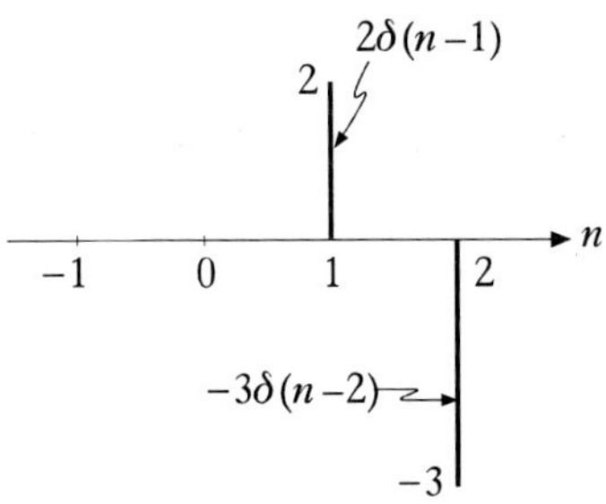

[그림 2-18]

$$x(n) = \underbrace{\sum_{k=-\infty}^{\infty}}_{\text{합}} \underbrace{x(k)}_{\text{크기}} \underbrace{\delta(n-k)}_{\text{위치}} \tag{2.6}$$

위 식의 우변에서 $x(k)$는 신호의 크기-세로축상의 길이-를 말하고, $\delta(n-k)$는 n축상에서의 위치이다. 그리고 앞의 $\sum$는 이 신호들의 합을 말한다. 예를 들어

$$\begin{aligned} x(n) &= \sum_{k=1}^{2} x(k)\delta(n-k) \\ &= \underset{\text{크기}}{\underline{2}}\,\underset{\text{위치}}{\underline{\delta(n-1)}} - \underset{\text{크기}}{\underline{3}}\,\underset{\text{위치}}{\underline{\delta(n-2)}} \end{aligned}$$

이다. 이를 [그림 2-18]에 보였다.

앞의 [그림 2-17]은 n이 -2에서 5까지 있으므로

$$x(n) = \sum_{k=-2}^{5} x(k)\delta(n-k)$$

로 쓸 수 있다. $k=-2$에서 5를 하나씩 대입하여 식을 풀면 다음과 같다.

$$x(n) = \sum_{k=-2}^{5} x(k)\delta(n-k);$$ n은 그대로 두고 k에 -2, -1, 0, 1, 2, 3, 4, 5를 차례로 넣는다.

$$\begin{aligned} &= x(-2)\delta(n+2) + x(-1)\delta(n+1) + x(0)\delta(n) + x(1)\delta(n-1) + x(2)\delta(n-2) \\ &\quad + x(3)\delta(n-3) + x(4)\delta(n-4) + x(5)\delta(n-5) \end{aligned}$$

[그림 2-17]에서 보면 $x(-2)=-1$, $x(-1)=2$, $x(0)=1$, $x(1)=0$, $x(2)=-1.5$, $x(3)=0.5$, $x(4)=0$, $x(5)=2$이다. 이를 위 식에 대입하여 정리한다.

$$= -\delta(n+2) + 2\delta(n+1) + \delta(n) - 1.5\delta(n-2) + 0.5\delta(n-3) + 2\delta(n-5)$$

기초 예제 3

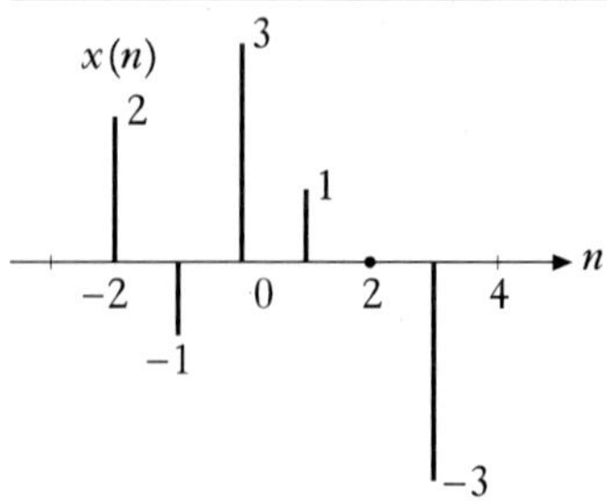

[그림 2-19]

[그림 2-19]의 이산신호 $x(n)$을 임펄스 신호들의 합으로 나타내어라.

풀이와 해설

이산신호 $x(n)$의 그림을 보면서 왼쪽에서부터 하나씩 임펄스 신호로 표기한다. 이때 n축상의 기준점은 $n=0$으로 놓는다.

$$x(n) = 2\delta(n+2) - \delta(n+1) + 3\delta(n) + \delta(n-1) - 3\delta(n-3)$$

그림에서 $n=2$일 때 값이 0이므로 수식상에는 나타나지 않는다.

기초 예제 4

기초 예제의 3의 [그림 2-19] 신호 $x(n)$에서 k에 따른 $x(k)$ 값을 구하여라.

풀이와 해설

k에 따른 $x(k)$의 값은 $x(-3)$, $x(-2)$ ⋯, $x(0)$, ⋯, $x(3)$ 등의 값을 의미한다. 각 신호의 크기를 구하면 된다. [그림 2-19]를 보면서 왼쪽에서부터 k에 따른 크기를 읽는다.

$x(-2)=2,\ x(-1)=-1,\ x(0)=3,\ x(1)=1,\ x(2)=0,\ x(3)=-3$

$x(k)=\{x(-2), x(-1), x(0), x(1), x(2), x(3)\}$: 원소의 개수는 6(개)이다.

$x(k)=\{2, -1, 3, 1, 0, -3\}$

익힘 예제 1

[그림 2-20]의 이산신호 $x(n)$을 임펄스 함수로 나타내어라.

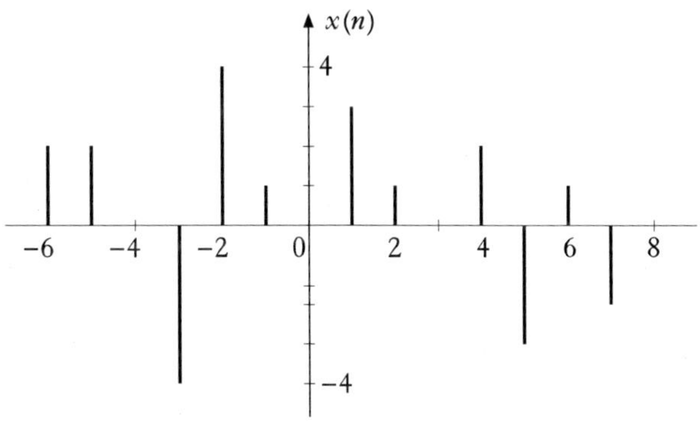

[그림 2-20]

풀이와 해설

각 신호의 크기와 위치를 고려하여 왼쪽부터 하나씩 써나간다.

$$x(n)= 2\delta(n+6)+2\delta(n+5)-4\delta(n+3)+4\delta(n+2)+\delta(n+1) \\ +3\delta(n-1)+\delta(n-2)+2\delta(n-4)-3\delta(n-5)+\delta(n-6)-2\delta(n-7)$$

익힘 예제 2

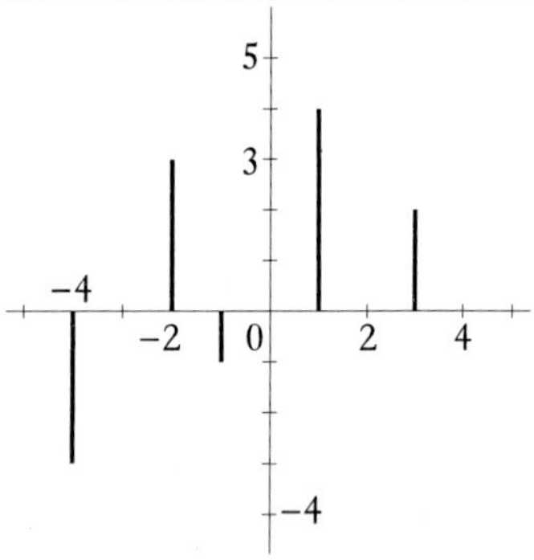

[그림 2-21]

이산신호 $x(n)$의 파형을 n축상에 그려라.

$$x(n) = 2\delta(n-3) + 4\delta(n-1) - \delta(n+1) + 3\delta(n+2) - 3\delta(n+4)$$

풀이와 해설

수식 하나하나가 임펄스 신호이므로 크기와 위치를 고려하면서 하나씩 n축상에 그려 나간다.[그림 2-21]

모든 이산신호는 임펄스 신호로 표현 가능하지만 경우에 따라 몇가지 신호를 사용하기도 하지만, 그들 역시 임펄스 신호로 표현할 수 있음은 물론이다. 몇가지 경우란 이산신호 형태인 단위계단신호 $u(n)$, 지수신호, 정현파 신호 등이다. 별로 많이 쓰이지는 않지만, 시뮬레이션할 때 신호발생 필요시 가끔 사용하기도 한다. 개념과 수식 표현에 유념하면 된다.

단위계단신호, $u(n)$

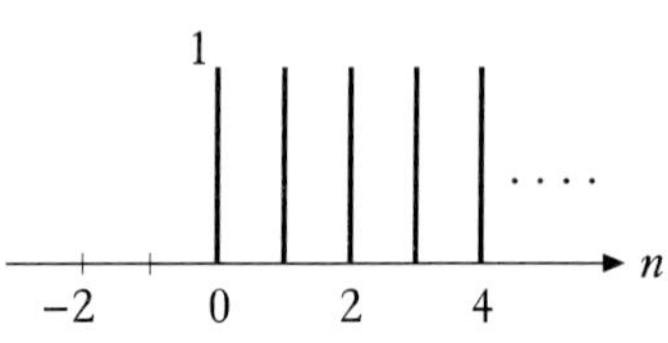

[그림 2-22] $u(n)$

정의: 시퀀스 축 $n \geq 0$에서 모두 값이 1인 신호이다. $u(n)$으로 쓰며 수식적으로는 식 (2.7)과 같다. [그림 2-22]에 $u(n)$을 보였다.

$$u(n) = \begin{cases} 1 \ , & n \geq 0 \\ 0 \ , & n < 0 \end{cases} \tag{2.7}$$

연속신호에서의 단위 계단신호 $u(t)$는 신호의 수학적 표현에 쓸모가 많았으나, 이산신호 $u(n)$은 그보다 덜하다. 이산신호 형태의 단위 계단신호 $u(n)$은 간단하다. $n=0$에서 출발하여 크기가 1인 임펄스 신호가 반복된다.

임펄스 신호로 표현: $u(n)$을 임펄스 신호 $\delta(n)$으로 쓸 수 있다. $\delta(n)$이 $n \geq 0$에서의 합이다.

$$u(n) = \delta(n) + \delta(n-1) + \delta(n-2) + \cdots \quad (2.8)$$
$$= \sum_{k=0}^{\infty} \delta(n-k)$$

시간이동: $u(n-k)$, $u(n)$을 n축상에서 좌우로 이동시킬 수 있다. 시간이동 원리는 이미 설명한 바와 같다. [그림 2-23]에 그 예를 보였다. $u(n)$이 좌측으로 2눈금 밀리면 $u(n+2)$(그림(a)), 우측으로 2눈금 밀리면 $u(n-2)$(그림(b))이다.

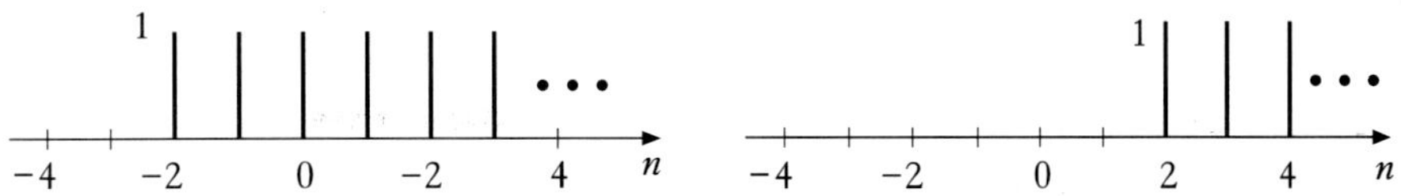

(a) $u(n+2)$ (b) $u(n-2)$

[그림 2-23]

지수신호

지수함수 형태의 이산 신호로서 n축상에서의 증가와 감소가 아날로그신호와 유사하다.

수식: $$x(n) = Ae^{kn} \quad (2.9)$$

A: $n=0$에서의 값 $x(0)=A$

k: $k>0$ 이면 지수함수적으로 증가한다.
$k<0$ 이면 지수함수적으로 감소한다.
$k=0$ 이면 단위계단신호($A=1$일 때) $u(n)$이다.

지수함수 형태의 이산신호를 [그림 2-24]에 보였다.

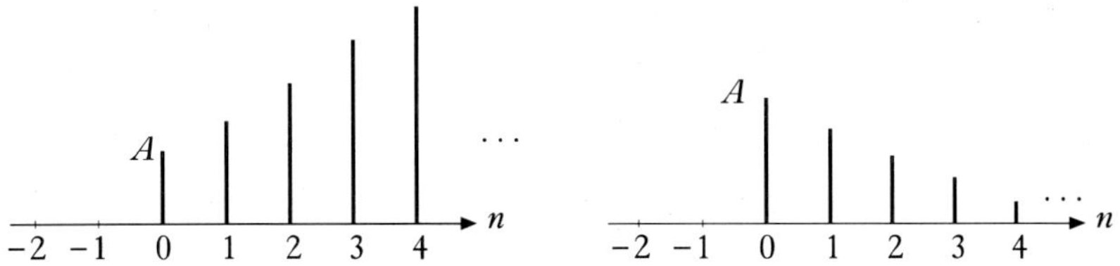

(a) $k>0$ (b) $k<0$

[그림 2-24]

comment: 지수 신호는 기본신호이나 실제 많이 사용하지는 않는다.

정현파신호

정현파신호도 샘플링된 이산신호의 형태로 나타낼 수 있다.

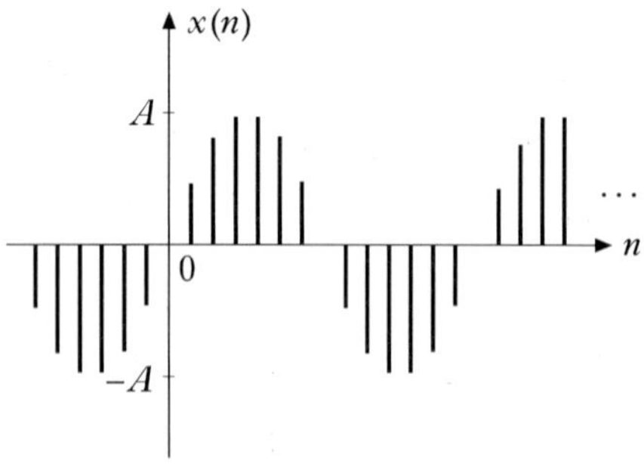

[그림 2-25] $x(n) = A \sin wn$

수식: $x(nT) = A\sin[wT(n-n_0)]$ (2.10)

A: 진폭 T: 샘플링 주기
w: 각 주파수
n_0: 시간이동, wn_0: 위상

식 (2.10)을 푼다.

$$\begin{aligned} x(nT) &= A\sin(wnT - wn_0T) \\ &= A\sin(wnT - \theta) \\ \theta &= wn_0T \end{aligned} \tag{2.11}$$

2.2 이산신호의 이동, 역신호, 스케일링 그리고 합성

개념이해

수학적으로 표현 가능한 이산신호는 필요에 따라 좌우로 이동시킬 수 있고 일정 값을 중심으로 좌우를 뒤집거나 넓게 펼치든지 좁게 오므라들게 할 수 있다. 그리고 이산신호들끼리 곱하거나 합쳐서 여러 형태의 이산신호를 다시 만들어 낸다. 여기서는 간단히 가로축이 하나인 n축상에서 여러 변형을 설명하지만 이 원리는 영상신호에도 활용 가능하다. 이산신호의 이동은 시간이동의 원리가 그대로 적용된다. 역신호 형성은 (+), (−)부호만 적절히 사용하면 된다. 스케일링은 일종의 줌(zoom)으로서 신호를 넓히거나 좁히는 기법이다.

시간이동

앞 절에서 고찰했던 시간이동의 원리를 그대로 적용하여 이산신호 $x(n)$을 좌우로 이동시킨다.

이산신호 $x(n)$이 오른쪽으로 n_0만큼 이동: $x(n-n_0)$
이산신호 $x(n)$이 왼쪽으로 n_0만큼 이동: $x(n+n_0)$

이산신호는 연속신호와는 달리 시간 이동이 n축 상에서 이루어지므로, 시간 이동 n_0는 정수값을 갖는다. 이산신호의 경우도 기본 원칙은 동일하다. 시간 이동 n_0에 대해 앞선 경우는 $n+n_0$, 뒤진 경우는 $n-n_0$로 대치한다. 그림 2-26에 그 예를 보였다.

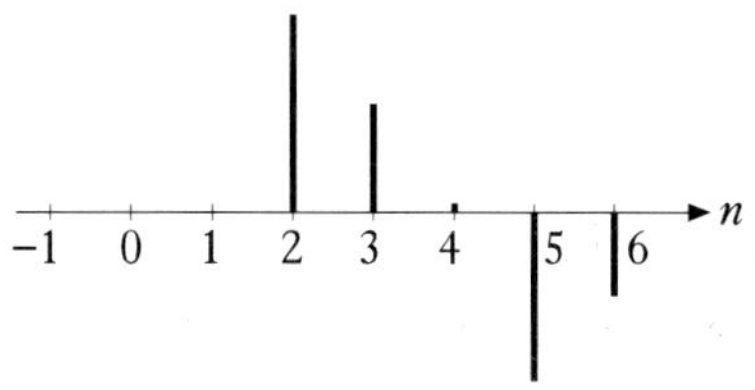

(a) $x(n)$

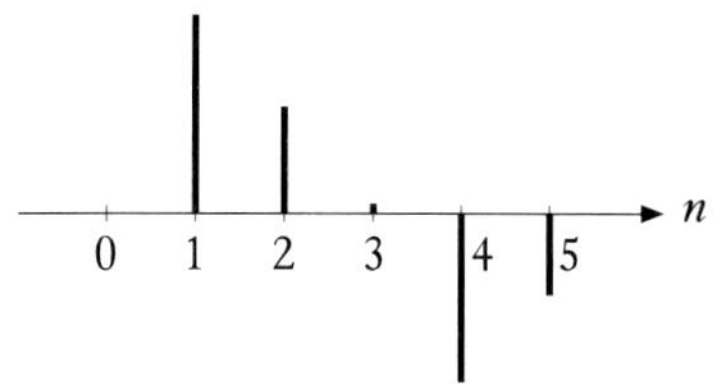

(b) $x(n+1)$

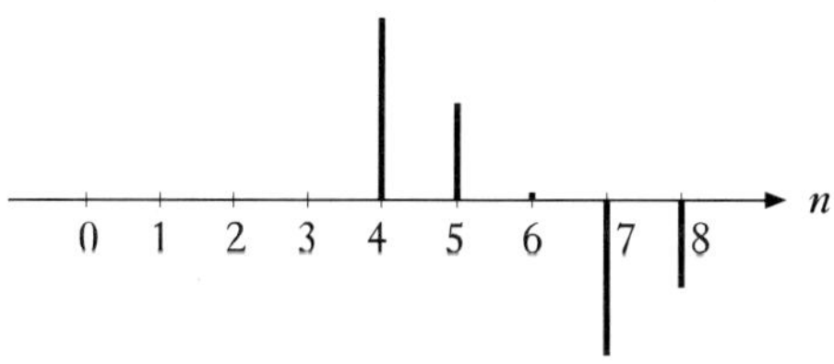

(c) $x(n-2)$

[그림 2-26] 이산신호의 시간이동

[그림 2-26]에서 그림(b)는 $x(n)$이 왼쪽으로 한 칸 이동했다. 그림(c)는 $x(n)$이 오른쪽으로 2칸 밀려난 것을 알 수 있다.

이산신호가 시간이동에 의해 좌우로 움직이는 것이 별 것이 아닌 듯이 보이지만 사실은 활용도가 매우 높은 기법이다. 좌우 이동을 넘어서 일정방향으로 이동하게 되면 영상에서는 동영상이나 애니메이션 동작에 해당한다. 이동은 곧 움직임을 의미하기 때문에 하나의 가로축 상에서만 움직이는 일차원 신호는 이동간격을 조절하여 신호 발생의 시간 간격을 조절할 수 있다. 먼저 들리게도 할 수 있고 나중에 들리게도 할 수 있다. $x(n)$이라는 이산신호가 그 형태를 유지한 채 나타나는 시간을 임의로 조정한다는 말은 가령 핸드폰 사용시 벨소리가 울리는 시간을 마음대로 조정할 수 있다는 것도 된다.

개념 이해 예제 6

이산신호 $x(n)$이 [그림 2-32]와 같다. $x(-n+2)$와 $x[-(n-2)]$를 각각 구하여 동일함을 보여라.

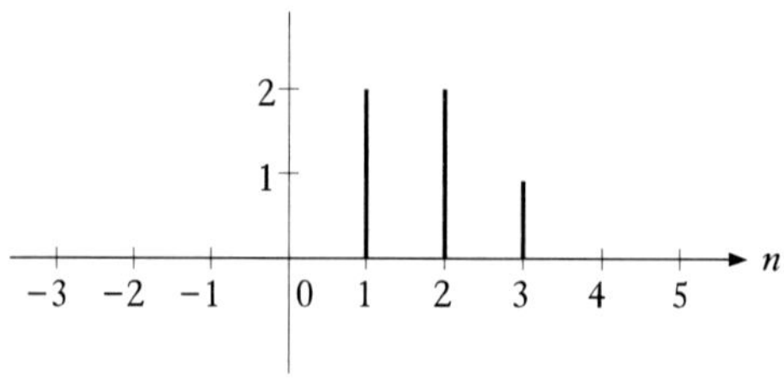

[그림 2-32] $x(n)$

풀이와 해설

i) $x(-n+2)$

$x(n)$을 2만큼 왼쪽으로 이동한 후 세로축에서 뒤집는다. [그림 2-33]에 그 과정을 보였다.

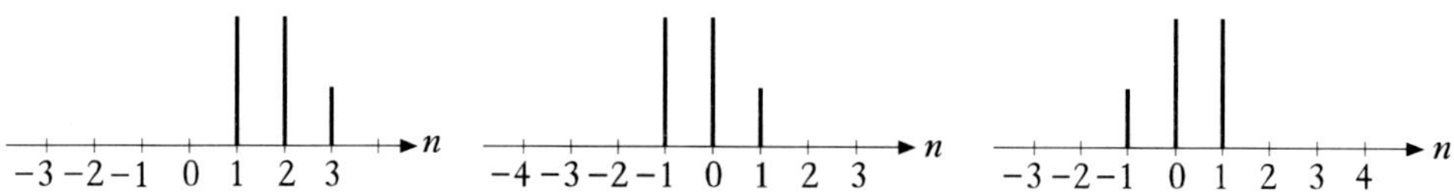

(a) $x(n)$ (b) $x(n+2)$ (c) $x(-n+2)$

[그림 2-33]

ii) $x[-(n-2)]$

$x(n)$을 먼저 세로축에서 뒤집은 후 2만큼 오른쪽으로 수평이동한다. [그림 2-34]에 그 과정을 보였다.

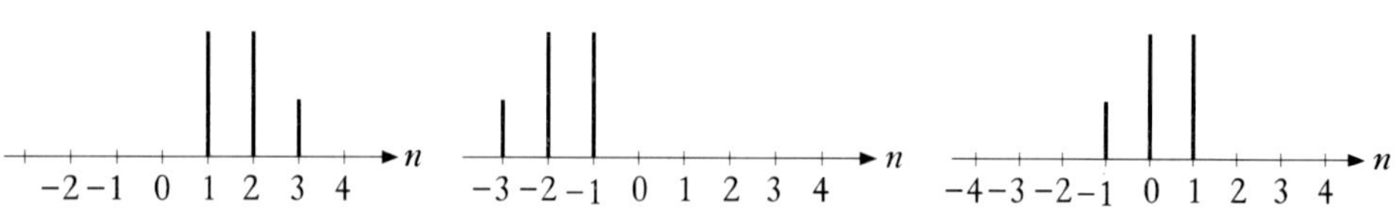

(a) $x(n)$ (b) $x(-n)$ (c) $x[-(n-2)]$

[그림 2-34]

(정리) [그림 2-33(c)]와 [그림 2-34(c)]가 동일함을 알 수 있다.
따라서 $x(-n+2)=x[-(n-2)]$이다.

익힘 예제 3

[그림 2-35] $x(n)$ 신호의 $x(-n+2)$를 구하여 그림으로 나타내어라.

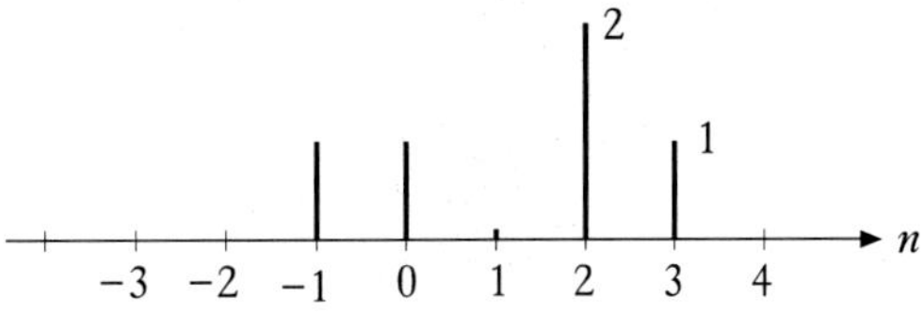

[그림 2-35] $x(n)$

풀이와 해설

$x(-n+2)$는 $x(n)$을 2만큼 왼쪽으로 수평이동 후 세로축에서 뒤집는다.
[그림 2-36]에 그 과정을 보였다.

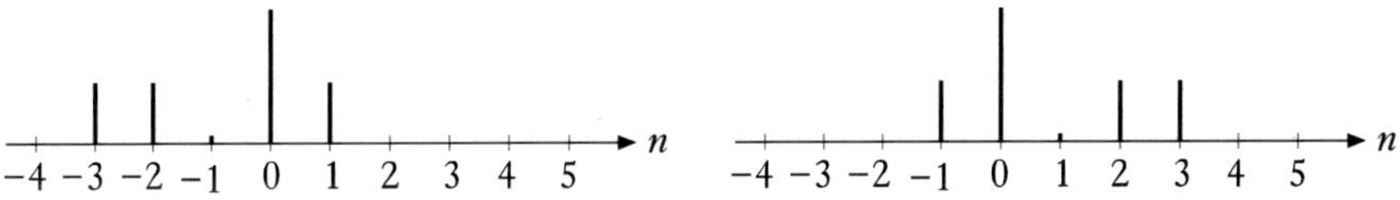

(a) $x(n+2)$ (b) $x(-n+2)$

[그림 2-36]

신호의 좌우 확대와 축소(scaling)

한글워드나 파워포인트 작업시 이미지를 좌우로 잡아 늘리거나 줄여본 적이 있을 것이다. 마우스를 사용해서 간단하게 조작할 수 있다. 사람 얼굴이 뚱보가 되었다가 홀쭉이가 되기도 한다. 이러한 작업이 스케일링이다. 디지털 신호처리에서는 프로그램 상의 변수에 1보다 큰 수나 작은 수를 곱하여 수행한다. [그림 2-37]은 이미지에 스케일링을 수행한 것이다. 세로축은 그대로 있고 가로축에서 늘어나고 줄어든 것을 볼 수 있다.

(a) 원래 이미지 (b) 2배 스케일링 (c) 1/2배 스케일링

[그림 2-37]

[그림 2-38]은 일차원 이산신호를 스케일링 한 것이다. 0을 중심으로 스케일링이 진행된다.

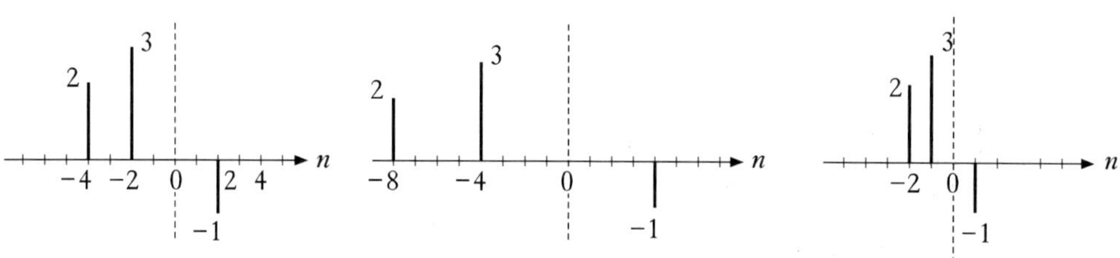

(a) $x(n)$ (b) $x(2n)$ (c) $x(\frac{n}{2})$

[그림 2-38]

수식에 의한 기본원칙: $x(n)$의 변수 n에 상수 a를 곱한 an으로 대치한다.

$$x(n) \xrightarrow{n\,;\,an} x(an)$$

이 때 $a<1$; 축소
$a>1$; 확대

만약 2배로 확대하고 싶으면 $a=2$로 하여 $x(2n)$을 사용하고 $\frac{1}{4}$로 축소하고자 한다면 $a=\frac{1}{4}$로 하여 $x\left(\frac{n}{4}\right)$을 사용한다. 2배이면 $2n$이고 $\frac{1}{2}$로 축소이면 $\frac{n}{2}$이다. n축상의 해당 위치에 임펄스 신호가 재정렬한다. 그 원리를 [그림 2-39]를 통하여 설명한다.

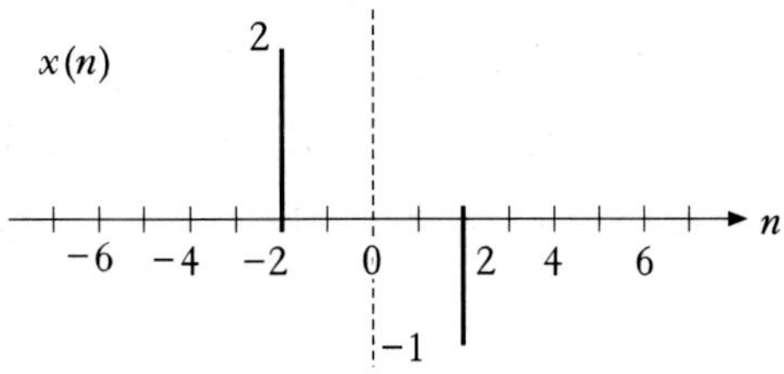

(a) $x(n)$

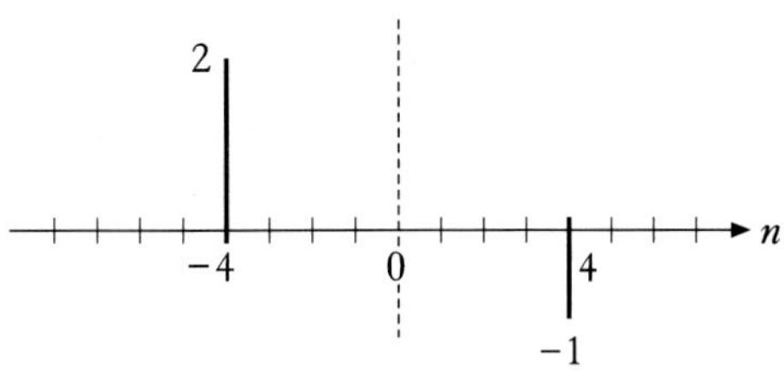

(b) $x(2n)$; $x(n)$의 2배 확대

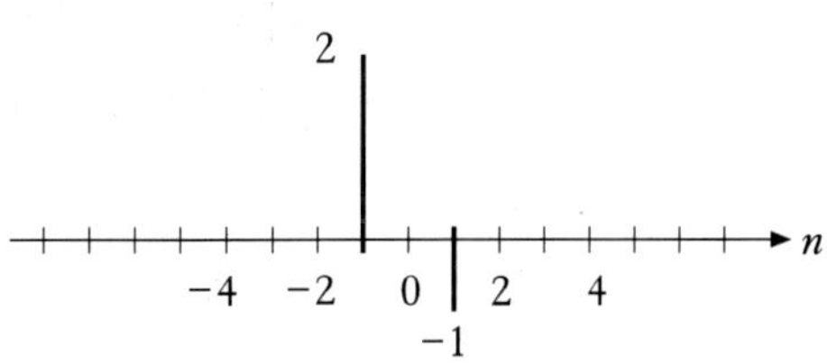

(c) $x(\frac{n}{2})$; $x(n)$의 $\frac{1}{2}$축소

[그림 2-39]

그림 2-39(a) : $x(n)$은 $n=-2$일 때의 값이 2이고 $n=2$일 때의 값이 -1이다. 즉

$$x(-2)=2,\quad x(2)=-1$$

그림 2-39(a)의 $x(n)$을 두 배로 늘려 스케일링한 것이 그림(b)이다.

그림 2-39(b) : $x(n)$이 0을 중심으로 2배 확대되려면 동일한 n에 대하여 n축상에 두배 늘어난 자리에 임펄스 신호들이 위치해야 한다. 그림(a)에서는 $n=-2$에서 $x(-2)=2$이지만 $n=-4$인 $x(-4)$에 크기 2가 위치하기 위해서는 $x(2\times(-2))=x(-4)$와 같이 $n=-4$로 밀려가야 한다. 마찬가지로 그림(a)에서는 $x(2)=-1$인데, 이것이 $x(4)=-1$이 되기 위해서는 $x(2\times 2)=x(4)$와 같이 $n=4$로 이동해야 한다. 확대되는 폭 $a=2$만큼 n에 곱하여 $x(an)$을 취함으로 해당 임펄스 신호들을 확대 이동한다.

그림 2-39(c) : 축소인 경우도 동일한 원리이다.

그림(a)에서는 $n=-2$에서 $x(-2)=2$이지만 $\frac{1}{2}$로 축소시켰을 때는 그림(c) $x\left(\frac{1}{2}\times(-2)\right)=x(-1)=2$이고, 그림(a)에서 $n=2$일 때 $x(2)=-1$이지만 $\frac{1}{2}$로 축소하면 $x\left(\frac{1}{2}\times 2\right)=x(1)=-1$이다.

여기서 확대 및 축소시 변화를 살펴보자. 확대를 하면 [그림 2-39(b)]에서 보는 바와 같이 중간 지점에 빈칸이 발생한다. 반대로 축소하면 그림(c)에서와 같이 빽빽하게 된다. 또한 가로축 n은 정수이므로 확대나 축소시 그 결과가 정수인 n축상에 신호가 위치해야 한다. 즉 $x(\ )$, $y(\ )$, $z(\ )$의 모든 괄호 ( )안이 정수이어야 한다.

$x\left(\frac{1}{2}\right)$, $y(2.5)$, $z(-0.4)$와 같이 괄호 ( )안이 정수가 아니면 n축 상에 신호가 위치할 수 없다.

이 원리를 영상신호에 적용해 보자. 영상신호는 [그림 2-40]에서 보는 바와 같이 세로축과 가로축에 이차원 배열한다. [그림 2-40(a)]는 화소(pixel)의 수가 4(개)인 영상이다. 그림(a)를 가로축으로 3배 스케일링하여 확대영상(그림b)을 만든다.

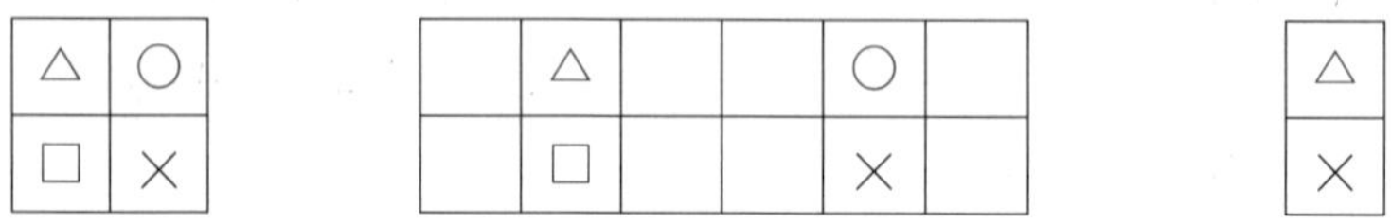

(a) 원래 영상　　(b) 3배 스케일링　　(c) $\frac{1}{2}$배 스케일링

[그림 2-40]

[그림 2-40(b)]는 원래 영상 그림(a)를 3배 확대하였다. 영상을 확대하였다고 이미지가 늘어나지 않는다. 원래 영상의 화소값은 그대로 있고 단지 빈칸의 화소수만 늘어난다. 그림(b)에서는 8(개)의 화소가 빈 상태로 늘어나 있음을 알 수 있다. 이 빈칸에 어떤 값을 채우느냐에 따라 전체적인 색 균형을 유지한다. 반면에 그림(c)와 같은 축소인 경우에는 화소수가 감소하여 원래 영상에 있었던 화소들을 잃어버린다. 즉 한글워드나 기타 소프트웨어에서 이미지를 확대하거나 축소할 때 그에 따른 빈 화소들을 늘리거나 있는 화소를 지우는 것이다. 축소했다고 해상도가 증가하는 것도 아니고 확대하였다고 깨지는 것도 아니다. 확대나 축소시 잘 보이고 안 보이는 여부는 영상처리기술에 의존한다.

이산신호들 상호의 곱셈과 덧셈

신호끼리 곱하기 : 매우 간단한 기법이지만 그 활용도는 매우 높다. 새로운 신호를 만들거나 분해할 때 쓰는 기법 중의 하나가 신호끼리의 상호곱하기이다. 두 개 이상의 신호를 서로 곱해서 하나의 신호를 만드는 과정은 매우 간단하다. [그림 2-41]에 그 예를 보였다. n축상에서 그대로 곱하면 된다. 수식상으로는 $x_1(n)\ x_2(n)$이 되어 복잡한 듯 보이지만, 그림상에서 보면 매우 단순하다. 신호끼리 서로 곱하면 매우 다양한 신호를 만들 수 있고, 또 그러한 신호를 수식의 곱으로 나타낼 수 있다. 실제로 매우 간단한 신호끼리의 곱하기를 통해 새로운 신호를 만든다.

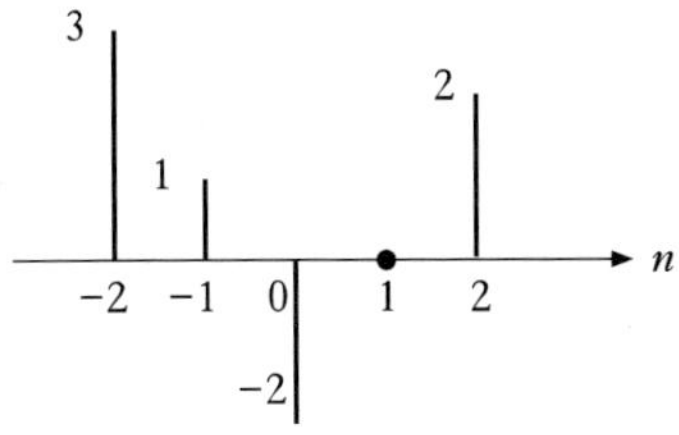

(a) $x_1(n)$

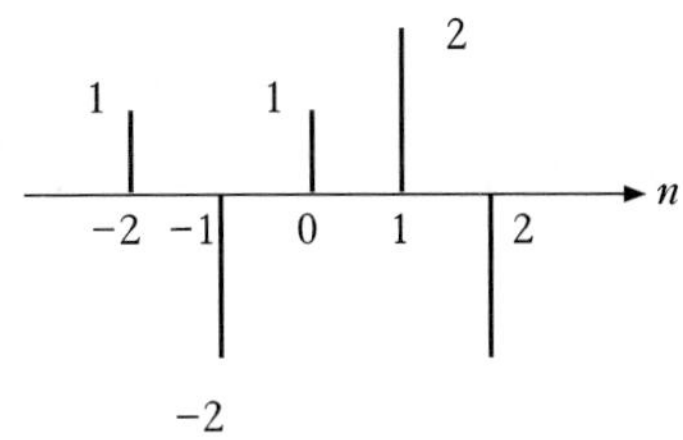

(b) $x_2(n)$

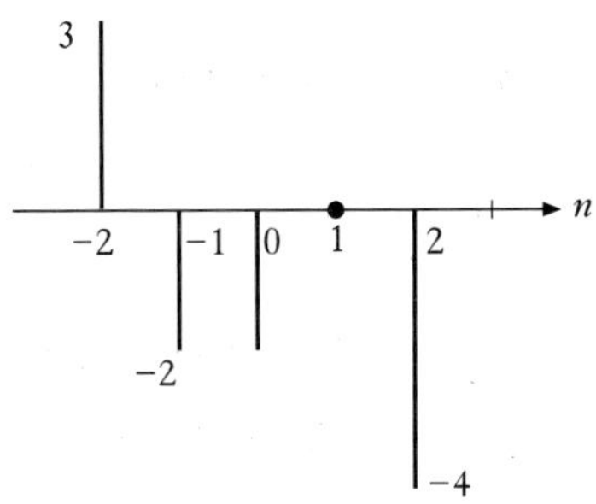

(c) $x_1(n)\,x_2(n)$

[그림 2-41]

수식으로 표현: n축상에서 자기 짝끼리 곱한다.

n의 함수인 두 신호 $x_1(n)$와 $x_2(n)$의 곱을 $x_3(n)$이라 하면

$$x_3(n) = x_1(n)x_2(n) \tag{2.12}$$

이다. 이때 $x_3(n)$는 $x_1(n)$와 $x_2(n)$의 n에 값을 대입한 후 곱한다.

개념 이해 예제 7

두 개의 이산신호 $x_1(n)$과 $x_2(n)$이 [그림 2-42]와 같다. $x_1(n)$과 $x_2(n)$을 임펄스 신호의 합으로 표시하고 $x_1(n)$, $x_2(n)$을 구하고 그림으로 나타내어라.

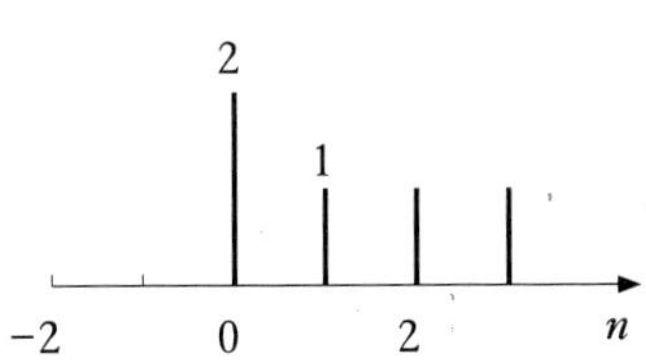

(a) $x_1(n)$

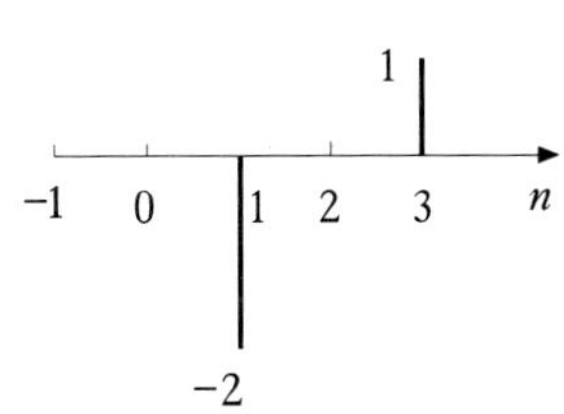

(b) $x_2(n)$

[그림 2-42]

풀이와 해설

먼저 수식에 의해 $x_1(n)$, $x_2(n)$을 구한다. [그림 2-42]를 보면서 $x_1(n)$과 $x_2(n)$을 임펄스 신호의 합으로 표시한다.

$$x_1(n) = 2\delta(n) + \delta(n-1) + \delta(n-2) + \delta(n-3)$$
$$x_2(n) = -2\delta(n-1) + \delta(n-3)$$

$x_1(n)x_2(n)$은 n축상에 제 짝이 없는 것은 모두 0이다. $n=1, 3$에 공통된 것이 있으므로

$$x_1(n)x_2(n) = \delta(n-1)[-2\delta(n-1)] + \delta(n-3)\delta(n-3)$$

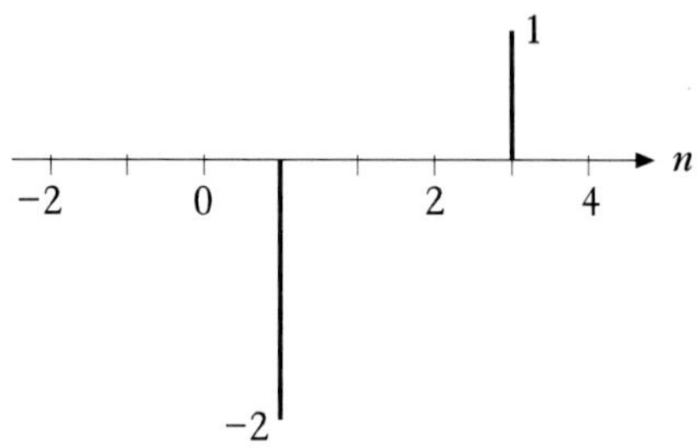

[그림 2-43] $x_1(n)x_2(n)$

이다. 임펄스 함수끼리의 곱은 위치는 그대로이고 크기만 달라진다.

$$x_1(n)x_2(n) = -2\delta(n-1) + \delta(n-3)$$

[그림 2-43]에 두 신호 곱의 그림을 보였다.

익힘 예제 4

[그림 2-44]와 같이 입력된 이산신호 가운데 $3 \le n \le 5$ 사이의 신호를 제거하고자 한다. 이를 프로그램상에서 처리하고자 수식을 세우려고 한다. 데이터의 일부를 제거하는 과정을 임펄스 함수 연산에 의해 제시하여라.

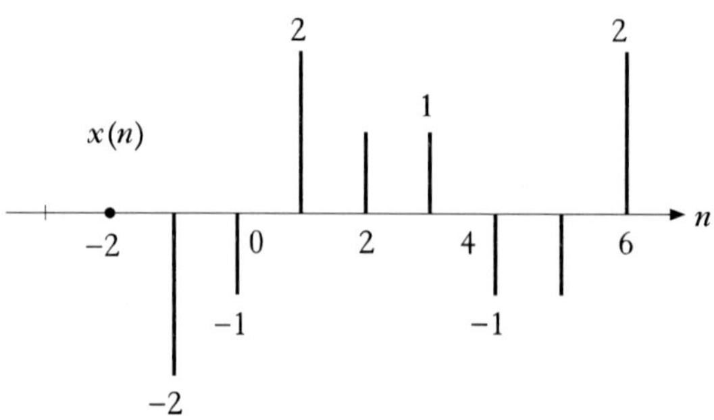

[그림 2-44]

풀이와 해설

먼저 이산신호 $x(n)$을 임펄스 함수의 합으로 표현한다.

$$x(n) = -2\delta(n+1) - \delta(n) + 2\delta(n-1) + \delta(n-2) + \delta(n-3) \\ - \delta(n-4) - \delta(n-5) + 2\delta(n-6)$$

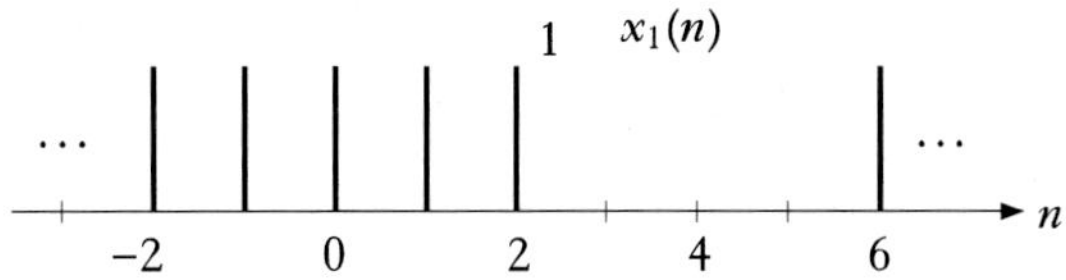

[그림 2-45]

$n = 3, 4, 5$에서 $x(n)$ 신호를 제거하려면 [그림 2-45]와 같은 $x_1(n)$ 신호를 $x(n)$에 곱한다. $x_1(n)$ 신호는 [그림 2-46]과 같이 $u(n)$와 $u(-n-1)$의 합에서 $\delta(n-3)$, $\delta(n-4)$, $\delta(n-5)$를 뺀 신호이다.

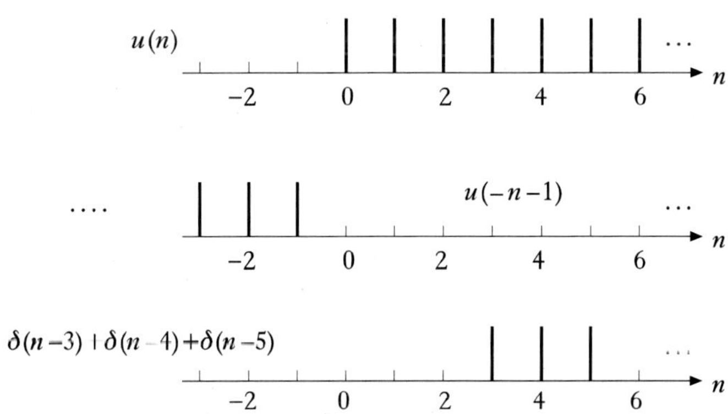

[그림 2-46]

$$x_1(n) = u(n) + u(-n-1) - [\delta(n-3) + \delta(n-4) + \delta(n-5)]$$

문제에서 요구하는 신호는 $x(n)$과 $x_1(n)$의 곱에서 구한다.

$$x(n)x_1(n) \\ = -2\delta(n+1) - \delta(n) + 2\delta(n-1) + \delta(n-2) + 2\delta(n-6)]$$

(참고) 임펄스 함수의 곱

임펄스 함수 $x(t) = a\delta(n+k)$는 n축상에서 동일한 눈금의 신호끼리 곱만이 값을 갖는다. 가령

$$x_1(t) = a_1\delta(n+k_1),\ x_2(t) = a_2\delta(n+k_2)$$

$$x_1(t)x_2(t) = \begin{cases} 0, & k_1 \neq k_2 \\ a_1a_2\delta(n+k_1), & k_1 = k_2 \end{cases}$$

신호끼리 더하기: 신호끼리의 곱하기와 마찬가지로 더하기도 n축상에 있는 자기 짝끼리 이루어진다. [그림 2-47]을 보면 이해가 되리라 본다.

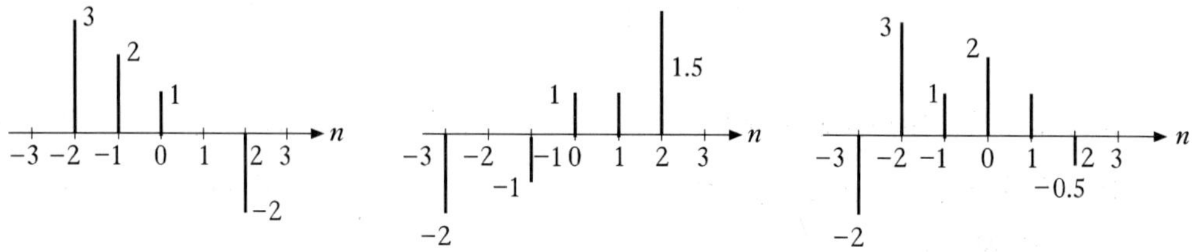

(a) $x_1(n)$ (b) $x_2(n)$ (c) $x_1(n)+x_2(n)$

[그림 2-47]

수식으로의 표현: n축상에서 서로 합한다. m(개)의 이산신호들의 합은

$$\begin{aligned} x(n) &= \sum_{i=1}^{m} x_i(n) \\ &= x_1(n) + x_2(n) + x_3(n) + \cdots + x_m(n) \end{aligned} \tag{2.13}$$

개념 이해 예제 8

두 개의 신호 $x_1(n)$과 $x_2(n)$이 [그림 2-48]과 같다. $x_1(n)+x_2(n)$를 구하고 그림으로 나타내어라.

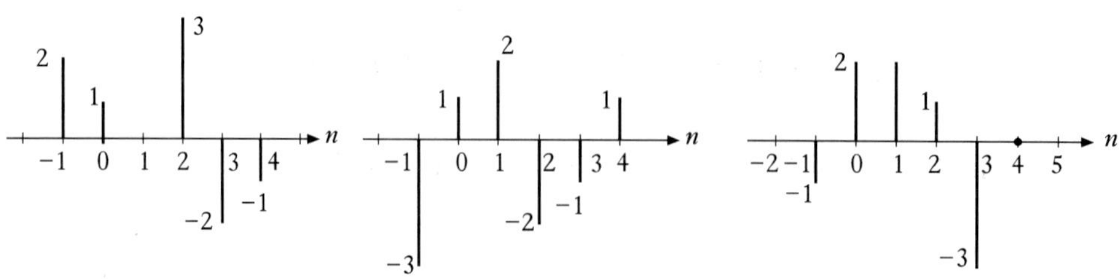

(a) $x_1(n)$ (b) $x_2(n)$ (c) $x_1(n)+x_2(n)$

[그림 2-48]

풀이와 해설

$$x_1(n) = 2\delta(n+1) + \delta(n) + 3\delta(n-2) - 2\delta(n-3) - \delta(n-4)$$
$$x_2(n) = -3\delta(n+1) + \delta(n) + 2\delta(n-1) - 2\delta(n-2) - \delta(n-3) + \delta(n-4)$$

위의 두 $x_1(n)$과 $x_2(n)$ 식에서 서로 더한다.

$$x_1(n) + x_2(n) = -\delta(n+1) + 2\delta(n) + 2\delta(n-1) + \delta(n-2) - 3\delta(n-3)$$

덧셈 결과를 [그림 2-48(c)]에 보였다.

신호끼리 상호 덧셈과 곱셈의 실제 응용 : 음성신호와 영상신호에서

신호끼리의 상호 덧셈과 곱셈은 매우 쉬운 개념이다. 이산신호가 이미 데이터로 만들어졌기 때문에 이들끼리를 동일 좌표에서 서로 더하고 곱하는데 아무 지장이 없다. 또한 어떤 신호에 일정 상수를 곱하거나 더해도 상태가 변한다. 가령 [그림 2-49]와 같은 음성신호에 상수 2를 곱하면 [그림 2-49(b)]와 같이 되어 전체 진폭이 커지고 소리의 세기도 2배로 커진다. 반면에 0.5를 곱하면 [그림 2-49(c)]와 같이 진폭이 줄어들어 소리의 세기가 반으로 감소한다.

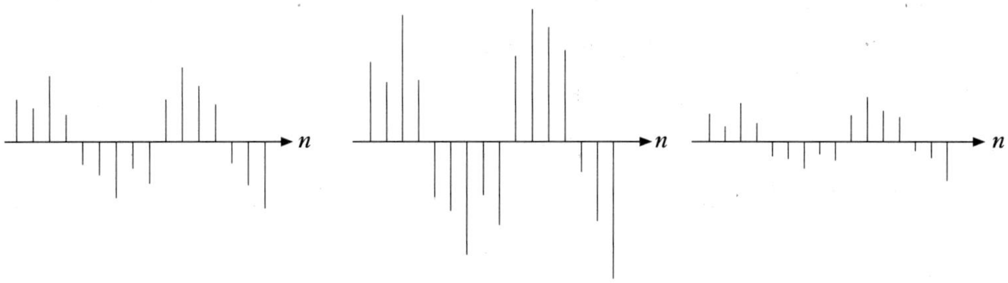

(a) $x(n)$ (b) $x(n)\times 2$ (c) $x(n)\times 0.5$

[그림 2-49]

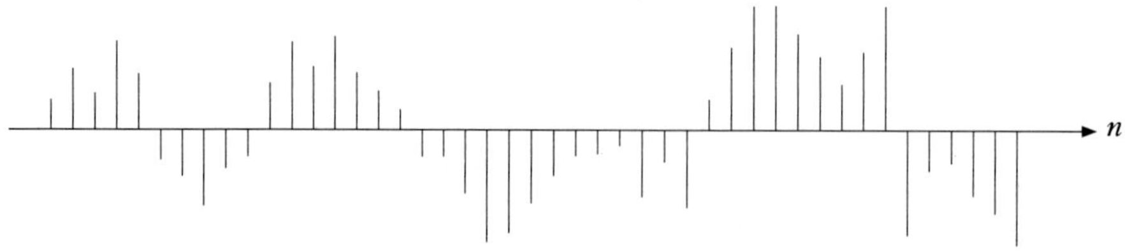

(a) $x(n)$

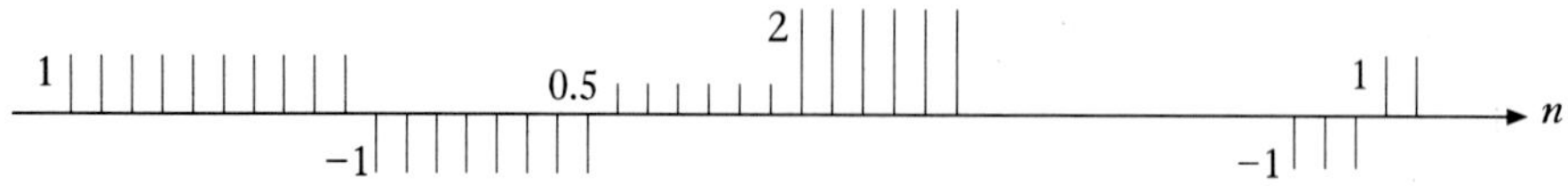

(b) $S(n)$

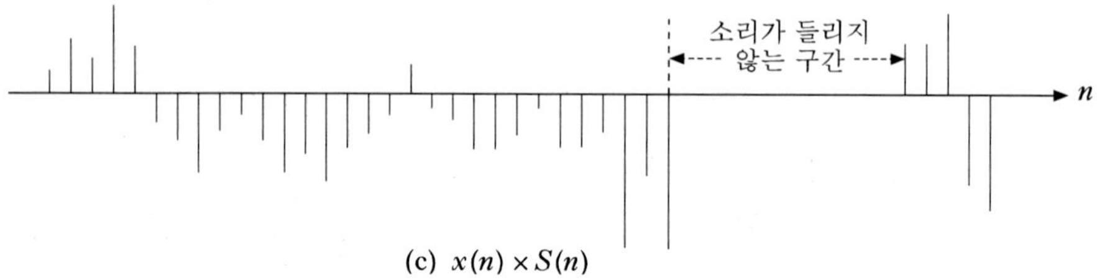

(c) $x(n) \times S(n)$

[그림 2-50]

[그림 2-50]은 또 다른 형태를 보여준다. 신호를 크게 하거나 작게 하거나 또는 어느 기간동안 소리가 들리게 하지 않을수도 있다. 텔레비전 뉴스 시청을 하다가 욕이나 쌍소리 또는 특정 지명이나 인명을 거론하는 부분이 나올 때 갑자기 소리가 들리지 않는 경우를 종종 보았을 것이다. 그것은 그 구간에 해당하는 음성신호에 0을 곱한 결과이다. 모든 신호가 디지털로 처리되기 때문에 [그림 2-50]의 결과에서 보는 바와 같이 소리를 크게도 작게도 또 뒤집거나 아예 들리지 않게도 할 수 있다. 이 모든 일이 편집자의 소프트웨어 임의 조작에 의해 가능하다. [그림 2-51]은 덧셈의 경우이다. 본래 신호가 신호끼리의 덧셈에 의해 그 부분에서 신호가 변한다. 손쉬운 음성변조이다. 음성변조도 텔레비전 등에서 쉽게 접할 수 있다. 특정인의 목소리를 못 알아듣게 하는 일종의 디지털 기법인데, 방법은 이렇게 간단하다.

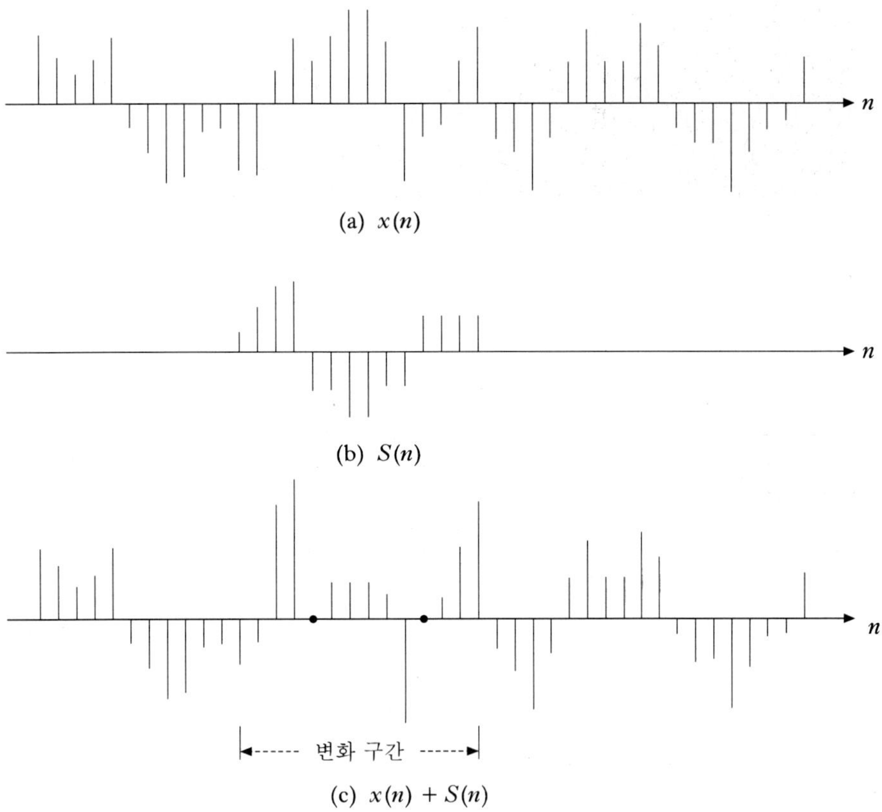

[그림 2-51]

다음은 영상신호의 덧셈과 곱셈을 설명한다. 영상신호에 관해서는 다음에 자세히 설명하도록 하고 일단은 간단한 예를 들어보자. 영상신호는 색의 밝기를 0, 1, 2, …, 255라는 숫자로 나타낸다. 0이면 완전히 검정색이고 255이면 완전 백색이다. 검정색인 0을 시작으로 점점 밝아져서 130정도가 되면 회색이고, 다시 밝아져 완전 흰색인 255가 된다. [그림 2-52]는 회색도(gray level) 인 경우 색의 밝기를 숫자로 표기한 것을 보였다. [그림 2-53]은 원래 영상신호 그림(a)의 $i(x, y)$에 0.7을 곱해서 영상을 전체적으로 어둡게 한 예이고 (그림(b)), 또한 1.4를 곱하여 전체 영상 데이터 값을 크게 조정하여 전체적으로 영상을 밝게 한 예이다 (그림(c)).

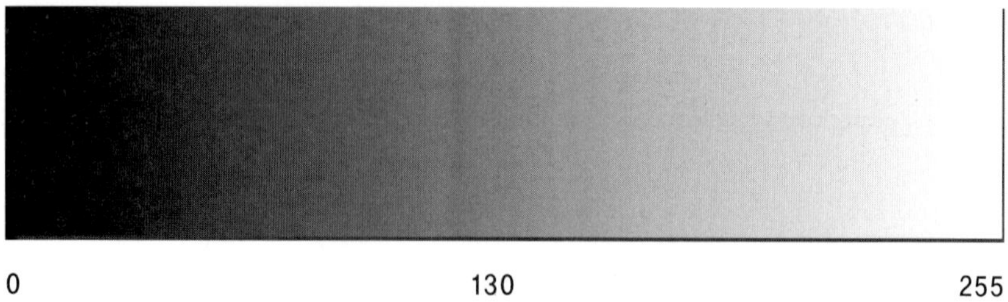

[그림 2-52]

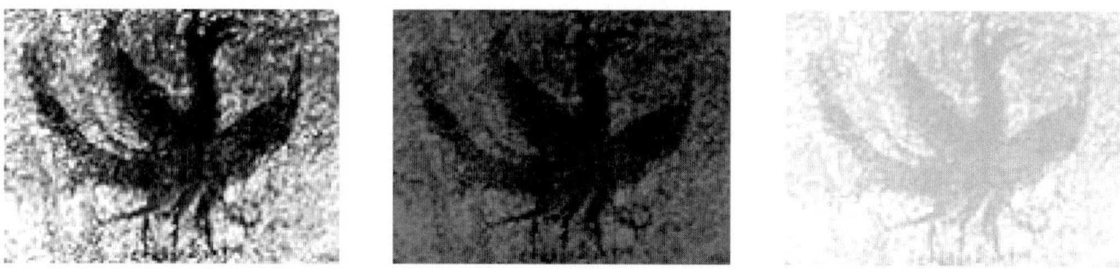

(a) $i(x, y)$ (b) $i(x, y) \times 0.7$ (c) $i(x, y) \times 1.4$

[그림 2-53]

또한 영상의 어느 한 부분을 선택하여 모두 0을 곱해서 그 부분이 검정색으로 보이게 하거나 255를 곱하고 255를 넘는 수는 모두 255로 처리하여 흰색으로 처리할 수 있음을 [그림 2-54]에 보였다.

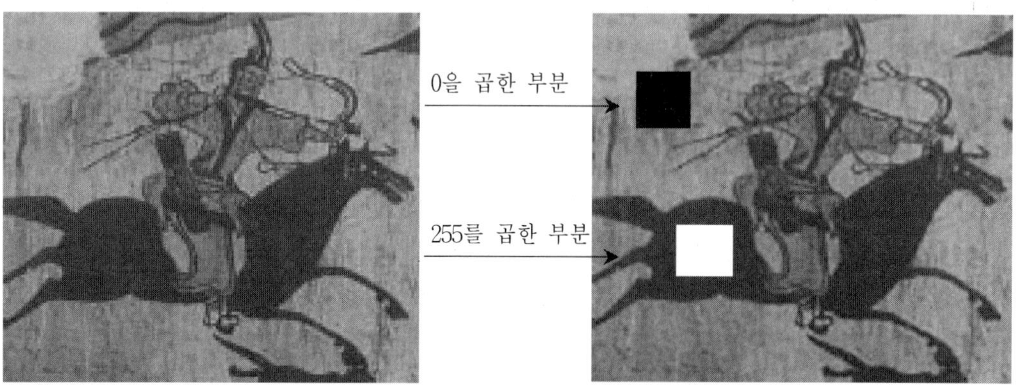

(a) 원래 영상 (b) 처리한 영상

[그림 2-54]

2.3 이산신호 처리 기초

이산신호의 수식 표현

샘플링 과정을 지나 얻은 이산신호 $x(n)$ 각각의 데이터는 수식으로 쓸 수 있다. [그림 2-55]를 자세히 보면 $x(n)$에서 n값에 따른 값들을 알게 될 것이다.

$$x(\underset{n\text{축상의 눈금}}{\underset{\downarrow}{a}}) = \underset{\text{크기}}{\underset{\downarrow}{b}} \tag{2.14}$$

식 (2.14)의 원칙에 따라 [그림 2-55] 각 데이터를 왼쪽에서부터 쓰면 다음과 같다.

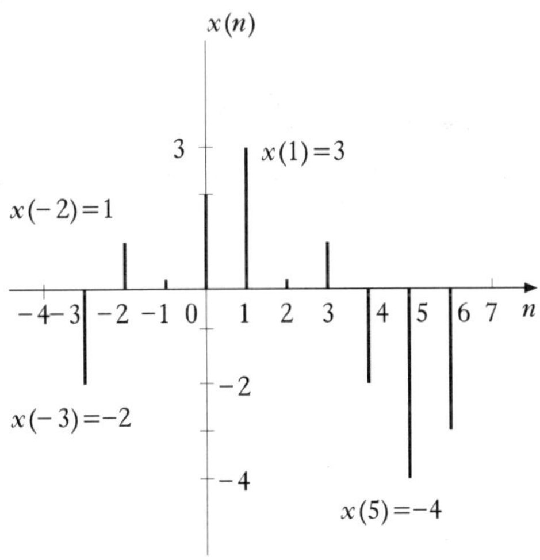

[그림 2 55]

$$x(-3) = -2,\ x(-2) = 1,\ x(-1) = 0,\ x(0) = 2$$
$$x(1) = 3,\ x(2) = 0,\ x(3) = 1,\ x(4) = -2$$
$$x(5) = -4,\ x(6) = -3$$

이산신호의 이러한 표현은 앞으로 이산신호처리(DSP)를 수행함에 매우 중요한 기초이므로 반드시 숙지하고 있어야 한다.

개념 이해 예제 9

[그림 2-56]의 이산신호 $x(n)$에서 n값에 따른 $x(n)$값을 기록하여라.

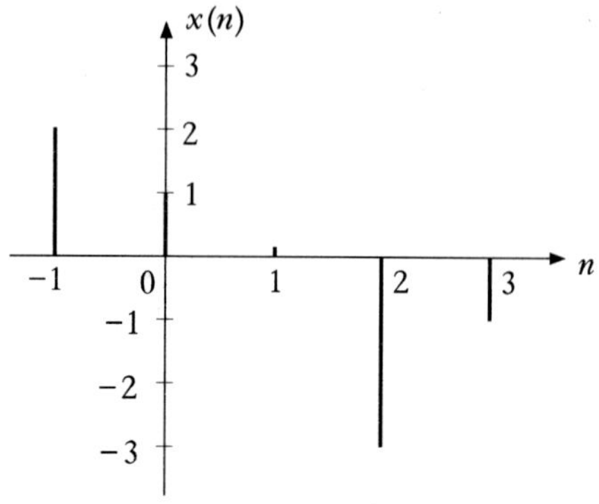

[그림 2-56]

풀이와 해설

이산신호 $x(n)$의 데이터 수는 5(개)이다. $n = -1, 0, 1, 2, 3$이고 n에 따른 $x(n)$값은 그림에서 그대로 구한다.

$$x(-1) = 2,\ x(0) = 1,\ x(1) = 0,$$
$$x(2) = -3,\ x(3) = -1$$

기초 예제 5

이산신호 $x(n)$이 $n = -2, -1, 0, 1, 2, 3$에서 $x(-2) = 1$, $x(-1) = 2$, $x(0) = 0$, $x(1) = -1$, $x(2) = 2$, $x(3) = 1$이다. $x(n)$의 그림을 이산시간축 n상에 나타내어라.

풀이와 해설

n축상의 눈금에 순차적으로 막대기들을 그려 나간다. [그림 2-57]에 결과를 보였다.

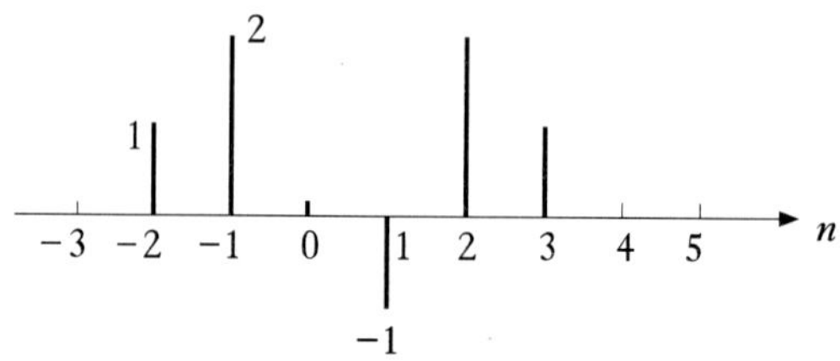

[그림 2-57]

집합으로 표현: 앞에서 살펴본 바와 같이 이산신호 $x(n)$은 여러 데이터들로 이루어져 있다. 이를 하나의 집합으로 표현할 수 있다.

$$x(n) = \{\cdots\ x(-2),\ x(-1),\ x(0),\ x(1),\ x(2), \cdots\}$$

이산신호 입·출력

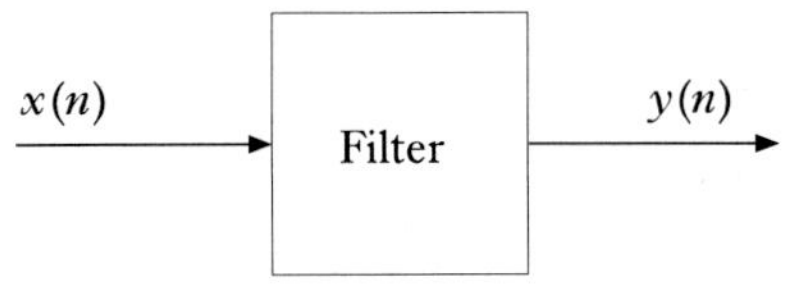

[그림 2-58]

디지털 필터에 이산신호 $x(n)$이 입력되면 출력 신호 $y(n)$이 빠져 나간다[그림 2-58]. 이산신호의 입·출력 관계를 $x(n)$과 $y(n)$으로 표현할 수 있다. 형태는 다음 식 (2.15)와 같고, 이러한 식을 선형차분 방정식(Linear Time Difference Equation)이라 한다.

$$y(n) = a_0 x(n) + a_1 x(n-1) + \cdots + b_1 y(n-1) + b_2 y(n-2) + \cdots \quad (2.15)$$

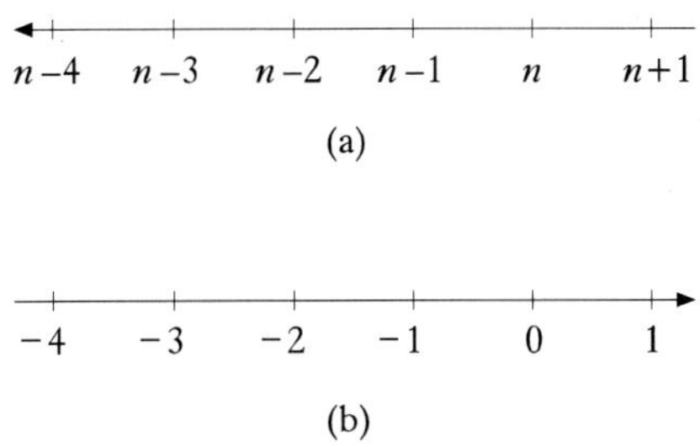

[그림 2-59]

식 (2.15)에서 $x(n)$, $x(n-1)$, $\cdots$ 들은 입력들이고, $y(n)$, $y(n-1)$, $\cdots$ 들은 출력들이다. a_0, a_1, a_2, $\cdots$는 입력의 계수(coefficient), b_1, b_2, b_3, $\cdots$는 출력의 계수이다. 이를 n축상에서 자세히 살펴보자. n, $n-1$, $n-2$는 [그림 2-59]의 n축상에서 한칸씩 왼쪽으로 밀린 눈금들이다. $n=0$이면 그림 (b)와 같은 n축이 된다.

$x(n)$: 현재의 입력	$y(n)$: 현재의 출력
$x(n-1)$: 1눈금 전의 입력	$y(n-1)$: 1눈금 전의 출력
$x(n-2)$: 2눈금 전의 입력	$y(n-2)$: 2눈금 전의 출력

가령 예를 들어, 입·출력식이 다음과 같이 주어졌다.

$$y(n) = 2x(n) + 4x(n-1) - 0.5y(n-1)$$

이를 풀어쓰면, 현재의 출력은 현재의 입력과 1눈금 전의 입력 및 1눈금 전의 출력에 의해 결정된다는 뜻이다. 그리고 $\{2,\ 4,\ -0.5\}$와 같은 것들은 계수들이다.

개념 이해 예제 10

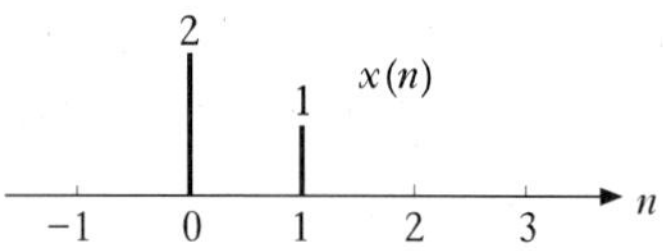

[그림 2-60]

[그림 2-60]의 이산신호 $x(n)$이

$$y(n) = 2x(n) - 0.5x(n-1)$$

로 표현된 필터에 인가되었다. 초기치가 0이라고 할 때 출력 $y(n)$을 구하고 그림으로 나타내어라.

풀이와 해설

[그림 2-60]의 신호 $x(n)$이 [그림 2-58]과 같이 입력 신호로 필터에 인가되어 출력 $y(n)$을 얻는다.

$x(n)$은 $x(0) = 2,\ x(1) = 1$이다. 주어진 관계식에 이를 적용한다. 초기치가 0이라는 말은 $n < 0$에서 $x(n) = 0,\ y(n) = 0$이다.

$n = 0$에서 $y(0) = 2x(0) - 0.5x(-1)$이다.

$x(0) = 2,\ x(-1) = 0$이므로 이를 그대로 대입하면

$$y(0) = 2 \times 2 - 0.5 \times 0 = 4 \text{이다.}$$

$$n = 1,\ y(1) = 2\underbrace{x(1)}_{1} - 0.5\underbrace{x(0)}_{2} = 1$$

$$n = 2,\ y(2) = 2\underbrace{x(2)}_{0} - 0.5\underbrace{x(1)}_{1} = -0.5$$

$$n = 3,\ y(3) = 2\underbrace{x(3)}_{0} - 0.5\underbrace{x(2)}_{0} = 0$$

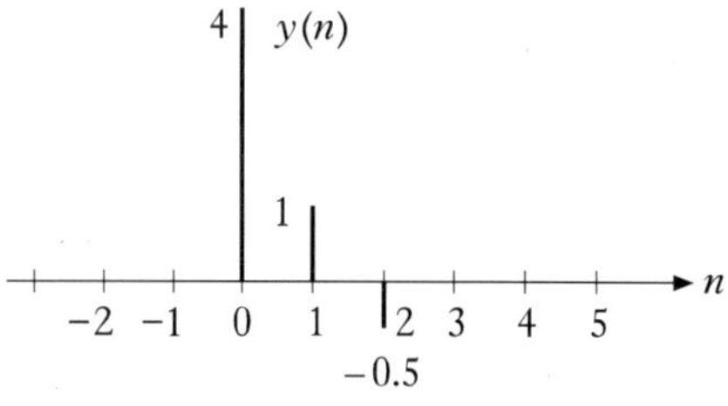

[그림 2-61]

이상의 과정은 $n = 0, 1, 2, 3, \cdots$을 순차적으로 대입시켜가면서 계산한 것이다. 이러한 종류의 문제를 푸는 열쇠는 [그림 2-60]과 같은 $x(n)$을 수식으로 나타냄에 있다. 계산이 끝났으면 $y(n)$을 정리하여 [그림 2-61]로 나타낸다.

$$y(0) = 4,\ y(1) = 1,\ y(2) = -0.5,\ y(3) = 0,\ \cdots$$

익힘 예제 5

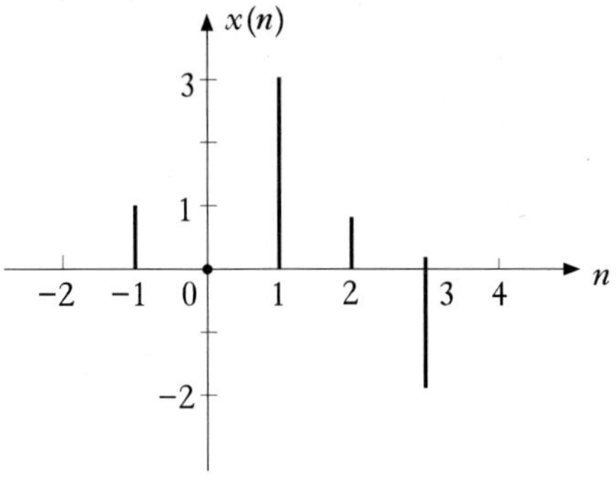
[그림 2-62]

이산신호 $x(n)$이 [그림 2-62]와 같다. 시스템 입·출력식이

$$y(n) = 0.5x(n) + x(n-1) - 1$$

이다. $x(n)$에 따른 $y(n)$을 구하고 n축상에 나타내어라.

풀이와 해설

$x(n) = \{x(-1),\ x(0),\ x(1),\ x(2),\ x(3)\}$의 5개 원소로 구성된 시퀀스이고 각각의 값은 $x(-1) = 1,\ x(0) = 0,\ x(1) = 3,\ x(2) = 1,\ x(3) = -2$이다.

n값에 대하여 $y(n)$의 값을 구한다.

$$n < -2, \quad y(n) = -1$$
$$n = -2, \quad y(-2) = 0.5x(-2) + x(-3) - 1 = 0 + 0 - 1 = -1$$
$$n = -1, \quad y(-1) = 0.5x(-1) + x(-2) - 1 = 0.5 + 0 - 1 = -0.5$$
$$n = 0, \quad y(0) = 0.5x(0) + x(-1) - 1 = 0 + 1 - 1 = 0$$
$$n = 1, \quad y(1) = 0.5x(1) + x(0) - 1 = 0.5$$
$$n = 2, \quad y(2) = 0.5x(2) + x(1) - 1 = 2.5$$
$$n = 3, \quad y(3) = 0.5x(3) + x(2) - 1 = -1$$
$$n = 4, \quad y(4) = 0.5x(4) + x(3) - 1 = -3$$
$$n = 5, \quad y(5) = 0.5x(5) + x(4) - 1 = -1$$
$$n > 5, \quad y(n) = -1$$

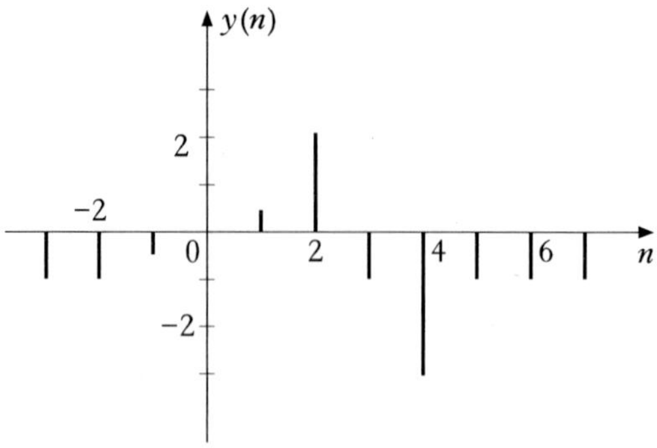

[그림 2-63]

이를 n축 상에 그리면 [그림 2-63]과 같다.

익힘 예제 6

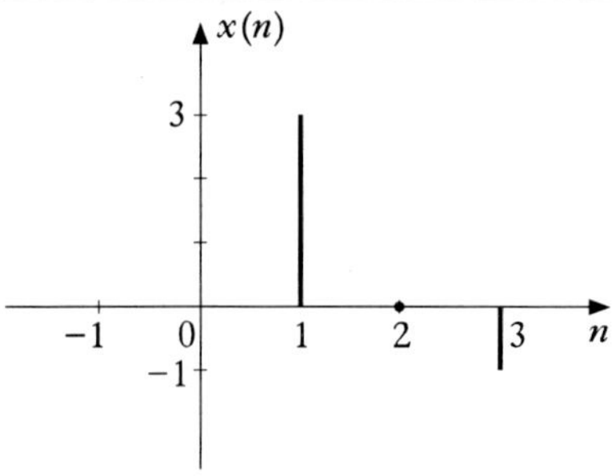

[그림 2-64]

이산신호 $x(n)$의 시퀀스가 [그림 2-64]와 같이 주어졌다. $y(-3)=0,\ y(-2)=1$일 때

$$y(n)-0.5y(n-1)=2x(n+1)-x(n)$$

인 $y(n)$의 시퀀스를 구해 n축 상에 나타내고 $y(n)$ 시퀀스의 상태를 고찰하라.

풀이와 해설

출력신호 $y(n)$의 초기치가 주어진 경우 입력 $x(n)$에 대한 $y(n)$을 구하는 문제이다.

$x(n)=\{x(1), x(2), x(3)\}$의 3개 원소로 구성된 시퀀스이고 각 원소는 $x(1)=3$, $x(2)=0$, $x(3)=-1$이다.

$y(n)=2x(n+1)-x(n)+0.5y(n-1)$을 n에 대하여 정리한다.

$$n<-1 \qquad y(n)=0$$

$$n=-1 \qquad y(-1)=2x(0)-x(-1)+0.5y(-2)=0.5$$

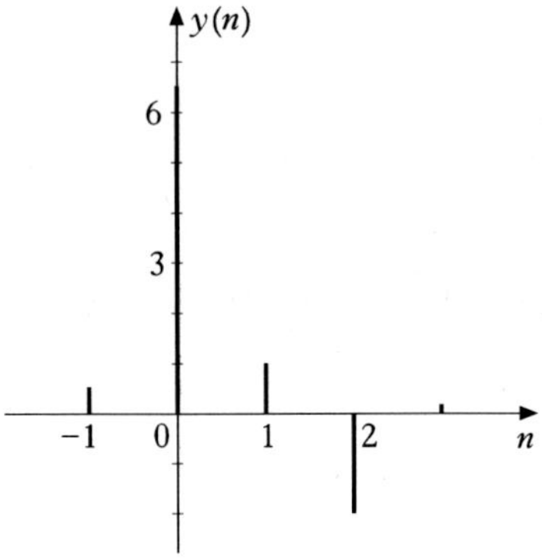

[그림 2-65]

$n=0 \quad y(0)=2x(1)-x(0)+0.5y(-1)=6.25$

$n=1 \quad y(1)=2x(2)-x(1)+0.5y(0)=0.125$

$n=2 \quad y(2)=2x(3)-x(2)+0.5y(1)=-1.9375$

$n=3 \quad y(3)=2x(4)-x(3)+0.5y(2)=0.03125$

$n=4 \quad y(4)=2x(5)-x(4)+0.5y(3)=0.015625$

$y(n)$을 n축 상에 나타낸다.[그림 2-65]

(고찰) n이 커질수록 $y(n)$은 0으로 수렴한다.
출력신호 $y(n)$이 안정하게 된다.

연 습 문 제

1. 이산신호 $x(n)$이 [그림 2-66]과 같다.

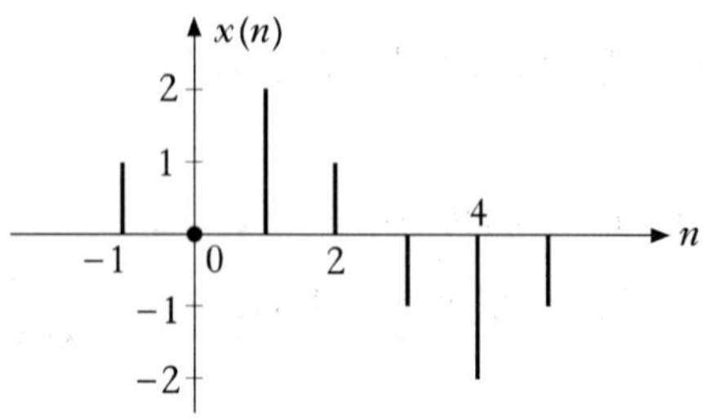

[그림 2-66]

(1) $x(n)$을 임펄스 신호들의 합으로 표현하라.

(2) $x(n+2)$와 $x(n-3)$의 파형을 그려라.

2. $x(n) = 2\delta(n+2) - 4\delta(n+1) + \delta(n-3)$의 파형을 그려라.

3. [그림 2-67]의 이산신호를 단위계단 신호의 합으로 표현하라.

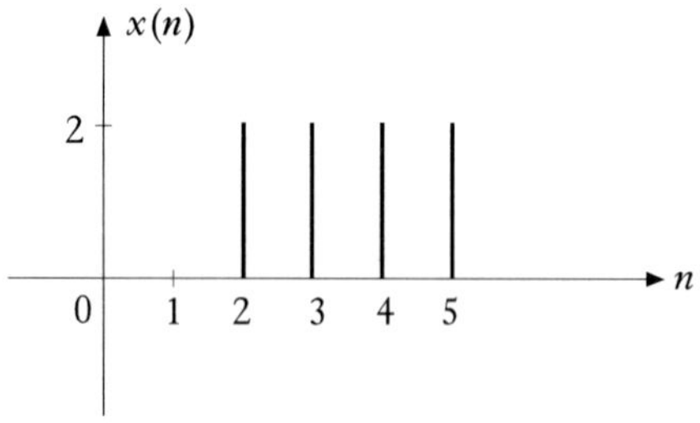

[그림 2-67]

4. 문제 3에서 $x(n)$을 임펄스 신호의 합으로 나타내어라.

5. 문제 3의 $x(n)$의 시간 이동 $x(n+4)$, $x(n-2)$의 파형을 그려라.

6. 이산신호 $x(n) = 0.5n+2,\ -1 \le n \le 3$

(1) $x(n)$의 파형을 그려라.

(2) $x(n-1)$, $x(2n)$, $x(0.25n)$ 및 $x(-5n+1)$의 파형을 그려라.

7. 이산신호 $x(n)$이 [그림 2-68]과 같다.

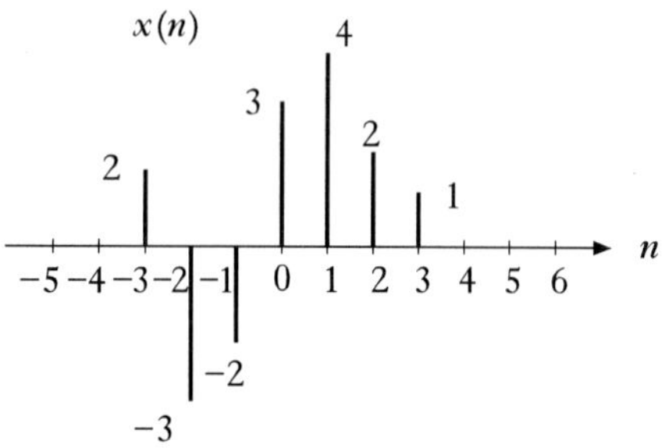

[그림 2-68]

(1) $x(n-2)$의 파형을 그려라.

(2) $x(2n)$의 파형을 그려라.

(3) $x(-n+2)$의 파형을 그려라.

(4) $x(-2n-1)$의 파형을 그려라.

8. $x(n)$ 시퀀스가 그림과 같이 주어졌다.

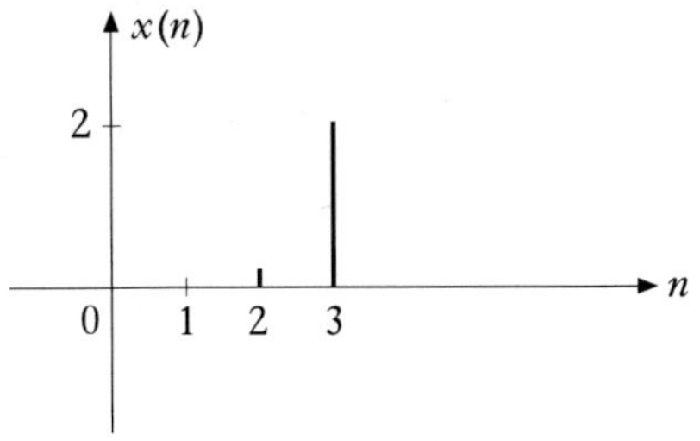

[그림 2-69]

(1) $2x(n)^2+0.5x(n-1)$의 시퀀스를 n축 상에 나타내어라.

(2) $y(n)=x(n)-4x(n-1)+2y(n-1)$의 시퀀스를 n축상에 그리고 신호형태를 설명하라.

9. 다음의 이산신호 $x(n)$을 임펄스 신호로 나타내어라.

(1) $x(n)=u(n)-u(n-5)$

(2) $x(n)=2(n-2)[u(n-4)-u(n-7)]$

(3) $x(n)=10\sin[2(n-1)][u(n)-u(n-4)]$

제 3 장 이산신호의 입출력과 시스템 이해

들어가는 말

앞의 2장에서 이산신호의 표현과 상호 계산을 이해하였다. 이를 기초로 제 3장에서는 신호의 입출력 관계를 공부한다. 신호의 입출력이 이루어지는 것을 시스템 또는 디지털 필터라 하고 디지털 필터의 입력 이산신호와 필터 자체의 신호체계가 컨벌루션(convolution)이라는 알고리즘에 의해 출력 이산신호를 만들어 낸다. 이러한 입출력 관계를 일차원 신호와 영상신호의 예를 들어 설명한다. 아울러 디지털 필터에 관한 시스템적 이해를 고찰한다.

내 용

3.1 이산신호의 형성

개념 이해

이산신호는 연속신호를 샘플링(sampling)하여 얻는다. 샘플링이란 신호 값을 불연속적으로 채집하는 과정이므로 값을 읽어 들이는 순간에만 값을 갖고 그 사이의 쉬고 있는 기간의 데이터는 알지 못한다.

따라서 샘플링하는 시간을 빠르게 할수록 데이터 수가 많고 보다 자세하며, 느리게 할수록 데이터 수가 적다. 샘플링하는 시간 주기를 샘플링 주기라 하며, 주기가 짧을수록 더 많은 데이터를 읽어들인다. 이렇게 생성된 이산신호는 결국 임펄스 신호들의 합으로 구성되고, 그 각각의 임펄스 신호를 수학적으로 표현함으로 이산신호의 수식 처리가 가능하다.

샘플링에 의한 이산신호 형성

샘플링 주기와 샘플링주파수: 연속신호를 일정시간 간격으로 읽어 들이는 것을 샘플링이라 하고, 샘플링 시간 간격을 샘플링 주기(Sampling period)라 한다. 샘플링 주기는 통상 T로 표기하고, 이산신호를 $x(nT)$로 쓸 때의 T에 해당한다. 이산신호의 표시는 $x(nT)$나 $x(n)$으로 나타낸다. $x(nT)$는 샘플링주기를 의식해서 쓴 것으로 통상 T를 생략하고 $x(n)$을 일반적으로 사용한다. 샘플링 주기의 역수가 샘플링 주파수이다. 샘플링 주파수를 f_s라고 할 때

$$f_s = \frac{1}{T} \tag{3.1}$$

이 성립한다. T와 f_s는 서로 반비례한다.

개념 이해 예제 1

[그림 3-1]의 이산신호 $x(nT)$의 샘플링 주기 T와 샘플링 주파수 f_s를 구하여라.

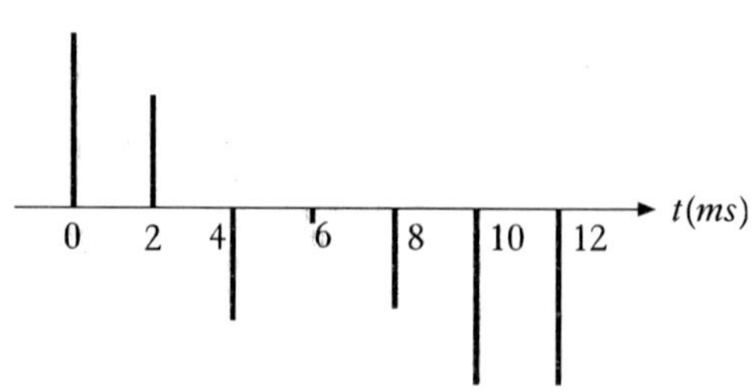

[그림 3-1]

풀이와 해설

[그림 3-1]에서 한 눈금이 2(ms)이고, 이것이 샘플링 주기 T이다.

$$T = 2(ms),\ f = \frac{1}{T} = \frac{1}{2 \times 10^{-3}} = 500(Hz)$$

샘플링 주기와 이산신호: 연속신호 $x(t)$를 샘플링하여 이산신호로 만드는 과정을 [그림 3-2]에 보였다.

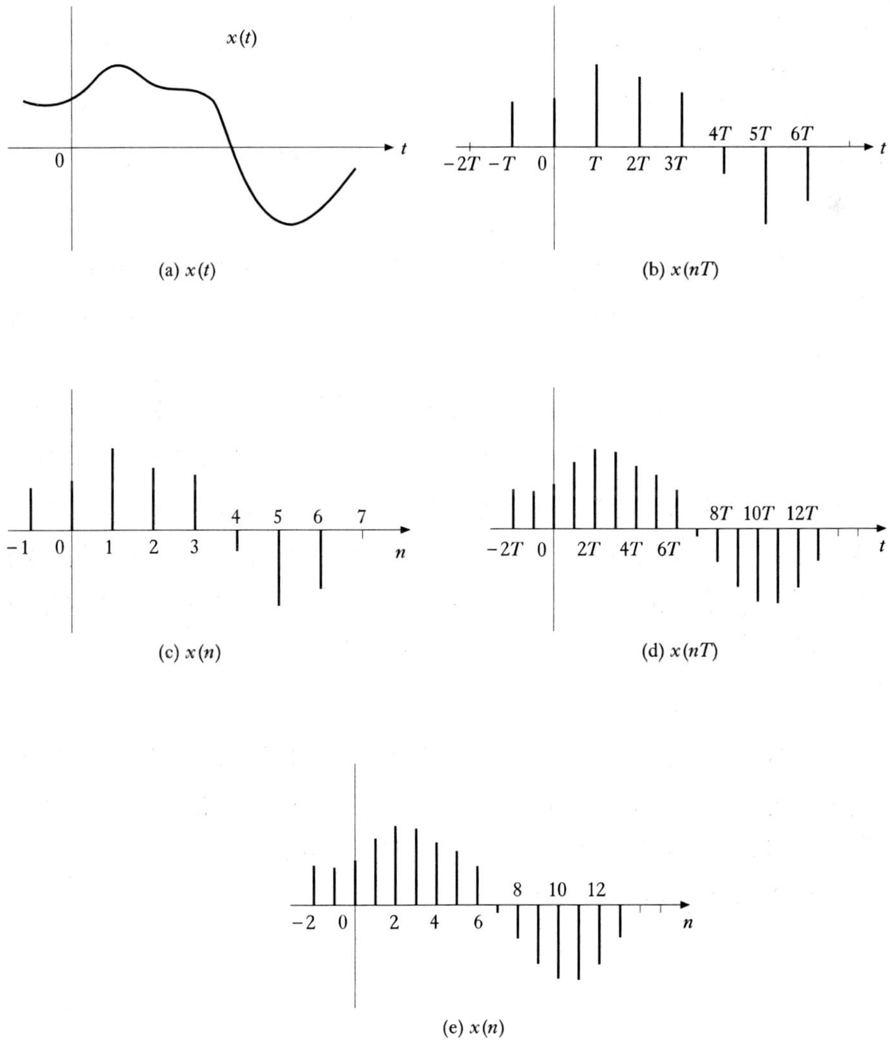

[그림 3-2]

[그림 3-2 설명]

그림 (a): 본래의 아날로그 신호 $x(t)$

그림 (b): $x(t)$를 샘플링한 이산신호로서 시간축 t상에 표시하며 샘플링 주기 T를 식에 포함시켜 $x(nT)$로 나타낸다.

그림 (c): 그림 (b)에서 샘플링 주기 T를 생략하고, 시간 t의 개념이 없어진 형태의 이산신호 $x(n)$. 이때 이산신호는 크기만을 갖고 있는 값들의 집합인 수열(sequence)개념으로 표기된다.

그림 (d): 그림 (b)와 동일한 형태로서 샘플링 주기 T가 그림 (b)보다 반으로 줄어든 형태. 이산신호가 시간축 t상에서 $x(nT)$로 표기됨은 그림 (b)의 경우와 같다.

그림 (e): 그림 (d)에서 샘플링 주기 T를 생략하고 수열축 n상에서 $x(n)$으로 이산신호를 표기한 형태. 이때 이산신호는 그림 (c)와 같이 수열이 된다.

[그림 3-2]의 (a)~(e)는 이산신호의 중요한 개념을 보여주고 있다. 그림 (b)~(e)는 아날로그 신호 $x(t)$를 샘플링하여 이산신호로 만드는 과정을 보이고 있다. 그림 (b)와 (c)는 그림 (d)와 (e)보다 작다.

(d)와 (e)가 (b)와 (c)보다 정보량이 많고 보다 정확하게 샘플링하였다고 볼 수 있다. 그림 (b)와 (c)의 차이점은, 그림 (b)는 시간축 t상에 그림 (c)는 시퀀스축 n상에 표시된다는 점이다. n축상에 표기되면 시간 개념은 사라지고 데이터 수만 남는다. t축상에 표기하면 샘플링 주기 T와 함께 시간개념을 고려하겠다는 뜻이다. 실제 이산신호처리 과정에 사용되는 것은 그림 (c)와 (e)와 같이 n축 상에 표기된 $x(n)$ 신호이다. 그림 (b)나 (d)는 샘플링 주기 T가 내재되어 있으며 신호분석과정에서 시간 T의 정보를 제공한다.

샘플링 주기 T의 중요성: 연속신호 $x(t)$를 샘플링하여 이산신호 $x(n)$으로 만들면 시간 개념이 사라진다. 이산신호 $x(n)$을 분석하거나 필터를 통과시킬 때 샘플링 주기 T는 새로 형성된 주파수축 상의 값을 알려주는 중요한 정보를 제공한다. $x(n)$만을 가지고는 주파수축 상의 눈금이 몇 Hz에 해당하는가를 알 도리가 없다.

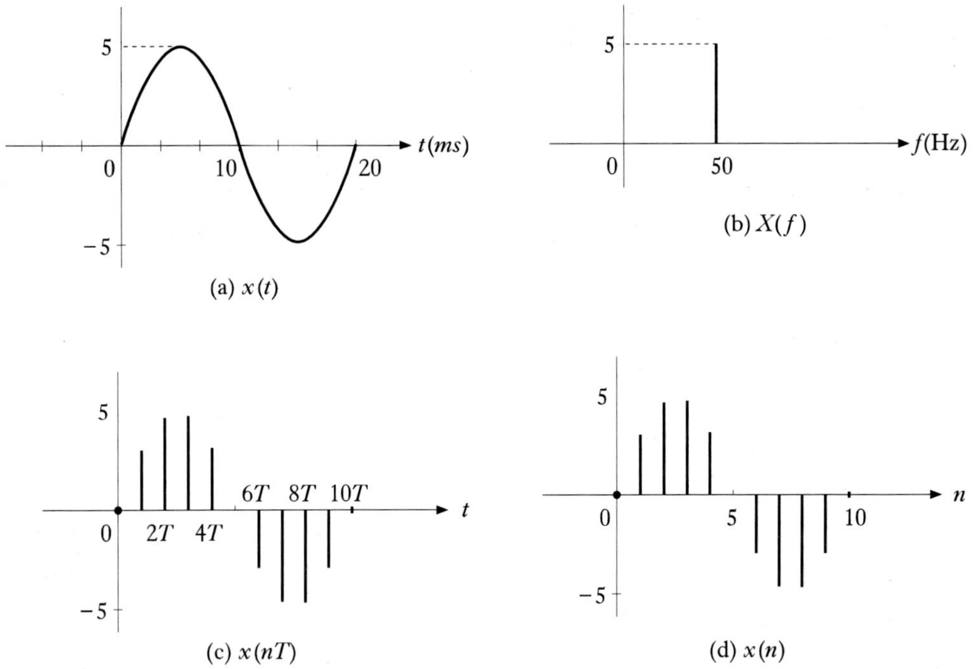

[그림 3-3]

가령 예를 들어, [그림 3-3]에서 어떤 정현파 신호 $x(t)$를 주파수 분석하였다고 하자. 이 정현파는 하나의 주파수만 있으므로 [그림 3-3(b)]처럼 주파수축 상에 하나의 값만 있다. 한 주기가 $20ms$이므로 주파수 $f = \dfrac{1}{20 \times 10^{-3}} = 50(Hz)$이다. 그림 (c)는 그림 (a)의 $x(t)$를 샘플링 주기 $T=2(ms)$로 샘플링한 것이며, 시간축 t상에 T가 명시되어 있어서 한 주기 시간을 계산할 수 있다. $T=2(ms)$이고 $10T$까지 진행함으로 그림 (c) 이산신호의 한 주기는 $2(ms) \times 10 = 20(ms)$이다. 이를 주파수로 환산하면 $f = \dfrac{1}{20 \times 10^{-3}} = 50(Hz)$로서 그림 (b)와 같은 스펙트럼을 얻을 수 있다. 그러나 n축상에 표기된 이산신호 $x(n)$ 자체에는 시간 개념이 없으므로 이를 주파수 분석 하였을 때 주파수 값을 알 도리가 없다. 실제의 여러 주파수 분석 소프트웨어 상에서 신호 분석시 입력되는 신호데이터는 그림 (d)의 $x(n)$ 형태이기 때문에 새로운 축상의 눈금값을 메기기 위해 반드시 샘플링 주기나 샘플링 주파수 값을 지정하도록 되어 있다.

3.2 이산신호의 입출력: 컨벌루션

개념 이해

시간 영역에서 신호의 입·출력은 컨벌루션에 의해 수학적으로 처리한다. 그 수학적 접근에 관해서는 이미 다른 책들 속에 자세히 서술되어 있으므로, 본 단원에서는 상세히 다루지 않겠다. 컨벌루션은 신호체계들이 서로 얽혀져 하나의 새로운 신호를 형성하는 과정이라고 할 수 있다. 매우 흔한 예로서, 필터가 그 대표적인 경우이다. 입력측으로 인가된 입력 신호가 필터 자체의 신호체계와 맞물려 새로운 신호를 출력측으로 방출한다. 이는 입력측 신호와 필터 내부의 신호처리 양상 사이에 모종의 상관관계가 있음을 의미한다. 이러한 신호의 입·출력 상관관계를 컨벌루션(convolution)이라고 부르고, 수식적으로는 시간함수로 표현된 신호들의 적분 형태를 갖는다. 다시 말하면 [그림 3-4(a)]와 같은 회로망에서 입력측 신호 $x(t)$가 회로망 자체의 신호체계 $h(t)$와 서로 엮어져서 $y(t)$라는 신호를 만들어 낸다. [그림 3-4(b)]는 이산시스템의 컨벌루션이다.

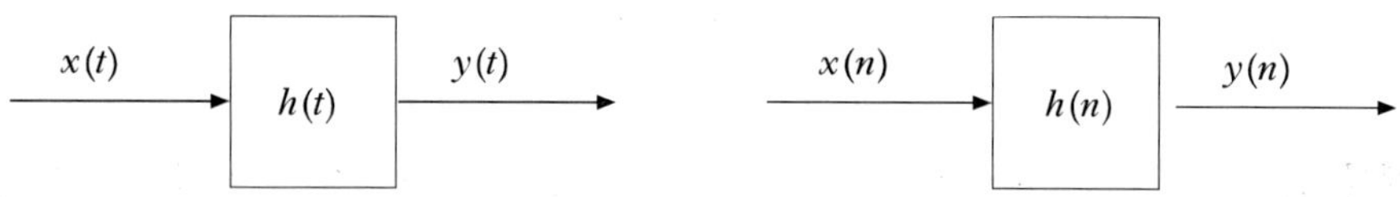

$y(t)=x(t)*h(t)$ (a) $y(n)=x(n)*h(n)$ (b)

[그림 3-4]

"*" 부호는 컨벌루션을 의미한다. 곱셈이 아니므로 착오 없기 바란다.

수식적 표현과 그림으로의 이해

컨벌루션의 기본 개념은 역신호, 신호의 곱과 합성이다. 합성은 적분 $\int$ 이나 $\sum$ 형태로 나타난다.

이산시스템 :

$$\begin{aligned} y(n) &= x(n)*h(n) \\ &= h(n)*x(n) \\ &= \sum_{k=-\infty}^{\infty} h(k)x(n-k) = \sum_{k=-\infty}^{\infty} x(k)h(n-k) \end{aligned} \tag{3.2}$$

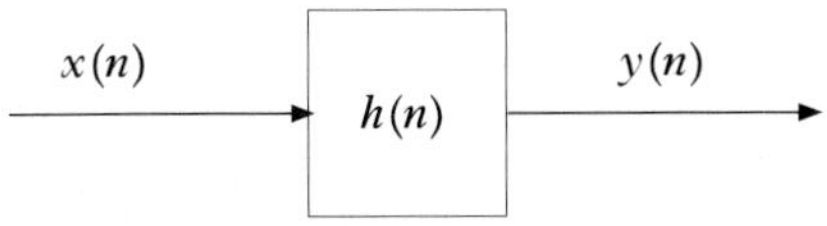

$y(n) = x(n) * h(n)$

[그림 3-5]

연속시스템 :

$$
\begin{aligned}
y(t) &= x(t) * h(t) \\
&= h(t) * x(t) \\
&= \int_0^t h(\tau)x(t-\tau)d\tau = \int_0^t x(\tau)h(t-\tau)d\tau \quad (3.3)
\end{aligned}
$$

<식 3.2 설명>

위 수식은 두 함수의 곱에 대한 적분으로서, 본래의 시간함수 $x(n)$나 $h(n)$을 약간 변형하고 있다. 수식이 갖는 의미를 면밀히 살펴보자. 주어진 함수 $h(n)$이나 $x(n)$은 n의 함수이지만, 두 함수를 컨벌루션하기 위해서는 n을 k로 대치한다[그림 3-6]. 그리고 두 함수 중에 임의로 어느 하나를 선택하여, 2차 평면의 y축을 기준으로 뒤집는다. 그러면 $h(k)$는 $h(-k)$이 되고, $x(k)$를 선택하였다면 $x(k) \rightarrow x(-k)$가 될 것이다. 나머지 함수는 그대로 둔 채, 뒤집혀진 함수를 2차 평면 상의 가로축(+)방향으로 진행시켜가면서 나머지 함수와 곱하여 각각의 n에서 $\sum$값을 구한다. 이때 n은 $-\infty \sim +\infty$의 가로축 방향의 값이다.

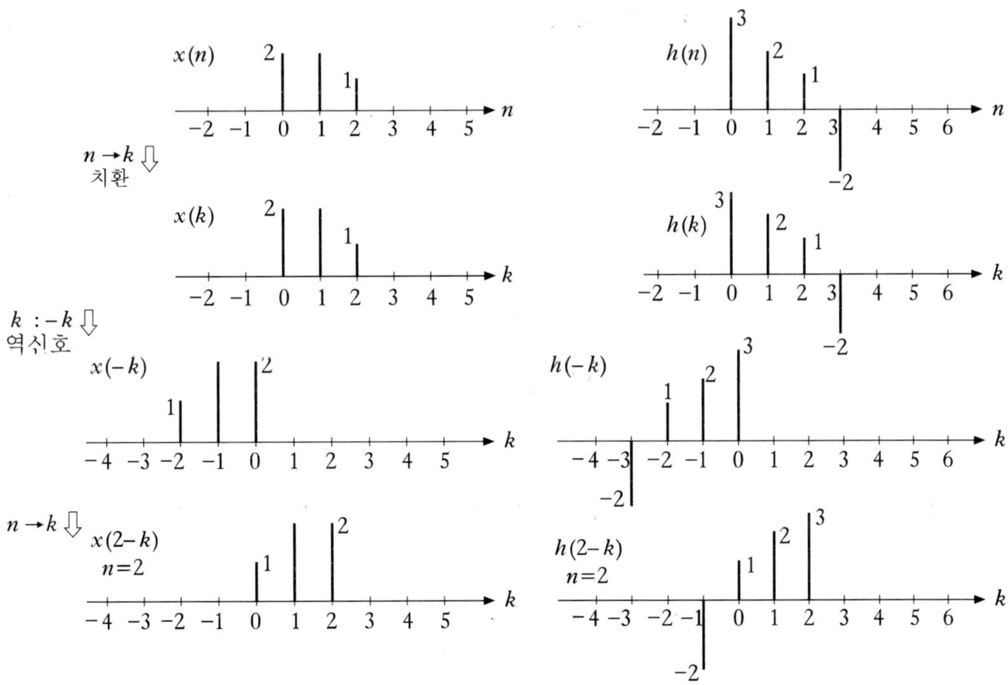

[그림 3-6]

식 (3.3)에서도 마찬가지로 설명된다.

$$\int_0^t h(\tau)x(t-\tau)d\tau$$

i) $h(t)$, $x(t)$에서 $t=\tau$로 치환하여 $h(\tau)$, $x(\tau)$로 놓는다.
ii) $x(\tau)$를 y축을 중심으로 뒤집은 역신호 $x(-\tau)$를 만든다.
iii) $x(-\tau)$를 시간 t에 대해 이동하는 시간이동 신호 $x(t-\tau)$로 만든다. 이때 $h(\tau)$는 고정된다.
iv) $h(\tau)$와 $x(t-\tau)$를 곱한 후 $0 \sim t$ 범위에서 적분한다.

<식 3.2 유도와 해설>

이산시스템도 시간영역에서 입·출력신호의 관계는 컨벌루션에 의해 설명된다. 다음 [그림 3-5]에서와 같이 입력신호 $x(n)$과 출력신호 $y(n)$ 그리고 시스템 전달함수 신호체계 $h(n)$이 있을 때, 입·출력 신호의 상호 관계를 함수적으로 설정한다.

$$y(n) = f[x(n)] \quad \cdots①$$

입력신호 $x(n)$은, 앞에서 살펴본 바와 같이, 임펄스 신호들의 합이다.

$$x(n) = \sum_{k=-\infty}^{\infty} x(k)\delta(n-k) \quad \cdots②$$

식 ②를 식 ①에 대입한다.

$$y(n) = f\left[\sum_{k=-\infty}^{\infty} x(k)\delta(n-k)\right] \quad \cdots③$$

식 ③의 우변에서 $\sum$와 $x(k)$는 n의 함수가 아니므로 함수 f밖으로 끌어낸다.

$$y(n) = \sum_{k=-\infty}^{\infty} x(k)f[\delta(n-k)] \quad \cdots④$$

식 ④는 $x(k)$와 $f[\delta(n-k)]$라는 두 개의 신호 체계의 곱이다. 여기서 $f[\delta(n-k)]$를 다른 함수로 놓는다.

$$h(n-k) = f[\delta(n-k)] \qquad \cdots⑤$$

식 ⑤를 식 ④에 대입한다.

$$y(n) = \sum_{k=-\infty}^{\infty} x(k)h(n-k) \qquad \cdots⑥$$

식 ⑥은 곧 컨벌루션의 정의식이기도 하다. 식 ⑥을 정리한다.

$$y(n) = x(n) * h(n) = \sum_{k=-\infty}^{\infty} x(k)h(n-k)$$

개념 이해 예제 2

[그림 3-6]의 $x(n)$과 $h(n)$의 컨벌루션

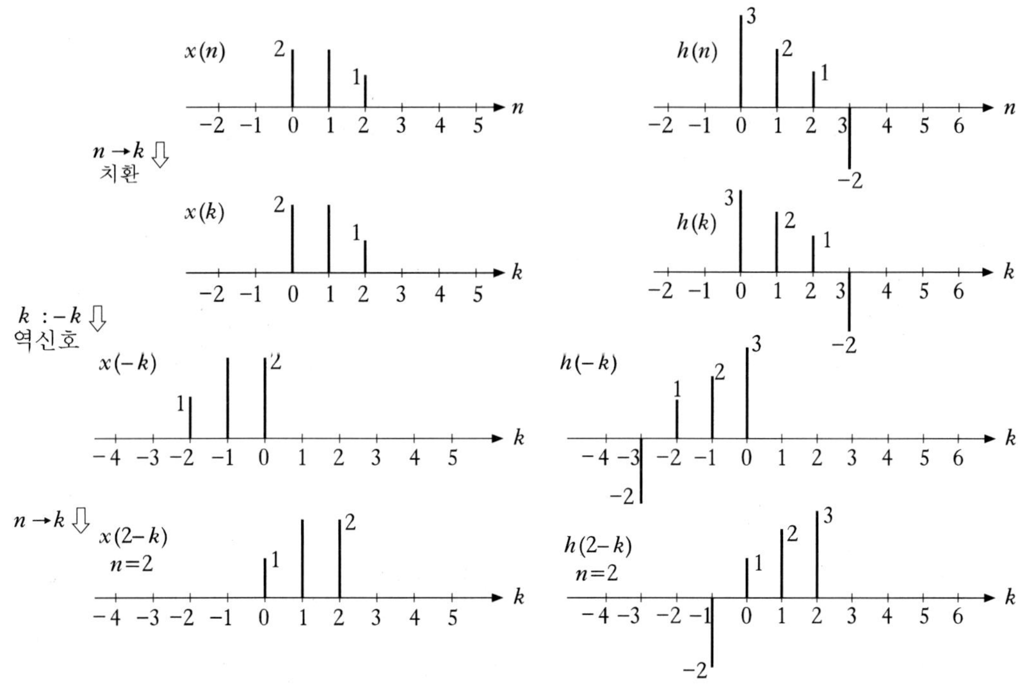

[그림 3-6]

$$x(n)*h(n) = \sum_{k=-\infty}^{\infty} h(k)x(n-k)$$
$$= \sum_{k=-\infty}^{\infty} x(k)h(n-k)$$

의 두 경우에 대하여 그 결과를 그림을 통해 산출하라.

풀이와 해설

(1) $x(n)*h(n) = \sum_{k=-\infty}^{\infty} h(k)x(n-k)$

여기서는 $x(n-k)$에 $-k$가 있으므로 $x(n)$에서 n을 k로 치환하여 $x(k)$를 얻고 그 $x(k)$의 역신호 $x(-k)$를 얻은 다음 n을 변화시키면서 값을 구한다. 이때 $h(n)$은 일단 $h(k)$로 치환된 후 제자리에 꿈쩍 않고 서있게 된다. n을 k로 치환한 것은 이미 [그림 3-6]에서 구했으므로 $h(k)$를 고정시키고 뒤집어진 $x(-k)$를 이동시키는 과정을 살펴본다.

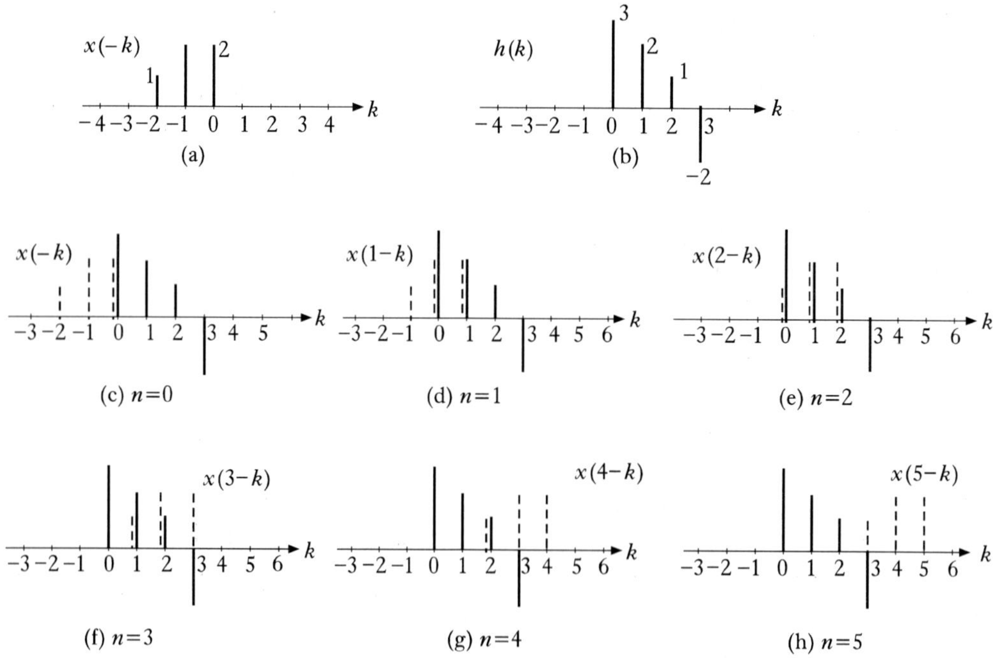

[그림 3-7]

수식 $\sum_{k=-\infty}^{\infty} h(k)x(n-k)$는 $h(k)$와 $x(n-k)$의 겹쳐진 곳을 곱한 다음 그 값들을 모두 더하라는 의미이다.

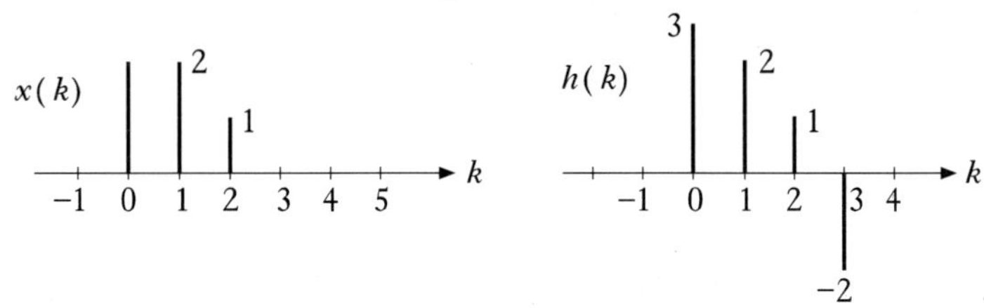

$x(0)=2, x(1)=2, x(2)=1$
나머지는 모두 0

$h(0)=3, h(1)=2, h(2)=1, h(3)=-2$
나머지는 모두 0

[그림 3-8]

i) $n=0$, (그림 (c))

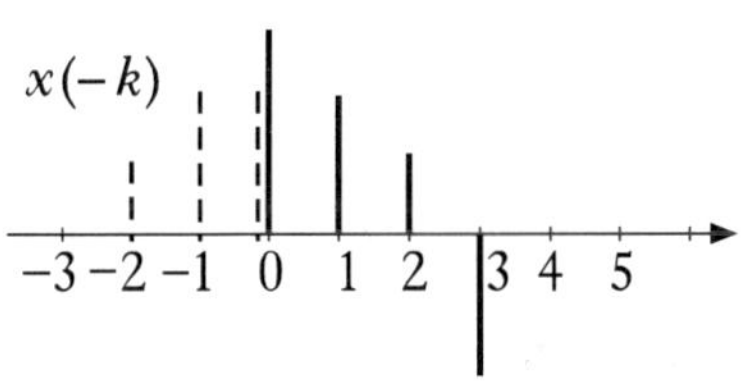

(c) $n=0$

그림 (c)는 겹쳐진 곳이 하나이고 그 값은 $2\times 3=6$이다. 수식으로 쓰면

$$\sum_{k=0}^{3} h(k)x(n-k) = h(0)x(0-0)+h(1)x(-1) + h(2)x(-2)+h(3)x(-3)$$

[그림 3-8]에서 보는 바와 같으니, 이로써 위 수식을 다시 살펴보면

$$\underset{3}{h(0)}\,\underset{2}{x(0)} + \underset{2}{h(1)}\,\underset{0}{x(-1)} + \underset{1}{h(2)}\,\underset{0}{x(-2)} + \underset{-2}{h(3)}\,\underset{0}{x(-3)} = 6$$

가 되어 결국은 $\sum_{k=0}^{3} h(k)x(0-k)=6$이다. 즉 $n=0$일 때는 6이다.

ii) $n=1$, (그림 (d))

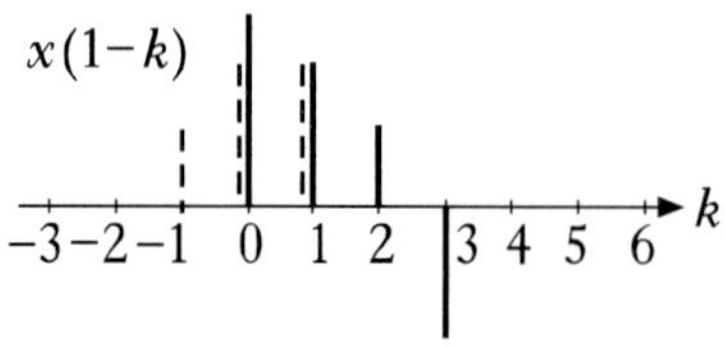

(d) $n=1$

그림 (d)는 겹쳐지는 곳이 둘 있다. 그 값은 $3\times2+2\times2=10$, 즉 $n=1$일 때는 10이다. 수식으로 보면

$$\sum_{k=0}^{3} h(k)x(1-k) = \underset{3}{h(0)}\,\underset{2}{x(1)} + \underset{2}{h(1)}\,\underset{2}{x(0)} + \underset{1}{h(2)}\,\underset{0}{x(-1)} + \underset{-2}{h(3)}\,\underset{0}{x(-2)} = 10$$

iii) $n=2$, (그림 (e))

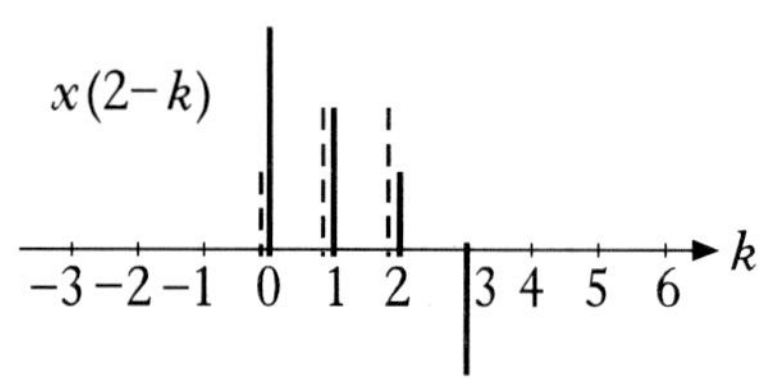

(e) $n=2$

그림 (e)는 겹쳐지는 곳이 셋 있다. 그 값은 $3\times1+2\times2+1\times2=9$, 즉 $n=2$일 때는 9이다. 수식으로 보면

$$\sum_{k=0}^{3} h(k)x(2-k) = \underset{3}{h(0)}\,\underset{1}{x(2)} + \underset{2}{h(1)}\,\underset{2}{x(1)} + \underset{1}{h(2)}\,\underset{2}{x(0)} + \underset{-2}{h(3)}\,\underset{0}{x(-1)} = 9$$

iv) $n=3$, (그림 (f))

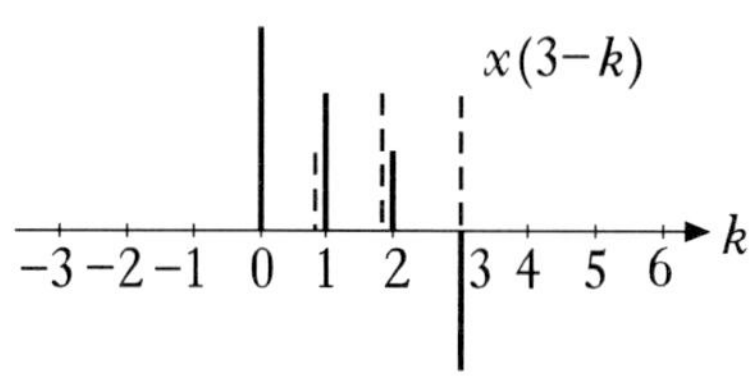

(f) $n=3$

그림 (f)는 겹쳐지는 곳이 셋 있다. 그 값은 $2\times1+1\times2+(-2)\times2=0$, 즉 $n=3$ 일 때는 0이다. 수식으로 보면

$$\sum_{k=0}^{3} h(k)x(3-k) = \underset{3}{h(0)}\,\underset{0}{x(3)} + \underset{2}{h(1)}\,\underset{1}{x(2)} + \underset{1}{h(2)}\,\underset{2}{x(1)} + \underset{-2}{h(3)}\,\underset{2}{x(0)} = 0$$

v) $n = 4$, (그림 (g))

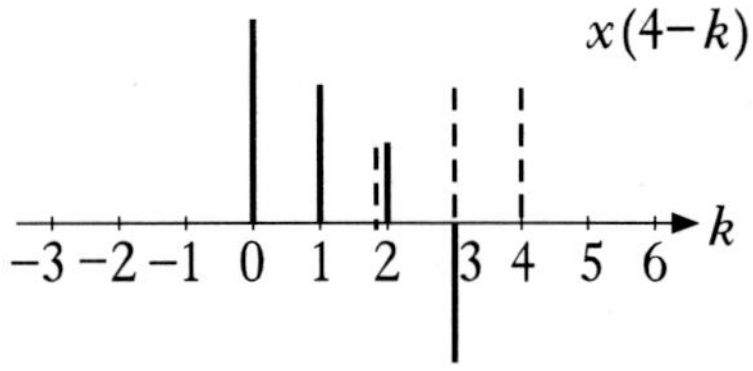

(g) $n=4$

그림 (g)는 겹쳐지는 곳이 둘 있다. 그 값은 $1\times1+(-2)\times2=-3$, 즉 $n=4$일 때는 -3이다. 수식으로 보면

$$\sum_{k=0}^{3} h(k)x(4-k) = \underset{3}{\underline{h(0)}}\,\underset{0}{\underline{x(4)}} + \underset{2}{\underline{h(1)}}\,\underset{0}{\underline{x(3)}} + \underset{1}{\underline{h(2)}}\,\underset{1}{\underline{x(2)}} + \underset{-2}{\underline{h(3)}}\,\underset{2}{\underline{x(1)}} = -3$$

vi) $n = 5$, (그림 (h))

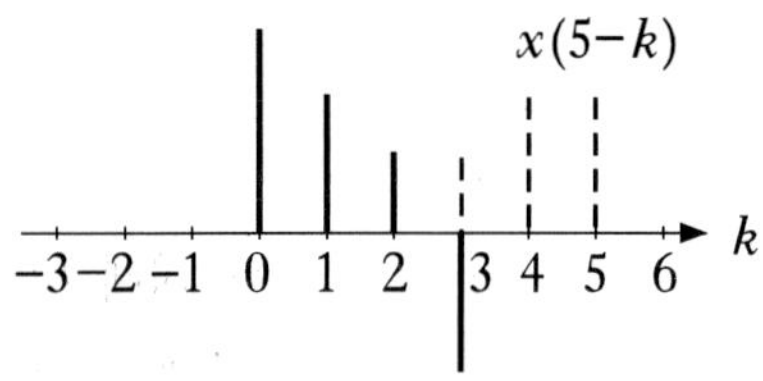

(h) $n=5$

그림 (h)는 겹치는 곳이 하나이다. 그 값은 $(-2)\times1=-2$, 즉 $n=5$일 때는 -2이다.

$$\sum_{k=0}^{3} h(k)x(5-k) = \underset{3}{\underline{h(0)}}\,\underset{0}{\underline{x(5)}} + \underset{2}{\underline{h(1)}}\,\underset{0}{\underline{x(4)}} + \underset{1}{\underline{h(2)}}\,\underset{0}{\underline{x(3)}} + \underset{-2}{\underline{h(3)}}\,\underset{1}{\underline{x(2)}} = -2$$

그리고 $n=6, 7, 8, \cdots$ 에서는 겹치는 곳이 없으므로 모두 0이다. $n=-1, -2, \cdots$ 에서도 모두 0이다. 결과를 정리하면

$x(n)*h(n) = \sum_{k=0}^{3} h(k)x(n-k)$는 $n = 0, 1, 2, 3, 4, 5$에서 $\{6, 10, 9, 0, -3, -2\}$이다.

이를 그림으로 나타내면 [그림 3-9]이다.

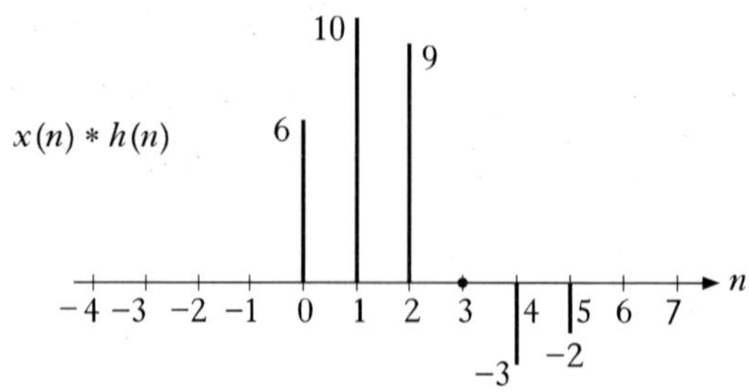

[그림 3-9]

여기서 중요한 사실은 $\sum_{k=0}^{3}$의 범위 $k=0\sim3$이다. $k=0\sim3$은 바로 고정시킨 $h(n)$의 범위임을 잊어서는 안된다. 만약 $x(n)$을 고정시키면 $\sum_{k=0}^{2}$가 된다. 다음 설명이 그러한 예이다.

(2) $x(n)*h(n) = \sum_{k=-\infty}^{\infty} x(k)h(n-k)$

이 식은 $x(k)$를 고정시키고 $h(k)$를 역신호 취하여 $h(-k)$로 하고 n에 대해 $h(n-k)$를 이동하면서 겹치는 곳을 곱한 후 그 결과를 더하는 과정이다. 이때 $\sum$에서 k의 범위는 고정시킨 이산신호 $x(k)$의 0, 1, 2이다. $h(n-k)$가 이동하면서 고정된 $x(k)$에서 처리되는 과정을 [그림 3-10]에 보였다.

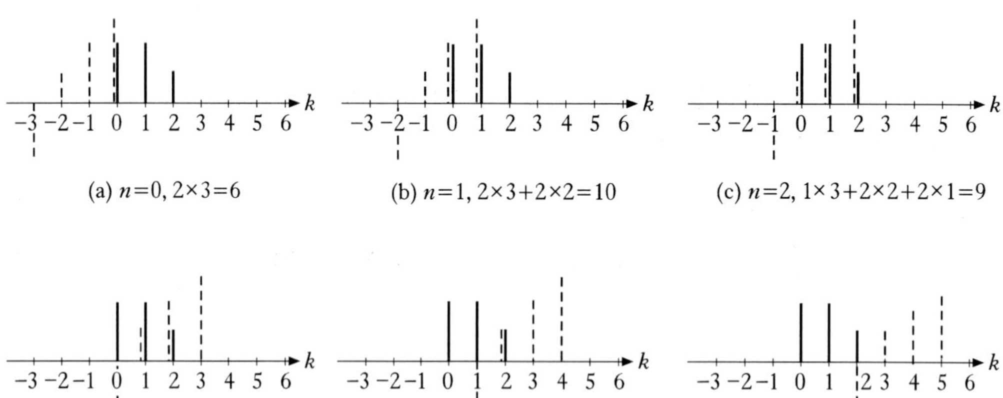

(a) $n=0,\ 2\times3=6$
(b) $n=1,\ 2\times3+2\times2=10$
(c) $n=2,\ 1\times3+2\times2+2\times1=9$
(d) $n=3,\ 1\times2+2\times1+2\times(-2)=0$
(e) $n=4,\ 1\times1+2\times(-2)=-3$
(f) $n=5,\ 1\times(-2)=-2$

[그림 3-10]

그림을 통해 겹쳐지는 곳들을 곱하여 모두 더하는 과정은 이미 앞에서 설명하였으므로 [그림 3-10]을 자세히 보면 보는 것으로 대신하고 수식으로 보는 것을 소개한다. 이때 더하는 범위 $\sum$에서 $k = 0, 1, 2$로서 모두 같다.

i) $n=0$, $$\sum_{k=0}^{2} x(k)h(-k) = \underset{2}{x(0)}\,\underset{3}{h(0)} + \underset{2}{x(1)}\,\underset{0}{h(-1)} + \underset{1}{x(2)}\,\underset{0}{h(-2)} = 6$$

ii) $n=1$, $$\sum_{k=0}^{2} x(k)h(1-k) = \underset{2}{x(0)}\,\underset{2}{h(1)} + \underset{2}{x(1)}\,\underset{3}{h(0)} + \underset{1}{x(2)}\,\underset{0}{h(-1)} = 10$$

iii) $n=2$, $$\sum_{k=0}^{2} x(k)h(2-k) = \underset{2}{x(0)}\,\underset{1}{h(2)} + \underset{2}{x(1)}\,\underset{2}{h(1)} + \underset{1}{x(2)}\,\underset{3}{h(0)} = 9$$

iv) $n=3$, $$\sum_{k=0}^{2} x(k)h(3-k) = \underset{2}{x(0)}\,\underset{-2}{h(3)} + \underset{2}{x(1)}\,\underset{1}{h(2)} + \underset{1}{x(2)}\,\underset{2}{h(1)} = 0$$

v) $n=4$, $$\sum_{k=0}^{2} x(k)h(4-k) = \underset{2}{x(0)}\,\underset{0}{h(4)} + \underset{2}{x(1)}\,\underset{-2}{h(3)} + \underset{1}{x(2)}\,\underset{1}{h(2)} = -3$$

vi) $n=5$, $$\sum_{k=0}^{2} x(k)h(5-k) = \underset{2}{x(0)}\,\underset{0}{h(5)} + \underset{2}{x(1)}\,\underset{0}{h(4)} + \underset{1}{x(2)}\,\underset{-2}{h(3)} = -2$$

결과를 정리하면, $n = 0, 1, 2, 3, 4, 5$에서 그 결과는 $\{6, 10, 9, 0, -3, -2\}$이다. 앞의 (1) 과정과 동일한 결과를 얻었음을 확인할 수 있다. $x(n) * h(n)$의 결과 그림은 [그림 3-11]이다. [그림 3-9]와 일치함을 알 수 있다.

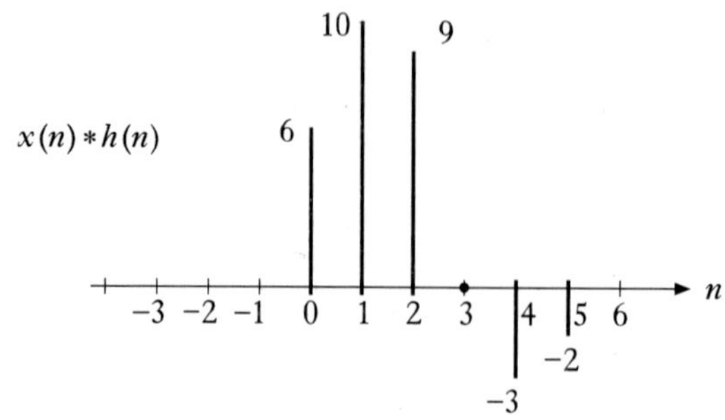

[그림 3-11]

앞의 개념 이해 예제 2는 컨벌루션을 이해하는데 매우 중요한 예제이니 몇 번이고 풀어 보아서 이산신호에서의 컨벌루션을 완전히 이해하기 바란다. 컨벌루션의 수식을 아래에 다시 정리하고 고찰한다.

$$
\begin{aligned}
y(n) &= x(n) * h(n) \\
&= h(n) * x(n) \\
&= \sum_{k=x_1}^{x_n} x(k)h(n-k): \ x(k)\text{고정},\ h(-k)\text{를 이동}, \\
&\quad \sum \text{범위는 } x(k)\text{신호의 범위},\ x_1 \sim x_n \\
&= \sum_{k=h_1}^{h_n} h(k)x(n-k): \ h(k)\text{고정},\ x(-k)\text{를 이동}, \\
&\quad \sum \text{범위는 } h(k)\text{신호의 범위},\ h_1 \sim h_n
\end{aligned}
$$

이상의 이산신호 컨벌루션 계산 과정은 실제 컴퓨터에서 처리하는 과정과 동일하다. 계산이 가능하려면 디지털 필터의 $h(n)$을 알고 있어야 한다. 입력신호 $x(n)$과 디지털 필터의 신호체계 $h(n)$을 알고 있는 상태에서 그 값들을 메모리에 번지수를 지정하여 저장한 후 $\sum$ 계산에 따라 하나씩 불러와서 연산하여 최종 출력 값을 나타낸다.

개념 이해 예제 3

[그림 3-12] 두 신호의 컨벌루션 $y(n) = x(n) * h(n)$ 과정을 그림과 수식을 통해 설명하여라.

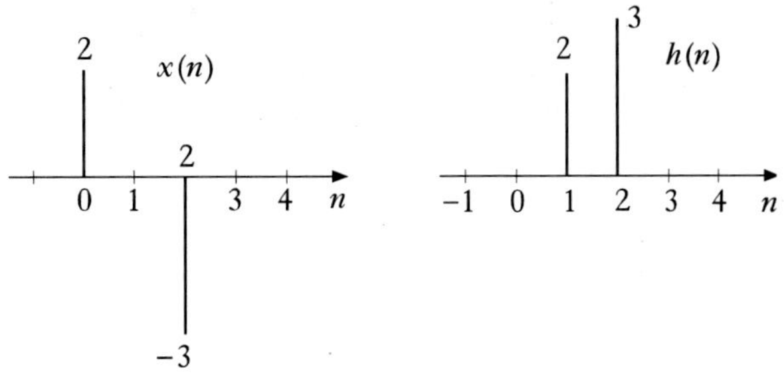

[그림 3-12]

풀이와 해설

컨벌루션의 수식을 먼저 음미해 보자.

$$\sum_{k=-\infty}^{\infty} h(k)x(n-k) = \sum_{k=-\infty}^{\infty} x(k)h(n-k) \qquad \cdots ①$$

i) 식 ①은 모두 $x(n)$과 $h(n)$을 $n=k$로 일단 치환하였다. n축이 k축으로 바뀌었다.[그림 3-13(a)]

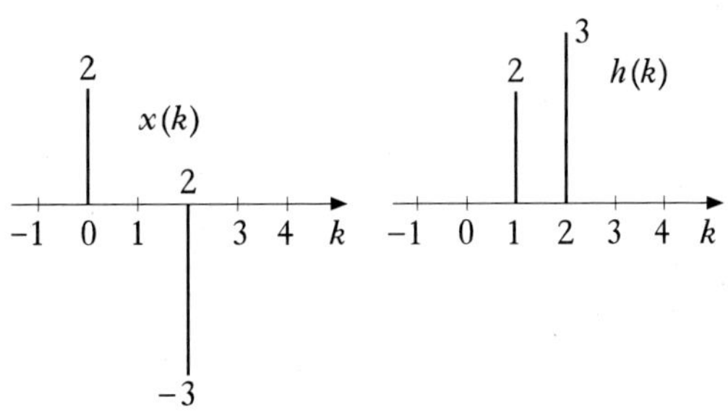

(a)

$x(k): x(0) = 2,\ x(2) = -3$
$h(k): h(1) = 2,\ h(2) = 3$
이 값은 수식 계산시 계속 사용한다.

ii) $x(k)$와 $h(k)$의 역신호 $x(-k)$와 $h(-k)$를 구한다.(그림 (b))

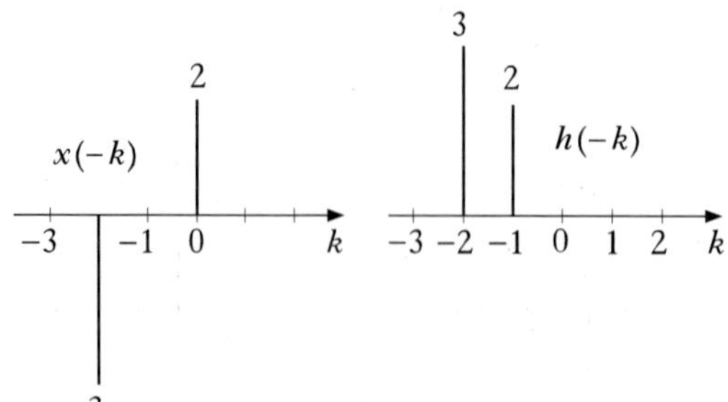

(b)

iii) $\sum_{k=-\infty}^{\infty} h(k)x(n-k)$: $h(k)$는 그대로 두고 $x(-k)$를 n에 따라 왼쪽에서 오른쪽으로 이동시키면서 겹치는 신호들을 서로 곱한 후 그 결과를 모두 더한다. $h(k)$가 $k=1, 2$에서만 값이 있으므로 $\sum_{k=1}^{2}$로 제한한다.

① $n=0$일 때, 겹치는 부분이 없다.(그림 (c))

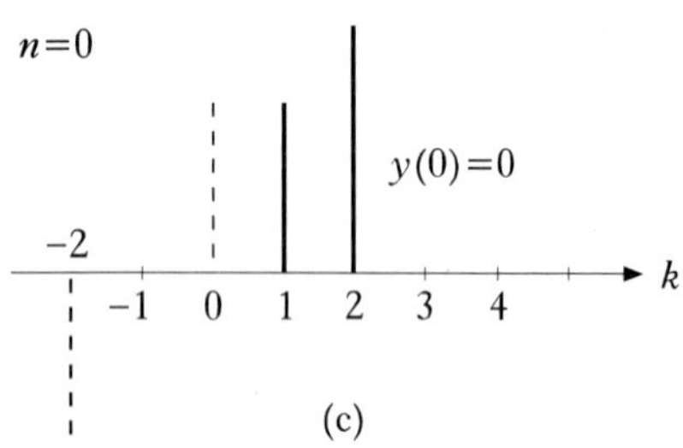

(c)

$$y(0) = \sum_{k=1}^{2} h(k)x(0-k)$$
$$= h(1)x(-1) + h(2)x(-2)$$
$$= 2\times 0 + 3\times 0$$
$$= 0$$

② $n=1$일 때, $k=1$에서 겹친다.(그림 (d))
겹친 부분의 값을 서로 곱한다.

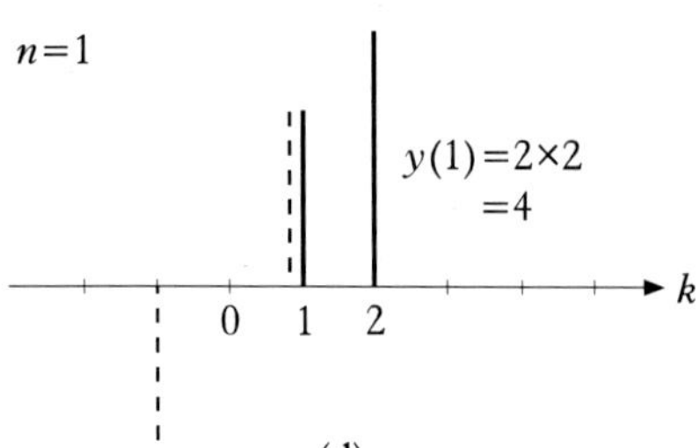

(d)

$$y(1) = \sum_{k=1}^{2} h(k)x(1-k)$$
$$= h(1)x(0) + h(2)x(1)$$
$$= 2\times 2 + 3\times 0$$
$$= 4$$

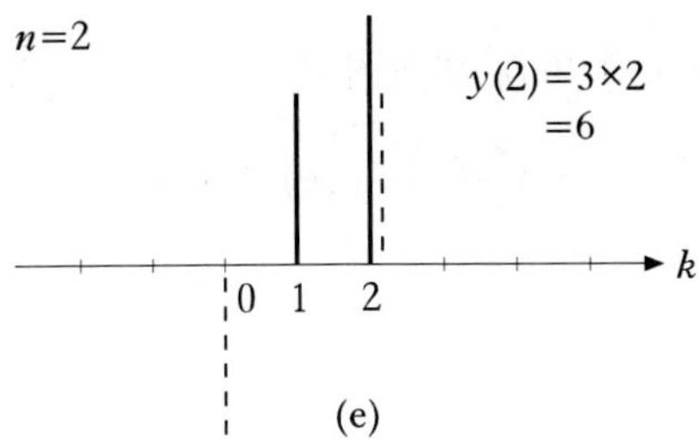

(e)

③ $n=2$일 때, $k=2$에서 겹친다.(그림 (e))

$$
\begin{aligned}
y(2) &= \sum_{k=1}^{2} h(k)x(2-k) \\
&= h(1)x(1)+h(2)x(0) \\
&= 2\times 0+3\times 2 \\
&= 6
\end{aligned}
$$

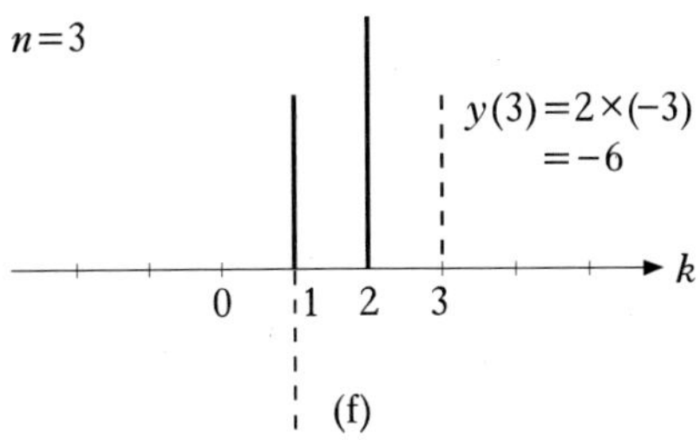

(f)

④ $n=3$일 때, $k=1$에서 겹친다.(그림 (f))

$$
\begin{aligned}
y(3) &= \sum_{k=1}^{2} h(k)x(3-k) \\
&= h(1)x(2)+h(2)x(1) \\
&= 2\times(-3)+3\times 0 \\
&= -6
\end{aligned}
$$

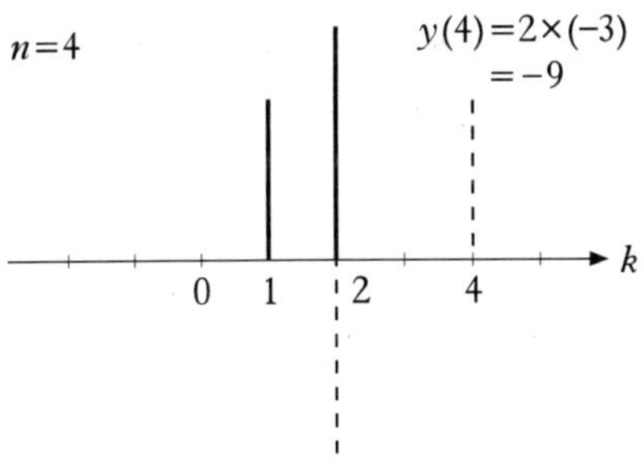

(g)

⑤ $n=4$일 때, $k=2$에서 겹친다.(그림 (g))

$$
\begin{aligned}
y(4) &= \sum_{k=1}^{2} h(k)x(4-k) \\
&= h(1)x(3)+h(2)x(2) \\
&= 2\times 0+3\times(-3) \\
&= -9
\end{aligned}
$$

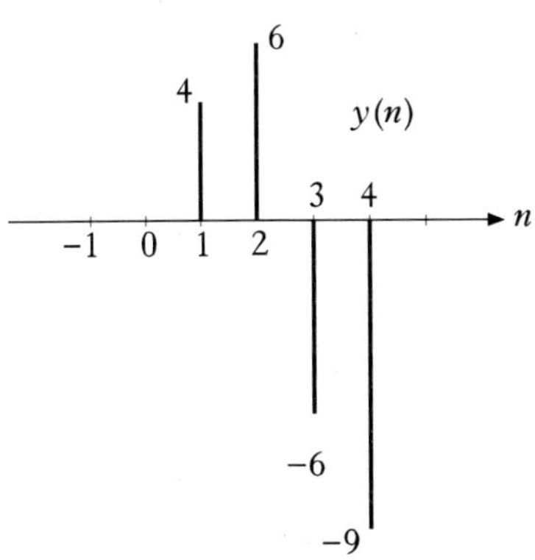

(h)

[그림 3-13]

⑥ $n=5$ 이상부터는 겹치는 부분이 없으므로
$y(n)=0$

⑦ 이상의 결과를 종합하여 $y(n)$을 n축상에 그린다.[그림 3-13(h)]

$y(n)$: $y(0)=0,\ y(1)=4,\ y(2)=6,\ y(3)=-6,$
$y(4)=-9,\ y(5)=0\cdots$

$$y(n)=x(n)*h(n)=\sum_{k=1}^{2} h(k)x(n-k)$$

*고정시킨 $h(k)$의 k구간으로 $\sum_{k}$의 구간을 잡는다.

iv) $\sum_{k=-\infty}^{\infty} x(k)h(n-k)$: $x(k)$는 그대로 두고 $h(-k)$를 n에 따라 왼쪽에서 오른쪽으로 이동시키면서 겹치는 신호들을 서로 곱한 후 그 결과를 모두 더한다. $x(k)$는 $k=0,\ 1,\ 2$ 범위에 있으므로 $\sum_{k=0}^{2}$로 제한한다.

이때 $x(k): x(0)=2,\ x(1)=0,\ x(2)=-3$
$h(k): h(1)=2,\ h(2)=3$

은 iii)의 경우와 마찬가지이다. 이 값은 수식 전개 시 계속 사용한다.

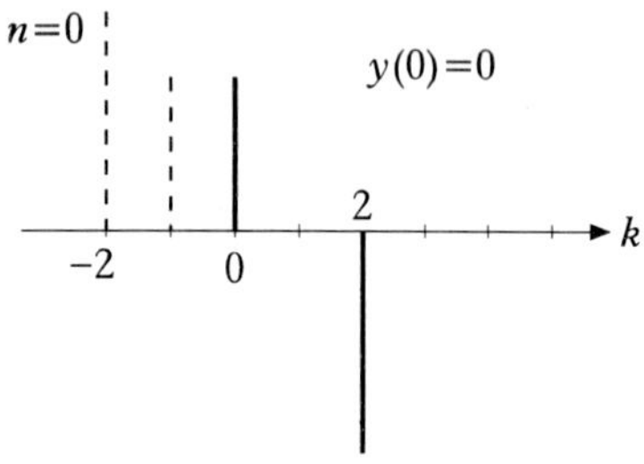

(a)

① $n=0$, 겹치는 부분이 없다.(그림 3-14(a))

$$\begin{aligned} y(0) &= \sum_{k=0}^{2} x(k)h(0-k) \\ &= x(0)h(0)+x(1)h(-1)+x(2)h(-2) \\ &= 2\times 0+0\times 0+(-3)\times 0 \\ &= 0 \end{aligned}$$

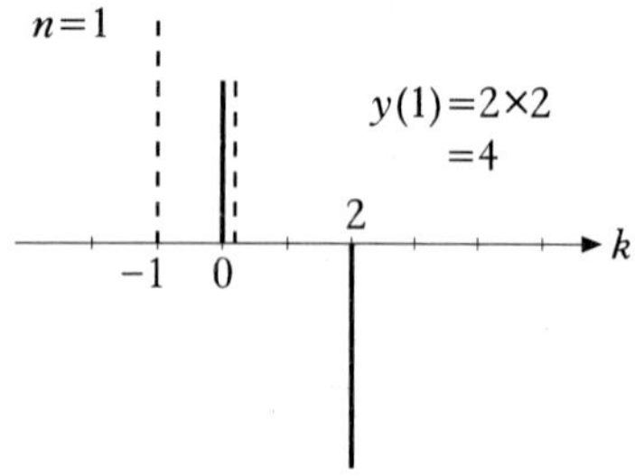

(b)

② $n=1$, $k=0$에서 겹친다.(그림 3-14(b))

$$\begin{aligned} y(1) &= \sum_{k=0}^{2} x(k)h(1-k) \\ &= x(0)h(1)+x(1)h(0)+x(2)h(-1) \\ &= 2\times 2+0\times 0+(-3)\times 0 \\ &= 4 \end{aligned}$$

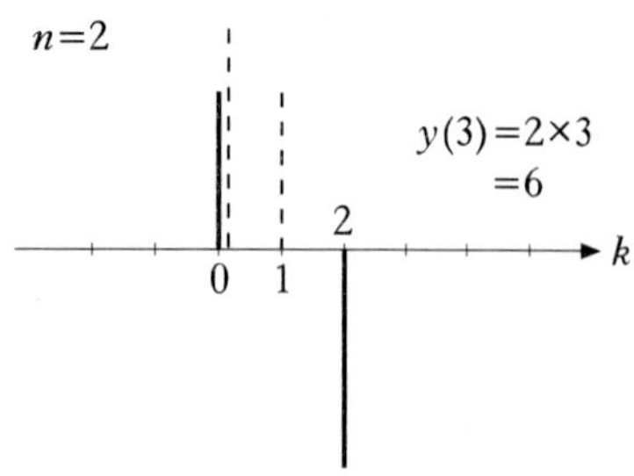

(c)

③ $n=2$, $k=0$에서 겹친다.(그림 3-14(c))

$$\begin{aligned} y(2) &= \sum_{k=0}^{2} x(k)h(2-k) \\ &= x(0)h(2)+x(1)h(1)+x(2)h(0) \\ &= 2\times 3+0\times 2+(-3)\times 0 \\ &= 6 \end{aligned}$$

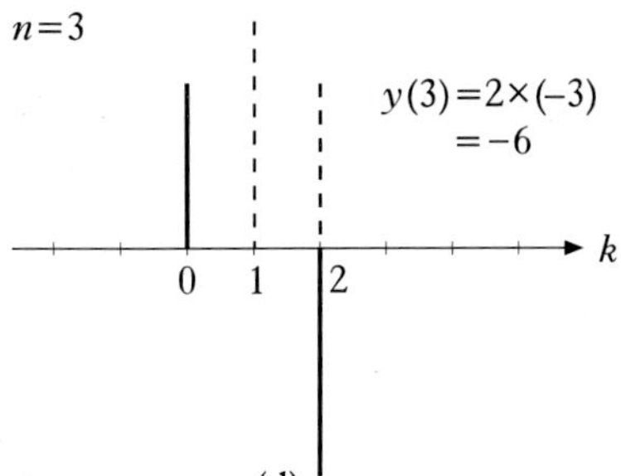

(d)

④ $n=3,\ k=2$에서 겹친다.(그림 3-14(d))

$$\begin{aligned} y(3) &= \sum_{k=0}^{2} x(k)h(3-k) \\ &= x(0)h(3)+x(1)h(2)+x(2)h(1) \\ &= 2\times 0+0\times 3+(-3)\times 2 \\ &= -6 \end{aligned}$$

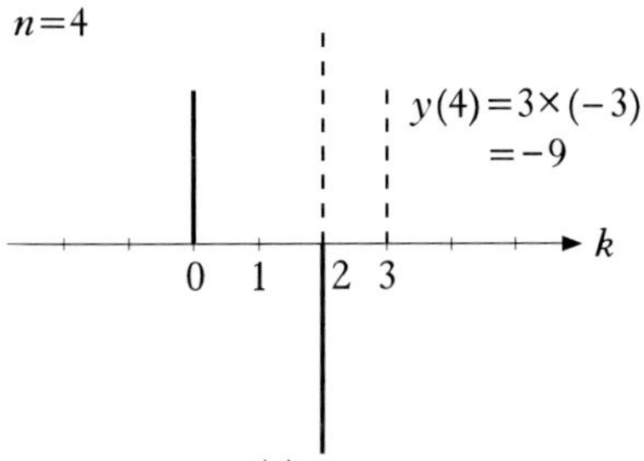

(e)

⑤ $n=4,\ k=2$에서 겹친다.(그림 3-14(e))

$$\begin{aligned} y(4) &= \sum_{k=0}^{2} x(k)h(4-k) \\ &= x(0)h(4)+x(1)h(3)+x(2)h(2) \\ &= 2\times 0+0\times 0+(-3)\times 3 \\ &= -9 \end{aligned}$$

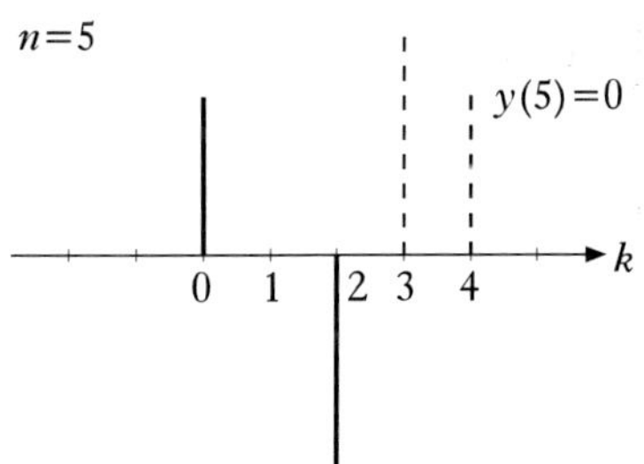

(f)

⑥ $n=5$, 겹치는 부분이 없다.(그림 3-14(f))

$$\begin{aligned} y(5) &= \sum_{k=0}^{2} x(k)h(5-k) \\ &= x(0)h(5)+x(1)h(4)+x(2)h(3) \\ &= 2\times 0+0\times 0+(-3)\times 0 \\ &= 0 \end{aligned}$$

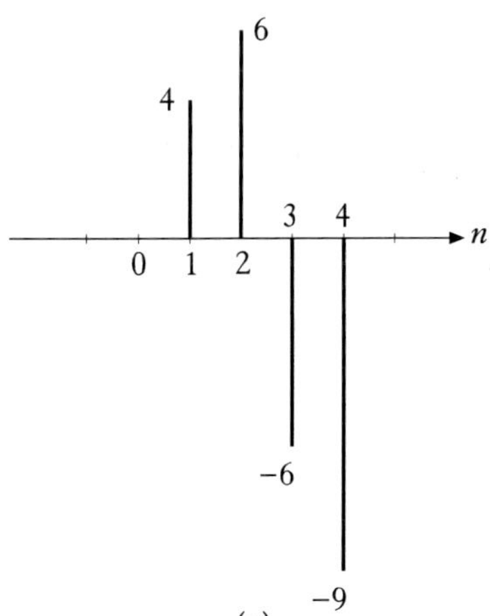

(g)

[그림 3-14]

⑦ 이상의 결과를 종합하여 $y(n)$을 n축상에 그린다. [그림 3-14(g)]

$$\begin{aligned} y(n) &: y(0)=0,\ y(1)=4,\ y(2)=6,\ y(3)=-6, \\ & y(4)=-9,\ y(5)=0\cdots \\ & y(n)=x(n)*h(n)=\sum_{k=0}^{2} x(k)h(n-k) \end{aligned}$$

*고정시킨 $x(k)$의 k구간으로 $\sum_{k}$의 구간을 잡는다.

<종합고찰>

iii)과 iv)의 결과가 서로 같다. 그림으로는 원리를 이해하고 수식으로는 알고리즘을 이해하기 바란다.

기초 예제 1

[그림 3-15]와 같이 시스템 신호체계 $h(n)$에 입력신호 $x(n)$이 인가되었다. 출력신호 $y(n)$을 구하여라.

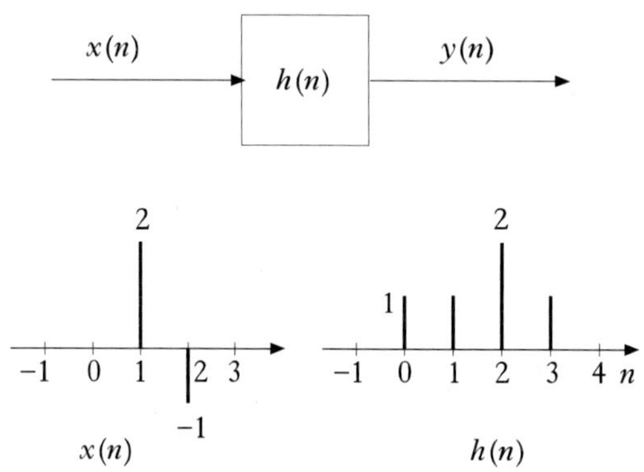

[그림 3-15]

풀이와 해설

이 문제는 그림을 그려서 풀수도 있으나, 프로그램 감각을 익히기 위해 수식으로 접근해 보도록 한다.

$$y(n) = x(n) * h(n) = \sum_{k=-\infty}^{\infty} x(k)h(n-k) = \sum_{k=-\infty}^{\infty} h(k)x(n-k)$$

$x(n)$이 데이터수가 적고 $n=1, 2$로서 두개이므로 $x(n)$을 고정시킨 식을 쓰고 $k=1, 2$로 놓는다.

$$\sum_{k=1}^{2} x(k)h(n-k)$$

계산하기에 앞서, $x(n)$과 $h(n)$값을 구한다.

$$x(n) : x(1) = 2,\ x(2) = -1$$
$$h(n) : h(0) = h(1) = h(3) = 1,\ h(2) = 2$$

n의 범위는 $h(-k)$가 $x(k)$를 모두 지나갈 때까지이므로 $x(k)$의 $0 \sim 2$, $h(k)$의 $0 \sim 3$을 더한 $0 \sim 5$까지로 정한다.

$n = 0 \sim 5$까지 $y(n)$을 계산한다.

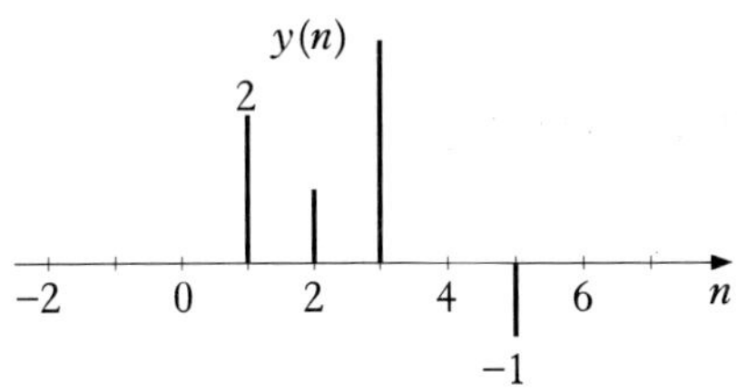

[그림 3-16]

$$y(0) = \sum_{k=1}^{2} x(k)h(0-k) = x(1)h(-1) + x(2)h(-2)$$
$$= 2 \times 0 + (-1) \times 0 = 0$$

$$y(1) = \sum_{k=1}^{2} x(k)h(1-k) = x(1)h(0) + x(2)h(-1)$$
$$= 2 \times 1 + (-1) \times 0 = 2$$

$$y(2) = \sum_{k=1}^{2} x(k)h(2-k) = x(1)h(1) + x(2)h(0)$$
$$= 2 \times 1 + (-1) \times 1 = 1$$

$$y(3) = \sum_{k=1}^{2} x(k)h(3-k) = x(1)h(2) + x(2)h(1)$$
$$= 2 \times 2 + (-1) \times 1 = 3$$

$$y(4) = \sum_{k=1}^{2} x(k)h(4-k) = x(1)h(3) + x(2)h(2)$$
$$= 2 \times 1 + (-1) \times 2 = 0$$

$$y(5) = \sum_{k=1}^{2} x(k)h(5-k) = x(1)h(4) + x(2)h(3)$$
$$= 2 \times 0 + (-1) \times 1 = -1$$

$$y(6) = \sum_{k=1}^{2} x(k)h(6-k) = x(1)h(5) + x(2)h(4)$$
$$= 2 \times 0 + (-1) \times 0 = 0$$

$y(n) = \{0, 2, 1, 3, 0, -1\}$의 결과를 [그림 3-16]에 보였다.

샘플링에서의 신호곱과 컨벌루션

신호끼리의 곱은 아날로그 신호의 샘플링 과정의 원리를 제공한다. 제 2장에서 자세히 설명한 바와 같이 이산신호처리의 첫 단계는 샘플링이다. 이 중요한 샘플링 과정이 수학적으로는 신호의 곱이다. [그림 3-17]은 샘플링 과정을 보였다.

샘플링 하고자 하는 아날로그신호 $x(t)$에 임펄스 신호들의 수열 $s(t)$를 곱하여 이산신호

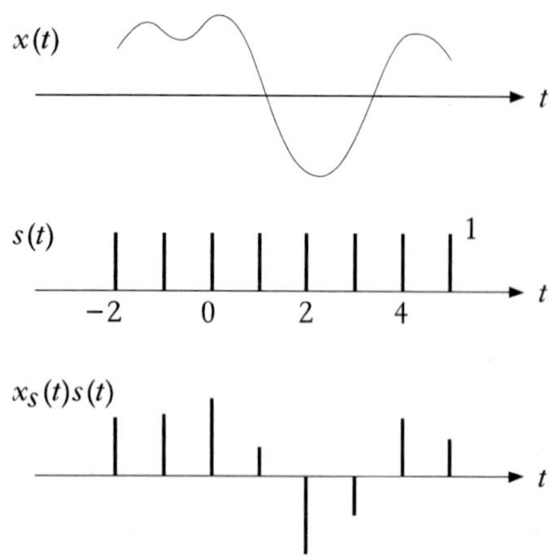

[그림 3-17]

를 얻는다. 이 과정을 수식으로 정리하면 다음과 같다.

$$s(t) = \sum_{k=-\infty}^{\infty} \delta(t+k),$$

k는 정수, $\delta(t)$는 단위임펄스함수

샘플링된 신호 :

$$x_s(t) = x(t)s(t) = x(t)\sum_{k=-\infty}^{\infty} \delta(t+k) \quad (3.4)$$

샘플링된 이산신호가 연속신호 $x(t)$와 임펄스 신호들의 수열 $s(t)$와의 곱이라는 사실은 이산신호의 분석에 있어서 대단히 중요하다. $s(t)$의 샘플링주기 t와 대상신호 $x(t)$의 주파수 성분과의 상관관계에서 소위 "샘플링정리"와 Aliasing 현상의 기본원리가 나온다. 이에 대해서는 뒤에 자세히 고찰하겠다.

연속신호 샘플링이 신호곱이므로 샘플링된 신호는 이산신호로서 연속신호와 샘플링신호의 주파수 성분들 사이의 모종의 관계를 갖게 된다. 즉 연속 신호 $x(t)$와 샘플링 신호 $s(t)$의 곱이 샘플링된 이산신호 $x_s(t)$로서, $x_s(t)$를 잠정적으로 이산신호 $x(n)$으로 대처할 때, $x(n)$속에는 $x(t)$와 $s(t)$의 주파수 성분들 정보가 내재되어 있다. 주파수축상으로의 변환에 대해서는 뒤에 고찰할 푸리에 변환에서 자세히 살펴보기로 하고 여기서는 예습하는 의미에서 간단히 원리만 소개한다.

연속신호 $x(t)$의 푸리에 변환을	$X(f)$
샘플링 신호 $s(t)$의 푸리에 변환을	$S(f)$

샘플링된 이산신호 $x_s(t)$는 $x(t)$와 $s(t)$의 곱이고, 그 푸리에 변환은 $X(f)$와 $S(f)$의 컨벌루션이다.

$$x_s(t) = x(t)s(t)$$

$\mathcal{F}[x_s(t)] = \mathcal{F}[x(t)s(t)]$: 위 식의 양변을 푸리에 변환한다.

$$X_s(f) = X(f) * S(f) \tag{3.5}$$

여기에서, “곱셈의 푸리에 변환은 컨벌루션이다.”는 사실을 숙지하기 바란다. 이 원리는 라플라스 변환에서도 마찬가지이다. 곱셈의 라플라스 변환은 컨벌루션이다. 또한 컨벌루션의 푸리에 변환이나 라플라스 변환은 곱셈이다. 수식으로 정리하면 다음과 같다. $\mathcal{F}$: 푸리에 변환, $\mathcal{L}$: 라플라스 변환

$\mathcal{F}(x_1x_2) = \mathcal{F}(x_1) * \mathcal{F}(x_2)$: 곱이 컨벌루션으로

$\mathcal{F}(x_1 * x_2) = \mathcal{F}(x_1)\,\mathcal{F}(x_2)$: 컨벌루션이 곱으로

$\mathcal{L}(x_1x_2) = \mathcal{L}(x_1) * \mathcal{L}(x_2)$: 곱이 컨벌루션으로

$\mathcal{L}(x_1 * x_2) = \mathcal{L}(x_1)\,\mathcal{L}(x_2)$: 컨벌루션이 곱으로

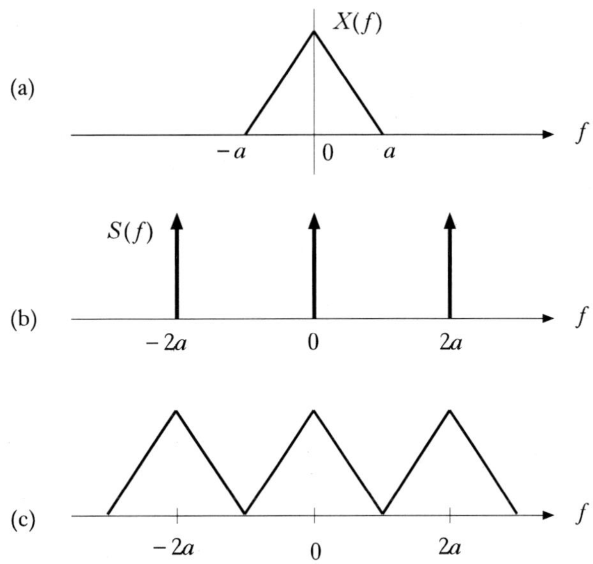

$X_3(f) = X(f) * S(f)$

[그림 3-18]

이러한 과정은 그림으로 재미있게 설명할 수 있다. 어떤 연속신호 $x(t)$의 주파수 성분을 구한 푸리에 변환 $X(f)=\mathscr{F}[x(t)]$이 [그림 3-18(a)]와 같고, 이 신호 $x(t)$를 샘플링하고자 곱한 샘플링신호 $s(t)$의 주파수 성분을 구한 푸리에 변환 $S(f)=\mathscr{F}[s(t)]$가 [그림 3-18(b)]와 같을 때, 샘플링된 신호 $x_s(t)$의 푸리에 변환 $X_s(f)=\mathscr{F}[x_s(t)]$는 $X(f)$와 $S(f)$의 컨벌루션이다.[그림 3-18(c)]

[그림 3-18(c)]는 간단히 그려진다. [그림 3-18(a)]를 [그림 3-18(b)]에 대고 좌우로 훑으면서 삼각형을 그려나간다. 학생들은 지금 샘플링의 주파수 특성이라는 매우 중요한 원리를 배우고 있다. [그림 3-18(b)]의 화살표 간격이 $2a$보다 크면 [그림 3-19(a)]와 같이 되고, $2a$보다 작으면 [그림 3-19(b)]와 같이 된다. 화살표 사이의 간격에 따라서 삼각형들이 서로 떨어지기도 하고, 겹쳐지기도 한다. 서로 멀리 떨어지는 것은 별 문제가 되지 않으나 겹치게 되면 주파수 성분들이 겹친 부분에서 서로 합하여져서 전혀 원하지 않았던 주파수 특성이 나타난다. 주파수 분석 시 이와 같은 겹치는 현상은 분석의 오류를 야기하므로 결코 일어나서는 안된다.

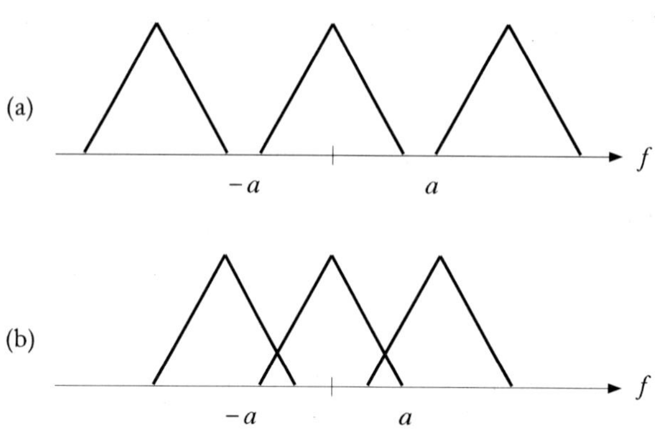

[그림 3-19]

개념 이해 예제 4

[그림 3-20]의 두 신호의 컨벌루션을 그림으로 나타내어라.

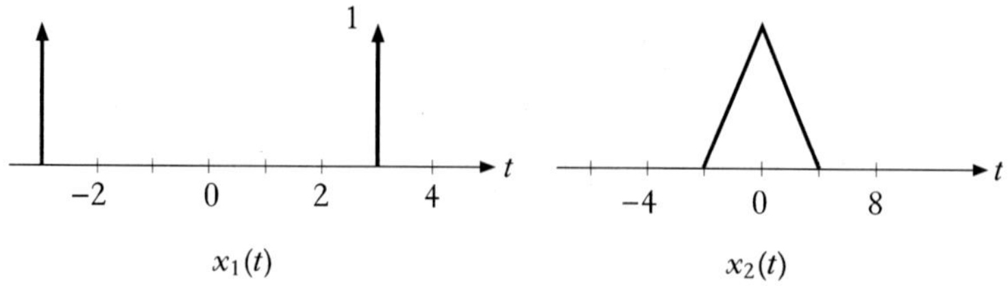

[그림 3-20]

풀이와 해설

$x_1(t)$의 크기가 1이므로 $x_1(t) * x_2(t)$는 $x_2(t)$를 $x_1(t)$가 있는 t축에 놓고 좌우로 훑으면서 삼각형을 그려나간다.[그림 3-21]

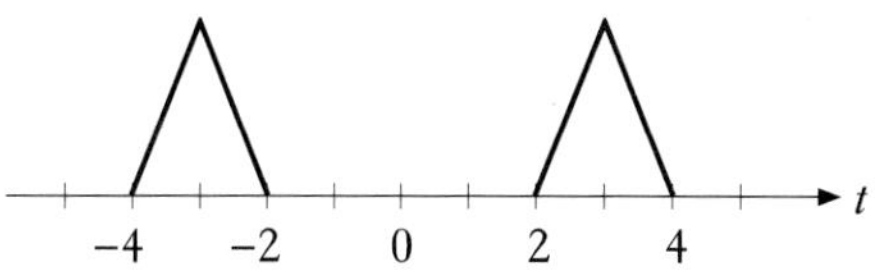

[그림 3-21]

기초 예제 2

입력신호 $x(n)$과 시스템 전달함수 신호체계 $h(n)$이 [그림 3-22]와 같다. 출력 $y(n)$을 구하고 n축 상에 그림으로 나타내어라.

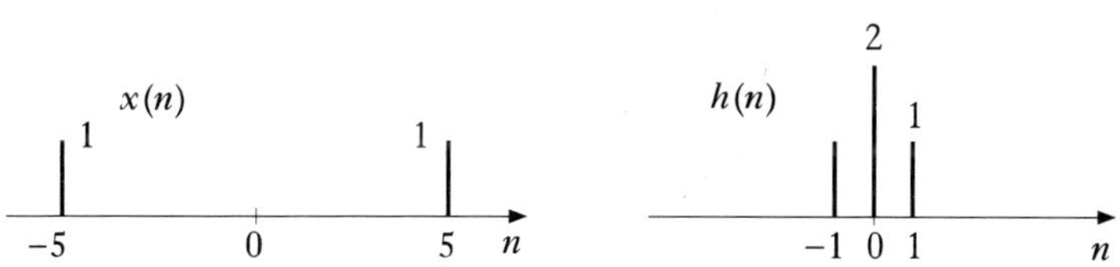

[그림 3-22]

풀이와 해설

위의 개념이해 예제 4처럼 간단히 그릴수도 있으나, 이번에는 수식을 사용하여 계산해 보도록 한다.

먼저 $x(n)$과 $h(n)$ 값을 구한다.

$$\left.\begin{aligned} &x(n) : x(-5) = 1,\ x(5) = 1 \\ &h(n) : h(-1) = 1,\ h(0) = 2,\ h(1) = 1 \end{aligned}\right\} \quad \cdots ①$$

$y(n) = x(n) * h(n) = \sum_{k=-\infty}^{\infty} x(k)h(n-k)$: $x(k)$를 고정시키고 $h(-k)$를 이동한다.

[그림 3-22]의 $x(n)$에서 $x(n)$은 $n=-5$와 $n=5$에 값을 갖고 있으므로 먼저 $k=-5$에서 컨벌루션을 취한 다음, $k=5$에서 다시 컨벌루션을 행한다.

i) $k=-5$에서 $x(n)*h(n)$

$$y(n)=x(n)*h(n)=x(-5)h(n+5)$$

$h(n+5)$는 식 ①에 의해 $n=-6,\ -5,\ -4$일 때만 값이 있다.

$$y(-4)=x(-5)h(1)=1\times 1=1$$
$$y(-5)=x(-5)h(0)=1\times 2=2$$
$$y(-6)=x(-5)h(-1)=1\times 1=1$$

ii) $k=5$에서 $x(n)*h(n)$

$$y(n)=x(n)*h(n)=x(5)h(n-5)$$

$h(n-5)$는 식 ①에 의해 $n=4,\ 5,\ 6$에서만 값이 있다.

$$y(4)=x(5)h(-1)=1\times 1=1$$
$$y(5)=x(5)h(0)=1\times 2=2$$
$$y(6)=x(5)h(1)=1\times 1=1$$

이상의 결과를 종합하여 [그림 3-23]과 같이 그린다.

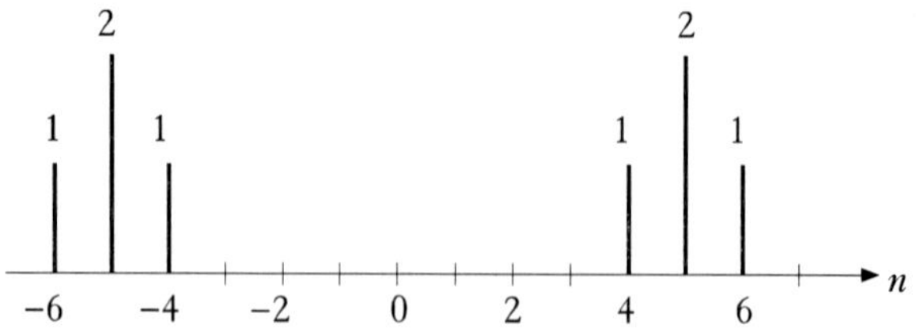

[그림 3-23]

$$y(n)=\{1,\ 2,\ 1,\ 1,\ 2,\ 1\}\ n=-6,\ -5,\ -4,\ 4,\ 5,\ 6$$

익힘 예제 1

[그림 3-24]와 같은 전달함수가 $h(n)$인 시스템에 단위계단 신호 $u(n)$이 인가되었다. 출력신호 $y(n)$을 구하여라.

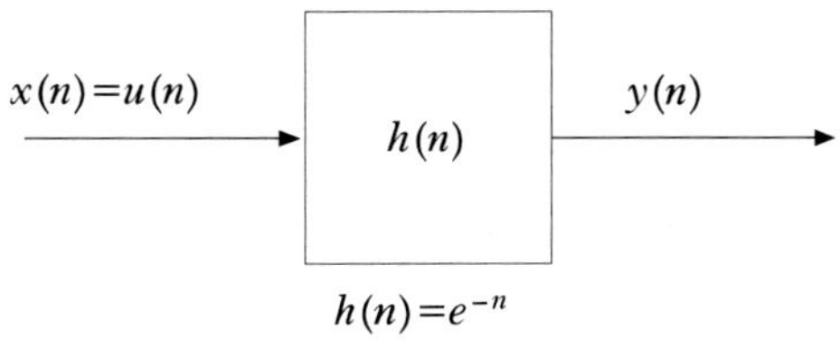

[그림 3-24]

풀이와 해설

입력 $u(n)$과 $h(n)$의 $n \geq 0$에서 값이 있으므로 컨벌루션 구간은 $k=0 \sim \infty$이다.

$$\begin{aligned} y(n) & \\ &= x(n) * h(n) \\ &= \sum_{k=0}^{\infty} h(k) x(n-k) \\ &= \sum_{k=0}^{\infty} e^{-k} u(n-k) \\ &= e^{0} u(n) + e^{-1} u(n-1) + e^{-2} u(n-2) + \cdots + e^{-k} u(n-k) + \cdots \end{aligned}$$

n에 대하여 $y(n)$을 구한다.

$$\begin{aligned} & n=0,\ y(0)=1 \\ & n=1,\ y(1)=u(1)+e^{-1}u(0)=1+e^{-1} \\ & n=2,\ y(2)=u(2)+e^{-1}u(1)+e^{-2}u(0)=1+e^{-1}+e^{-2} \\ & \qquad \cdots\cdots\cdots \\ & \qquad \cdots\cdots\cdots \\ & n=k,\ y(k)=1+e^{-1}+e^{-2}+\cdots+e^{-k} \\ & \qquad \cdots\cdots\cdots \\ & \qquad \cdots\cdots\cdots \\ & n=n,\ y(n)=1+e^{-1}+e^{-2}+\cdots+e^{-n} \\ & \quad = \sum_{k=0}^{n} e^{-k} \end{aligned}$$

$y(n)$이 유한급수이므로 유한급수 계산에 의해, $|e^{-1}| < 1$이므로

$$y(n) = 1 + e^{-1} + (e^{-1})^2 + (e^{-1})^3 + \cdots + (e^{-1})^n = \frac{1 - e^{-(n+1)}}{1 - e^{-1}}$$

이 된다.

(참고) 무한급수와 유한급수

$|a| < 1$인 경우

$$1 \pm a \pm a^2 \pm a^3 \pm \cdots = \frac{1}{1 \mp a}: \text{무한급수}$$

$$1 \pm a \pm a^2 \pm a^3 \pm \cdots \pm a^n = \frac{1 - a^{n+1}}{1 \mp a}: \text{유한급수}$$

익힘 예제 2

시스템 전달함수 신호체계 $h(n)$이

$$h(n) = e^{-n}$$

인 필터에 입력신호 $x(n)$이 인가되었다.

$$x(n) = u(n-1) - u(n-5)$$

출력 $y(n)$을 구하여라.

풀이와 해설

시스템 출력 $y(n)$은 컨벌루션에 의해

$$\begin{aligned}
y(n) &= x(n) * h(n) = \sum_{k=-\infty}^{\infty} x(k)h(n-k) \\
&= \sum_{k=0}^{\infty} e^{-k}[u(n-k-1) - u(n-k-5)] \\
&= \sum_{k=0}^{\infty} e^{-k}u(n-k-1) - \sum_{k=0}^{\infty} e^{-k}u(n-k-5) \\
&= u(n-1) + e^{-1}u(n-2) + e^{-2}u(n-3) + \cdots \\
&\quad + e^{-(n-1)}u(0) + e^{-n}u(-1) + \cdots - [u(n-5) \\
&\quad + e^{-1}u(n-6) + e^{-2}u(n-7) + \cdots + e^{-(n-5)}u(0) + \cdots] \\
&= \sum_{k=0}^{n-1} e^{-k} - \sum_{k=0}^{n-5} e^{-k}
\end{aligned}$$

이를 $y(n)$에 대하여 정리하면 다음과 같다.

$$n=0,\ y(0)=0$$
$$n=1,\ y(1)=1$$
$$n=2,\ y(2)=1+e^{-1}$$
$$n=3,\ y(3)=1+e^{-1}+e^{-2}$$
$$n=4,\ y(4)=1+e^{-1}+e^{-2}+e^{-3}$$
$$n=5,\ y(5)=1+e^{-1}+e^{-2}+e^{-3}+e^{-4}$$

....

....

$$n=0,\ y(0)=0$$
$$1\le n\le 4,\ y(n)=\frac{1-e^{-n}}{1-e^{-1}}$$
$$n>5,\ y(n)=\frac{e^{-(n-4)}-e^{-(n-1)}}{1-e^{-1}}$$

컨벌루션의 특성과 시스템 상호연결

이산 신호처리의 시간적 해석에 많이 사용되는 컨벌루션은 다음과 같은 특성을 지니고 있다.

교환법칙이 성립한다: 컨벌루션에 의해 대상신호를 상호 교환해도 결과는 변하지 않는다.

$$\text{수식: } y(n)=h(n)*x(n)=x(n)*h(n) \tag{3.6}$$

이 특성은 컨벌루션의 정의식으로부터 쉽게 이해할 수 있다.

$$\sum_{k=-\infty}^{\infty}h(k)x(n-k)=\sum_{k=-\infty}^{\infty}x(k)h(n-k)$$

위 식의 좌변은 $h(n)$은 그대로 두고 $x(n)$을 이동시키면서 컨벌루션을 행하는 것이고, 우변은 그 반대로 $x(n)$은 그대로 두고 $h(n)$을 이동시키는 것이다. 이는 두 개의 신호체계를 컨벌루션할 때 복잡한 신호는 그대로 두고 간단한 신호를 이동시킴으로 계산을 간단히 할 수 있음을 보여준다. 어느 것을 선택하든지 결과는 마찬가지이기 때문에 계산을 쉽게 하는 방식을 택할 때 매우 유용하게 쓸 수 있는 성질이다.

결합법칙이 성립한다: 다수의 시스템이 존재하는 경우의 컨벌루션 처리에 사용되는 성질이다.

$$\text{수식: } x(n) * [h_1(n) * h_2(n)] = [x(n) * h_1(n)] * h_2(n) \tag{3.7}$$

증명: 정의식을 통해 좌변에서 우변을 이끌어 낸다.

$$\begin{aligned} x(n) * [h_1(n) * h_2(n)] &= \sum_{k=-\infty}^{\infty} x(k) \sum_{i=-\infty}^{\infty} h_2(i) h_1(n-i-k) \\ &= \sum_{i=-\infty}^{\infty} h_2(i) \sum_{k=-\infty}^{\infty} x(k) h(n-i-k) \\ &= h_2(n) * [x(n) * h_1(n)] \\ &= [x(n) * h_1(n)] * h_2(n) \end{aligned}$$

시스템 응용: 상호 종속 접속되어 있는 경우 이 법칙은 매우 유용하다. [그림 3-25]와 같이 필터를 설계하여 서로 종속 연결한 경우 전체 입·출력 신호의 흐름을 컨벌루션의 결합법칙으로부터 얻을 수 있다. 먼저 결론부터 살펴보면 출력 신호는 각 시스템들의 전달함수들끼리의 컨벌루션과 입력 $x(n)$의 컨벌루션이다.

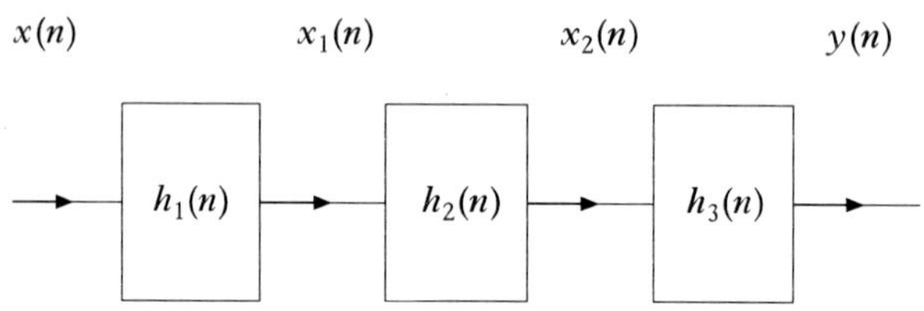

[그림 3-25]

$$y(n) = [h_1(n) * h_2(n) * h_3(n)] * x(n) \tag{3.8}$$

증명: 이 수식의 성립 여부를 알아보기 위해 각각의 시스템의 입·출력 신호 상태를 컨벌루션으로 나타낸다.

$$x(n)\text{과 } x_1(n) \text{ 사이: } x_1(n) = h_1(n) * x(n),$$

$$x_1(n)\text{과 } x_2(n) \text{ 사이: } x_2(n) = h_2(n) * x_1(n)$$

$$x_2(n)\text{과 } y(n) \text{ 사이: } y(n) = h_3(n) * x_2(n)$$
$$= [h_3(n) * h_2(n) * h_1(n)] * x(n)$$
$$= [h_1(n) * h_2(n) * h_3(n)] * x(n)$$

따라서 시스템이 상호 종속 연결되어 있으면 전체 시스템의 전달함수 신호체계는 각각의 전달함수 신호체계들을 모두 컨벌루션한 것과 같다.

$$h(n) = h_1(n) * h_2(n) * h_3(n) * \cdots * h_k(n) \tag{3.9}$$

분배법칙이 성립한다. : 결합법칙이 시스템 상호 종속 연결에 유용하다면, 분배법칙은 병렬 연결을 해석하는 데 사용된다. 분배법칙을 수식적으로 나타낸다.

$$\text{수식: } x(n) * [h_1(n) + h_2(n)] = x(n) * h_1(n) + x(n) * h_2(n) \tag{3.10}$$

증명 : 증명은 정의식을 이용한다.

$$x(n) * [h_1(n) + h_2(n)] = \sum_{k=-\infty}^{\infty} x(k)[h_1(n-k) + h_2(n-k)]$$
$$= \sum_{k=-\infty}^{\infty} [x(k)h_1(n-k) + x(k)h_2(n-k)]$$
$$= \sum_{k=-\infty}^{\infty} \left[x(k)h_1(n-k) + \sum_{k=-\infty}^{\infty} x(k)h_2(n-k)\right]$$
$$= x(n) * h_1(n) + x(n) * h_2(n)$$

시스템 응용: 시스템이 상호 병렬 연결된 경우 이 시스템의 입·출력 신호체계를 컨벌루션으로 표현할 수 있다.[그림 3-26]

이상의 법칙들을 사용하여 시스템들이 상호 연결된 경우 전체 시스템의 신호 전달 체계를 컨벌루션으로 구현한다.

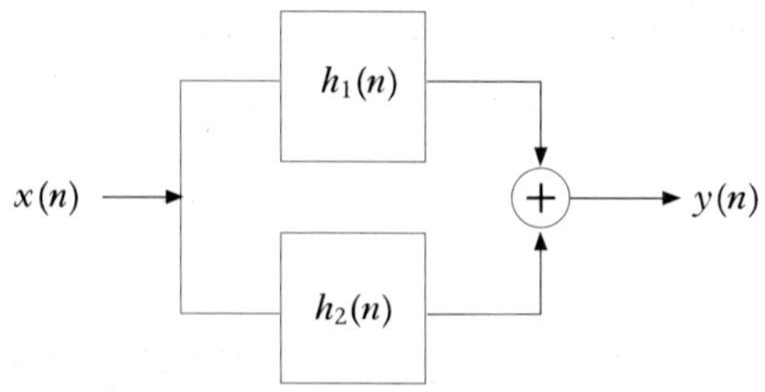

$y(n)=[h_1(n)+h_2(n)]*x(n)$

[그림 3-26]

기초 예제 3

여러 유형의 필터를 설계하여 다음 [그림 3-27]과 같이 상호 연결하였다. 전체 시스템의 입·출력 신호관계를 컨벌루션으로 나타내고 전체 전달함수를 구하여라.

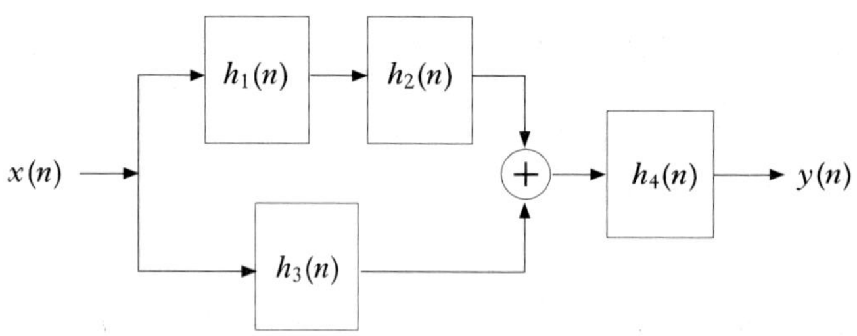

[그림 3-27]

풀이와 해설

컨벌루션의 세 가지 특성에 의해 입·출력 관계를 간단히 정리할 수 있다.

전체 전달함수

$$\begin{aligned} h(n) &= [h_1(n) * h_2(n) + h_3(n)] * h_4(n) \\ &= h_1(n) * h_2(n) * h_4(n) + h_3(n) * h_4(n) \end{aligned}$$

입·출력 함수

$$y(n) = h(n) * x(n)$$

익힘 예제 3

시스템 전달함수 신호체계가 세 개의 필터에 의해 [그림 3-28]에서처럼 직·병렬로 구성되었을 때 전체 시스템의 전달함수 $h(n)$과 입력신호 $x(n)$에 대한 출력 $y(n)$을 구하고 n축 상에 나타내어라. 각 필터의 전달함수와 입력은 다음과 같다.

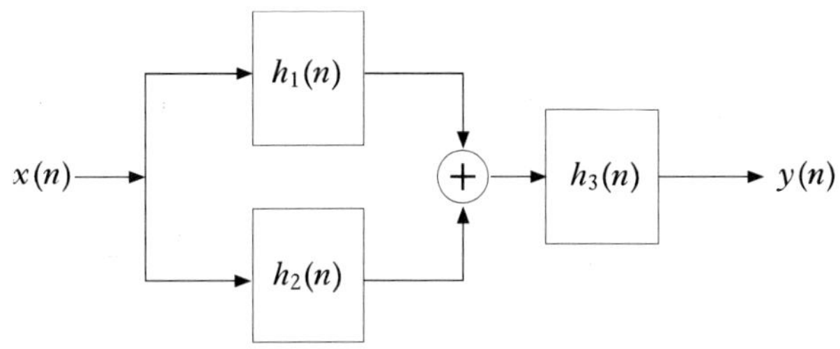

[그림 3-28]

$$h_1(n) = u(n) - u(n-3),\ h_2(n) = \delta(n-1) - 2\delta(n-3)$$
$$h_3(n) = 2[u(n-2) - u(n-5)] - \delta(n-4)$$
$$x(n) = \delta(n) - \delta(n-2)$$

풀이와 해설

입력신호 $x(n)$과 각각의 전달함수 신호체계 $h_1(n)$, $h_2(n)$, $h_3(n)$을 n축 상에 표기한다.[그림 3-29]

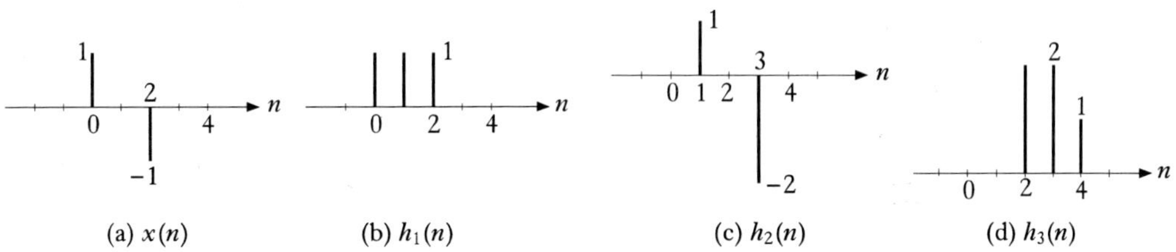

[그림 3-29]

[그림 3-28]에서 전체 시스템 전달함수 $h(n)$을 구한다.

$$h(n) = [h_1(n) + h_2(n)] * h_3(n)$$

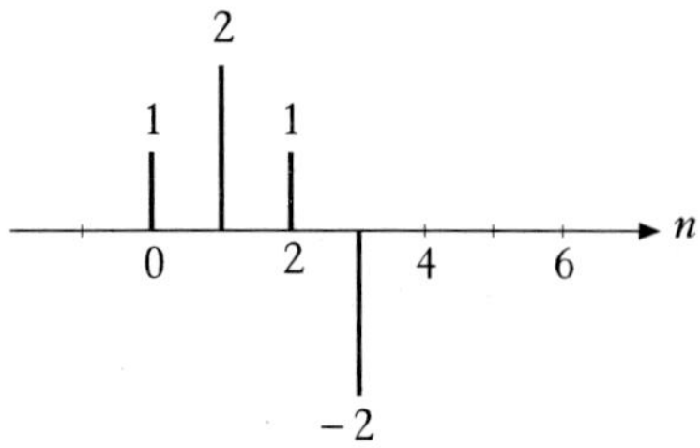

[그림 3-30]

그리고 $h_1(n)+h_2(n)$의 결과 신호를 구한다. [그림 3-30]

$$h_1(n)+h_2(n) = \delta(n)+2\delta(n-1)+\delta(n-2)-2\delta(n-3)$$

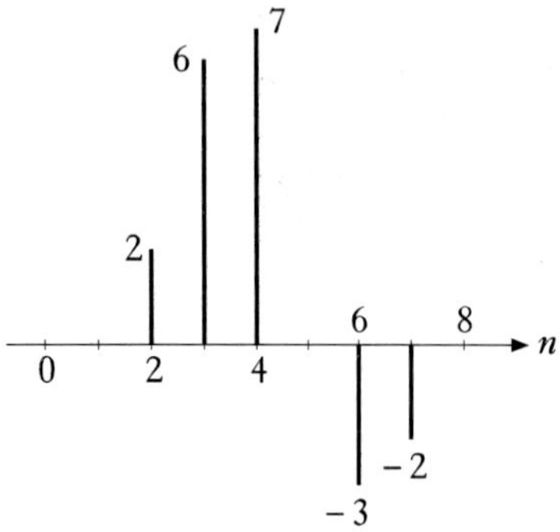

[그림 3-31]

$[h_1(n)+h_2(n)] * h_3(n)$을 구한다.[그림 3-31]

$$[h_1(n)+h_2(n)] * h_3(n) = 2\delta(n-2)+6\delta(n-3) + 7\delta(n-4)-3\delta(n-6)-2\delta(n-7)$$

전체 전달함수 $h(n)$과 입력 $x(n)$을 컨벌루션하여 $y(n)$을 구한다.

$$y(n) = h(n) * x(n)$$
$$= \sum_{k=-\infty}^{\infty} h(k)x(n-k)$$
$$= \sum_{k=-\infty}^{\infty} [2\delta(n-2)+6\delta(n-3)+7\delta(n-4) - 3\delta(n-6)-2\delta(n-7)][\delta(n-k)-\delta(n-k-2)]$$
$$= 2\delta(n-2)+6\delta(n-3)+5\delta(n-4)-6\delta(n-5) - 10\delta(n-6)-2\delta(n-7)+3\delta(n-8)+2\delta(n-9)$$

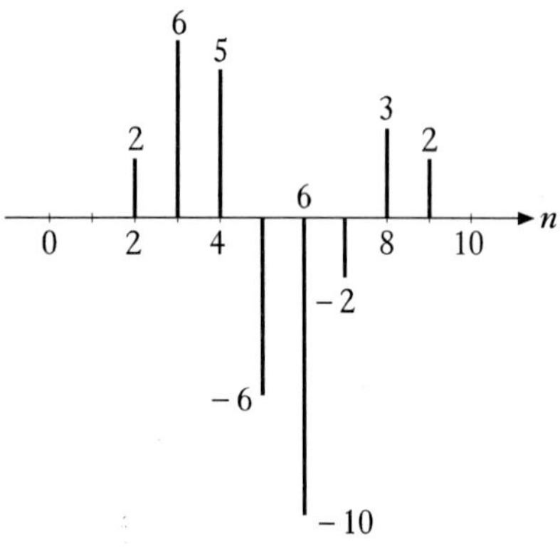

[그림 3-32]

$y(n)$을 [그림 3-32]에 보였다.

2차원 영상신호의 컨벌루션

수식적 표현과 그림으로의 이해: 두 개의 이차원 영상신호 $h(x,y)$와 $f(x,y)$의 컨벌루션은 일차원의 경우의 확장이다.

$$h(x,y)*f(x,y)=\sum_{k_2=0}^{M-1}\sum_{k_1=0}^{N-1}f(k_1,k_2)h(x-k_1,y-k_2)$$
$$=\sum_{k_2=0}^{M-1}\sum_{k_1=0}^{N-1}h(k_1,k_2)f(x-k_1,y-k_2) \tag{3.11}$$

$$cf.\ x(n)*h(n)=\sum_{k=-\infty}^{\infty}x(k)h(n-k)=\sum_{k=-\infty}^{\infty}h(k)x(n-k)$$

다음의 예제 그림을 통해 이해한다.

[예 제]

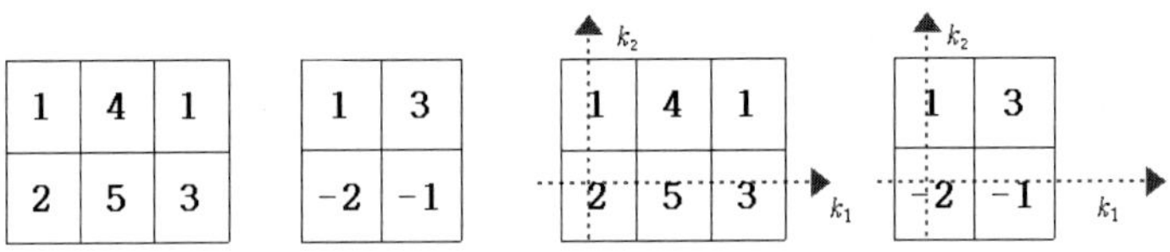

$f(x,y)$ $f(x,y)$ [단계 1] $f(x,y)\to f(k_1,k_2)$, $h(x,y)\to h(k_1,k_2)$

[단계 2] $f(k_1,k_2)$은 그대로 두고, $h(k_1,k_2)\to h(-k_1,-k_2)$: Inverse

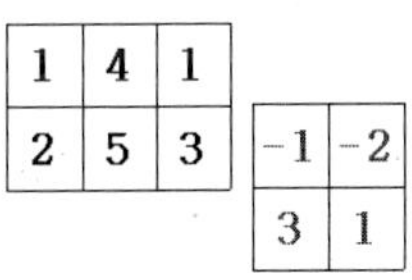

[단계 3]

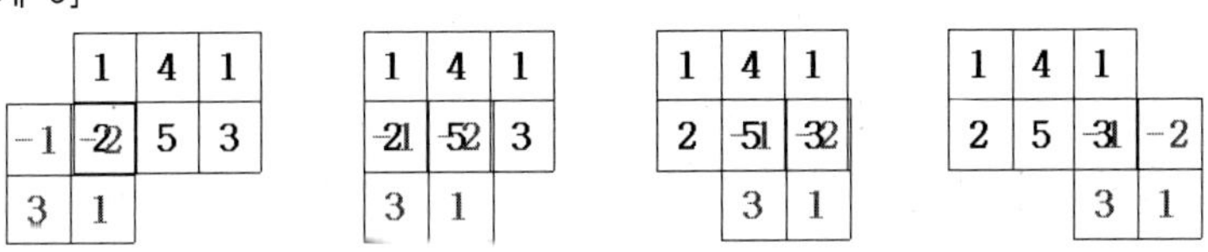

$x=0,\ y=0$ $g(0,0)=2\times(-2)$ $=-4$

$x=1,\ y=0$ $g(1,0)=2\times(-1)+5\times(-2)$ $=-12$

$x=2,\ y=0$ $g(2,10)=-11$

$x=3,\ y=0$ $g(3,0)=3\times(-1)$ $=-3$

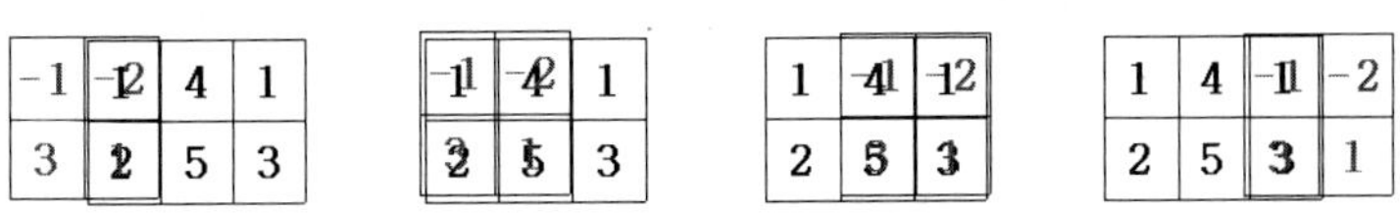

$x=0,\ y=1$ $g(0,1)=0$

$x=1,\ y=1$ $g(1,1)=-1-8+6+5$ $=2$

$x=2,\ y=1$ $g(2,1)=-4-2+15+3$ $=12$

$x=3,\ y=1$ $g(3,1)=-1+9$ $=8$

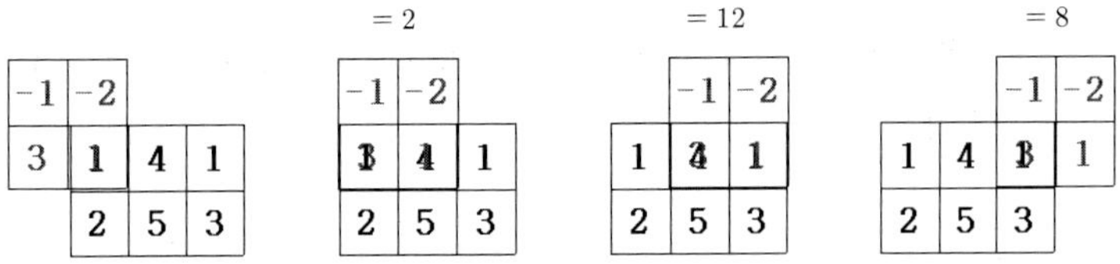

$x=0,\ y=2$ $g(0,2)=1$

$x=1,\ y=2$ $g(1,2)=3+4$ $=7$

$x=2,\ y=2$ $g(2,2)=12+1$ $=13$

$x=3,\ y=2$ $g(3,2)=1\times3$ $=3$

[결 과]

02 1	12 7	22 13	32 3
01 0	11 2	21 12	31 8
00 -4	10 -12	20 -11	30 -3

3.3 시스템 이해

개념 이해

신호처리과정에서 시스템(System)은 곧 필터(Filter)를 의미한다. 성능 좋은 필터 설계를 위해서 필터의 시스템적 이해가 무엇보다도 필요하다. 신호의 입·출력 상태 규명을 비롯하여 시스템 자체의 수학적 해석을 통한 특성 파악이 이루어져야 한다. 시스템 특성은 다음 몇 가지로 나누어 고찰한다. 선형성과 비선형성, 시변성(Time-variant)과 시불변성(Time-invariant), 안정성과 불안전성 그리고 인과성(Causality) 등이다. 선형성 여부는 신호 입·출력 관계이고, 시변성 여부는 시스템 내부 특성 변화에 의존하며, 안정성은 시스템 파괴와 밀접한 관계가 있으며, 인과성은 시간축에서의 신호처리 문제이다. 학생들은 필터 설계나 해석에 앞서 이러한 시스템 특성을 명확히 이해하고 있어야 한다.

선형성(Linearity)

선형과 비선형을 나누는 구분은 입·출력신호의 상호관계에 의한다. 입·출력관계가 직선적으로 설정되면 선형이고, 직선적이 아니면 비선형(Nonlinearity)이다. 다음 그림은 선형시스템과 비선형시스템의 특징을 보이고 있다.

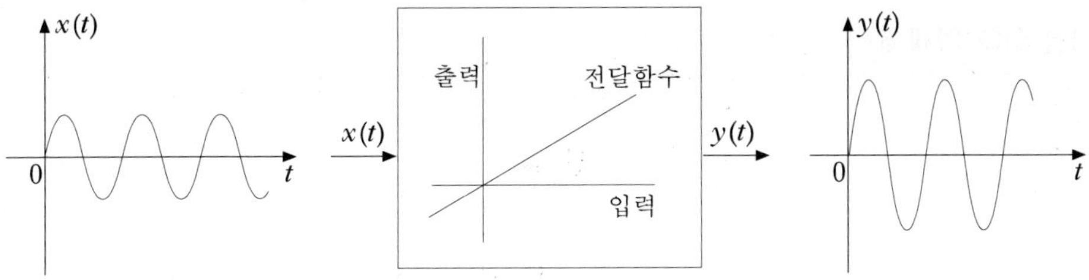

(a) 선형시스템

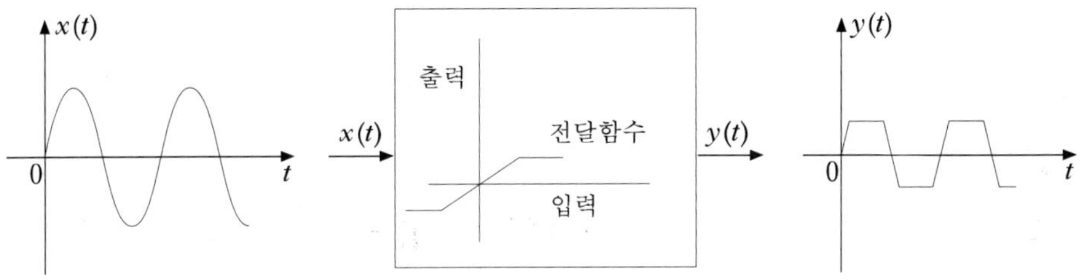

(b) 비선형시스템

[그림 3-33] 선형, 비선형 시스템의 전달함수적 특성

이산신호시스템의 선형성 여부의 수학적 판정:

이산신호시스템의 선형성 분석은 연산자 T에 대하여

$$T[ax_1(n)+bx_2(n)] = aT[x_1(n)]+bT[x_2(n)] \tag{3.12}$$

을 만족하면 선형이다. 반면에 비선형 시스템은 이 조건을 만족하지 않는다.

비교: 연속 시스템의 선형성 판정

$$f(ax_1+bx_2) = af(x_1)+bf(x_2),\ a,\ b\text{는 상수} \tag{3.13}$$

가 성립할 때 이 함수 f는 선형이라고 한다.

개념 이해 예제 5

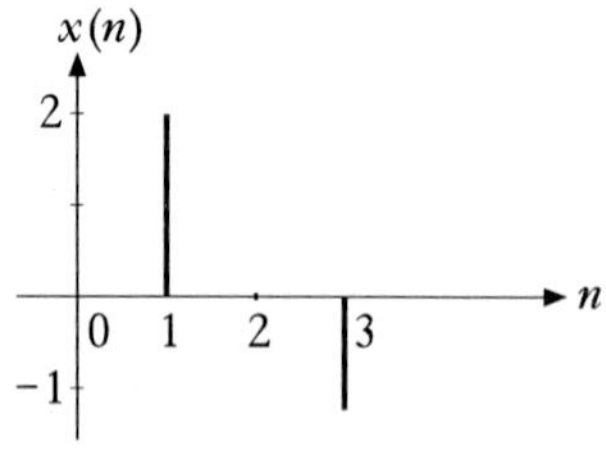

[그림 3-34]

다음 시스템이 선형 시스템임을 증명하고, 그림과 같은 $x(n)$이 주어질 때 $y(n)$을 구하고 n축 상에 나타내어라.

시스템 입·출력식, $y(n) = 3x(n) + x(n-1)$

풀이와 해설

(1) 선형성 판정

식 (3.12)를 사용하여 시스템의 선형성 여부를 판별한다. 연산자 T를 도입한다.

$$y(n) = T[x(n)] = 3x(n) + x(n-1)$$

식 (3.12)의 우변을 적용한다. $ax_1(n)$에 대하여 수식을 세운다.

$$T[ax_1(n)] = 3ax_1(n) + ax_1(n-1) \qquad \cdots①$$

$bx_2(n)$에 대하여 수식을 세운다.

$$T[bx_2(n)] = 3bx_2(n) + bx_2(n-1) \qquad \cdots②$$

$$T[ax_1(n)] + T[bx_2(n)]$$
$$= 3ax_1(n) + ax_1(n-1) + 3bx_2(n) + bx_2(n-1) \qquad \cdots③$$

식 (3.12)의 좌변을 적용한다.

$$T[ax_1(n) + bx_2(n)]$$
$$= 3[ax_1(n) + bx_2(n)] + ax_1(n-1) + bx_2(n-1)$$
$$= 3ax_1(n) + ax_1(n-1) + 3bx_2(n) + bx_2(n-1) \qquad \cdots④$$

두 결과 ③과 ④를 비교한다.

$$T[ax_1(n) + bx_2(n)] = aT[x_1(n)] + bT[x_2(n)] \qquad \cdots⑤$$

식 ⑤에서 시스템은 선형이다.

(2) 시스템 응답

다음으로 $x(n)$이 시스템에 인가되었을 때 $y(n)$을 구한다. $y(n)$의 초기치가 0이라고 가정하고, $x(n)$은 $n=1,\ 2,\ 3$에서만 값을 갖는다.

$$x(n)=\{x(1),\ x(2),\ x(3)\}$$
$$x(1)=2,\ x(2)=0,\ x(3)=-1$$

$n=0, 1, 2, \cdots$에서 순차적으로 $y(n)$을 구해 나간다.

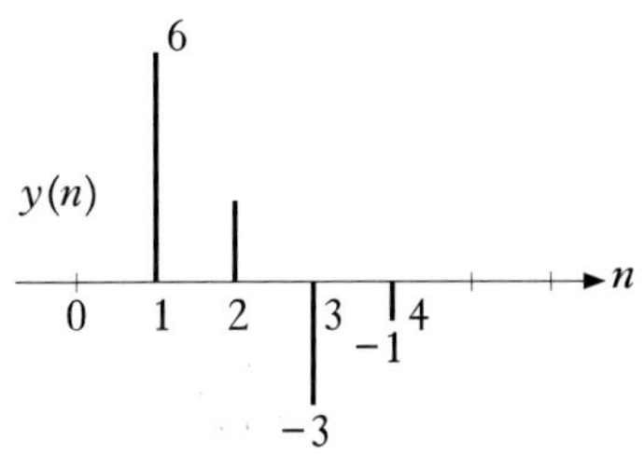

[그림 3-35]

$$n=0,\ y(0)=0$$
$$n=1,\ y(1)=3x(1)+x(0)=6$$
$$n=2,\ y(2)=3x(2)+x(1)=2$$
$$n=3,\ y(3)=3x(3)+x(2)=-3$$
$$n=4,\ y(4)=3x(4)+x(3)=-1$$
$$y(5)=0$$

$y(n)$은 1 ~ 4까지 값을 갖는다. $y(n)=\{y(1), y(2), y(3), y(4)\}$의 결과를 [그림 3-35]에 보였다.

익힘 예제 4

다음 시스템의 선형성 여부를 판단하라.

$$y(n)-4y(n-1)=7x(n)+x(n-1)-4x(n-2)$$

풀이와 해설

식 (3.12)를 사용하여 선형성 판단의 기본 원칙으로 문제에 접근한다. 일단 전체식을 $z(n)$으로 놓는다.

$$z(n)=y(n)-4y(n-1)=7x(n)+x(n-1)-4x(n-2)$$

위 식을 둘로 구분한다.

$$z(n) = y(n) - 4y(n-1)$$
$$z(n) = 7x(n) + x(n-1) - 4x(n-2)$$

연산자 T_1과 T_2에 대하여 위 식을 정리한다.

$$z(n) = T_1[y(n)] = y(n) - 4y(n-1) \qquad \cdots ①$$
$$z(n) = T_2[x(n)] = 7x(n) + x(n-1) - 4x(n-2) \qquad \cdots ②$$

식 ①, ②에서 선형성 여부를 판별한다.
먼저 식 ①의 T_1에서 식 (3.12)의 좌변을 적용한다.

$$\begin{aligned} T_1[ay_1(n) + by_2(n)] &= ay_1(n) + by_2(n) - 4[ay_1(n-1) + by_2(n-1)] \\ &= ay_1(n) - 4ay_1(n-1) + by_2(n) - 4by_2(n-1) \end{aligned} \qquad \cdots ③$$

식 (3.12)의 우변을 적용한다.

$$T_1[ay_1(n)] = ay_1(n) - 4ay_1(n-1) \qquad \cdots ④$$
$$T_1[by_2(n)] = by_2(n) - 4by_2(n-1) \qquad \cdots ⑤$$

다음은 식 ②의 T_2에서 식 (3.12)의 좌변을 적용한다.

$$\begin{aligned} T_2[cx_1(n) + dx_2(n)] &= 7cx_1(n) + 7dx_2(n) + cx_1(n-1) + dx_2(n-1) \\ &\quad - 4cx_1(n-2) - 4dx_2(n-2) \end{aligned} \qquad \cdots ⑥$$

식 (3.12)의 우변을 적용한다.

$$T_2[cx_1(n)] = 7cx_1(n) + cx_1(n-1) - 4cx_1(n-2) \qquad \cdots ⑦$$
$$T_2[dx_2(n)] = 7dx_2(n) + dx_2(n-1) - 4dx_2(n-2) \qquad \cdots ⑧$$

이로 보건데, 문제의 좌·우변 각각은 선형이다.

본래, $T_1[\ ] = T_2[\ ] = z(n)$이므로 식 ①의 결과와 ②의 결과는 같다.

식 (3.12)에 해당하는 좌변끼리 서로 비교한다. 식 ③과 ⑥은 서로 같다.

$$T_1[ay_1(n)+by_2(n)] = T_2[cx_1(n)+dx_2(n)]$$
$$ay_1(n)-4ay_1(n-1)+by_2(n)-4by_2(n-1)$$
$$= 7cx_1(n)+7dx_2(n)+cx_1(n-1)+dx_2(n-1)-4cx_1(n-2)-4dx_2(n-2) \quad \cdots ⑨$$

다음에는 식 (3.12)에 해당하는 우변끼리를 서로 같게 놓는다. ④+⑤의 결과와 ⑦+⑧의 결과가 서로 같다.

$$T_1[ay_1(n)]+T_1[by_2(n)] = T_2[cx_1(n)]+T_2[dx_2(n)]$$
$$= ay_1(n)-4ay_1(n)+by_2(n)-4by_2(n-1)$$
$$= 7cx_1(n)+cx_1(n-1)-4cx_1(n-2)+7dx_2(n)+dx_2(n-1)-4dx_2(n-2) \quad \cdots ⑩$$

식 ⑨와 ⑩을 비교하면 서로 일치함을 확인할 수 있다.

즉

$$T_1[ay_1(n)+by_2(n)] = T_2[cx_1(n)+dx_2(n)]$$
$$T_1[ay_1(n)]+T_1[by_2(n)] = T_2[cx_1(n)]+T_2[dx_2(n)]$$

이 성립된다. 따라서 시스템은 선형이다.

기초 예제 4

다음 시스템이 비선형임을 증명하여라.

$$y(n) = x^2(n) - x(n-1)$$

증 명

식 (3.12)를 적용한다. 일단 $y(n) = T[x(n)]$로 놓고, 식 (3.12)의 좌변을 적용한다.

$$\begin{aligned} T[ax_1(n) + bx_2(n)] &= [ax_1(n) + bx_2(n)]^2 - ax_1(n-1) - bx_2(n-1) \\ &= a^2x_1^2(n) + b^2x_2^2(n) + 2abx_1(n)x_2(n) - ax_1(n-1) - bx_2(n-1) \quad \cdots① \end{aligned}$$

식 (3.12)의 우변을 적용한다.

$$T[ax_1(n)] = a^2x_1^2(n) - ax_1(n-1) \quad \cdots②$$

$$T[bx_2(n)] = b^2x_2^2(n) - bx_2(n-1) \quad \cdots③$$

식 ②와 ③을 합친다.

$$T[ax_1(n)] + T[bx_2(n)] = a^2x_1^2(n) + b^2x_2^2(n) - ax_1(n-1) - bx_2(n-1) \quad \cdots④$$

식 ①과 ④를 비교한다.

$$T[ax_1(n) + bx_2(n)] \neq aT[x_1(n)] + bT[x_2(n)]$$

선형성이 성립하지 않으므로 이 시스템은 비선형이다.

이상의 몇가지 예에서 이산시스템의 선형성 여부를 판별하는 간단한 기준을 발견할 수 있다. 수식자체에서 $y(n)$이나 $x(n)$이 1차식으로 되어 있으면 선형이고 $y^2(n)$이나 $x^3(n)$과 같은 2차식 이상이면 일단 비선형으로 볼 수 있다.

시불변성(time-invariant)

물리적 특성: 시간이 지나도 시스템 본래의 특성이 달라지지 않는 것을 시불변성이라 하고 특성이 변하면 시변성(time-variant)이라고 한다. 가전제품이나 오디오를 사용할 때 제품을 산지 10년이 지났어도 성능이 그대로이면 시불변성이고, 1년후에 성능이 변하였다면 시변성이다. 인간은 어떠한가? 아침다르고 저녁에 다르며 시시 각각으로 변한다. 인간은 대표적인 시변시스템이다. 시불변성의 관건은 시간(t)이다.

수학적 표현: 시스템식 $y(t)=f[x(t)]$의 관계가 t_0 경과후에도 그대로 성립할 때 시불변성이 있다고 한다. 연속시스템에서

$$\begin{aligned} &y(t)=f[x(t)] \\ &y(t-t_0)=f[x(t-t_0)]: \text{ 시불변성} \\ &y(t-t_0)\neq f[x(t-t_0)]: \text{ 시변성} \end{aligned} \tag{3.14}$$

이산시스템 $y(n)=T[x(n)]$의 경우 n_0 경과 후

$$\begin{aligned} &y(n)=T[x(n)] \\ &y(n-n_0)=T[x(n-n_0)]: \text{ 시불변성} \\ &y(n-n_0)\neq T[x(n-n_0)]: \text{ 시변성} \end{aligned} \tag{3.15}$$

이상의 수식들은 개념 표현에 불과하고 실제에 있어서는 다음의 시스템적 표현을 주목할 필요가 있다.

시스템적 표현: 시스템 특성의 시변(時變) 특성은 시스템 내부 특성을 결정하는 파라미터들이 시간에 따라 변하는 시간함수인가의 여부에 달려 있다. 가령 아래의 동적 방정식

$$\begin{aligned} \dot{x}(t) &= A(t)x(t)+B(t)u(t) \\ y(t) &= C(t)x(t)+D(t)u(t) \end{aligned}$$

가 비록 선형이지만, 파라미터 $A(t)$, $B(t)$, $C(t)$ 및 $D(t)$ 모두가 시간함수이므로 이 시스템은 시변시스템이다. 이 파라미터는 실제 행렬로서 각 행렬의 원소들이 상수일 때 시불변시스템이다. 행렬의 원소 가운데 하나라도 시간의 함수이면 시변시스템이다. 예를 들어

$$\begin{pmatrix} \dot{x}_1 \\ \dot{x}_2 \end{pmatrix} = \begin{pmatrix} 2 & 3 \\ -4 & 7 \end{pmatrix} \begin{pmatrix} x_1 \\ x_2 \end{pmatrix} + \begin{pmatrix} 1 \\ -4 \end{pmatrix} u$$

$$y = (1 \ \ -2) \begin{pmatrix} x_1 \\ x_2 \end{pmatrix} + 2u$$

와 같은 시스템은 파라미터 모두가 상수이므로 시불변이다. 반면에

$$\begin{pmatrix} \dot{x}_1 \\ \dot{x}_2 \end{pmatrix} = \begin{pmatrix} 2t & -1 \\ -t & 3 \end{pmatrix} \begin{pmatrix} x_1 \\ x_2 \end{pmatrix} + \begin{pmatrix} 1 \\ -2t \end{pmatrix} u$$

$$y = (t \ \ -1) \begin{pmatrix} x_1 \\ x_2 \end{pmatrix} + 2u$$

와 같은 시스템은 파라미터 원소들 가운데 시간 t의 함수가 있으므로 시변 시스템이다. 선형 시변 시스템인 셈이다.

이산시스템의 수식에서도 마찬가지이다. 예를 들어

$$y(n) = 2x(n) - 7x(n-1) + 8x(n-2) - 3y(n-1)$$

처럼 y의 파라미터 $\{1, 3\}$, x의 파라미터 $\{2, -7, 8\}$ 등이 모두 상수이므로 시불변 시스템이다. 반면에

$$y(n) = 5nx(n) - 4x(n-1) - 2n^2 y(n-1)$$

과 같이 파라미터가 $\{5n, -2n^2\}$과 같은 n의 함수가 있으므로 시변이다.

시변의 실제성: 시스템의 신호처리 면에서 시불변성 여부는 입·출력 신호의 상관 관계에서 간단히 설명된다. 시스템을 제작하여 오늘 $x(t)$라는 신호를 입력 시켰을 때 $y(t)$라는 신호가 출력되었다면, 내일도 그리고 아무리 시간이 지났어도 $x(t)$라는 입력 신호에 대해 동일한 $y(t)$ 출력신호가 나올 때 그 시스템을 시불변 시스템이라 일컫는다. 이러한 시스템의 시불변성은 선형성과 마찬가지로 모든 신호처리 종사자들이 원하고 요구하는 바이다. 이 조건이 만족되지 않으면 측정과 실험이 부정확하게 되고 오차의 폭이 커진다. 만약 1993년에 설계 제작된 미사일 자동 조정장치에 의해 미사일을 발사하여 정확히 목표물에 명중하

였는데, 3년이 지난 1996년에 발사하자 목표물에서 빗나갔다면, 그 조정장치의 시스템 특성이 변한 것이고, 결국은 시변 시스템이었다는 것이다. 몇 년 전에 비싼 돈을 주고 구입한 Audio 시스템이 시간이 갈수록 음질이 떨어지는 경우도 마찬가지이다. 세상에 영원한 것은 없기 때문에 영원히 시불변인 시스템도 존재하지 않는다. 시불변성을 유지하도록 계속적이고 주기적인 계수 조정과 수리가 필요한 것이다. 이 점에 있어서 인간은 매우 시변적 존재이다. 시스템적으로 동일한 입력정보에 대해 인간은 조석간에 기분이 변하고 느낌이 다르지 않는가?

시불변성과 선형성과의 관계 : 이상의 예를 통해 우리는 시불변성과 비선형성과는 전혀 상관이 없음을 알 수 있다. 그도 그럴 것이 선형성은 입·출력 전달함수의 문제이고 시불변성은 시간과의 관계이기 때문이다. 입·출력 전달특성 면에서 두 관계는 다음의 [그림 3-36]을 통해 쉽게 이해할 수 있다.

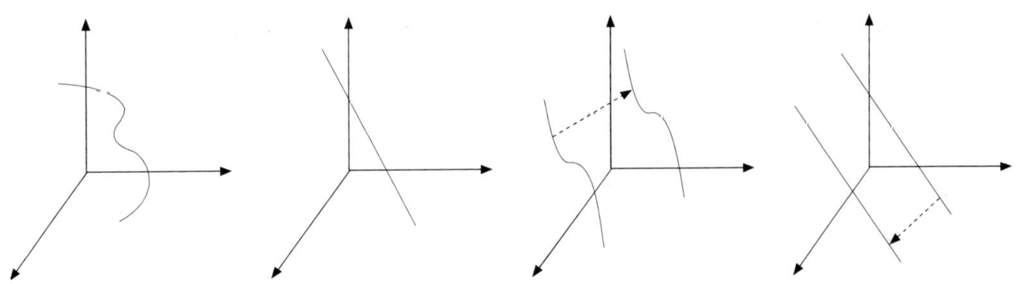

(a) 비선형 시불변　　(b) 선형 시불변　　(c) 비선형 시변　　(d) 선형 시변

[그림 3-36] 시불변성과 선형성(함수는 $x-y$ 평면에서 정의됨)

기초 예제 5 **(이산신호 시스템의 시불변성)**

다음과 같은 이산신호 시스템의 시불변성을 판별하라.

(1) $y(n) = x(n) - 10x(n-1) + 2$　　(2) $y(n) = nx(n) - x(n-1)$

(3) $y(n) = 3x(n) + x^2(n-1)$

풀이와 해설

세 가지 예제는 각각, 계수가 상수인 경우, 계수가 n의 함수인 경우, 그리고 계수는 상수이나 비선형인 경우로 구분된다.

(1) $y(n) = x(n) - 10x(n-1) + 2$

계수 판별법에 의해 모든 계수가 상수이므로, 이는 시불변 선형시스템이다. 함수적으로 규명해 보자. 연산자 T에 대하여 $y(n) = T[x(n)]$ 이므로

$$\begin{aligned} y(n-n_0) &= x(n-n_0) - 10x(n-n_0) + 2 \\ T[x(n-n_0)] &= x(n-n_0) - 10x(n-n_0) + 2 \\ &= y(n-n_0) \end{aligned}$$

가 성립되어 시불변이다.

(2) $y(n) = nx(n) - x(n-1)$

조건이 성립치 않으므로 시변시스템이다.

(3) $y(n) = 3x(n) + x^2(n-1)$

계수가 모두 상수이므로 시불변 시스템이다. 연산자 T에 대하여

$$\begin{aligned} y(n-n_0) &= 3x(n-n_0) + x^2(n-n_0-1) \\ T[x(n-n_0)] &= 3x(n-n_0) + x^2(n-n_0-1) \\ &= y(n-n_0) \end{aligned}$$

가 성립되어 시불변 시스템이다. 이 시스템은 시불변 비선형시스템이다.

인과성(Causality)

개념이해 : 인과성이란 원인과 결과성을 줄인 말로서 우리 속담에 "아니 땐 굴뚝에 연기나랴"를 떠올리면 딱 어울리는 표현이다. 즉 현재의 상태는 현재를 비롯한 과거의 것들에 의해서만 결정된다는 것이다. 지극히 당연한 말이다. 역으로 말하면 미래의 상태는 현재의 처지에 어떠한 영향도 끼치지 않는다는 말이다. 이것이 시스템에서 보장될 때 인과성이 있다고 한다. 보다 정확히 시스템적으로 그 정의를 내려 보자.

시스템적 이해 : 시간축에서 입·출력 신호의 상관관계를 컨벌루션(Convolution)으로 규정할 때, 인과시스템(Causal System)은 연속신호 시스템에서 다음 [그림 3-37]과 같다.

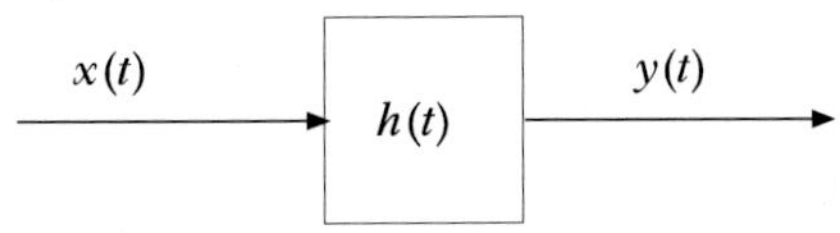

$y(t) = x(t) * h(t)$

[그림 3-37]

시스템 전달함수 $h(t)$, 입력 $x(t)$ 그리고 출력 $y(t)$에 대하여, 시스템이 Causal하기 위해서는 다음과 관계가 성립해야 한다.

입력, $\quad x(t) = 0 \quad t < 0$

전달함수, $\quad h(t) = 0 \quad t < 0$

입출력관계,

$$y(t) = \int_0^t h(t-\tau)x(\tau)d\tau = \int_0^t h(\tau)x(t-\tau)d\tau, \; t \geq 0 \tag{3.16}$$

즉, 현재의 출력은 미래의 입력에 의해 영향을 받지 않고, 오직 현재 및 과거의 입력에 의해서만 영향을 받는다. 이 성질을 인과성(Causality)이라고 정의하고, 그러한 시스템을 인과 시스템(Causal System)이라 한다. 그리고 그러한 시간 지연이 있는 시스템에 신호의 예측을 통해 미래의 입력을 인가하는 경우가 비인과 시스템이 된다.

이산시스템에서는 신호의 미래와 과거가 시켄스적으로 주어지므로 이를 구분하기가 더욱 용이하다.

개념 이해 예제 6

어떤 이산시스템의 입·출력 관계가 다음 수식과 같다. 인과성 여부를 판별하라.

$$y(n) = x(n) + 2x(n-1) - 3x(n-3)$$

풀이와 해설

현재의 출력 $y(n)$이 현재의 입력 $x(n)$과 과거의 입력 $x(n-1)$, $x(n-3)$에 의해 결정되므로 인과 시스템이다.

개념 이해 예제 7

어떤 이산시스템의 입·출력 관계가 다음 수식과 같다. 인과성 여부를 판별하라.

$$y(n) = a_1 x(n) + a_2 x(n-2) + a_3 x(n+1)$$

풀이와 해설

미래의 입력 $x(n+1)$이 현재의 출력 $y(n)$에 영향을 미치므로 비인과 시스템이다.

안정성(Stability)

물리적 이해: 시스템의 안정도 여부도 입·출력 신호의 상관 관계에 의해 결정되는데, 그중에서도 특히 출력신호의 상태에 의해 좌우된다. 통념적으로는 어떤 입력에 대하여, 출력이 무한대로 발산하여 가버리는 경우를 들 수 있다. 신호가 무한대로 발산하면 에너지의 지엽적인 폭발적 증가가 일어나고, 이를 견디지 못할 때 시스템을 구성하는 소자 일부가 타버린다든지 고장 상태로 되어버림을 의미한다. 마치 자동차의 제동장치에 문제가 있어서, 위험이 도래 하였을 때 차를 멈출 수 없어 사고를 초래하는 것과 같은 경우이다. 공학도들이 어떤 시스템을 설계·제작하여 전원 스위치를 넣었을 때 갑자기 이상 동작을 하거나 부품이 타버리는 현상을 종종 접하게 되는데 그러한 상태를 불안정 상태라 하고 그 시스템을 불안정한 시스템이라 일컫는다. 결국 시스템의 안정성은 입·출력 신호의 상태에서 판별된다.

수식적 접근(BIBO Stability): 안정성에 대한 이와 같은 초보적 개념은 일찍이 BIBO (Bounded Input Bounded Output)으로 정립되었다. 수식으로 표현하면, 입력 $x(t)$와 출력 $y(t)$에 대하여 입력이 제한되어 있을 때, 출력도 제한적이다.

$$x(t) < k_1 < \infty$$
$$y(t) < k_2 < \infty,\ k_1,\ k_2 : \text{상수}$$

이러한 안정도 판별은 매우 기초적이고 흔한 경우이다.

제한된 입력이 시스템에 인가되었을 때 제한된 범위의 출력이 나오면 안정하다는 통념적 접근이다. 예를 들어, 어떤 전동기를 90~100[V] 전압 범위 내에서 가동하여 1000~1200[rpm]의 속도를 얻었다면 이 전동기는 안정하다고 볼 수 있다. 만약 이 경우 전동기 입력 전압이 500[V]라면 전동기는 불안정하게 되고, 결국 과속하여 타버릴 것이다. 여기서 입력 조건도 고려해야겠으나 출력 상태는 안정도 판별에 보다 중요한 지표이다.

그림을 통한 설명: 다음 [그림 3-38]은 안정하고 불안정한 시스템에 동일한 입력신호 $x(t)$를 인가하였을 때 어떠한 응답을 보이는가를 보이고 있다. 안정한 시스템은 출력 $y(t)$가 안정하기 되나 불안정시스템은 출력 $y(t)$가 발산하고 있다.

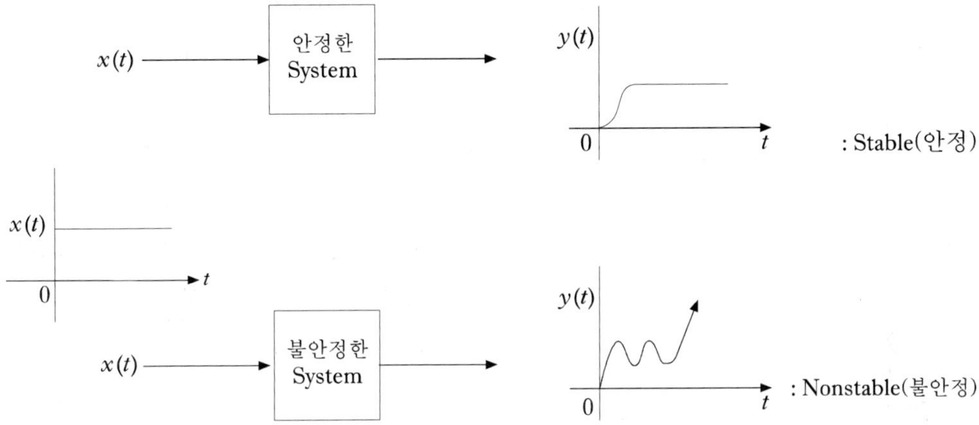

[그림 3-38] 출력신호 상태에 의한 안정성 여부 판별

기초 예제 6 (안정한 이산시스템의 예)

다음과 같은 시스템에 $x(n)=\delta(n)$이 인가될 때 $y(n)$을 구하라.

(1) $y(n)=x(n)-4x(n-1)$

(2) $y(n)=2x(n)-ay(n-1),\ y(-1)=0,\ a=0.5$

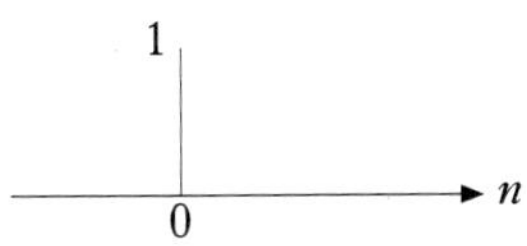

[그림 3-39]

풀이와 해설

첫째 예제는 출력이 입력에 의해서만 결정되는 경우이고, 둘째 예제는 출력이 입력뿐만 아니라 과거의 출력에 의해 결정되는 예이다. 먼저 입력 $x(n)=\delta(n)$이므로 $n=0$에서 $x(0)=1$이다.

(1) $y(n)=x(n)-4x(n-1)$

$n<-1,\ y(n)=0$

$n=0,\ y(0)=x(0)-4x(-1)=1$

$n=1,\ y(1)=x(1)-4x(0)=-4$

$n>2,\ y(n)=0$

$y(n)$을 n축상에 나타내면 [그림 3-40]과 같다.

$x(n)$과 $y(n)$을 통해 이 시스템이 안정한 것을 알 수 있다.

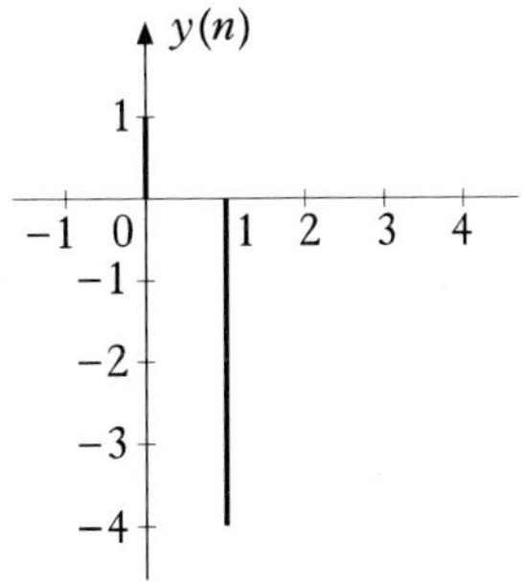

[그림 3-40]

(2) $y(n) = 2x(n) - 2a(n-1)$

$n < -1,\ y(n) = 0$

$n = 0,\ \ y(0) = 2x(0) - 0.5y(-1) = 2 \times 1 - 0.5 \times 0 = 2$

$n = 1,\ \ y(1) = 2x(1) - 0.5y(0) = 2 \times 0 - 0.5 \times 2 = -1$

$n = 2,\ \ y(2) = 2x(2) - 0.5y(1) = 0.5$

$n = 3,\ \ y(3) = 2x(3) - 0.5y(2) = -0.25$

·········

·········

$y(n) = 2 \times (-0.5)^n$

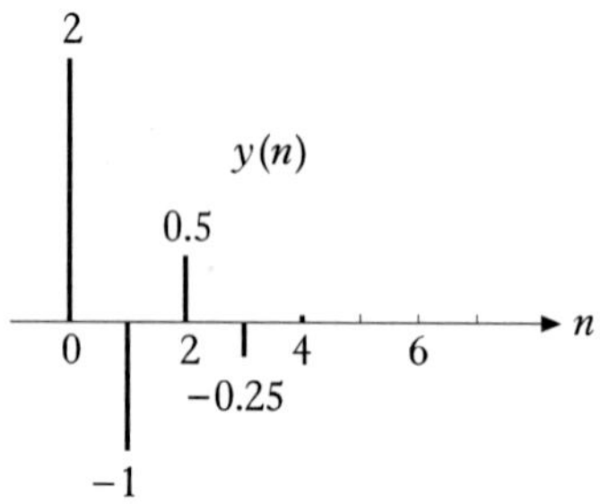

[그림 3-41]

$y(n)$을 n축 상에 나타내면 [그림 3-41]이다. 입력 $x(n)$에 대해 출력 $y(n)$이 안정함을 알 수 있다.

기초 예제 7 (불안정한 시스템의 예)

앞의 예제 (2)에서 $a = 1.1$로 놓고 $y(n)$을 구하라.

풀이와 해설

문제에서 달라진 것은 $a = 0.5 \rightarrow 1.1$로 되었다는 사실뿐이다. 동일한 방법으로 $y(n)$을 구한다.

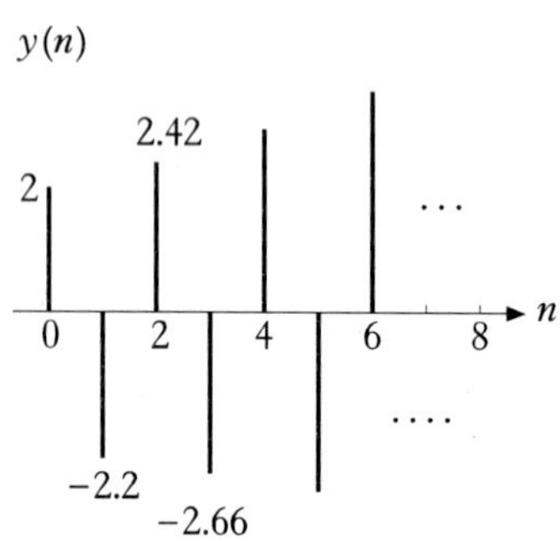

[그림 3-42]

$n < -1,\ y(n) = 0$

$n = 0,\ y(0) = 2x(0) - 1.1y(-1) = 2$

$n = 1,\ y(1) = 2x(1) - 1.1y(0) = 2 \times 0 - 1.1 \times 2 = -2.2$

$n = 2,\ y(2) = 2x(2) - 1.1y(1) = 2 \times 0 - 1.1 \times (-2.2) = 2.42$

$n = 3,\ y(3) = 2x(3) - 1.1y(2) = -1.1 \times 2.42 = -2.662$

·········

·········

$y(n) = 2 \times (-1.1)^n$

$y(n)$을 n축 상에 나타낸다. [그림 3-42]에서 $x(n)$은 비록 일순간에 나타났다가 사라지는 $\delta(n)$을 인가했을지라도 출력 $y(n)$은 계속 발산함을 볼 수 있다. 따라서 이 시스템은 불안정하다.

(기초예제 6과 7의 비교 고찰): IIR필터 안정도의 기초개념 이해

이산시스템의 두 예에서 과거의 출력이 계속적으로 영향을 미치는 경우 값 a에 따라 안정과 불안정이 결정된다는 사실을 알았다. 그 기준을 정하는 a의 값은 1이다. 즉 $|a|>1$이면 시스템은 불안정하고 $|a|<1$이면 안정하다. 만약 $|a|=1$이라면 같은 값이 계속 지속될 것이다. 또한 시스템의 안정성은 시스템의 성질을 결정하는 파라메타 -계수들의 값-에 의해 판가름 난다는 사실도 어렴풋이 짐작할 수 있다. 여기에서의 궁금증은 뒤에 IIR필터 안정도에서 자세히 논할 것이다.

연 습 문 제

1. [그림 3-43] 두 신호에 대하여 $x_1(t) * x_2(t)$를 구하고 그림으로 나타내어라.

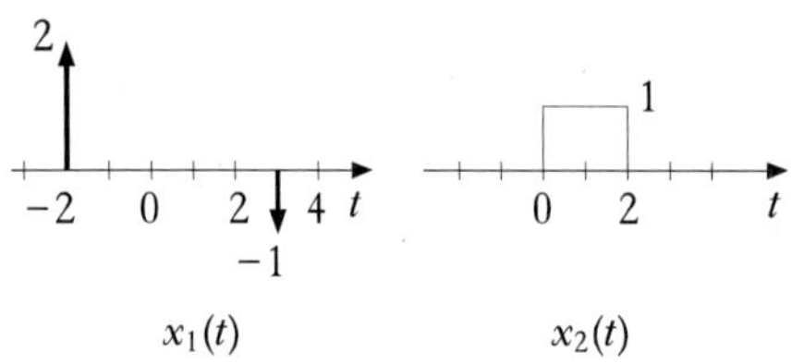

[그림 3-43]

2. [그림 3-44] 두 신호 $x_1(n)$과 $x_2(n)$에 대하여 $x_1(n) * x_2(n)$을 구하고 그림을 나타내어라.

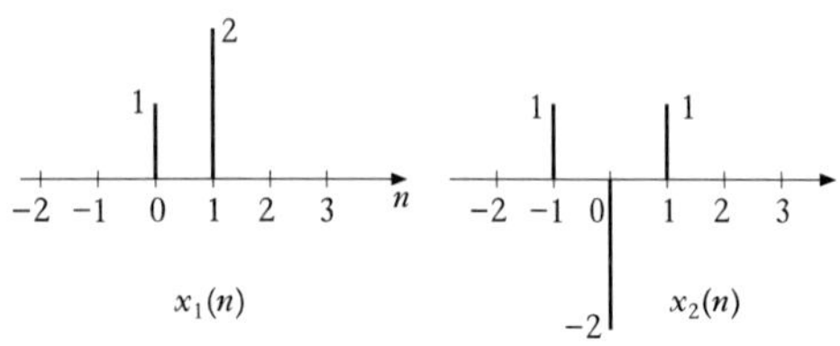

[그림 3-44]

3. 다음 [그림 3-45]의 두 신호 $x_1(t)$와 $x_2(t)$의 컨벌루션 $x_1(t) * x_2(t)$를 계산하여라.

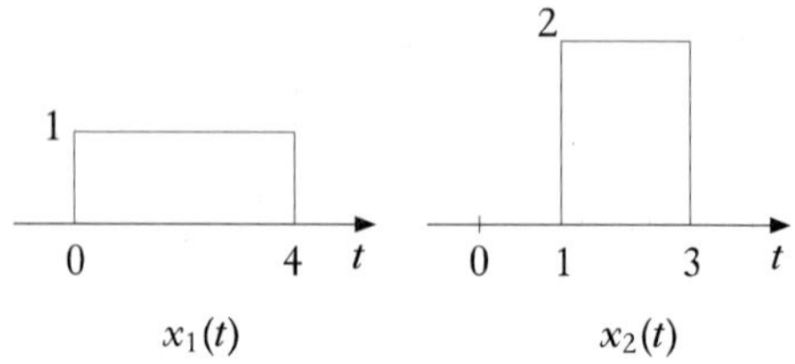

[그림 3-45]

4. [그림 3-46] 두 신호 $x_1(t)$와 $x_2(t)$의 $x_1(t) * x_2(t)$을 구하고 그림으로 나타내어라.

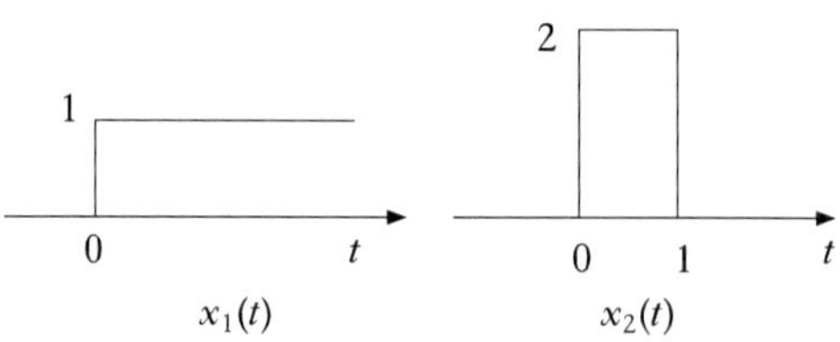

[그림 3-46]

5. $x_1(t) = u(t)$, $x_2(t) = e^{-t}$에 대하여 $x_1(t) * x_2(t)$를 구하고 그림으로 나타내어라.

6. 다음 [그림 3-48]의 (a)와 같은 $x(n)$이 시스템 [그림 3-47]에 인가될 때 출력 $y(n)$을 구하라.

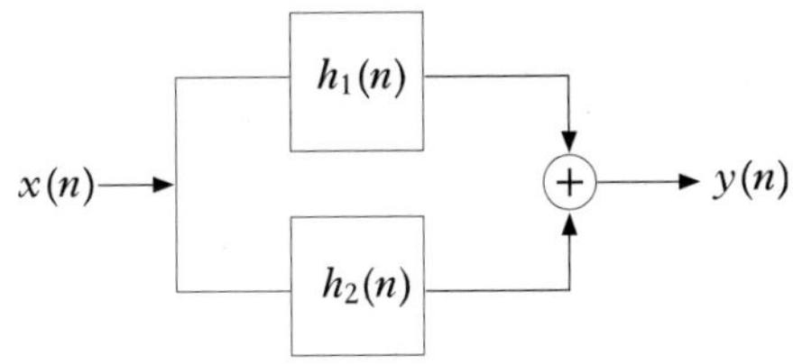

[그림 3-47]

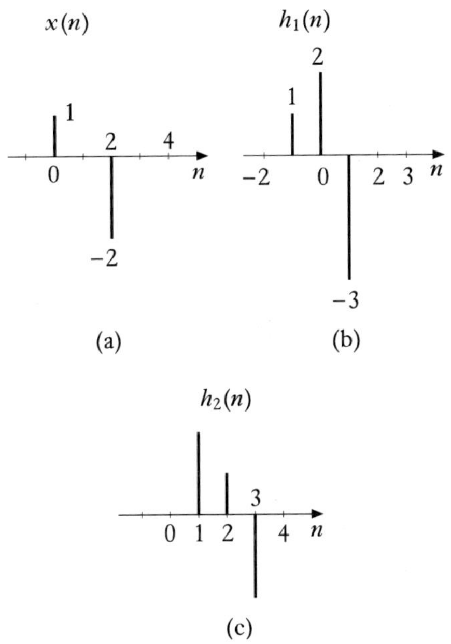

[그림 3-48]

7. 시스템 신호의 입·출력 관계가 다음의 차분방정식 형태로 주어졌다.

$$y(n) = 0.5y(n-1) - y(n-3)$$
$$= 10x(n) + x(n-1) - 0.5x(n-2)$$

$x(n) = \delta(n) + \delta(n-1)$에 대한 출력 $y(n)$을 구하고 n축 상에 나타내어라. 모든 초기값은 0이다.

8. 다음과 같은 이산시스템의 선형성, 시변성, 인과성 및 안정성을 판별하라.

(1) $y(n) = x(n) - 5x(-n)$

(2) $y(n) = 3x(n) - x(n-n_0)$

(3) $y(n) = 5x(n) + nx(n-1)$
$- 10x(n+1)$

(4) $y(n) = nx(n) + 4x(n-1)$
$- 4y(n-1)$

9. 문제 8의 (4)에 $x(n) = \delta(n)$ 인가시 $y(n)$을 구하고 그림으로 나타내어라. $n \le -1$에서 $x(n)$, $y(n)$은 모두 0이다.

제 4 장 이산신호의 시간 해석

Time Analysis of Discrete Signals

들어가는 말

연속신호를 샘플링하여 얻은 신호를 이산신호(Discrete Signal)라 일컫는다. 수열축 n상에서 논의되며 시간개념보다는 데이터로 처리한다. 시간적 연속 개념은 사라지고 시퀀스로 취급되어 디지털화된 상태에서 프로세서나 논리회로 상에서 새로운 신호로 변환된다. 이산신호의 시간해석은 이산신호처리의 기초이다. 중요한 개념들이 제시되며 기본적이면서도 응용 가능한 알고리즘을 공부한다. 시간해석에 있어서 최초로 이해할 것은 이산신호처리도 나름대로의 신호체계와 시스템처리상의 특성을 갖고 있다는 점이다. 이는 아날로그 신호해석이 갖고 있었던 기초개념과 유사한 형태인 동시에 보다 발전된 형태이다. 모든 이산신호는 결국 컴퓨터에서 프로세서나 프로그램으로 취급하기 좋은 모습을 갖고 있어야 한다.

내 용

- 이산신호처리의 개념이해
- 샘플링과 샘플링 정리
- 이산신호의 에너지와 전력
- 이산신호의 입·출력 표현과 블럭선도

4.1 이산신호처리의 개념 이해

개 요

이산신호처리는 통상 디지털신호처리(DSP; Digital Signal Processing)와 혼용하여 사용되는 용어이다. 엄밀한 의미에서 이산신호(Discrete Signal)은 디지털신호(Digital Signal)와 약간의 차이가 있다. 이산신호는 연속 신호를 샘플링하여 얻은 신호로서 일정한 시간 간격인 샘플링 주기 T가 반복되면서 시간축 상에 크기를 갖는 일종의 수열 신호이다. 디지털신호는 이러한 이산신호를 양자화 하여 0과 1의 두 가지 비트로 구성된 신호로서 마이크로프로세서 내부에 돌아다니는 신호를 일컫는다. 그러나 이 신호들 모두가 컴퓨터에 의해 처리되므로 현장에서는 흔히 DSP로 통용된다. 시간영역에서 연속신호와 이산신호와의 분명한 차이가 있다. 연속신호를 샘플링 과정을 거쳐, 이산신호로 변환한 뒤 이를 다시 디지털신호 상태에서 처리하고 마지막으로 연속신호 형태로 출력하는 것이 일반적인 흐름이다. DSP의 주된 대상 분야인 음성신호처리와 영상신호처리 과정에서 흔히 샘플링을 통해 이산신호나 디지털신호로 바꾸어야만 하는 이유는 간단하다. 그것은 신호의 처리가 2진 연산만 가능한 컴퓨터에 의해 진행시킬 수 밖에 없기 때문이다.

이산신호처리 과정

[그림 4-1]에 신호처리 과정을 보였다.

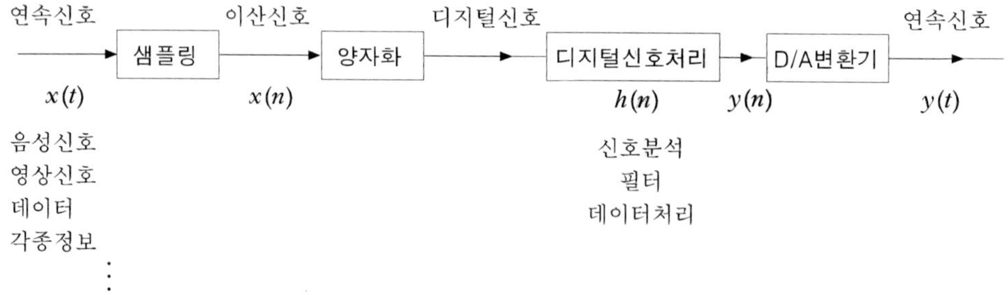

[그림 4-1]

이산신호처리의 전체 과정에 대한 개념도이다. 처음 눈에 띄는 특징은 최초 입력과 마지막 출력이 모두 아날로그 연속신호라는 점이다. 인간의 귀나 눈에 친숙한 신호가 아날로그 신호이며 물성계에서 발생하는 대부분의 신호도 그러하기 때문에 신호처리의 처음과 나중은 아날로그이다. 이산신호처리는 그 중간 과정에 해당한다. 연속신호를 이산신호로 부득이 바꾸어야만 하는 이유는 신호처리가 주로 마이크로프로세서에 의해 이루어지기 때문이다. 프로세서에서 신호를 처리한 후 다시 아날로그로 변환하여 출력한다. 단계별로 살펴보자.

i) **샘플링** : 자연계나 물성계에 존재하는 음성이나 영상 및 각종 정보 신호들이 A/D 변환과정을 거쳐 샘플링된 이산신호로 바뀐다.

ii) **양자화** : 이산신호 자체는 크기를 갖고 있기 때문에 프로세서에서 그대로 처리할 수가 없다. 크기에 상응하는 0과 1의 비트로 구성된 디지털 신호로 바꾸어야 한다. 이 과정을 양자화(Quantization)라 한다.

iii) **DSP** : 디지털 신호로 변환된 신호가 비로서 $h(n)$이라는 신호처리 알고리즘에서 처리된다. 신호의 주파수 특성분석, 신호해석, 신호변환 등이 $h(n)$에서 이루어진다. 음성변조, 음성합성, 영상변조, 영상합성, 영상처리 등의 모든 신호처리가 여기에서 진행된다. 시스템 신호전달체계 $h(n)$은 신호처리의 심장부이다. $h(n)$에 의해 모든 처리가 이루어짐에도 불구하고 $h(n)$은 단순한 알고리즘 수식이다. 흔히 차분방정식(Difference Equation)이라는 입·출력 관계식으로 표현된다.[그림 4-2]

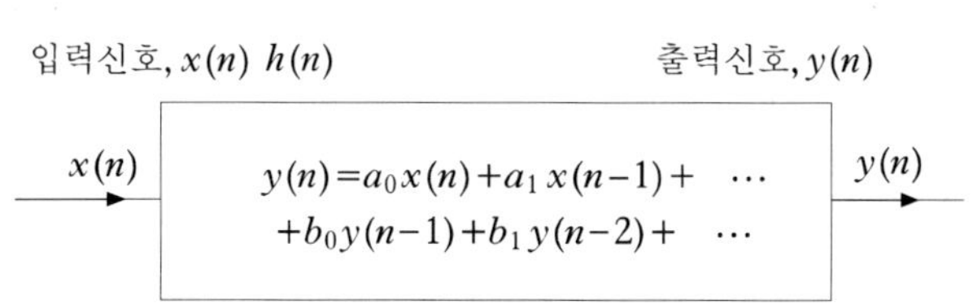

[그림 4-2]

iv) **D/A 변환기** : DSP출력은 D/A과정을 거쳐 아날로그 신호로 바뀐다. 경우에 따라서는 이 과정을 생략하고 직접 디지털 출력기로 출력되기도 한다.

연속신호 $x(t)$와 이산신호 $x(n)$

신호가 디지털 형태로 변환되어 처리된다고 해서 샘플링된 신호 $x(n)$이 그 이전 연속신호 $x(t)$와 동일하다고 보면 큰 착각이다. 엄밀한 의미에서 본래의 신호 $x(t)$와 샘플링된 신호 $x(n)$는 다르다. 두 신호가 다르다는 뜻은 신호 $x(t)$에 내재된 정보가 신호 $x(n)$에는 빠질 수도 있고, 아울러 $x(t)$에 없는 신호가 $x(n)$에는 불필요하게 생겨 날 수도 있다는 의미이다. 디지털 신호처리의 고민이 여기에 있다. 우리가 샘플링한 신호 $x(n)$이 본래의 신호 $x(t)$의 모든 정보를 가·감함 없이 갖고 있어야 함에도 불구하고 사실은 그렇지 못하다는 사실이다. $x(n)$이 $x(t)$와 차이가 있고, 그 차이가 심각할 때, 제아무리 그럴듯하게 신호처리를 하였다 하여도 그 결과는 위험천만할 수도 있다. 예를 들어 의학 분야에 현재 많이 사용되는 의용신호처리 과정에서 환자로부터 측정한 데이터를 샘플링하는 과정에 착오가 발생하였다면, 그 오류가 있는 이산신호를 처리한 결과에 따라 환자를 치료할 때, 환자의 생명에 오히려 위험을 초래할 소지가 다분히 있다. 디지털 신호 처리를 공부하는 공학도들은 특히 이 점을 명심해야 한다. 샘플링된 신호에 의존할 수밖에 없지만 그 신호를 너무 지나치게 신뢰하지 말라는 것이다. 그러나 이 점을 너무 염려할 필요는 없다. 이산신호가 갖고 있는 신호에 대한 정보와 분석할 수 있는 정밀한 알고리즘들을 적절히 활용하면 이 문제는 어렵지 않게 극복할 수 있다.

샘플링 과정 이외에도 다소의 문제점이 없지는 않으나 이산신호처리의 효과는 실로 엄청나다. 회로의 소형화, 고집적화, 방대한 데이터의 고속처리 기능, 신속성, 경제적 부가가치 등 실로 헤아릴 수 없는 산업적, 경제적 효과 때문에 종래의 아날로그 시대를 마무리하고 신속히 디지털 시대로 옮겨가는 첨병 역할을 하고 있는 것이다. 이 장에서는 이산신호에 대한 기초적인 시간함수적 해석을 시도하였다. 연속신호의 이산신호로의 변환인 샘플링 과정의 수학적 표현과 샘플링 과정에서 발생하는 에일리어싱(aliasing)현상을 살펴보고, 이어서 이산신호의 시퀀스적 표현과 시간영역에서의 입·출력 관계를 수학적으로 접근하였다.

4.2 샘플링과 샘플링 정리

개념 이해

시간영역에서 일정한 샘플링 주기를 갖고 발생하는 샘플링 과정은 신호적으로는 매우 간단한 작업이다. [그림 4-3]에서와 같이 연속적으로 신호를 받아들이는 것이 아니라, 일정한 시간 간격을 두고 순간적으로 신호의 값만을 읽어 들인다.

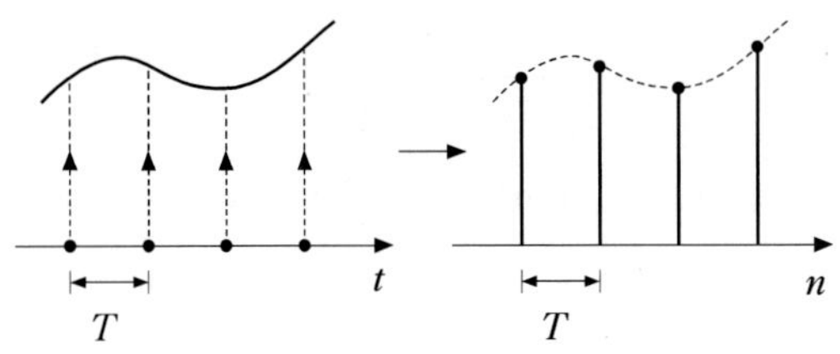

[그림 4-3]

신호의 값을 읽어 들이는 그 순간 전후의 신호값은 - 그 값이 어떤 값이든 - 아무런 상관이 없다. 따라서 이산신호는 순간 순간의 신호값만으로 구성된 일종의 수열(sequence)에 불과하다. 이 때 샘플링하는 시간 간격 T를 샘플링 주기라 하고, 이의 역수 $\frac{1}{T}$을 샘플링 주파수$\left(f=\frac{1}{T}\right)$이라 일컫는다.

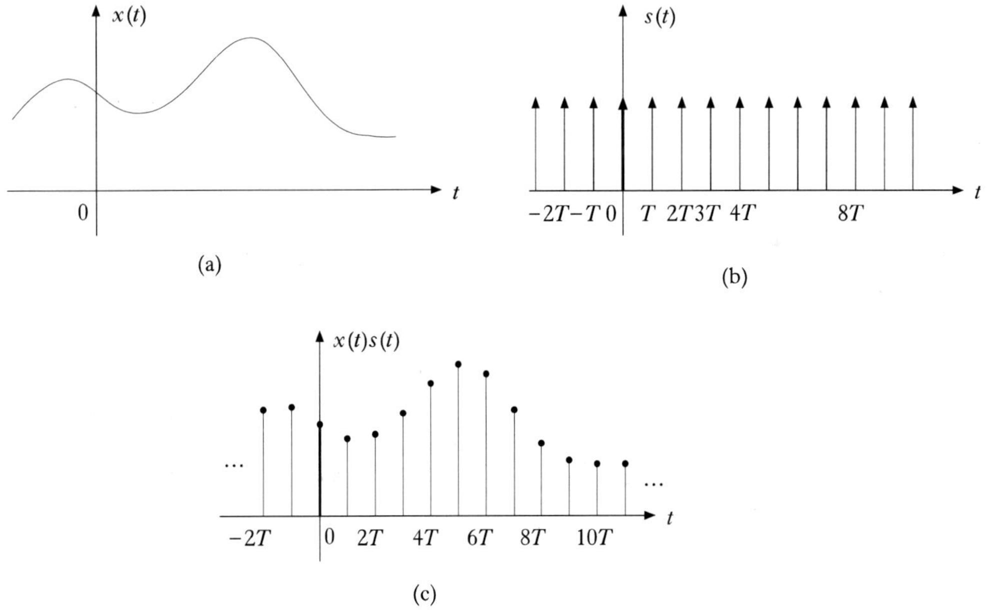

[그림 4-4]

샘플링의 수학적 의미

개념적으로는 매우 단순하다. 샘플링 주기와 그 역수인 샘플링주파수만 기억하면 되는 듯이 보인다. 샘플링은 수학적으로 두 신호의 곱셈이다. 대상 신호 $x(t)$와 샘플링 신호 $s(t)$의 곱이다.

신호끼리의 곱셈에 대해서는 이미 앞 단원에서 충분히 살펴보았다.

[그림 4-4]는 개념도를 보이고 있다. 샘플링 신호 $s(t)$는 크기가 모두 1이고 샘플링 주기가 T인 임펄스 신호들의 합이다. $x(t)$에 $s(t)$가 곱하여짐으로 [그림 4-4(c)]의 최종 신호를 얻는다.

관계식 :

샘플링 신호 : $s(t) = \sum_{n=-\infty}^{\infty} \delta(t-nT)$

이산신호 : $x_s(t) = x(t)s(t) = x(t) \sum_{n=-\infty}^{\infty} \delta(t-nT)$ (4.1)

식 (4.1)은 샘플링 주기 T마다 $x(t)$의 값 $x(nT)$에 $s(t)$를 곱한 것과 같다. $x(t) = x(nT)$로 놓고 식을 정리한다.

$$x_s(t) = \sum_{n=-\infty}^{\infty} x(nT)\delta(t-nT) \tag{4.2}$$

개념 이해 예제 1

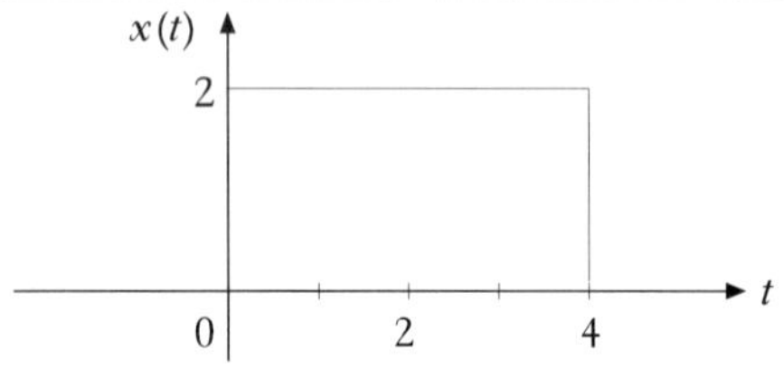

[그림 4-5]

[그림 4-5]의 신호 $x(t)$를 샘플링 주기 $T=1$(초)간격으로 샘플링하였다. 샘플링 결과로 얻은 이산신호 $x(n)$을 구하고 과정을 수식으로 나타내어라.

풀이와 해설

샘플링 신호, $s(t) = \sum_{n=-\infty}^{\infty} \delta(t-nT)$를 $x(t)$에 곱한다.

$$x_s(t) = x(t)s(t), \quad T=1$$
$$= \sum_{n=0}^{4} x(nT)\delta(t-nT) = \sum_{n=0}^{4} x(n)\delta(t-n)$$

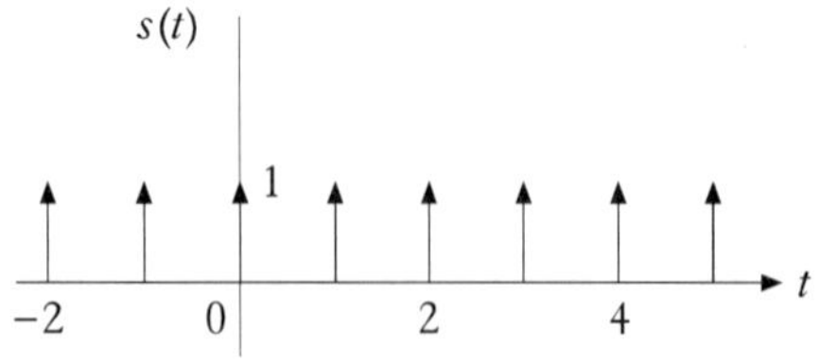

[그림 4-6] $s(t)$

[그림 4-7]

n축상에서 $x_s(t)$를 $x(n)$으로 표기한다.

$$x(n) = \sum_{i=0}^{4} \delta(n-i)$$

기초 예제 1

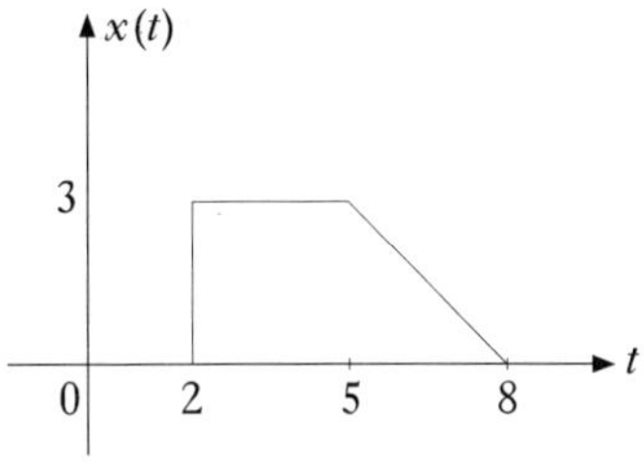

[그림 4-8]

[그림 4-8]의 연속신호 $x(t)$를 샘플링 주기 $T=1$(초) 간격으로 샘플링하였다. 샘플링 결과로 얻은 이산신호를 구하고 수식으로 나타내어라.

풀이와 해설

샘플링 신호 $s(t)$는 크기가 모두 1이고 간격이 1(초)인 [그림 4-9(a)]와 같은 신호이다. 이 신호와 연속신호 $x(t)$를 곱하여 이산신호를 얻는다.

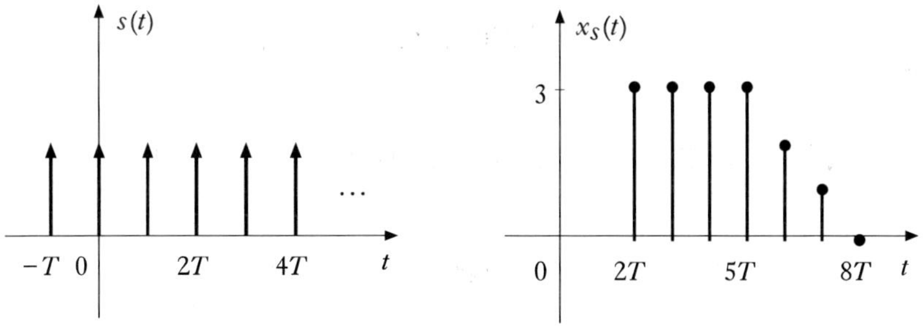

(a) $s(t)$ (b) $x_S(t)=x(t)s(t)$

[그림 4-9]

여기서, $s(t)=\sum_{n=-\infty}^{\infty}\delta(t-nT)$이고 샘플링된 이산신호 $x_s(t)$는 $x(t)$와 $s(t)$의 곱이다.

$$x_s(t) = x(t)s(t) = x(t)\sum_{n=-\infty}^{\infty}\delta(t-nT) \quad \cdots ①$$

식 ①을 통해 $x_s(t)$를 얻기 전에 [그림 4-9(b)]에서 간단히 $x_s(t)$를 구할 수 있다. $x_s(t)$는 6개의 임펄스 신호의 합이다. $T=1$(초)이다.

$$\begin{aligned} x_s(t) &= 3\delta(t-2)+3\delta(t-3)+3\delta(t-4)+3\delta(t-5) \\ &\quad +2\delta(t-6)+\delta(t-7) \end{aligned} \qquad \cdots②$$

각 임펄스 신호들은 별개로서 연속신호의 의미는 사라진다. 다음은 함수적으로 $x_s(t)$를 산출해 보자. 신호 $x_s(t)$의 그림에서 $x(t)$는 [그림 4-10]과 같은 여러 신호의 합으로 구성되어 있다.

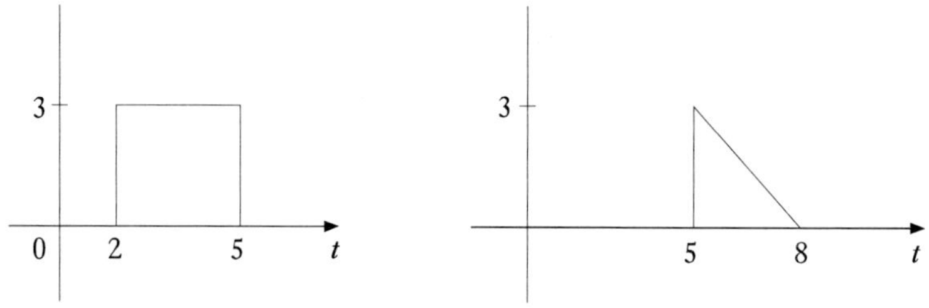

(a) $3[u(t-2)-u(t-5)]$ (b) $(-t+8)[u(t-5)-u(t-8)]$

[그림 4-10]

$$x(t) = 3[u(t-2)-u(t-5)]+(-t+8)[u(t-5)-u(t-8)] \qquad \cdots③$$

$x(t)$와 $s(t)$와의 곱은 $2 \le t \le 8$에서만 진행된다.

$$\begin{aligned} x_s(t) = x(t)s(t) &= \{3[u(t-2)-u(t-5)]+(-t+8)[u(t-5)-u(t-8)]\} \\ &\quad \times[\delta(t-2)+\delta(t-3)+\delta(t-4)+\delta(t-5)+\delta(t-7)] \\ &= 3\delta(t-2)+3\delta(t-3)+3\delta(t-4)+3\delta(t-5) \\ &\quad +2\delta(t-6)+\delta(t-7) \end{aligned}$$

신호주파수와 샘플링 주파수와의 관계

문제의 제기: 샘플링 주파수와 샘플링하고자 하는 대상신호 $x(t)$의 주파수 성분 사이에는 어떠한 관계가 있는가? 대상신호 $x(t)$에는 여러 주파수 성분들이 있다.

$\mathcal{F}[x(t)] = X(w)$일 때 $X(w)$의 w 중에 가장 높은 주파수보다 더 높은 주파수로 샘플링해야 할 필요가 있다.

결론: 샘플링 주파수 f_s는 대상신호의 최대 주파수보다 최소한 2배 이상이어야 한다.

요구 조건: 샘플링 과정에 관한 시간 함수적 곱은 이와 같이 간단히 해결되는 것처럼 보이지만, 앞에서도 언급한 것처럼, 샘플링된 이산신호는 본래의 정보를 모두 갖고 있어야 한다. 신호의 정보란 구체적으로 주파수 영역에서의 스펙트럼 상태로서 본래 신호의 푸리에 변환과 이산신호의 푸리에 변환을 비교함으로서만이 가능하다.

수식을 통한 샘플링 주파수 이해: 컨벌루션 기법 활용

어떤 연속신호 $x(t)$의 푸리에 변환을 $\mathcal{F}[x(t)] = X(w)$라 하고 샘플링 신호 $s(t)$의 푸리에 변환을 $\mathcal{F}[s(t)] = S(w)$라 할 때, 두 신호 $x(t)$와 $s(t)$의 곱 전체의 푸리에 변환은 두 신호의 푸리에 변환끼리의 컨벌루션이다. 정리하면

$$X(w) = \mathcal{F}[x(t)],\ S(w) = \mathcal{F}[s(t)]$$

$$x_{s(t)} = x(t)s(t)$$

$$\mathcal{F}[x_s(t)] = \mathcal{F}[x(t)s(t)] = \mathcal{F}[x(t)] * \mathcal{F}[s(t)]$$

$$X_s(w) = X(w) * S(w) \tag{4.3}$$

〔수식 음미〕

$X(w)$와 $S(w)$를 서로 컨벌루션하여 이산신호의 $X_s(w)$를 구할 수 있다.

그림을 통한 이해: $x(t)$의 최대주파수 보다 2배 이상으로 샘플링함과 2배 이하로 샘플링하는 두 경우로 나누어 고찰한다. $x(t)$의 푸리에 변환 $X(w)$ 가운데 가장 큰 주파수를 w_x라 하고, 샘플링 주파수를 w_s라고 할 때

[경우 1: 2배 이상으로 샘플링하는 경우, $w_s > 2w_x$]

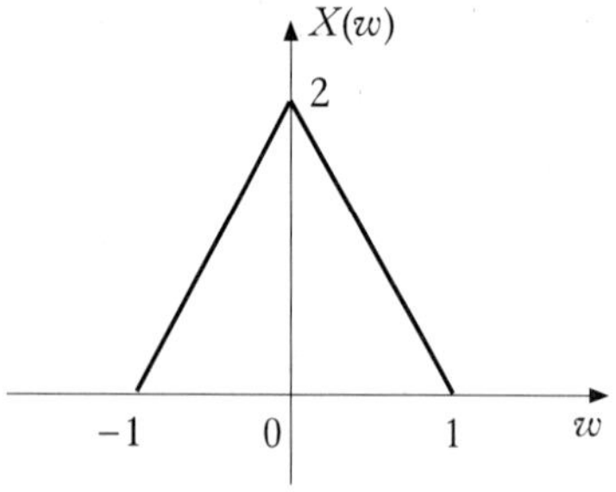

(a) $X(w)$

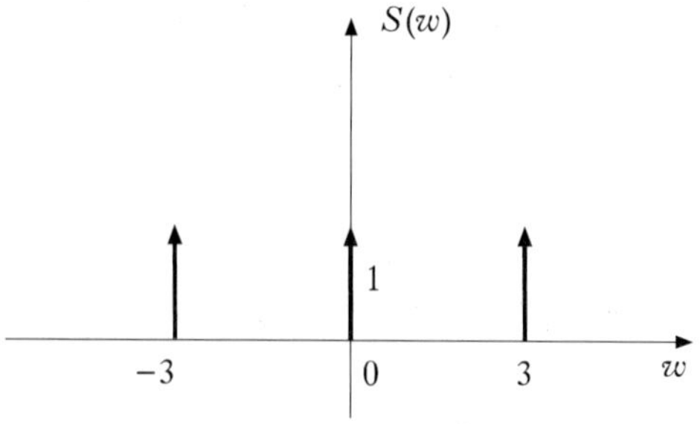

(b) $S(w)$

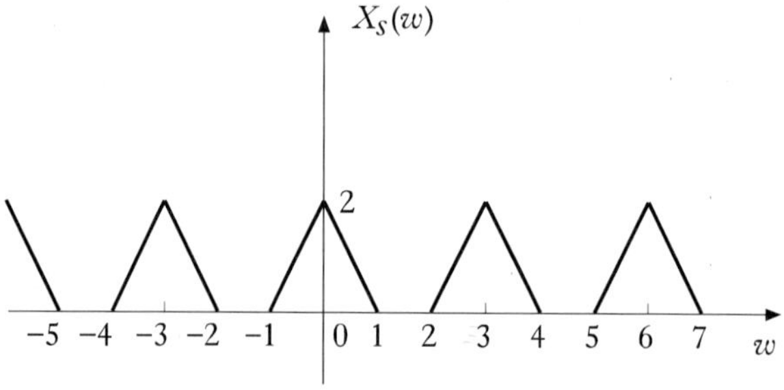

(c) $X_s(w) = X(w)S(w)$

[그림 4-11]

〔그림 설명〕

그림 (a): 대상신호 $x(t)$의 $X(w)$로서, $|w_x| = 1$이다.

그림 (b): 샘플링신호 $s(t)$의 $S(w)$로서, $|w_s| = 3$이다.
$w_s > 2w_x$가 성립한다.

그림 (c): $X_s(w) = X(w) * S(w)$로서 서로 겹침이 없이 w축 상에서 같은 파형이 지속적으로 나타난다. 본래 신호 $x(t)$의 $X(w)$가 반복해서 나타나므로 $X_s(w)$ 가운데 하나만을 추출하기 위해 $x_s(t)$ 뒷단에 저역필터를 설치해야 한다. 이 과정은 뒤에 다시 설명한다.

[경우 2: 2배 이하로 샘플링하는 경우, $w_s < 2w_x$]

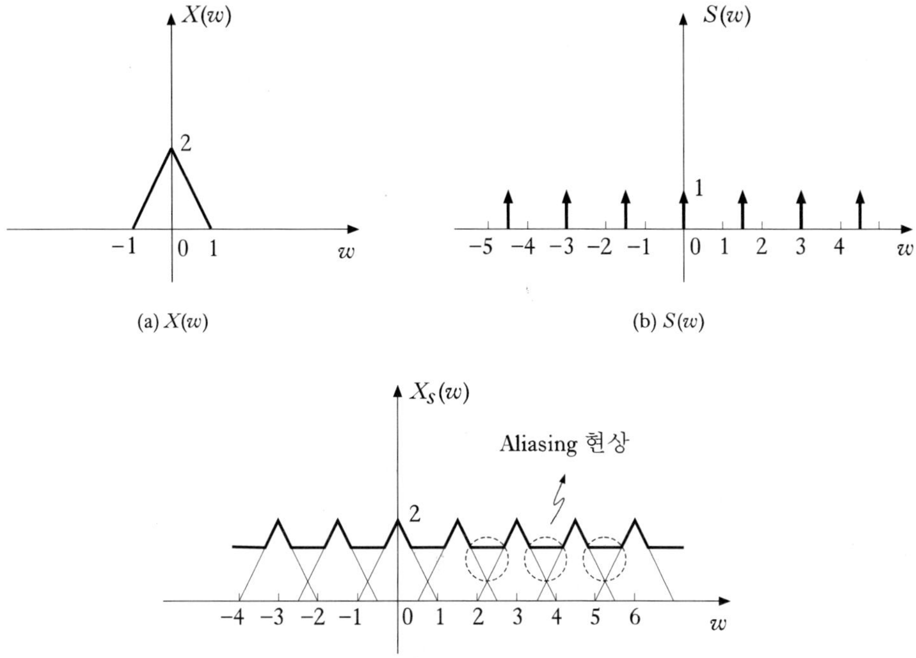

(a) $X(w)$

(b) $S(w)$

(c) $X_s(w) - X(w)*S(w)$

[그림 4-12]

(그림 설명)

그림 (a): 대상신호 $x(t)$의 $X(w)$로서, $|w_x| = 1$이다.

그림 (b): 샘플링신호 $s(t)$의 $S(w)$로서 $|w_s| = 1.5$이다.
$w_s < 2w_x$가 성립한다.

그림 (c): $X_s(w) = X(w) * S(w)$로서 서로 겹치면서 그 사이에 새로운 주파수 성분이 나타난다. 이렇게 본래 신호 주파수에는 없는 주파수 성분이 나타나는 것을 에일리어싱(Aliasing)이라 한다. 대단히 나쁜 현상이다.

샘플링 정리와 에일리어싱 형상: 샘플링 결과로 얻은 이산신호의 주파수 특성을 컨벌루션으로 구하였다. 앞의 [그림 4-11(c)]는 본래 신호 주파수 최대치의 2배 이상으로 샘플링한 결과이다. 본래 신호의 주파수 특성을 재현하고 있다. 반면에 [그림 4-12(c)]는 2배 이하로 샘플링 하였더니, 스펙트럼끼리 상호 겹쳐져서 본래 신호에는 없는 주파수 성분이 나타났다.

에일리어싱(Aliasing) 현상: 샘플링 과정에서 본래 신호에는 없는 주파수 성분이 나타나는 현상

샘플링정리(Sampling Theorem): 샘플링하려면 본래 신호 주파수의 최대치보다 최소한 2배 이상의 주파수로 샘플링하여야 한다.

개념 이해 예제 2

신호 $x(t) = 40 \sin 50t$를 샘플링하여 이산신호로 만들고자 한다. 에일리어싱 현상이 발생하지 않는 최소한의 샘플링 주파수를 구하여라.

풀이와 해설

$x(t)$의 각 주파수 $w = 50(\text{rad/s})$, 주파수 $f = \frac{25}{\pi}(\text{Hz})$이다. f_s는 f의 2배 이상이어야 하므로 f_s의 최소치는 $\frac{50}{\pi}(\text{Hz})$이다.

기초 예제 2

어떤 통신 장비 수신기에 다음과 같은 신호 $x(t)$가 수신되었다. 이 신호를 샘플링하여 이산신호로 변환한 후 신호를 분석하고자 한다. 신호의 주파수 분석을 정확히 하기 위한 최소한의 샘플링 주파수와 샘플링 주기는 얼마인가?

$$x(t) = u(t) - u(t-1) + 10 \cos t + 3 \sin(10t - 10^\circ)$$

풀이와 해설

주어진 신호 $x(t)$ 가운데 최대 주파수를 찾는다. 주파수가 가장 높은 신호는 $3 \sin(10t - 10^\circ)$로서 $w = 10(r/s)$이다. 따라서 $x(t)$를 샘플링 하는데 필요한 최소한의 샘플링 주파수는 $w_s = 10 \times 2(r/s)$이고, 이를 Hz로 나타내면 $f_s = \frac{10}{\pi}$이다.
샘플링 주기 $T_s = \frac{1}{f_s}$이다.

$$T_s = \frac{\pi}{10} = 0.314(\text{초})$$

샘플링 이후의 신호처리 : 저역통과 필터 사용

신호주파수의 복원: 샘플링 과정을 통하여 얻은 신호의 스펙트럼은 [그림 4-11(c)]와 같이 주기를 갖고 계속 반복된다. 따라서 대상신호를 샘플링한 신호를 가지고 대상신호의 주파수 성분을 파악하려면 샘플링한 신호를 이상적인 저역통과필터에 통과시켜 불필요한 부분을 제거해야 한다. 이 때 저역통과필터의 차단주파수를 대상신호의 주파수 폭 이상으로 설치하되 샘플링 주파수 대역폭의 1/2이하로 잡아야 한다.

그림을 통한 이해: [그림 4-13]은 샘플링 과정의 전체 개념도를 보이고 있다. 본래 아날로그 신호 $x(t)$가 샘플링 된 후 저역통과필터를 거쳐 출력된다. 이 과정에서 분명히 짚고 넘어가야 할 것이 있다. [그림 4-13]의 과정은 매우 이상적이고 이론적이라는 점이다. 실제로 이와 같이 완벽한 처리는 쉽지 않다. 더욱이 하드웨어로 회로를 구현하였을 때는 많은 부분에서 차이가 없지 않다.

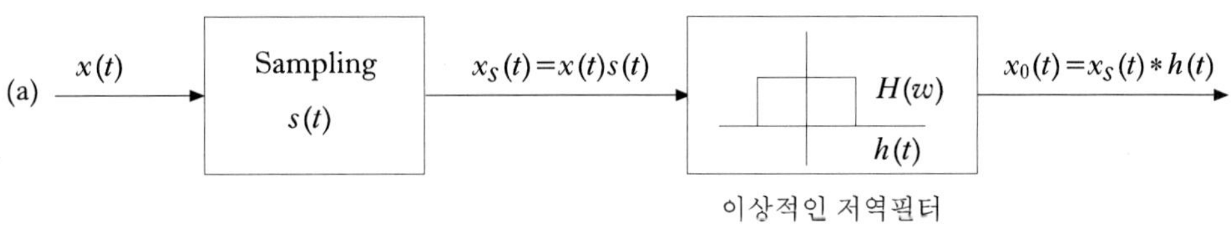

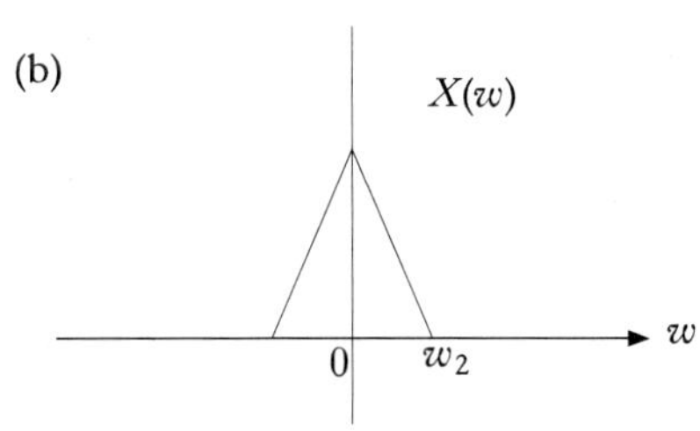

대상신호 $x(t)$의 푸리에 변환 $X(w)$로서 $x(t)$의 주파수 특성을 나타낸다.

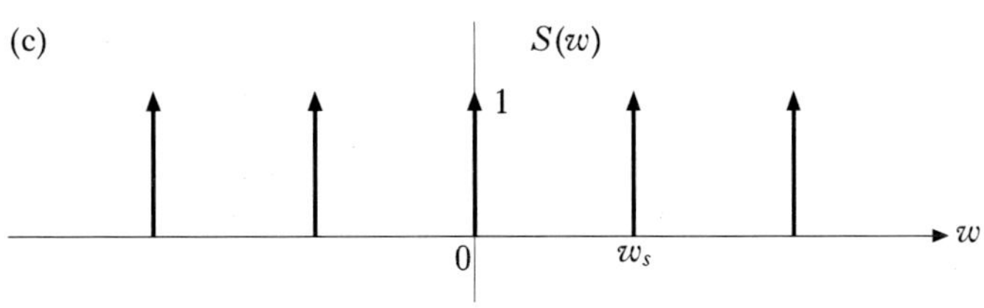

샘플링신호 $s(t)$의 푸리에 변환 $S(w)$로서 $X(w)$의 최대주파수 w_x의 2배보다 w_s가 크다(샘플링 정리). $w_s > 2w_x$

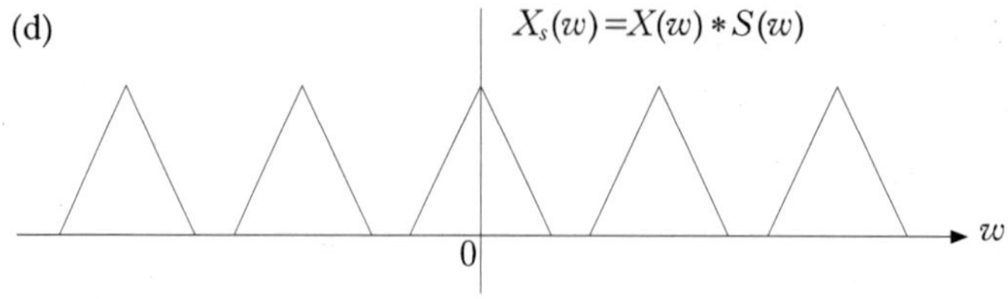

샘플링 과정은 $x(t)s(t)$이고 주파수 특성은 $\mathcal{F}[x(t)s(t)] = X(w) * S(w)$이다.
동일한 파형이 계속 반복됨.

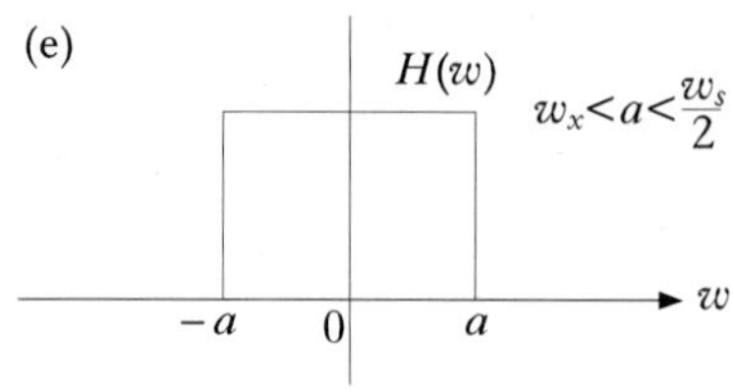

저역통과 필터의 주파수 특성 $H(w)$ 필터통과는 $x_s(t) * h(t)$이고
$\mathcal{F}[x_s(t) * h(t)] = X_s(w)H(w)$로서 곱이다.

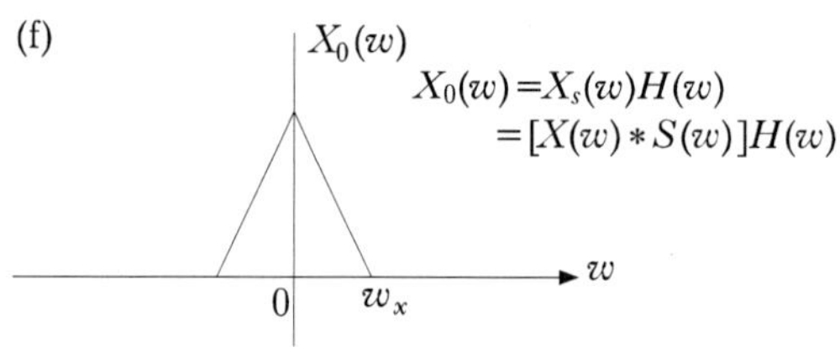

$X_s(w)$와 $H(w)$를 곱하면 $X_s(w)$ 가운데 하나만 선택되고 나머지들은 제거된다.
그림 (b)와 동일한 신호를 복원하였다.

[그림 4-13] 이상적인 저역 필터에 의한 신호 주파수 복원

수식을 통한 이해: [그림 4-13]의 과정을 다음의 수식으로 정리하였다.

	시간 영역	주파수 영역
대상신호	$x(t)$	$X(w)$
샘플링신호	$s(t)$	$S(w)$
샘플링된 신호	$x_s(t) = x(t)s(t)$	$X_s(w) = X(w) * S(w)$
저역필터 신호체계	$h(t)$	$H(w)$
저역필터를 통과한 신호	$x_0(t) = x_s(t) * h(t)$	$X_0(w) = X_s(w)H(w)$
	$= [x(t)s(t)] * h(t)$	$= [X(w) * S(w)]H(w)$

샘플링 과정과 필터를 거친 최종 신호 $x_0(t)$:

$$x_0(t) = [x(t)s(t)] * h(t)$$

$x_0(t)$의 스펙트럼 : $X_0(w) = [X(w) * S(w)]H(w)$

이 때 샘플링된 최종 신호의 스펙트럼 $X_0(w)$는 본래의 신호 $x(t)$의 스펙트럼 $X(w)$와 동일해야 한다. 동일하지 않더라도 유사해야 한다.

$$X_0(w) = [X(w) * S(w)]H(w) \cong X(w) \tag{4.4}$$

샘플링의 한계성: 식 (4.4)가 등식으로 일치한다면 샘플링된 최종 신호 $x_0(t)$와 본래신호 $x(t)$는 같은 신호이다.

$$\begin{aligned} X_0(w) &= X(w) \\ \mathscr{F}^{-1}[X_0(w)] &= \mathscr{F}^{-1}[X(w)] \\ x_0(t) &= x(t) \end{aligned}$$

이 결과는 모순이다. $x_0(t)$와 $x(t)$는 분명히 다른 신호이다. 왜냐하면 $x_0(t)$는 이산신호이고 $x(t)$는 연속 신호이기 때문이다. 따라서 등식은 성립할 수 없으며 <u>샘플링된 최종 신호의 스펙트럼이 본래 신호의 스펙트럼을 100% 재현할 수 없다.</u> 이산신호처리는 이러한 부정확한 신호를 대상으로 하고 있음을 유의하고 있어야 한다. 이산신호처리의 결과로 얻는 신호 체계는 본래 신호의 유사성은 갖고 있으나 본래 신호와 정확히 일치하지 않으므로 신호해석이나 필터 설계시 경험적으로 이를 보정함이 필요하다.

4.3 이산신호의 에너지와 전력(Power)

개념 이해

신호도 일종의 에너지이다. 신호는 에너지의 흐름이다. 신호의 에너지는 신호의 크기에 비례한다. 아날로그 정현파 신호에서는 진폭이 큰 것이 진폭이 작은 것보다 에너지가 크며, 주파수가 높은 것이 낮은 것보다 에너지가 높다. [그림 4-14]는 그 개념을 설명하고 있다. 이산신호에서는 n축 상의 $x(n)$값들이 큰 것이 에너지가 크다. $x(n)$은 (+)나 (-) 모두 크기가 있으므로 전체 에너지는 이 값들을 자승하여 합산한다. 이 전체 에너지를 n축 상의 눈금수로 나누면 "평균에너지"이다.

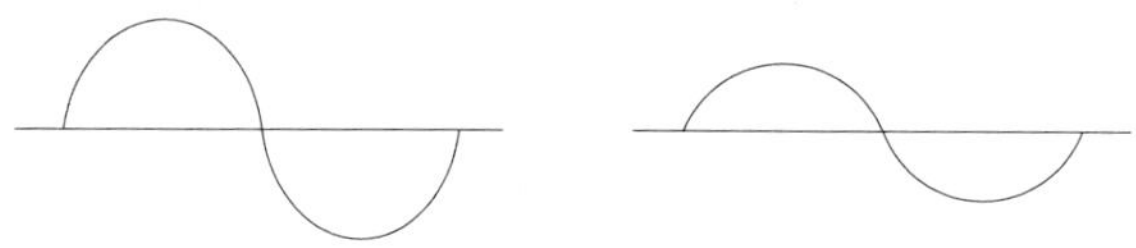

(a) 진폭 차이

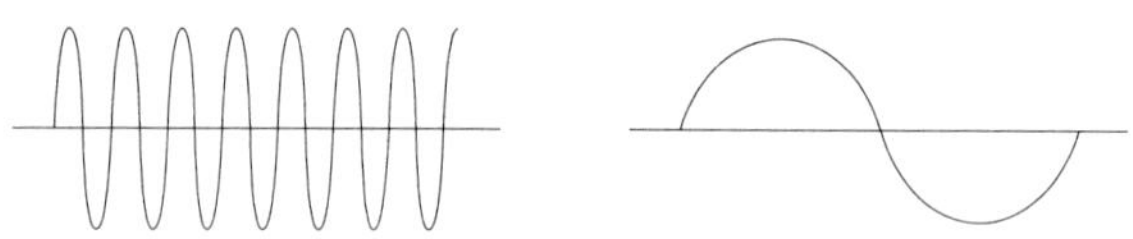

(b) 주파수 차이

[그림 4-14]

에너지

개요 : n축상의 모든 신호값의 자승의 합, 이산신호 $x(n)$의 에너지

수식 : $$E_{nx} = \sum_{n=-\infty}^{\infty} |x(n)|^2 \tag{4.5}$$

개념 이해 예제 3

[그림 4-15] $x(n)$의 에너지를 구하여라.

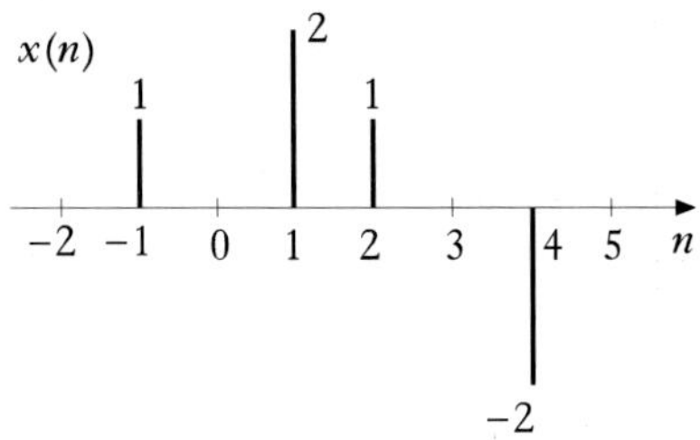

[그림 4-15]

풀이와 해설

그림에서 그대로 구할 수 있다.

$$E_x = 1 + 4 + 1 + (-2)^2 = 10$$

수식적으로는 $x(n)$이 -1~4 사이에 있다.

$$E_x = \sum_{n=-1}^{4} |x(n)|^2 = 1 + 2^2 + 1 + (-2)^2 = 10$$

연속신호 $x(t)$의 에너지 : 기본개념은 식 (4.5)와 같다. $\sum$ 대신 적분 $\int$을 사용한다.

$$E_x = \int_{-\infty}^{\infty} |x(t)|^2 dt \tag{4.6}$$

평균전력, Power

개요 : 일반적으로 전력을 말할 때는 "평균전력"이다. 평균전력은 식 (4.5)를 구간으로 나눈다. 구간은 곧 데이터 개수이다.

수식 : 이산 신호 $x(n)$이 $-N \sim N$에서 발생하였다. n축상의 데이터 개수는 모두 $2N+1$이다.

$$P_{nx} = \frac{1}{2N+1} \sum_{n=-N}^{N} |x(n)|^2 \tag{4.7}$$

$$cf.\ \text{연속신호의 전력}\ P_x = \frac{1}{2T}\int_{-T}^{T} |x(t)|^2 dt \tag{4.8}$$

개념 이해 예제 4

앞의 개념 이해 예제 3의 평균전력 P_x를 구하여라.

풀이와 해설

구간이 -1~4이므로 데이터수는 6이다. $P_x = \dfrac{E_x}{6} = \dfrac{5}{3}$

4.4 이산신호의 입·출력 표현과 블럭선도

개념 이해

시간영역에서의 이산신호 해석의 일단계로 신호의 수학적 표현을 살펴보았다. 이제는 어떠한 시스템에 이산신호가 인가되었을 때, 그 시스템의 신호체계 및 출력신호와의 상호 입·출력 관계를 수학적으로 정립하고자 한다. 대상 시스템은 물론 이산신호 체계를 갖는 시스템이고 선형 시불변 시스템이다. 시스템을 중간에 개입시킨 가운데, 입력신호가 시스템의 신호체계와 서로 엉켜서 출력신호를 양산하는 과정은 이미 앞에서 살펴 본 바와 같이 n값을 순차적으로 대입하여 입력신호에 대한 출력신호를 산출한다. 이 과정에서 입·출력 신호체계는 하나의 수식 속에 포함된 형태를 가졌다. 입·출력 관계 수식을 "차분방정식(Difference Equation)이라 부르며, 차분방정식에 의해 신호의 입·출력이 규정된다. 이 차분방정식은 하나의 블럭선도로 그릴 수 있다. 차분방정식, 블럭선도 그리고 다음 장에서 공부할 Z-변환이 시스템 이해의 기본 골격이다.

선형차분방정식(Linear Diffrence Equation)

이산신호의 입·출력이 하나의 수식을 통해 규정되어질 수 있음을 앞 장에서 이미 공부하였다. 시켄스 n축상에서 입력신호와 출력신호는 식 (4.9)에 의한다.

$$\begin{aligned} y(n) = b_0x(n) + b_1x(n-1) + b_2x(n-2) + \cdots \\ \cdots - a_1y(n-1) - a_2y(n-2) - \cdots \end{aligned} \tag{4.9}$$

식 (4.9)에서 $x(n)$, $x(n-1)$, $\cdots$ 등은 입력신호이고, $y(n)$, $y(n-1)$, $\cdots$ 등은 출력신호이다. $\{b_0, b_1, \cdots\}$ 등은 $x(n)$의 계수, $\{1, a_1, a_2, a_3, \cdots\}$ 등은 $y(n)$의 계수이다. 식 (4.9)의 우변에 있는 $y(n-1)$, $y(n-2)$, $\cdots$ 등을 좌변으로 옮긴다.

$$\begin{aligned} y(n) + a_1y(n-1) + a_2y(n-2) + \cdots = b_0x(n) + b_1x(n-1) \\ + b_2x(n-2) + \cdots \end{aligned} \tag{4.10}$$

식 (4.10)의 우변은 모두 입력항, 좌변은 모두 출력항이다. 각 항의 계수들은 매우 중요하다.

입력 $x(n)$의 계수 : $\{b_0, b_1, b_2, \cdots\}$

출력 $y(n)$의 계수 : $\{1, a_1, a_2, \cdots\}$, $y(n)$은 $1y(n)$으로 계수가 1이다.

이 계수들은 Matlab이나 Cemtool과 같은 소프트웨어 사용 시 매우 중요하다. 식 (4.10)을 간단히 정리한다.

$$y(n) + \sum_{i=1}^{k} a_i y(n-i) = \sum_{i=0}^{m} b_i x(n-i) \tag{4.11}$$

식 (4.11)의 좌변은 출력신호 체계, 우변은 입력신호 체계이다. 이 두 신호체계로부터 시스템 전달함수 신호체계가 성립된다. 좌변의 두 번째 항은 $y(n)$에 대하여 과거의 출력값들을 말하고 있으며, 우변은 현재의 입력과 과거의 입력값을 가리킨다.

차분방정식: 식 (4.11)의 좌변 두 번째항을 우변으로 옮긴다.

$$y(n) = \sum_{i=1}^{k} b_i x(n-i) - \sum_{i=0}^{k} a_i y(n-i) \tag{4.12}$$

(수식 설명)

현재의 출력은 현재 및 과거의 입력과 과거의 출력값에 의해 결정된다. 여기서 현재나 과거의 입력이 영향을 미친다는 것은 쉽게 이해가 가지만, 과거의 출력이 현재의 입력과 연관된다는 것은 다소 생각해 보아야 한다. 왜냐하면 비록 과거의 출력이라 하더라도 위의 식 (4.12)에 의해 결정된 것으로, 과거의 출력값이 연속적으로 물고 들어가면서 그 다음 출력값을 결정하기 때문이다. 이러한 항을 반복항(recurrsive term)이라 칭한다. 이 반복항은 출력값들을 계속 물고 늘어지기 때문에, 이 반복항에 의해 $y(n)$값이 급속히 어떤 값으로 수렴할 수도 있고, 반대로 무한대로 가버릴 위험도 있다. 이와 같이 반복항에 의해 임펄스 응답이 거의 무한정 반복되는 경우를 IIR(Infinite Impulse Response)라고 한다. 따라서 시스템에서의 이산신호 입·출력 관계를 취급할 때 출력의 반복항에 세심한 주의를 기울일 필요가 있다. 출력 반복항이 0이면 이러한 문제는 전혀 발생하지 않고, 출력은 입력에 의해서만 결정되는 단순한 형태가 된다.

$$\text{반복항: } \sum_{i=1}^{k} a_i y(n-i) \tag{4.13}$$

식 (4.12)로 표현되는 수식속에는 시간영역에서 시스템을 둘러싼 신호의 입·출력 관계의 모든 정보가 들어 있다. 마치 연속신호처리에서 신호 해석이 입·출력 신호식인 미분방정식을 중심으로 이루어지듯이, 이산신호처리는 이 수식을 중심으로 해석된다. 이 식을 또한 차분방정식(difference equation)이라고도 부른다. 차분 방정식은 아날로그의 미분방정식에 대응되는 용어이다. 이산신호처리에서는 미분이나 적분 또는 미분 방정식이 사용되지 않는다. 이산신호의 미분방정식이 곧 차분방정식이고, 적분은 $\sum$로 대치한다. 아날로그에서 미분방정식을 풀어 시간영역의 신호해석을 하였듯이 이산신호처리에서는 차분방정식을 풀어서 신호해석을 한다. 이를 위해 연속 신호에서는 라플라스 변환이 사용되고, 이산신호처리에서는 Z-변환이 쓰인다. 이 차분방정식을 수립하는 것을 필터 설계라고 하며, 디지털 필터의 최종 결과는 곧 차분방정식으로 표현된다.

개념 이해 예제 5

다음 차분방정식에서 입력의 계수와 출력의 계수를 구하여라.

$$y(n) = x(n) + 4x(n-1) + 0.5y(n-1)$$

풀이와 해설

수식을 입력과 출력항으로 분리한다.

$$y(n) - 0.5y(n-1) = x(n) + 4x(n-1)$$

입력항과 출력항의 계수들을 구한다.

입력항의 계수 : {1, 4}, 출력항의 계수 : {1, -0.5}

개념 이해 예제 6

다음 차분방정식들 가운데 반복항이 있는 것을 고르시오.

① $y(n) = 2x(n) - 8x(n-1)$
② $y(n) = 0.4x(n) - 7x(n-3) + 10x(n-5)$
③ $y(n) = 0.5x(n) - 5y(n-2) + 3y(n-3)$
④ $y(n) = x(n) + x(n-1) - 20x(n-10)$

풀이와 해설

$y(n)$의 과거항인 $y(n-1)$, $y(n-2)$, $\cdots$을 반복항이라 한다. 과거의 출력으로서 현재의 출력에 계속적으로 영향을 미친다. 답은 ③이다.

이산신호의 입·출력

[그림 4-16]

이와 같은 입·출력 신호 관계를 결정하는 것은 물론 시스템의 신호체계이다. 신호의 과거값이라든가 수식들의 계수들은 이 시스템 전달 함수 신호체계를 대변하는 요소들이다. 입·출력관계는 [그림 4-16]에서 보는 바와 같이 단순히 입력 $x(n)$, 출력 $y(n)$으로만 표현될 뿐이다.

차분방정식과 입·출력 관계: 차분방정식은 그 자체가 입·출력신호 상태를 보여주고 있다. 그 형태는 반복항이 있는 경우와 없는 경우로 나누어진다. 반복항이 없는 차분방정식을 갖는 시스템을 FIR(Finite Impulse Response) 필터라 하고 반복항이 있는 시스템을 IIR (Infinite Impulse Response) 필터라 한다.

$$\text{FIR 필터}:\ y(n) = \sum_{i=1}^{k} b_i x(n-i)$$

$$\text{IIR 필터}:\ y(n) = \sum_{i=1}^{k} b_i x(n-i) - \underbrace{\sum_{i=0}^{k} a_i y(n-i)}_{\text{반복항}}$$

(1) 반복항이 없는 경우(예)

$$y(n) = x(n) + 2x(n-1) \qquad \cdots ①$$

식 ①은 현재의 출력이 현재 및 과거의 입력에 의해서만 결정되는 형태이다. 반복항은 없다. FIR 필터이다. 이러한 차분방정식에 입력신호 $x(n) = \delta(n) + \delta(n-1)$이 주어졌을 때 출력 $y(n)$은 n축 상에서 다음과 같이 순차적으로 산출된다. 수식은 n에 0, 1, 2, … 등을 대입시켜 가면서 계산한다.

n	$x(n)$	$y(n)$
$n<0$	$x(n)=0$	$y(n)=0$
$n=0$	$x(0)=\delta(0)-\delta(-1)=1$	$y(0)=x(0)+2x(-1)=1$
$n=1$	$x(1)=\delta(1)+\delta(0)=1$	$y(1)=x(1)+2x(0)=3$
$n=2$	$x(2)=\delta(2)+\delta(1)=0$	$y(2)=x(2)+2x(1)=2$
$n=3$	$x(3)=\delta(3)+\delta(2)=0$	$y(3)=x(3)+2x(2)=0$
$n>4$	$x(n)=0$	$y(n)=0$

이 과정을 n축 상에 그리면 [그림 4-17]과 같다.

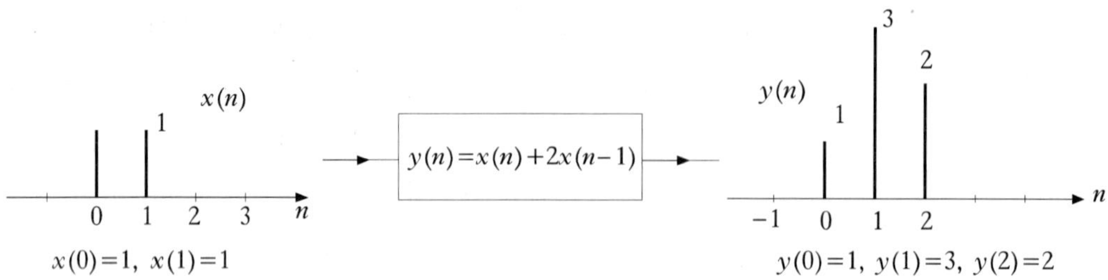

[그림 4-17]

(그림 4-17 설명)

입력 $x(n)$에 대하여 출력 $y(n)$이 어느 정도까지 나타나다가 멈추었다. 그림에서는 $n=2$까지만 $y(n)$이 값이 있고 $n=3$ 이상에서는 0이다. 출력신호가 안정하다. 반복항이 없는 경우, 시스템은 무조건 안정하다. 시스템적으로 반복항이 없는 경우를 FIR(Finite Impulse Response)라고 한다. 임펄스 입력에 대하여 그 응답이 제한(Finite)적으로 나타난다는 뜻이다.

개념 이해 예제 7

입·출력 차분방정식 $y(n)=x(n)-2x(n-2)+0.5x(n-3)$인 시스템에 임펄스 입력 $x(n)=\delta(n)$이 인가되었다. 출력 $y(n)$을 구하고 입력에 따른 출력신호의 특성을 설명하라. 초기치는 0이다.

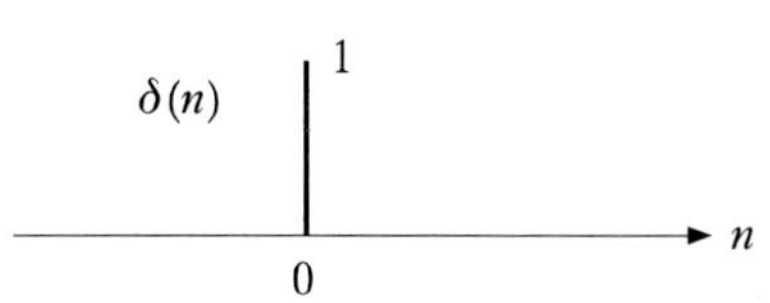

[그림 4-18]

풀이와 해설

$x(n)=\delta(n)$이므로 $n=0$에서만 $x(0)=1$로서 값을 갖는다.[그림 4-18]

$n=0, 1, 2, 3, \cdots$을 순차적으로 적용하면서 $y(n)$을 구한다.

일단 입력 $x(n)$에서, $n=0$ 외에는 모두 0이다.

$$x(0)=1,\ x(1)=x(2)=x(3)=\cdots=x(-1)=x(-2)=\cdots=0$$

$$n=0,\quad y(0)=x(0)-2x(-2)+0.5x(-3)=1$$

$$n=1,\quad y(1)=x(1)-2x(-1)+0.5x(-2)=0$$

$$n=2,\quad y(2)=x(2)-2x(0)+0.5x(-1)=-2$$

$$n=3,\quad y(3)=x(3)-2x(1)+0.5x(0)=0.5$$

$$n=4,\quad y(4)=x(4)-2x(2)+0.5x(1)=0$$

………………………………

………………………………

이하 모두 0

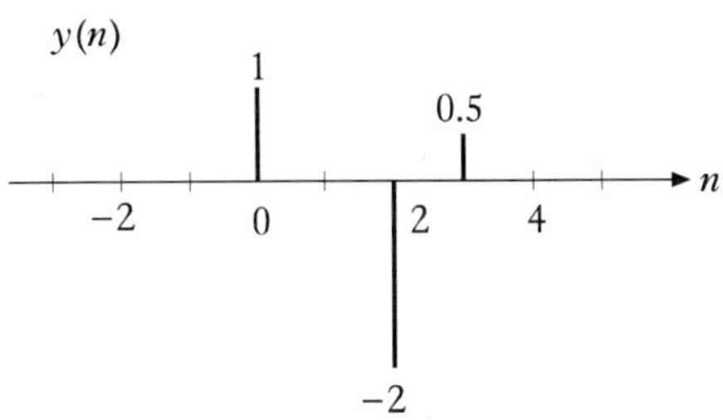

[그림 4-19]

정리한다.[그림 4-19]

$$y(0)=1,\ \ y(2)=-2,\ \ y(3)=0.5$$

특성 설명 : 임펄스 입력에 대하여 몇 step 진행한 후 0으로 끝난다.
문제에서는 $y(n)$이 $n=$ 0, 1, 2, 3까지 진행하고 신호가 멈추었다.

---

(2) 반복항이 있을 때, 출력측 계수가 1보다 작은 경우(예)

IIR 필터이다.

$y(n-1)$, $y(n-2)$, … 등과 같은 반복항이 있는 경우 $b_1y(n-1)+b_2y(n-2)+\cdots$와 같은 $y(n-1)$이나 $y(n-2)$ 앞의 계수 b_1이나 b_2 등에 의해 출력상태가 달라진다. 가장 가깝고 쉬운 예로서 $y(n-1)$의 계수가 1보다 작은 다음과 같은 경우를 살펴본다.

$$y(n)=2x(n)+0.5y(n-1)$$

반복항 $y(n-1)$의 계수는 0.5로서 1보다 작은 IIR 필터이다. 입력 $x(n)=\delta(n)$이라는 임펄스 신호가 가해졌을 때 출력신호 $y(n)$을 구해보자. $n=0$부터 시작하고, $n<0$에서의 초기 입·출력 신호가 모두 0이다.

n	$x(n)$	$y(n)$
$n<0$	$x(n)=\delta(n)=0$	$y(n)=0$
$n=0$	$x(0)=\delta(0)=1$	$y(0)=2x(0)+0.5(-1)=2$
$n=1$	$x(1)=\delta(1)=0$	$y(1)=2x(1)+0.5y(0)=1$
$n=2$	$x(2)=\delta(2)=0$	$y(2)=2x(2)+0.5y(1)=0.5$
$n=3$	$x(3)=\delta(3)=0$	$y(3)=2x(3)+0.5y(2)=0.25$
$\vdots$	$\vdots$	$\vdots$
$n=k$	$x(k)=0$	$y(k)=0.5y(k-1)$

이 결과에서 $n \geq 1$에서 모든 $x(n)$ 값이 0임에도 불구하고 출력신호 $y(n)$은 계속해서 어떤 값을 갖고 있고, 전 값에 0.5가 계속 곱해지면서 n이 증가할수록 0으로 수렴한다. $x(n)=\delta(n)$이라는 임펄스 충격신호에 의해 출력신호가 점차로 소멸되어감을 알 수 있다. [그림 4-20]에 $y(n)$을 보였다.

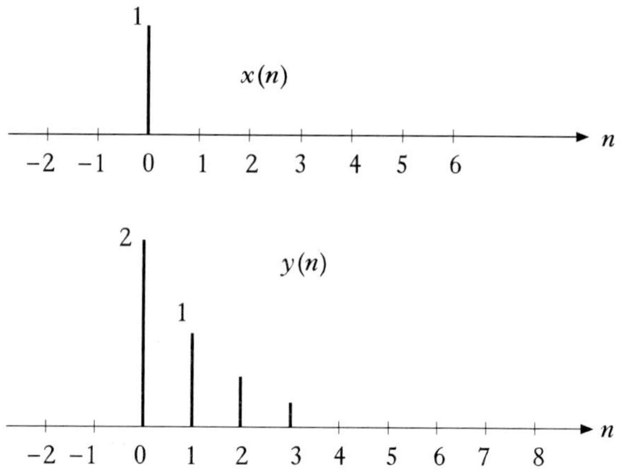

[그림 4-20]

(3) 출력 해당 계수가 1보다 큰 경우(예)

같은 입·출력식에서 출력항 계수만 1보다 크게 선정한다.

$$y(n)=2x(n)+2y(n-1)$$

반복항 $y(n-1)$ 앞의 계수가 2로서 1보다 큰 IIR 필터이다. 이 항은 계속해서 출력신호 값에 영향을 미친다.

임펄스 입력, $x(n) = \delta(n)$에 대하여 $n = \cdots, -1, 0, 1, 2, \cdots$에 대한 입·출력 신호상태를 살펴본다.

n	$x(n)$	$y(n)$
$n < 0$	$x(n) = \delta(n) = 0$	$y(n) = 0$
$n = 0$	$x(0) = \delta(0) = 1$	$y(0) = 2x(0) + 2y(-1) = 2$
$n = 1$	$x(1) = \delta(1) = 0$	$y(1) = 2x(1) + 2y(0) = 4$
$n = 2$	$x(2) = 0$	$y(2) = 8$
$n = 3$	$x(3) = 0$	$y(3) = 16$
$\vdots$	$\vdots$	$\vdots$

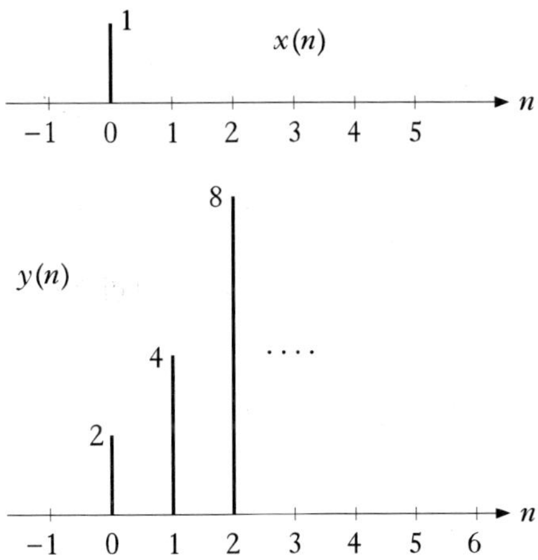

[그림 4-21]

n이 커질수록 입력 $x(n) = 0$임에도 불구하고 과거의 출력값이 계속 물고 들어가 결국 무한대로 발산하고 만다. 대단히 불안정한 시스템이다. 입력이 순간 나타나다가 사라졌는데도 출력은 계속 커져서 시스템에 위험을 초래한다. 입출력 신호를 [그림 4-21]에 보였다.

이상의 예들을 통해 시스템 차분방정식에 내재된 신호의 입·출력상태를 확인하였고, 반복항에 의한 안정성 여부도 알아보았다. 차분 방정식이 갖고 있는 시스템 특성에 대해서는 뒤에 Z-변환을 통해 자세히 살펴볼 것이다. 여기서는 시스템과 관련된 입·출력 신호의 상관관계의 개념을 숙지하기 바란다.

개념 이해 예제 8

다음과 같은 입·출력식들 가운데 입력신호 인가시 출력신호가 불안정하게 발산하는 시스템을 고르시오.

① $y(n) - 0.4y(n-1) = 2x(n) + 10x(n-1) - 5x(n-4)$
② $y(n) = 0.6x(n) - 20x(n-2) - 1.2y(n-2)$
③ $y(n) + 3y(n-1) = x(n) - 0.7x(n-1)$
④ $y(n) = 0.5x(n) + 20x(n-1) - 4x(n-3) + 0.2y(n-1)$

풀이와 해설

아직 Z-변환에 의한 시스템 분석을 하기 전이므로 주어진 문제에는 $y(n)$ 이외에 출력항이 하나만 있다. 문제 ①에서는 $y(n-1)$로서 계수가 0.4이고, ②에서는 $y(n-2)$로서 계수가 -1.2이다. 문제 ③은 $y(n-1)$의 계수가 -3, ④는 $y(n-1)$의 계수가 0.2이다. $y(n)$만을 좌변으로 놓고, 나머지들은 모두 우변으로 모은다. 이때 시스템의 안정도 판별은 오직 출력의 반복항의 계수의 절대값이 1보다 작은지에 달려 있다. 작으면 안정하여 출력이 어떤 값으로 수렴하고, 크면 불안정하여 무한대로 발산한다. 입력 $x(n)$의 해당항들은 안정도와는 전혀 무관하다.

이러한 발상을 적용하면 문제 ①, ④는 $0.4y(n-1)$, $0.2y(n-1)$로서 계수가 모두 1보다 작으므로 안정하다. 문제 ②와 ③은 $-1.2y(n-2)$, $-3y(n-1)$로서 계수의 절대값이 1보다 크므로 불안정하다.

답 ②, ③

차분방정식의 블럭선도

이산신호의 입출력 관계를 결정하는 차분방정식은 블럭선도에 의해 간단한 그림으로 나타낼 수 있다.

사용되는 기호들: 블럭선도 작도에는 다음 [그림 4-22]의 기호들이 사용된다. 덧셈, 곱셈 및 시간지연 기호로 전체 블럭선도를 작도한다.

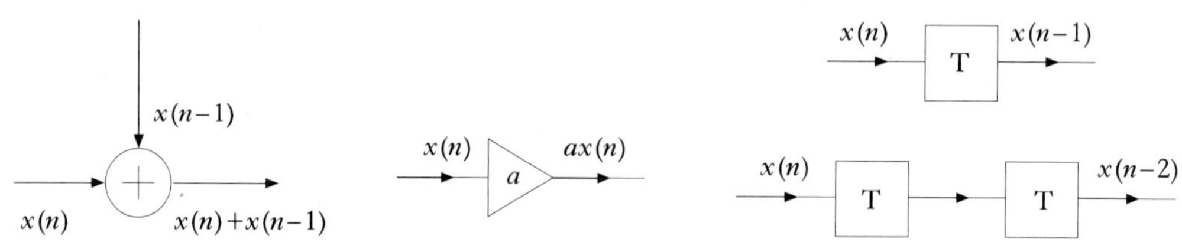

(a) 덧셈 (b) 곱셈 (c) 시간지연

[그림 4-22]

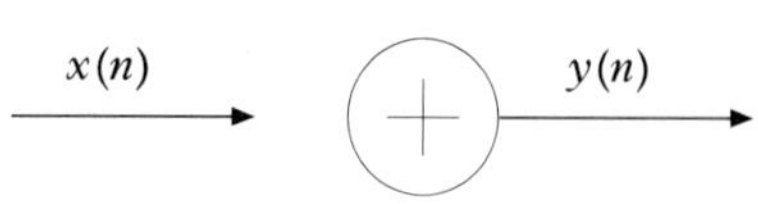

[그림 4-23]

그리는 요령: 블럭선도를 그리는 순서는 정해진 것이 아니지만 대개 입력신호 $x(n)$과 출력신호 $y(n)$을 먼저 적어 놓고 $y(n)$에 덧셈기 $\oplus$를 그린 후 순차적으로 그려 나간다.[그림 4-23]

준비가 모두 되었으면 왼쪽의 $x(n)$으로부터 시간지연과 곱셈 기호를 사용하면서 오른쪽의 합 ⊕과 연결시킨다. 가령 예를 들어

$$y(n) = x(n) + 4x(n-1) - 5x(n-2)$$

의 블럭선도를 그릴 때, 먼저 $x(n)$과 $y(n)$을 [그림 4-24(a)]처럼 놓는다.

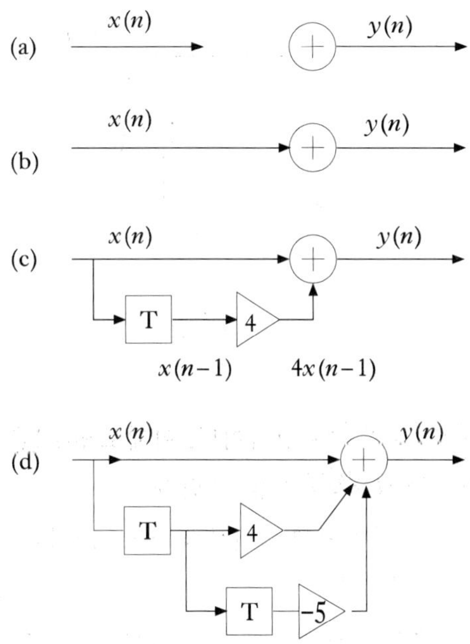

[그림 4-24]

$x(n)$, $4x(n-1)$, $-5x(n-2)$를 차례로 그려나간다.

$x(n)$은 계수가 1이므로 [그림 4-24(b)]와 같이 직선이다.

$4x(n-1)$은 계수가 4이고 $x(n)$을 1만큼 지연시킨 $x(n-1)$이다.

[그림 4-24(c)] $-5x(n-2)$는 계수가 -5이고 $x(n-1)$을 하나 더 지연시킨 것이다.[그림 4-24(d)] [그림 4-24(d)]는 완성된 그림이다. 모든 그림의 결과는 $y(n)$측의 ⊕에서 합성된다. $y(n)$을 형성하는 것은 $x(n)$과 $4x(n-1)$ 그리고 $-5x(n-2)$이다.

이번에는 출력측이 있는 경우 그리는 요령을 소개한다.[그림 4-25] 예를 들어

$$y(n) = 2y(n-1) - 4y(n-2)$$

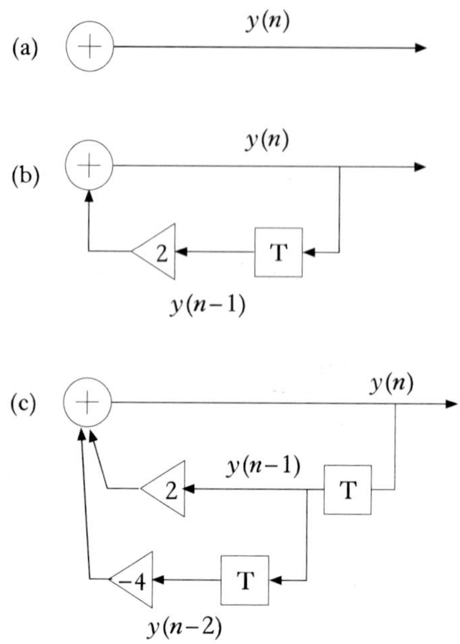

[그림 4-25]

위 식은 $y(n)$이 $y(n-1)$, $y(n-2)$들의 합성이다. 이때도 $y(n)$을 중심으로 작도한다. 먼저 [그림 4-25(a)]와 같이 $y(n)$앞에 ⊕(합성)을 그린다.

$2y(n-1)$은 계수가 2이고 $y(n)$을 1만큼 지연시킨 $y(n-1)$이다.[그림 4-25(b)] $-4y(n-1)$은 계수가 -4이고 $y(n-1)$을 하나 더 지연시킨 것이다.[그림 4-25(c)]

[그림 4-25(c)]는 완성된 형태이다. $y(n)$ 앞의 합성점 ⊕에서 수식을 만들수도 있다. $y(n)$은 두 신호의 합이다. 하나는 $2y(n-1)$이고 다른 하나는 $-4y(n-2)$이다. 그림을 통해 쉽게 이해할 수 있다. 다음은 입·출력 신호가 함께 있는 경우이다. 앞의 두 요령을 합성점 ⊕에서 합성한다. 예를 들어

$$y(n) = 2x(n) - x(n-1) + 3y(n-1) - 5y(n-2)$$

위 식은 입력성분 $2x(n) - x(n-1)$, 출력성분 $3y(n-1) - 5y(n-2)$으로 나누어진다. 입력은 입력대로, 출력은 출력대로 그린 후에 합성한다. 이때의 기준도 합성점 ⊕이다.[그림 4-26]

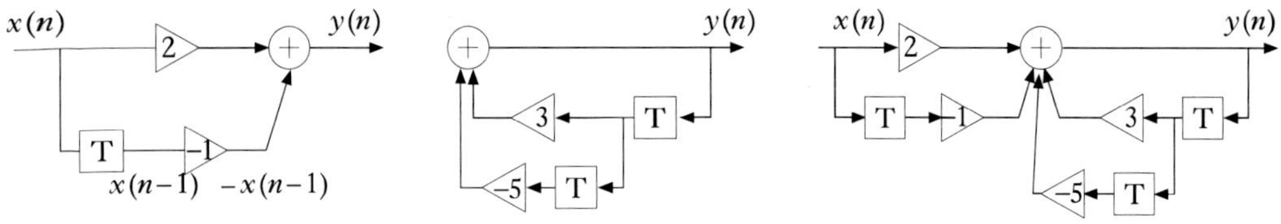

(a) 입력측 (b) 출력측 (c) 완성식

[그림 4-26]

기초 예제 3

다음 차분방정식의 블럭선도를 작도하여라.

(1) $y(n) = 4x(n) - x(n-2) + 7x(n-3)$

(2) $y(n) = 2x(n) + 0.5x(n-1) - 10y(n-1) + 20y(n-2)$

(3) $y(n) = x(n) - 2x(n-1) + 4x(n-2) - 2y(n-1) + 5y(n-2)$

풀이와 해설

(1) $y(n) = 4x(n) - x(n-2) + 7x(n-3)$

입력항만 있으므로 작도법에 따라 순차적으로 그려나간다.

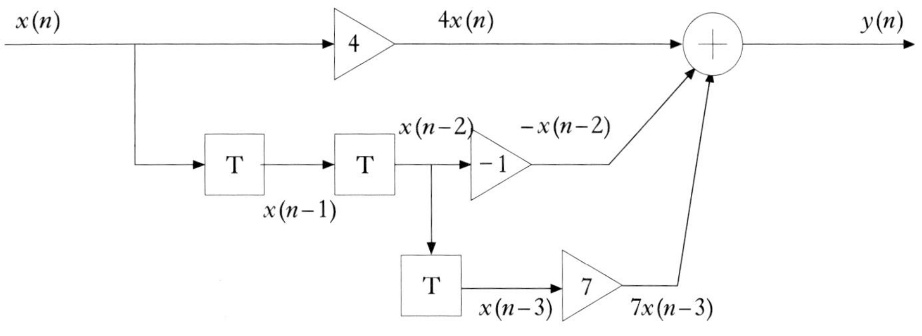

[그림 4-27]

기초 예제 4

다음 그림과 같은 블럭선도로부터 차분방정식을 구하여라.

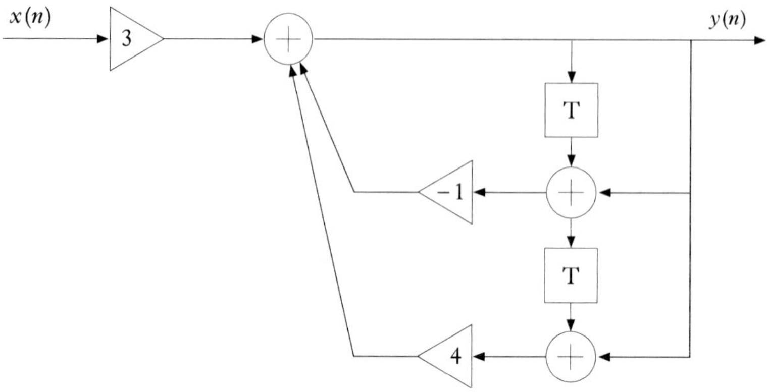

[그림 4-32]

풀이와 해설

이 문제는 블럭선도에 신호의 흐름을 수식으로 표기한 후 합성점에서 수식들을 합성한다.

[그림 4-33]과 같이 신호흐름의 수식을 차례로 적는다. 시간지연 T를 하나 지날때마다 수식상에 시간지연이 발생한다.

합성점 A에서는 $y(n-1)$과 $y(n)$이 합하여져서 왼쪽과 아래로 나아간다. 합성점 B에서는 합성점 A로부터 온 신호 $y(n)+y(n-1)$이 시간지연 T를 지나면서 $y(n-1)+y(n-2)$가 된다. 이것과 $y(n)$이 합하여져서 왼쪽으로 출력한다.

합성점 A와 B로부터 나온 신호는 곱셈기를 거친 후 합성점 C에서 합성된다.

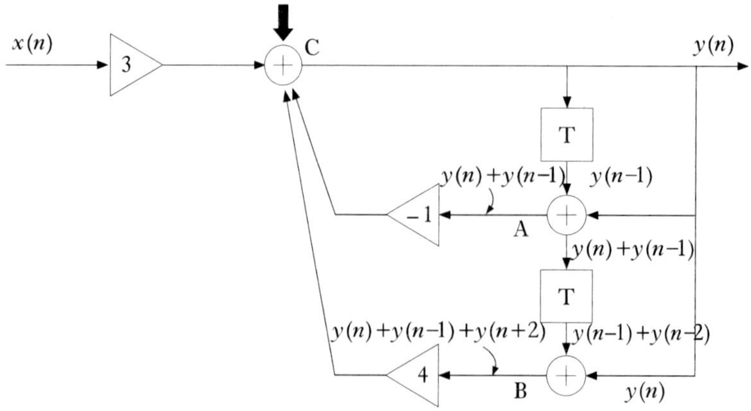

[그림 4-33]

결과식 :

$$y(n) = 3x(n) - y(n) - y(n-1) + 4y(n) + 4y(n-1) + 4y(n-2)$$
$$= 3x(n) + 3y(n) + 3y(n-1) + 4y(n-2)$$

응용 예제 1

[그림 4-34]와 같은 블럭선도를 갖는 디지털 필터의 입·출력 차분방정식을 구하여라.

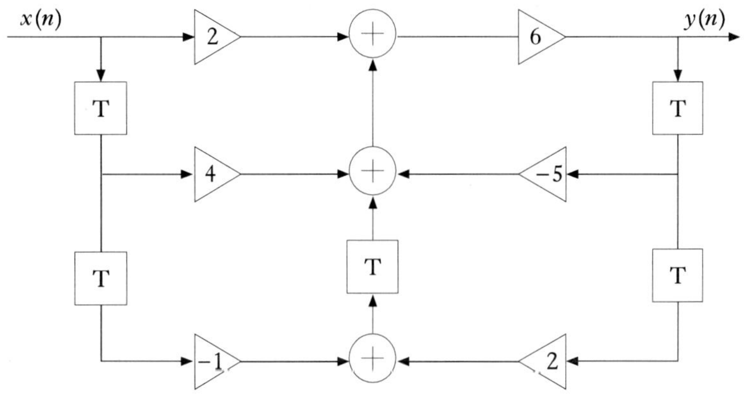

[그림 4-34]

풀이와 해설

[그림 4-35]와 같이 신호 흐름을 수식으로 나타낸다. 합성점 B를 먼저 계산한 후 A와 C로 합성한다.

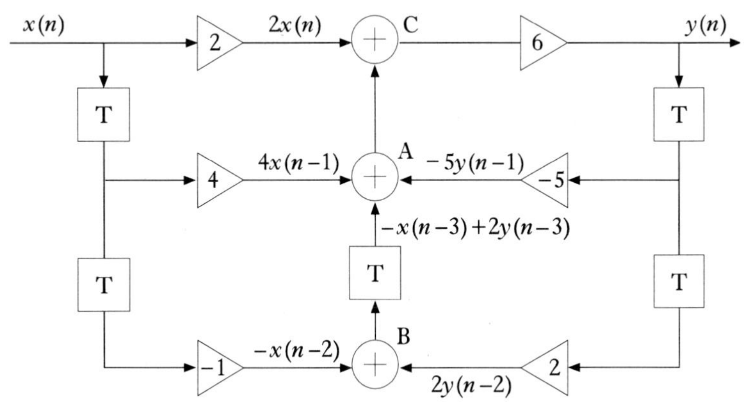

[그림 4-35]

합성점 B : $2y(n-2)-x(n-2)$가 출력된다. 이것이 시간지연 T를 거치면서 $2y(n-3)-x(n-3)$이 된다.

합성점 A : 세 신호가 합성하여 합성점 C로 들어간다.

A의 출력: $4x(n-1)-5y(n-1)-x(n-3)+2y(n-3)$

합성점 C : 두 신호가 합성하여 곱셈기 6을 거쳐 $y(n)$이 된다.

결과식 : $y(n) = 6[2x(n)+4x(n-1)-x(n-3)+2y(n-3)-5y(n-1)]$

$= 12x(n)+24x(n-1)-6x(n-3)-30y(n-1)+12y(n-3)$

연 습 문 제

1. 연속 신호를 샘플링하여 이산신호처리를 하는 경우 다음 [그림 4-36]과 같이 Anti-aliasing 필터를 통과한 후 샘플링한다.

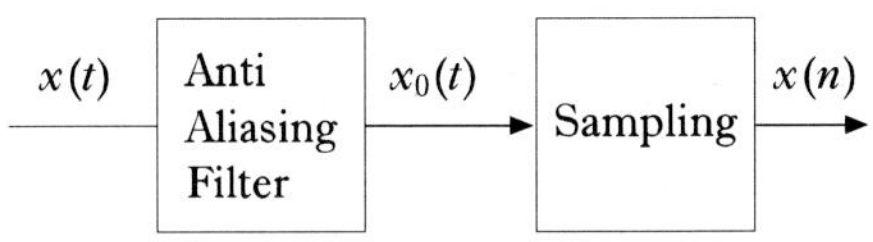

[그림 4-36]

Anti-aliasing 필터는 주로 저역통과 필터로서 신호속에 내재된 높은 주파수 성분을 제거한다.
일반적인 신호처리 과정에서 Anti-aliasing 필터는 반드시 필요하다. 샘플링 이전에 이 필터를 사용해야만 하는 이유를 샘플링 정리와 연관시켜 설명하여라.

2. [그림 4-37]의 연속신호를 1초 간격으로 샘플링하였다. 샘플링 과정을 수식으로 나타내어라.

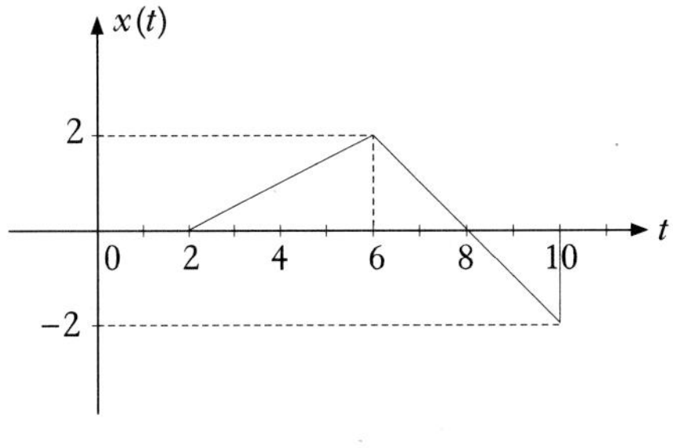

[그림 4-37]

3. 연속신호 $x(t)$를 푸리에 급수 전개한 결과가 다음과 같았다.

$$x(t) = 10 + 100\sin 5t + 40\sin\left(20t + \frac{\pi}{3}\right) - 2\sin\left(30t - \frac{\pi}{6}\right)$$

에일리어싱 현상이 발생하지 않고 이 신호를 샘플링하기 위한 최소한의 샘플링 주파수를 구하여라.

4. 문제 3의 신호 $x(t)$를 샘플링한 다음, 신호복원을 위해 저역통과 필터를 통과시켰다. 필터의 차단 주파수의 최대치를 구하여라.

5. [그림 4-38] 이산신호의 에너지와 평균 전력을 구하여라.

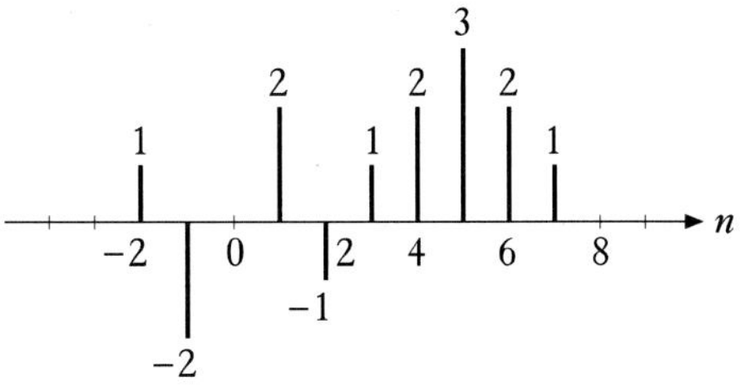

[그림 4-38]

6. 시스템의 입·출력식이 다음과 같다.

$$y(n) = 0.2x(n) - x(n-1) + 4x(n-2) + 5y(n-1) - 4y(n-3)$$

입력과 출력 계수의 집합을 구하여라.

7. 어떤 디지털 필터의 입·출력 관계식

$$y(n) = x(n) - 0.8y(n-2)$$

에서 입력 $x(n) = \delta(n) - \delta(n-1)$이 인가 되었다. 출력 $y(n)$을 구하고 시스템 안정 여부를 판별하여라.

8. 문제 7의 입력 $x(n)$이 $y(n) = 2x(n) - 8x(n-4)$에 인가되었다. 출력 $y(n)$과 안정여부를 판별하여라.

9. 문제 7의 입력 $x(n)$이 다음과 같은 필터에 인가되었다.

$$y(n) = x(n) - 0.5y(n-1) + 2y(n-2)$$

출력 $y(n)$을 구하고 안정도를 판별하여라.

10. 문제 9의 필터 입·출력 차분방정식의 블럭선도를 그려라.

11. $y(n) = 2x(n) - 0.2x(n-2) + y(n-1) - 4y(n-2)$ 의 블럭선도를 그려라.

12. 다음 [그림 4-39]와 같은 블럭선도를 갖는 필터의 차분방정식을 구하여라.

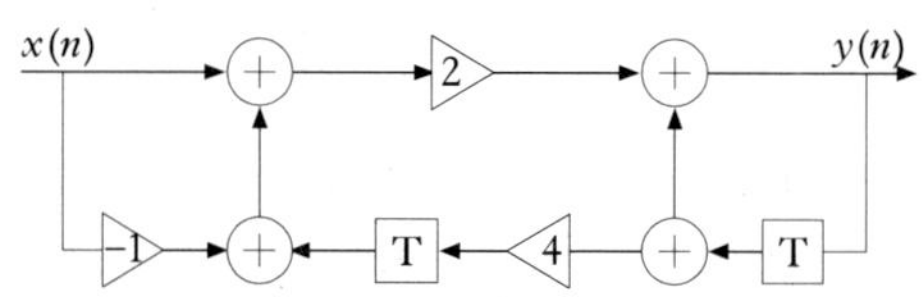

[그림 4-39]

제 5 장 Z-변환

Z-Transform

들어가는 말

앞 장에서 이산신호의 시간함수적 표현을 충분히 이해하였을 것이다. 신호의 시간함수적 접근을 주파수 영역이나 신호해석상 중요한 의미가 있다. 이산신호해석과 시스템적 접근은 Z-변환하에서 막강한 위력을 발휘한다. 연속신호와 시스템이 라플라스 변환하에서 해석되었듯이 이산신호처리에서는 Z-변환에 의한다. Z-변환에 의해 이산신호를 해석하고, 시스템을 분석한다. 시스템의 다양한 특성분석은 Z-평면상에서 가능하다.

Z-변환은 이산신호와 시스템 모두에 적용된다. 즉 신호와 시스템 모두 Z-변환시킬 수 있다. Z-변환에 의해 차분방적식이 변형되어 입·출력 전달식이 구해진다. 시스템적 특성과 필터로서의 성능 그리고 입력신호 인가시 출력 신호의 상태가 모두 Z-평면상에 해석된다. Z-변환을 적절히 활용함으로서 이산신호와 시스템을 자유자재로 요리할 수 있다.

내 용

5.1 Z-변환

개 요

Z-변환에 대한 자세한 수학적 설명은 관련 전문 서적을 참고하기 바라고, 여기서는 이산신호처리에 필요한 부분만을 정리하여 소개하겠다. 이산신호뿐만 아니라 시스템은 Z-변환에 의해 해석과 분석이 가능하다. 연속신호처리에서 복잡한 미분방정식이 라플라스 변환에 의해 간단한 대수방정식으로 바뀌었듯이, 이산신호처리에서도 차분방정식은 Z-변환에 의해 간단한 형태의 수식으로 변환되어 입·출력 관계의 평이한 분석을 가능케 한다. 입·출력 이산신호 자체도 Z-변환에 의해 단순한 형태를 가지므로 이산시스템의 신호 흐름을 간파할 수 있다. Z-변환의 기본 개념은 급수계산이다. 변환식 자체는(+)계산일 뿐이다. 더하기 계산을 마무리 하는 것이 급수계산이다.

Z-변환의 정의

수학적 정의: 엄밀한 의미에서 Z-변환의 정의는 식 (5.1)이다. 어떤 이산신호 $x(n)$의 Z-변환

$$Z[x(n)] = X(z) = \sum_{n=-\infty}^{\infty} x(n) z^{-n} \tag{5.1}$$

(수식 설명)

이 수식은 모두 덧셈으로 이루어졌다는데 그 특징이 있다. 어떤 이산신호 $x(n)$에 z^{-n}을 곱하여 n을 $-\infty$에서 ∞까지 변화시키면서 그 값을 모두 더한다는 뜻이다. 많은 값들을 더해지므로 Z-변환은 무한급수나 유한급수 계산 방식에 의해 그 결과를 산출한다. 정의식의 매개변수 $z = e^{jw}$인 복소수이다. 이 관계는 후에 필터의 주파수 특성을 공부할 때 많이 사용한다.

실제 사용상의 정의: 실제 공학에서 사용하는 신호나 시스템은 $n = 0$에서부터 시작하는 인과시스템이므로 식 (5.1)의 n의 범위를 $n = 0 \sim \infty$로 한정한다.

$$Z[x(n)] = X(z) = \sum_{n=0}^{\infty} x(n) z^{-n} \tag{5.2}$$

〔수식 설명〕

식 (5.2)를 풀어 쓰면 $n=0$에서 시작하는 무한급수이다.

$$X(z)=\sum_{n=0}^{\infty}x(n)z^{-n}$$
$$=x(0)+x(1)z^{-1}+x(2)z^{-2}+x(3)z^{-3}+\cdots$$

이러한 무한급수를 간단한 수식으로 만들기 위해 수렴조건이 제시된다. 일반적으로 어떤 무한급수 계산에서 다음 공식이 많이 쓰인다.

$$1\pm a\pm a^2\pm a^3\pm\cdots=\frac{1}{1\mp a},\ |a|<1$$

역 Z-변환(Inverse Z-transform)의 정의 :

$$x(n)=Z^{-1}[X(z)]=\frac{1}{2\pi j}\oint X(z)z^{n-1}dz \tag{5.3}$$

〔수식 설명〕

역 Z-변환은 적분식이고 복소수 형태이다. 실제로 식 (5.3)으로 역변환하는 경우는 드물고 뒤에 공부할 부분분수법이나 멱급수 전개법 등으로 역변환 한다. 학생들은 수식 형태와 수학적 개념만 이해하기 바란다.

간단한 이산신호의 Z-변환

몇가지 간단한 이산신호들을 Z-변환한다. 임펄스 신호 $\delta(n)$이나 단위계단신호 $u(n)$ 및 정현파 신호를 Z-변환한다.

임펄스 신호, $\delta(n)$: 이산신호의 가장 기본인 임펄스 신호 $\delta(n)$과 그 신호의 시간이동 $\delta(n-a)$로 나누어 고찰하다.

i) $\delta(n)$

$$Z[\delta(n)]=\sum_{n=0}^{\infty}\delta(n)z^{-n}=\delta(0)+\delta(1)z^{-1}+\delta(2)z^{-2}+\cdots \tag{5.4}$$

식 (5.4)에서, $\delta(0)=1$, $\delta(1)=\delta(2)=\delta(3)=\cdots=0$이므로 $\delta(0)=1$만 남고 나머지는 모두 0이다. 식 (5.5)로 정리한다.

$$Z[\delta(n)] = 1 \tag{5.5}$$

ii) $\delta(n-a)$

$$\begin{aligned} Z[\delta(n-a)] &= \sum_{n=0}^{\infty} \delta(n-a) z^{-n} \\ &= \delta(-a) + \delta(-a+1) z^{-1} + \cdots + \delta(0) z^{-a} \\ &\quad + \delta(1) z^{-(a+1)} + \cdots \end{aligned} \tag{5.6}$$

식 (5.6)에서 $\delta(0)=1$이고 나머지는 모두 0이므로 $\delta(0)z^{-a}=z^{-a}$로서 값을 갖고 나머지는 모두 0이다. 식 (5.7)로 정리한다.

$$Z[\delta(n-a)] = z^{-a} \tag{5.7}$$

〔수식 설명〕

$$Z[\delta(n-a)] = z^{-a}$$

임펄스 함수의 시간이동인 $\delta(n-a)$의 Z-변환 결과는 대단히 중요하다. 거의 대부분의 이산신호들을 바로 이 $\delta(n-a)$로 나타낼 수 있기 때문에, 이산신호의 Z-변환에 있어서 그 활용도가 매우 높다.

iii) 일반적인 임펄스 신호 $k\delta(n-a)$, k : 상수

$$\boxed{Z[k\delta(n-a)] = kz^{-a}} \tag{5.8}$$

개념 이해 예제 1

[그림 5-1]의 임펄스신호를 Z-변환하여라.

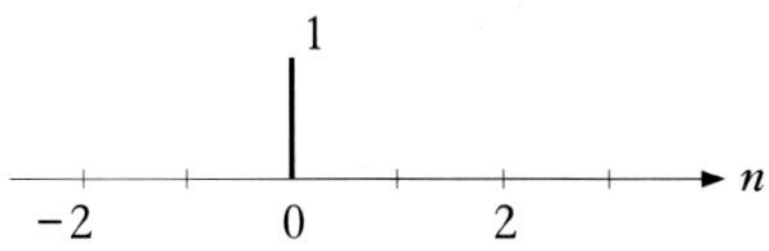

[그림 5-1]

풀이와 해설

[그림 5-1]은 $\delta(n)$이다. 식 (5.5)를 그대로 사용한다.

$$Z[\delta(n)] = 1$$

개념 이해 예제 2

[그림 5-1]의 신호를 왼쪽으로 두 눈금 이동하여 [그림 5-2] 신호를 얻었다. 이 신호의 Z-변환 결과를 구하여라.

풀이와 해설

$$x(n) = \delta(n+2)$$

$$Z[x(n)] = \sum_{n=-\infty}^{\infty} \delta(n+2) z^{-n}$$

$$= \sum_{n=-2}^{\infty} \delta(n+2) z^{-n}$$

$$= \delta(0)z^2 + \delta(1)z^1 + \delta(2) + \delta(3)z^{-1} + \cdots = z^2$$

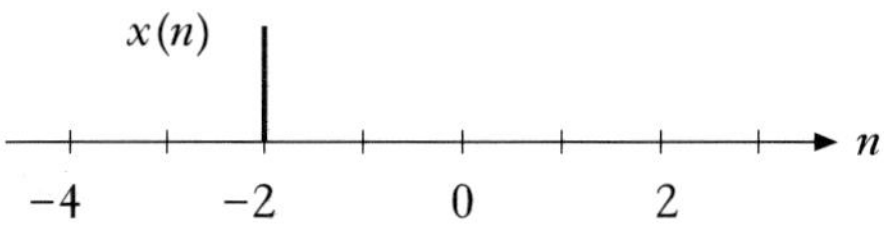

[그림 5-2]

식 (5.7)을 이용하여 $Z[\delta(n+2)] = z^2$을 얻는다.

기초 예제 1

[그림 5-3] 신호를 Z-변환하여라.

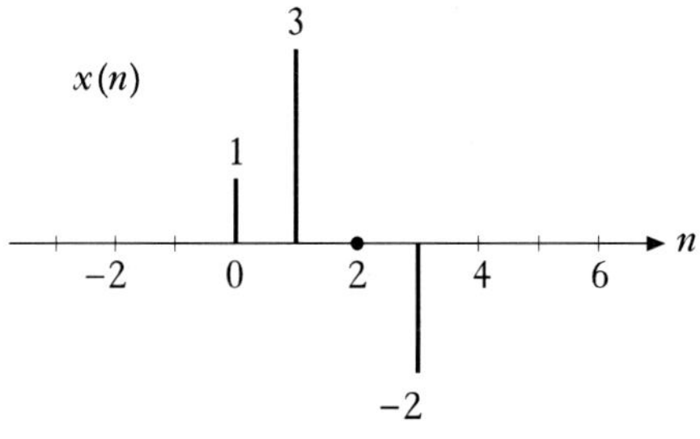

[그림 5-3]

풀이와 해설

$$x(n) = \delta(n) + 3\delta(n-1) - 2\delta(n-3)$$

$$Z[x(n)] = 1 + 3z^{-1} - 2z^{-3}$$

익힘 예제 1

[그림 5-4] 신호를 수식으로 나타내고 Z-변환하여라.

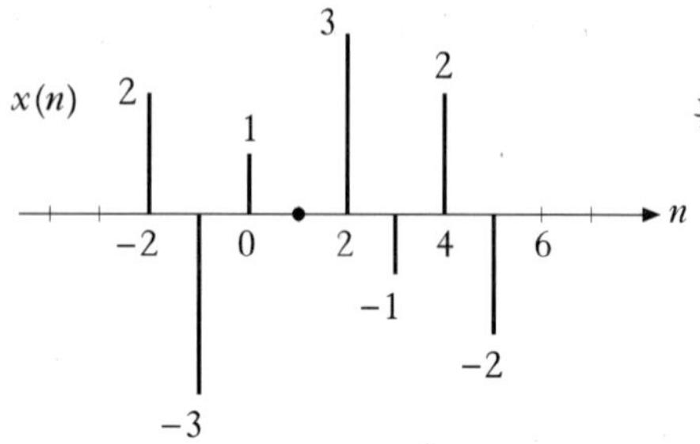

[그림 5-4]

풀이와 해설

그림을 보면서 신호의 크기와 위치로 임펄스 신호들의 합인 $x(n)$을 수식으로 나타내어라.

$$x(n) = 2\delta(n+2) - 3\delta(n+1) + \delta(n) + 3\delta(n-2) - \delta(n-3) + 2\delta(n-4) - 2\delta(n-5)$$

$$X(z) = Z[x(n)] = 2z^2 - 3z + 1 + 3z^{-2} - z^{-3} + 2z^{-4} - 2z^{-5}$$

단위계단신호, $u(n)$: 단위계단 신호 $u(n)$은 $n=0 \sim \infty$에서 값이 모두 1인 신호이다.

$$Z[u(n)] = \sum_{n=0}^{\infty} u(n)z^{-n} = 1 + z^{-1} + z^{-2} + z^{-3} + \cdots$$
$$= 1 + (z^{-1})^1 + (z^{-1})^2 + (z^{-1})^3 + \cdots = \frac{1}{1-z^{-1}}$$

$$\text{수렴조건 } |z^{-1}| < 1,\ |z| > 1 \tag{5.9}$$

(무한급수와 수렴조건)

여기서 우리는 급수로 전개되는 Z-변환을 간단히 처리하는 요령을 터득하게 된다. 급수로 전개되는 결과식을 가능하면 아래의 형태로 만들어, 이를 간단히 한 수식으로 나타내고, 수렴영역을 설정한다.

$$1 + c + c^2 + c^3 + \cdots = \frac{1}{1-c},\ |c| < 1 \tag{5.10}$$

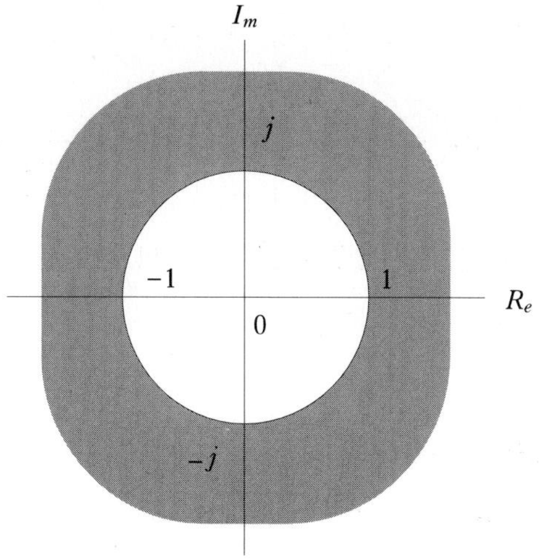

[그림 5-5] $|z^{-1}| < 1$**영역**

(Z-변환 계산요령)

$u(n)$의 Z-변환에서도 c에 해당하는 것이 z^{-1}이기 때문에 이를 $\frac{1}{1-\square}$식에 넣으므로 계산을 종료하였다. 그리고 $|\square| < 1$이 수렴영역이다. 수렴조건 $|z^{-1}| < 1$을 그림으로 그리면 다음과 같다. z가 복소수이므로 수렴영역도 복소수 평면상에 그려진다.

$u(n-a)$**의 Z-변환**: $u(n)$이 시간 이동된 $u(n-a)$의 경우를 고찰한다. $u(n-a)$는 $n \geq a$에서 모두 1이지만 $n < a$에서는 모두 0인 신호이다.

$$u(n-a) = \begin{cases} 1 & n \geq a \\ 0 & n < a \end{cases} \tag{5.11}$$

따라서 이 신호를 Z-변환하면 $n \geq a$에서만 값이 나타난다.

$$\begin{aligned} Z[u(n-a)] &= \sum_{n=0}^{\infty} u(n-a) z^{-n} = z^{-a} + z^{-(a+1)} + z^{-(a+2)} + \cdots \\ &= z^{-a}(1 + z^{-1} + z^{-2} + z^{-3} + \cdots) \\ &= z^{-a} \frac{1}{1-z^{-1}} = z^{-a} Z[u(n)] \end{aligned} \tag{5.12}$$

수식을 정리한다.

$$Z[u(n-a)] = z^{-a}Z[u(n)] = z^{-a}\frac{z}{z-1}$$

$u(n)$의 시간이동도 임펄스 신호의 경우와 마찬가지의 결과를 얻었다.

기초 예제 2

다음과 같은 이산신호의 Z-변환을 구하라.

(1) $x(n) = u(n) - u(n-5)$ (2) $x(n) = a^n u(n),\ a > 0$

(3) $x(n) = a^n u(n-4)$ (4) $x(n) = 2\delta(n-1) + 4u(n-3) - 3u(n-6)$

풀이와 해설

(1) $x(n) = u(n) - u(n-5)$

$$\begin{aligned} Z[x(n)] &= Z[u(n) - u(n-5)] \\ &= (1 - z^{-5})Z[u(n)] \\ &= \frac{z(1-z^{-5})}{z-1},\ |z^{-1}| < 1 \end{aligned}$$

(2) $x(n) = a^n u(n)$

$$\begin{aligned} Z[x(n)] &= Z[a^n u(n)] = \sum_{n=0}^{\infty} a^n z^{-n} = \sum_{n=0}^{\infty} (az^{-1})^n \\ &= \frac{1}{1 - az^{-1}} \end{aligned}$$

수렴영역, $|az^{-1}| < 1$

(3) $x(n) = a^n u(n-4)$

$$\begin{aligned} Z[x(n)] &= Z[a^n u(n-4)] = \sum_{n=0}^{\infty} a^n u(n-4) z^{-n} = a^4 z^{-4} + a^5 z^{-5} + a^6 z^{-6} + \cdots \\ &= a^4 z^{-4}[1 + az^{-1} + (az^{-1})^2 + (az^{-1})^3 + \cdots] = a^4 z^{-4}\frac{1}{1 - az^{-1}} \\ &= \frac{a^4 z^{-3}}{z - a},\ \text{수렴영역 } |az^{-1}| < 1 \end{aligned}$$

(4) $x(n) = 2\delta(n-1) + 4u(n-3) - 3u(n-6)$

이 신호를 n축 상에 나타내면 [그림 5-6]과 같다.

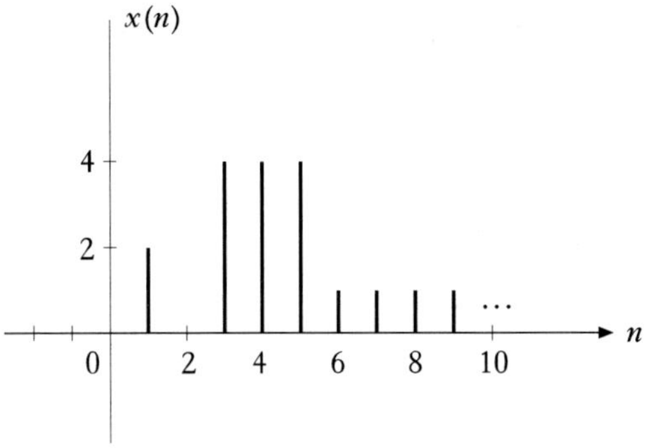

[그림 5-6]

[그림 5-6]에서 보는 바와 같이 $x(n)$는 여러 형태로 표현 가능하다.

i) $n=5$까지는 임펄스 신호로 처리하고 $n \geq 6$에서는 $u(n-6)$으로 놓는다.

$x(n) = 2\delta(n-1) + 4\delta(n-3) + 4\delta(n-4) + 4\delta(n-5) + u(n-6)$

ii) $n = 3, 4, 5$를 단위계단신호로 처리한다.

$x(n) = 2\delta(n-1) + 4[u(n-3) - u(n-6)] + u(n-6)$

iii) $n \geq 3$에시, $n = 3, 4, 5$는 $4u(n-3)$, $n = 6, 7, 8, \cdots$에서는 $4u(n-3)$에 $3u(n-6)$을 뺀다.

$x(n) = 2\delta(n-1) + 4u(n-3) - 3u(n-6)$

세 경우 모두 Z-변환한다.

i) $X(z) = Z[x(n)] = 2z^{-1} + 4z^{-3} + 4z^{-4} + 4z^{-5} + z^{-6}\dfrac{z}{z-1}$

ii) $X(z) = Z[x(n)] = 2z^{-1} + [4(z^{-3} - z^{-6}) + z^{-6}]\dfrac{z}{z-1}$

iii) $X(z) = Z[x(n)] = 2z^{-1} + (4z^{-3} - 3z^{-6})\dfrac{z}{z-1}$

세 경우 모두 결과는 동일하다. 두 번째를 변형하면 세 번째가 얻어진다.

$$4z^{-3}+4z^{-4}+4z^{-5}+z^{-6}\frac{z}{z-1}$$
$$=\left[\frac{z-1}{z}(4z^{-3}+4z^{-4}+4z^{-5})+z^{-6}\right]\frac{z}{z-1}=(4z^{-3}-3z^{-6})\frac{z}{z-1}$$

n축 상에서 $x(n)$의 표현은 다소 차이가 있을 수 있으나 이들 모두는 동일한 신호로서 Z-변환 결과는 모두 같다.

$$X(z)=2z^{-1}+(4z^{-3}-3z^{-6})\frac{z}{z-1}$$

정현파 신호와 지수함수 : 이 두 신호는 Euler의 정리에 의해 상호보완적이다.

$$A\cos[wn-\theta]=\frac{e^{j(wn-\theta)}+e^{-j(wn-\theta)}}{2}$$
$$A\sin[wn-\theta]=\frac{e^{j(wn-\theta)}-e^{-j(wn-\theta)}}{2j}$$

지수함수 e^{an}의 Z-변환

$$Z[e^{an}]=\sum_{n=0}^{\infty}e^{an}z^{-n}=\sum_{n=0}^{\infty}(e^{a}z^{-1})^{n}=\frac{1}{1-e^{a}z^{-1}} \tag{5.13}$$

수렴조건: $|e^{a}z^{-1}|<1$

정현파 함수 cos이나 sin도 지수함수로 바꾸어 식 (5.13)과 같이 Z-변환한다.

개념 이해 예제 3

$x(n)=e^{-n}u(n)$을 Z-변환하여라.

풀이와 해설

$$Z[x(n)]=\sum_{n=0}^{\infty}e^{-n}z^{-n}=\sum_{n=0}^{\infty}(e^{-1}z^{-1})^{n}=\frac{1}{1-(ez)^{-1}},$$ 수렴조건 $|e^{-1}z^{-1}|<1$

개념 이해 예제 4

$x(n) = 2\cos nu(n)$을 Z-변환하여라.

풀이와 해설

$$2\cos nu(n) = 2\frac{e^{jn}+e^{-jn}}{2}u(n) = (e^{jn}+e^{-jn})u(n)$$

$$\begin{aligned} Z[x(n)] &= Z[2\cos nu(n)] = Z[(e^{jn}+e^{-jn})u(n)] \\ &= \sum_{n=0}^{\infty}(e^{jn}+e^{-jn})z^{-n} \\ &= \sum_{n=0}^{\infty}[(e^{j}z^{-1})^{n}+(e^{-j}z^{-1})^{n}] = \frac{1}{1-e^{j}z^{-1}} + \frac{1}{1-e^{-j}z^{-1}} \end{aligned}$$

수렴영역 $|e^{j}z^{-1}| < 1$, 또는 $|z| > 1$

익힘 예제 2

다음과 같은 지수신호와 정현파 신호를 Z-변환하라.

(1) $x(n) = 10e^{-2n}u(n)$　　(2) $x(n) = 4\cos 2nu(n)$

(3) $x(n) = 2\cos\left(5n+\frac{\pi}{6}\right)u(n)$　　(4) $x(n) = 6^{n}\sin 4nu(n)$

풀이와 해설

정의식에 의해 각 이산신호를 Z-변환한다.

(1) $x(n) = 10e^{-2n}u(n)$

$$X(z) = Z[10e^{-2n}] = 10\sum_{n=0}^{\infty}e^{-2n}z^{-n} = 10\sum_{n=0}^{\infty}(e^{-2}z^{-1})^{n} = \frac{10}{1-e^{-2}z^{-1}},$$

수렴영역 $|e^{-2}z^{-1}| < 1$

(2) $x(n) = 4\cos 2nu(n)$

$$4\cos 2nu(n) = \frac{e^{j2n}+e^{-j2n}}{2}\times 4 = 2(e^{j2n}+e^{-j2n})$$

$$\begin{aligned} X(z) &= Z[2(e^{j2n}e^{-j2n})] = 2\sum_{n=0}^{\infty}(e^{j2n}+e^{-j2n})z^{-n} \\ &= 2\sum_{n=0}^{\infty}(e^{j2}z^{-1})^{n} + 2\sum_{n=0}^{\infty}(e^{-j2}z^{-1})^{n} = \frac{2}{1-e^{j2}z^{-1}} + \frac{2}{1-e^{-j2}z^{-1}} \\ &= \frac{4z(1-\cos 2)}{z^{2}-2z\cos 2+1} \end{aligned}$$

수렴영역 $|e^{j2}z^{-1}| < 1$, 또는 $|z| > 1$

(3) $x(n) = 2\cos\left(5n + \frac{\pi}{6}\right)$

$$2\cos\left(5n + \frac{\pi}{6}\right) = e^{j\left(5n + \frac{\pi}{6}\right)} + e^{-j\left(5n + \frac{\pi}{6}\right)}$$

$$X(z) = Z[e^{j\left(5n + \frac{\pi}{6}\right)} + e^{-j\left(5n + \frac{\pi}{6}\right)}] = \sum_{n=0}^{\infty} e^{j\frac{\pi}{6}} e^{j5n} z^{-n} + \sum_{n=0}^{\infty} e^{-j\frac{\pi}{6}} e^{-j5n} z^{-n}$$

$$= e^{j\frac{\pi}{6}} \sum_{n=0}^{\infty} (e^{j5} z^{-1})^n + e^{-j\frac{\pi}{6}} \sum_{n=0}^{\infty} (e^{-j5} z^{-1})^n$$

$$= e^{j\frac{\pi}{6}} \frac{1}{1 - e^{j5} z^{-1}} + e^{-j\frac{\pi}{6}} \frac{1}{1 - e^{-j5} z^{-1}}$$

$$= \frac{\sqrt{3}}{2}\left(\frac{1}{1 - e^{j5} z^{-1}} + \frac{1}{1 - e^{-j5} z^{-1}}\right) + \frac{1}{2j}\left(\frac{1}{1 - e^{j5} z^{-1}} - \frac{1}{1 - e^{-j5} z^{-1}}\right)$$

$$= \frac{\sqrt{3}\, z(z - \cos 5)}{z^2 - 2z\cos 5 + 1} + \frac{z \sin 5}{z^2 - 2z\cos 5 + 1} = \frac{\sqrt{3}\, z^2 - \sqrt{3}\, z\cos 5 + z\sin 5}{z^2 - 2z\cos 5 + 1}$$

수렴영역 $|e^{j5} z^{-1}| < 1$, 또는 $|z| > 1$

(4) $x(n) = 6^n \sin 4n u(n)$

$$6^n \sin 4n u(n) = \frac{e^{j4n} - e^{-j4n}}{2j} \times 6^n$$

$$X(z) = Z[x(n)] = \frac{1}{2j}\left(\sum_{n=0}^{\infty} e^{j4n} e^{6n} z^{-n} - \sum_{n=0}^{\infty} e^{-j4n} e^{6n} z^{-n}\right)$$

$$= \frac{1}{2j}\left[\sum_{n=0}^{\infty} (e^{j4} e^{6} z^{-1})^n - \sum_{n=0}^{\infty} (e^{-j4} e^{6} z^{-1})^n\right]$$

$$= \frac{1}{2j}\left(\frac{1}{1 - e^{j4} e^{6} z^{-1}} - \frac{1}{1 - e^{-j4} e^{6} z^{-1}}\right)$$

$$= \frac{-e^{6} \sin 4}{z^2 - 2ze^{6}\cos 4 + e^{12}}$$

수렴영역 $|e^{j4} e^{6} z^{-1}| < 1$

다음 [표 5-1]에 이산신호의 Z-변환을 정리하였다.

[표 5-1] Z-변환

$x(n)$	$X(z)=\sum_{n=0}^{\infty} x(n)z^{-n}$	수렴조건
$\delta(n)$	1	
$\delta(n-a)$	z^{-a}	$\vert z\vert \neq 1$
$u(n)$	$\frac{1}{1-z^{-1}}$	$\vert z\vert > 1$
$a^n u(n)$	$\frac{1}{1-az^{-1}}$	$\vert z\vert > a$
$nu(n)$	$\frac{z}{(z-1)^2}$	$\vert z\vert > 1$
$n^2u(n)$	$\frac{z(z+1)}{(z-1)^3}$	$\vert z\vert > 1$
$na^n u(n)$	$\frac{az}{(z-a)^2}$	$\vert z\vert > a$
n^2a^n	$\frac{az(z+a)}{(z-a)^3}$	$\vert z\vert > a$
$\sin anu(n)$	$\frac{z \sin a}{z^2-2z\cos a+1}$	$\vert z\vert > 1$
$\cos anu(n)$	$\frac{z(z-\cos a)}{z^2-2z\cos a+1}$	$\vert z\vert > 1$
$a^n \sin bnu(n)$	$\frac{az\sin b}{z^2-2az\cos b+a^2}$	$\vert z\vert > \vert a\vert$
$a^n \cos bnu(n)$	$\frac{z(z-a\cos b)}{z^2-2az\cos b+a^2}$	$\vert z\vert > \vert a\vert$

5.2 Z-변환의 성질

개 요

Z-변환에는 수식의 계산과 신호 및 시스템에의 적용 시 사용되는 몇 가지 중요한 성질들이 있다. 중요한 몇 가지 성질들과 이를 이용한 예제를 고찰한다.

선형성(linearity)

수식 : 임의의 상수 a_1, a_2에 대하여

$$Z[a_1 x_1(n) + a_2 x_2(n)] = a_1 X_1(z) + a_2 X_2(z) \tag{5.14}$$

(수식 설명과 증명)

여러 이산신호의 합으로 구성된 신호의 Z-변환은 각각의 신호의 Z-변환들의 합과 같다. 증명은 정의식으로부터 간단히 되므로 생략한다.

시간이동(Time Shift)

이산신호의 시간이동에 대해서는 이미 임펄스 신호의 Z-변환시 소개하였다. 이를 다시 정리한다.

수식 : $Z[x(n-a)] = z^{-a} X(z)$ (5.15)

증명 : $n-a=m$으로 치환하여 식 (5.15)를 다시 쓴다.

$$Z[x(n-a)] = Z[x(m)] = \sum_{n=-\infty}^{\infty} x(m) z^{-n}$$

여기에서 $n=m+a$를 대입한다.

$$Z[x(m)] = \sum_{n=-\infty}^{\infty} x(m) z^{-(m+a)}$$

$$= z^{-a} \sum_{n=-\infty}^{\infty} x(m) z^{-m}$$

: z^{-a}는 상수로서 앞으로 나온다.

$$= z^{-a} X(z)$$

지수함수의 곱

이산신호의 $x(n)$에 지수함수 e^{an}이 곱해진 신호의 변환

$$\text{수식: } Z[e^{an}x(n)] = X\left(\frac{z}{e^a}\right),\ a:\ \text{상수} \tag{5.16}$$

기초 예제 3

$x(n) = e^{an}u(n)$을 Z-변환하라.

풀이와 해설

$$\begin{aligned} Z[e^{an}u(n)] &= \sum_{n=0}^{\infty} e^{an}z^{-n} = \sum_{n=0}^{\infty}(e^a z^{-1})^n \\ &= \frac{1}{1-e^a z^{-1}} \\ &= \frac{\frac{z}{e^a}}{\frac{z}{e^a}-1} : \frac{z}{e^a}\text{를 분모, 분자에 곱한다.} \\ &= X\left(\frac{z}{e^a}\right) : \frac{\square}{\square-1}\text{의 형태가 되었다.} \end{aligned}$$

n^k의 곱과 $X(z)$의 미분

이산신호 $x(n)$의 n^k곱은 $X(z)$의 미분 형태로 표현 가능하다.

$$\text{수식: } Z[n^k x(n)] = -z\frac{d\{Z[n^{k-1}x(n)]\}}{dz} \tag{5.17}$$

기초 예제 4

$n^2u(n)$의 Z-변환을 구하여라.

풀이와 해설

$$Z[n^2u(n)] = -z\frac{d}{dz}\{Z[nx(n)]\} = -z\frac{d}{dz}\left\{\frac{z}{(z-1)^2}\right\} = \frac{z(z+1)}{(z-1)^3}$$

컨벌루션의 Z-변환

이산신호의 입·출력 관계를 설정하는 컨벌루션의 Z-변환은 대단히 중요한 성질이다. 어떤 신호의 컨벌루션을 Z-변환하면 곱이 된다.

수식: $Z[x_1(n) * x_2(n) * x_3(n)] = X_1(z)X_2(z)X_3(z)$ (5.18)

증명: $h(n) * x(n)$의 경우를 고찰한다.

$$\begin{aligned} Z[h(n) * x(n)] &= \sum_{n=-\infty}^{\infty} \sum_{k=-\infty}^{\infty} h(k)x(n-k)z^{-n} \\ &= \sum_{k=-\infty}^{\infty} h(k) \sum_{n=-\infty}^{\infty} x(n-k)z^{-n} \end{aligned}$$

: $\sum$의 순서를 바꾸고 k와 n을 나눈다.

위 식에서 $m = n - k$로 치환한다. $n = m + k$를 대입한다.

$$\begin{aligned} &\sum_{k=-\infty}^{\infty} h(k) \sum_{m=-\infty}^{\infty} x(m)z^{-(m+k)} \\ &= \sum_{k=-\infty}^{\infty} h(k) \sum_{m=-\infty}^{\infty} x(m)z^{-m}z^{-k} \\ &= \left(\sum_{k=-\infty}^{\infty} h(k)z^{-k} \right)\left(\sum_{m=-\infty}^{\infty} x(m)z^{-m} \right) \\ &= H(z)X(z) \end{aligned}$$

: 정의식에 의해

정리하면, $H(z) = Z[h(n)]$, $X(z) = Z[x(n)]$일 때

$$Z[h(n) * x(n)] = H(z)X(z)$$

이다. 컨벌루션의 Z-변환은 곱셈이 된다.

기초 예제 5

[그림 5-7]과 같이 디지털 필터의 전달함수 $h(n) = e^{-2n}$이고 입력신호 $x(n) = 2u(n)$일 때 출력 $y(n)$의 Z-변환을 구하여라.

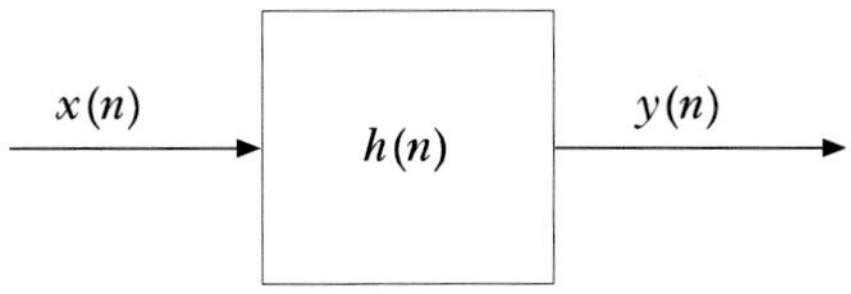

[그림 5-7]

풀이와 해설

이 문제는 컨벌루션을 구한 후 그 결과를 Z-변환할 수도 있으나, 이미 Z-변환을 공부하였으므로 직접 구한다. 식 (5.18)을 이용한다.

$$y(n) = h(n) * x(n)$$

양변을 Z-변환한다.

$$Z[y(n)] = Z[h(n) * x(n)]$$
$$Y(z) = H(z)X(z)$$

이때,

$$H(z) = Z[h(n)] = Z[e^{-2n}] = \frac{1}{1 - e^{-2}z^{-1}}$$
$$X(z) = Z[2u(n)] = \frac{2z}{z-1}$$
$$Y(z) = H(z)X(z) = \frac{e^2 z}{e^2 z - 1}\frac{2z}{z-1} = \frac{2e^2 z^2}{(e^2 z - 1)(z-1)}$$

초기치 정리와 최종치 정리

$$x(0) = \lim_{z \to \infty} X(z) \tag{5.19}$$

$$\lim_{n \to \infty} x(n) = \lim_{z \to 1}(1 - z^{-1})X(z) \tag{5.20}$$

5.3 역 Z-변환

개 요

Z-변환시킨 결과를 본래의 형태로 되돌리는 것을 역 Z-변환(Inverse Z-transform)이라고 한다. 역 Z-변환의 정의식

$$x(n) = Z^{-1}[X(z)] = \frac{1}{2\pi j}\oint X(z)z^{n-1}dz$$

으로써 계산할 수도 있으나 실제 공학 분야에서는 거의 사용하지 않고 다음에 소개될 멱급수 전개법과 부분분수법이 가장 많이 사용된다. 멱급수전개법은 분모로 분자를 계속해서 나누면서 몫을 찾아 역변환 시키는 방식이다. 부분분수법은 라플라스 역변환에서 공부한 것처럼 역변환 시키기 쉬운 형태로 쪼갠 후 역변환 한다.

멱급수 전개법

방식: Z-변환식 $X(z) = f(z^{-1})$형태로 만든다. z^{-1}의 함수는 임펄스 함수로 역변환이 가능하기 때문이다. 가령 예를 들어

$$X(z) = 1 + z^{-1} + 2z^{-2}$$

인 경우, 선형성 성질에 의해 수식의 우변 각 항은 곧바로 역변환 시킬 수 있다. 앞에서 우리는 $Z[k\delta(n-a)] = kz^{-a}$를 이미 공부하였기 때문에 kz^{-a}의 역변환인 $k\delta(n-a)$를 찾는 것은 매우 쉬운 작업이다.

$$\begin{aligned} x(n) &= Z^{-1}[X(z)] = Z^{-1}[1 + z^{-1} + 2z^{-2}] \\ &= Z^{-1}[1] + Z^{-1}[z^{-1}] + Z^{-1}[2z^{-2}] \\ &= \delta(n) + \delta(n-1) + 2\delta(n-2) \end{aligned}$$

따라서 일단 $X(z)$를 z^{-1}의 함수형태로 만드는 것이 멱급수 전개법이다.

개념 이해 예제 5

$X(z) = 2 + 3z^{-1} - 4z^{-3}$의 역 Z-변환 $x(n)$을 구하여라.

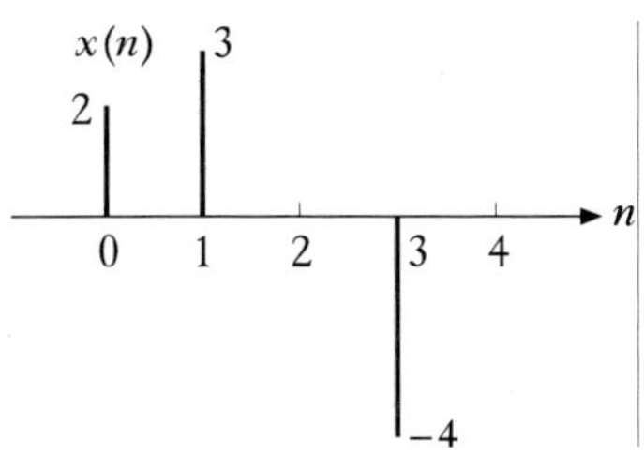

[그림 5-8]

풀이와 해설

$X(z)$는 이미 그대로 역변환이 가능한 형태로 되어 있으므로 우변의 세 개 항 모두 임펄스 신호로 변환한다.

$$
\begin{aligned}
x(n) &= Z^{-1}[X(z)] = Z^{-1}[2 + 3z^{-1} - 4z^{-3}] \\
&= 2\delta(n) + 3\delta(n-1) - 4\delta(n-3)
\end{aligned}
$$

$x(n)$을 [그림 5-8]에 보였다.

기초 예제 6

$X(z)$가 다음과 같이 주어졌을 때 멱급수전개법에 의해 $X(z)$의 역 Z-변환 $x(n)$을 구하여라.

(1) $X(z) = z(1 + z^{-1})(2 - z^{-1})$

(2) $X(z) = \dfrac{1}{1 + 2z^{-1}}, \ |z| > |a|$

(3) $X(z) = \dfrac{2z^3 + z}{x^2 + z + 1}$

풀이와 해설

(1) 괄호를 풀어 전개한 후 역변환 한다.

$$X(z) = z(1 + z^{-1})(2 - z^{-1}) = 2z + 1 - z^{-1}$$

$$x(n) = Z^{-1}[X(z)] = 2\delta(n+1) + \delta(n) - \delta(n-1)$$

결과는 모두 임펄스함수이다.

(2) $X(z)=\dfrac{1}{1+2z^{-1}}$, 분모를 분자로 나눈다.

$$
\begin{array}{r l}
 & \underline{1-2z^{-1}+4z^{-2}-8z^{-3}} \\
1+2z^{-1}) & \quad 1 \\
 & \underline{1+2z^{-1}} \\
 & -2z^{-1} \\
 & \underline{-2z^{-1}-4z^{-2}} \\
 & \qquad 4z^{-2} \\
 & \qquad \underline{4z^{-2}+8z^{-3}} \\
 & \qquad\quad -8z^{-3} \\
 & \qquad\quad -8z^{-3}-16z^{-4} \\
 & \qquad\qquad \vdots
\end{array}
$$

몫을 정리한 후 역변환 한다.

$$X(z)=1-2z^{-1}+4z^{-2}-8z^{-3}+\cdots$$
$$x(n)=Z^{-1}[X(z)]=\delta(n)-2\delta(n-1)+4\delta(n-2)-8\delta(n-3)+\cdots$$

(3) 마찬가지로 분모로 분자를 나눈다.

$$X(z)=\frac{2z^3+z}{z^2+z+1}$$

$$
\begin{array}{r l}
 & \underline{2z-2+z^{-1}+z^{-2}-2z^{-3}+\cdots} \\
z^2+z+1) & 2z^3+z \\
 & \underline{2z^3+2z^2+2z} \\
 & \quad -2z^2-z \\
 & \quad \underline{-2z^2-2z-2} \\
 & \qquad z+2 \\
 & \qquad \underline{z+1+z^{-1}} \\
 & \qquad\quad 1-z^{-1} \\
 & \qquad\quad \underline{1-z^{-1}+z^{-2}} \\
 & \qquad\quad -2z^{-1}-z^{-2} \\
 & \qquad\quad \underline{-2z^{-1}-2z^{-2}-2z^{-3}} \\
 & \qquad\qquad \vdots
\end{array}
$$

계산결과의 몫을 정리하고 역변환하여 $x(n)$을 구한다.

$$X(z)=2z-2+z^{-1}+z^{-2}+-2z^{-3}+\cdots$$
$$x(n)=Z^{-1}[X(z)]=2\delta(n+1)-2\delta(n)+\delta(n-1)+\delta(n-2)-2\delta(n-3)+\cdots$$

부분분수법

부분분수법은 $X(z)$을 역변환하기 쉬운 형태로 분해한 다음, 앞의 Z-변환표에 의해 역변환하는 방식이다. Z-변환의 선형성에 의해 역변환시키는 것으로서 분해한 각각이 손쉽게 역변환이 될 때만이 가능하다.

$$X(z) = X_1(z) + X_2(z) + X_3(z) + \cdots \tag{5.21}$$

각각을 역변환하여 $x(n)$을 계산한다.

$$\begin{aligned} x(n) &= Z^{-1}[X_1(z)] + Z^{-1}[X_2(z)] + Z^{-1}[X_3(z)] + \cdots \\ &= x_1(n) + x_2(n) + x_3(n) + \cdots \end{aligned} \tag{5.22}$$

개념 이해 예제 6

다음 식과 같은 $x(z)$의 역변환 $x(n)$을 계산하여라.

$$X(z) = \frac{2z}{z-1} + \frac{z}{z-3}$$

풀이와 해설

이 문제는 $x(z)$가 이미 부분분수로 나누어져 있다. 식을 보다 자세히 나타내 보자. $x(z)$의 우변각 항은 다음과 같이 쓸 수 있다.

$$\frac{2z}{z-1} = 2\frac{1}{1-z^{-1}} \rightarrow \frac{1}{1-z^{-1}} \text{은 } Z[u(n)] \text{이다.}$$

$$\frac{z}{z-3} = \frac{1}{1-3z^{-1}} \rightarrow \frac{1}{1-3z^{-1}} \text{은 } Z[3^n u(n)] \text{이다.}$$

이와 같은 요령을 수식을 다시 쓰고 역 Z-변환하여 $x(n)$을 구한다.

$$X(z) = \frac{2z}{z-1} + \frac{z}{z-3} = 2\frac{1}{1-z^{-1}} + \frac{1}{1-3z^{-1}}$$

$$x(n) = Z^{-1}[X(z)] = 2u(n) + 3^n u(n)$$

익힘 예제 3

다음과 같은 $X(z)$를 부분분수법에 의해 Z-역변환 $x(n)$을 계산하여라.

(1) $X(z) = \dfrac{2z}{(z-1)(z-2)}$ (2) $X(z) = \dfrac{9z^2}{(z-1)^2(z+2)}$

(3) $X(z) = \dfrac{z^3 - z^2 + 2z}{z^3 - z^2 - z + 1}$

풀이와 해설

(1) $X(z) = \dfrac{2z}{(z-1)(z-2)} = 2z\left[\dfrac{a}{z-1} + \dfrac{b}{z-2}\right]$: 부분분수로 나눈다.

$$a = \frac{1}{(z-1)(z-2)} \times (z-1)|_{z=1} = -1$$: 계수를 구한다.

$$b = \frac{1}{(z-1)(z-2)} \times (z-2)|_{z=2} = 1$$

$X(z) = 2 \times \left(\dfrac{-z}{z-1} + \dfrac{z}{z-2}\right) = \dfrac{-2z}{z-1} + \dfrac{2z}{z-2}$: 계수를 대입하여 정리한다.

$$= -2\frac{1}{1-z^{-1}} + 2\frac{1}{1-2z^{-1}}$$

: 분모, 분자를 z로 나누어 역변환하기 편리한 형태로 만든다.

$x(n) = Z^{-1}[X(z)] = -2u(n) + 2 \cdot 2^n u(n)$: 역변환 한다.

$$= (-2 + 2^{n+1})u(n)$$

(2) $X(z) = \dfrac{9z^2}{(z-1)^2(z+2)}$

$\dfrac{9z^2}{(z-1)^2(z+2)} = z\left[\dfrac{a}{z+2} + \dfrac{b}{z-1} + \dfrac{c}{(z-1)}\right]$: 부분분수로 나눈다.

$$a = (z+2)\frac{9z}{(z-1)^2(z+2)}|_{z=-2} = -2$$

$$c = (z-1)^2\frac{9z}{(z-1)^2(z+2)}|_{z=1} = 3$$

} 일반적인 계수 산출 방법

$b = \dfrac{d}{dz}\left\{(z-1)^2\dfrac{9z}{(z-1)^2(z+2)}\right\}|_{z=1} = 2$: 중근인 경우 계수를 구하는 방법

$X(z) = \dfrac{-2z}{z+2} - \dfrac{2z}{z-1} + \dfrac{3z}{(z-1)^2}$: 계수를 대입하여 정리한다.

$= \dfrac{-2}{1+2z^{-1}} - 2\dfrac{1}{1-z^{-1}} + 3\dfrac{z}{(z-1)^2}$: 역변환하기 편리한 형태로 바꾼다.

표 5-1에 의해 역변환 한다.

$$x(n) = Z^{-1}[X(z)] = 3(-2)^n u(n) - 2u(n) + 2nu(n)$$

(3) $X(z) = \dfrac{z^3 - z^2 + 2z}{z^3 - z^2 - z + 1} = \dfrac{z^3 - z^2 + 2z}{(z-1)^2(z+1)}$: 분모를 인수분해한다.

$= \dfrac{z(z+1) + z(z-1)^2}{(z-1)^2(z+1)}$: 분자를 공통인자로 묶는다.

$= \dfrac{z}{(z-1)^2} + \dfrac{z}{z+1}$: 분모로 분자를 나누어 간단한 부분분수로 만든다.

$= \dfrac{z}{(z-1)^2} + \dfrac{1}{1+z^{-1}}$: 역변환하기 편리한 형태로 바꾼다.

$$x(n) = Z^{-1}[X(z)] = (-1)^n u(n) + nu(n)$$

5.4 선형 차분방정식의 Z-변환

개 요

Z-변환을 이산신호처리에 사용하는 두 번째 궁극적인 목적은 시스템을 해석하기 위함이었다. 시스템의 입·출력 관계는 차분방정식으로 구현되고, 이 차분방정식을 Z-변환함으로 Z-평면에서 시스템 특성 분석이 가능하다. 실제로 차분방정식을 Z-변환하는 방법은 의외로 간단하다. 초기치를 고려할 때 다소 복잡하고 이론적으로는 수식이 까다로울 수도 있다.

Z-변환 요령

초기치가 0일 때 : 구체적이고 이론적인 수식을 제시하기 전에 먼저 이해를 돕는 예제를 제시한다.

개념 이해 예제 7

어떤 디지털 시스템의 선형 차분방정식이 다음과 같다.

$$y(n) - 2y(n-1) = 2x(n) + 0.5x(n-1)$$

이 시스템을 Z-변환하여 전달함수 $H(z)$를 구하여라.

풀이와 해설

주어진 시스템의 Z-변환은 Z-변환 성질 가운데 시간이동 원리를 이용한다.

$$\begin{aligned}
&y(n) - 2y(n-1) = 2x(n) + 0.5x(n-1) \\
&Z[y(n) - 2y(n-1)] = Z[2x(n) + 0.5x(n-1)] \\
&Z[y(n)] + Z[-2y(n-1)] = Z[2x(n)] + Z[0.5x(n-1)] \\
&Y(z) - 2z^{-1}Y(z) = 2X(z) + 0.5z^{-1}X(z) \\
&(1-2z^{-1})Y(z) = (2+0.5z^{-1})X(z)
\end{aligned}$$

전달함수: $H(z) = \dfrac{Y(z)}{X(z)} = \dfrac{2+0.5z^{-1}}{1-2z^{-1}}$ …①

식 ①의 분모·분자에 z를 곱한다.

$$H(z) = \frac{2z+0.5}{z-2}$$

위 개념 이해 예제 7을 통해 요령을 대충 이해하였으리라 본다. 보다 자세한 수식으로 나타내면 다음과 같다.

조건 : 초기치가 모두 0

선형차분방정식 : $y(n) = \sum_{k=0}^{m} a_k x(n-k) + \sum_{i=1}^{g} b_i y(n-i)$

Z-변환 : $(1 - b_1 z^{-1} - b_2 z^{-2} - \cdots b_g z^{-g})Y(z)$

$$= (a_0 + a_1 z^{-1} + a_2 z^{-2} + \cdots + a_n z^{-m})X(z) \tag{5.23}$$

〔그림을 통한 요령 설명〕

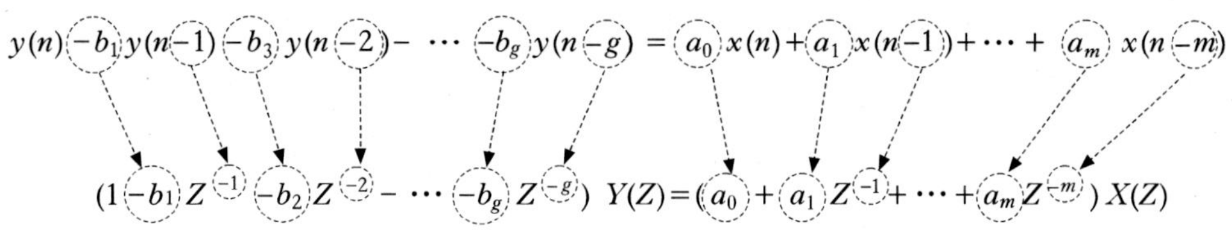

기초 예제 7

다음의 선형 차분방정식을 Z-변환 하여라. 초기치는 모두 0이다.

(1) $y(n)=x(n)+0.5x(n-1)+4x(n-2)$

(2) $y(n)+0.8y(n-1)-2y(n-2)=3x(n)-2x(n-1)+15x(n-3)$

풀이와 해설

(1) $y(n)=x(n)+0.5x(n-1)+4x(n-2)$

양변을 모두 Z-변환한다.

$$Y(z)=(1+0.5z^{-1}+4z^{-2})X(z)$$

(2) $y(n)+0.8y(n-1)-2y(n-2)=3x(n)-2x(n-1)+15x(n-3)$

양변을 모두 Z-변환한다.

$$(1+0.8z^{-1}-2z^{-2})\,Y(z)=(3-2z^{-1}+15z^{-3})X(z)$$

초기치가 있는 경우의 Z-변환: 초기치란 $x(-1)$, $x(-2)$, $y(-3)$, $y(-1)$과 같이 $n<0$의 값들이 있는 경우이다. 먼저 이론적으로 수식을 세운다.

$x(n-k)$의 **Z-변환**: $Z[x(n-k)]$

$$
\begin{aligned}
Z[x(n-k)] &= \sum_{n=0}^{\infty} x(n-k)z^{-n} \\
&= x(-k) + x(1-k)z^{-1} + x(2-k)z^{-2} + \cdots \\
&\quad + x(0)z^{-k} + x(1)z^{-(k+1)} + x(2)z^{-(k+2)} + \cdots \\
&\qquad : \text{수식을 풀어 쓴다.} \\
&= x(-k) + x(1-k)z^{-1} + x(2-k)z^{-2} + \cdots \\
&\quad + x(-1)z^{-(k-1)} + z^{-k}\sum_{n=0}^{\infty} x(n)z^{-n} \\
&\qquad : \text{초기치 부분을 따로 정리한다.} \\
&= \underbrace{x(-k) + x(1-k)z^{-1} + x(2-k)z^{-2} + \cdots + x(-1)z^{-(k-1)}}_{\text{초기치, } k\text{개}} \\
&\quad + z^{-k}X(z)
\end{aligned}
\tag{5.24}
$$

〔수식 설명〕

$x(n-k)$의 Z-변환 결과는 초기치와 $z^{-k}X(z)$의 두 부분으로 나누어진다.

$$Z[x(n-k)] = \text{초기치} + Z[x(n-k)]$$

초기치는 $x(-k)$로부터 시작하여 $1,\ z^{-1},\ z^{-2},\ \cdots,\ z^{-(k-1)}$을 차례로 곱하여 $x(-1)z^{-(k-1)}$까지 이른다. 예를 들어 $x(n-4)$를 Z-변환하는 경우의 초기치 처리는 $k=4$이므로 $x(-4)$로부터 시작하여 $x(-1)$에서 끝난다.

$Z[x(n-4)]$의 초기치 :

$$x(-4) + x(-3)z^{-1} + x(-2)z^{-2} + x(-1)z^{-3}$$

쓰는 요령은 먼저 $x(-4),\ x(-3),\ x(-2),\ x(-1)$을 순서대로 쓴 다음 $1,\ z^{-1},\ z^{-2},\ z^{-3}$을 각각 곱한 후 더한다. 즉

초기치 처리 : $x(-4) + x(-3)z^{-1} + x(-2)z^{-2} + x(-1)z^{-3}$

개념 이해 예제 8

$x(n-3)$의 초기치가 $x(-3)=2$, $x(-2)=0$, $x(-1)=1$이다. $x(n-3)$을 Z-변환하여라.

풀이와 해설

$x(n-3)$의 Z-변환은 초기치 처리와 초기치가 없는 경우의 Z-변환의 합이다.

$$Z[x(n-3)] = x(-3)+x(-2)z^{-1}+x(-1)z^{-2}+Z^{-3}X(Z) \qquad \cdots①$$

여기서 $X(z) = Z[x(n)]$

식 ①에 주어진 값을 대입하여 정리한다.

$$Z[x(n-3)] = 2+z^{-2}+z^{-3}X(z)$$

개념 이해 예제 9

$x(n-2)$를 Z-변환하여라. 초기치는 $x(-4)=1$, $x(-3)=0.4$, $x(-2)=-2$, $x(-1)=6$이다.

풀이와 해설

이 문제는 초기치가 $x(-4)$, $x(-3)$이 주어진 경우이다. 식 (5.24)를 가지고는 풀 수 없는 것처럼 보인다. $x(n-2)$가 -2이므로 $x(-2)$에서부터 초기치를 처리해야만 될 것 같다. Z-변환의 정의식이 본래는 $n=-\infty \sim \infty$임을 고려하면 쉽게 풀 수 있다.

$$\begin{aligned}
&Z[x(n-2)]\\
&= \sum_{k=-\infty}^{\infty} x(n-2)z^{-n} : x(-4)\text{에서부터 값이 있으므로 } n=-2\text{로 놓는다.}\\
&= \sum_{k=-2}^{\infty} x(n-2)z^{-n} : \text{수식을 전개한다. } n=-2,\ -1,\ 0,\ 1,\ 2,\ \cdots\\
&= \underbrace{x(-4)z^2+x(-3)z+x(-2)+x(-1)z^{-1}}_{\text{초기치}} + \underbrace{z^{-2}+x(1)z^{-3}+x(2)z^{-4}+\cdots}_{z^{-2}X(z)}\\
&= x(-4)z^2+x(-3)z+x(-2)+x(-1)z^{-1}+z^{-2}\underbrace{[1+x(1)z^{-1}+x(2)z^{-2}+\cdots]}_{\sum_{n=0}^{\infty} x(n)z^{-n}=X(z)}\\
&= x(-4)z^2+x(-3)z+x(-2)+x(-1)z^{-1}+z^{-2}X(z)
\end{aligned}$$

주어진 값을 결과 식에 대입한 후 정리한다.

$$Z[x(n-2)] = z^2 + 0.4z - 2 + 6z^{-1} + z^{-2}X(z)$$

기초 예제 8

다음 차분방정식을 Z-변환하여라.

(1) $y(n) = 2x(n) - 0.5x(n-3),\ x(-3) = 0.1,\ x(-2) = 0,\ x(-1) = 0.5$

(2) $y(n) - 4y(n-2) = x(n) + 0.3x(n-1),\ x(-1) = 0.2,\ y(-2) = 0,\ y(-1) = 0.4$

풀이와 해설

(1) $y(n) = 2x(n) - 0.5x(n-3)$

양변을 Z-변환한다.

$$\begin{aligned} Y(z) &= 2X(z) - 0.5[x(-3) + x(-2)z^{-1} + x(-1)z^{-2} + z^{-3}X(z)] \\ &= (2 - 0.5z^{-3})X(z) - 0.5x(-3) - 0.5x(-2)z^{-1} - 0.5x(-1)z^{-2} \\ &= (2 - 0.5z^{-3})X(z) - 0.05 - 0.25z^{-2} \end{aligned}$$

(2) $y(n) - 4y(n-2) = x(n) + 0.3x(n-1)$

양변을 Z-변환하고 초기치를 대입한다.

$$Y(z) - 4[y(-2) + y(-1)z^{-1} + z^{-2}Y(z)] = X(z) + 0.3[x(-1) + z^{-1}X(z)]$$

$$(1 - 4z^{-2})Y(z) - 4y(-2) - 4y(-1)z^{-1} = (1 + 0.3z^{-1})X(z) + 0.3x(-1)$$

$$(1 - 4z^{-2})Y(z) - 0.8z^{-1} = (1 + 0.3z^{-1})X(z) + 0.06$$

응용 예제 1

선형 차분방정식이 다음과 같을 때, Z-변환에 의해 방정식의 해를 구하라.

(1) $x(n)+x(n-1)=2,\ n\geq 0,\ x(-1)=0$

(2) $x(n)-4x(n-1)+3x(n-2)=2^n,\ n\geq 0,\ x(-1)=0,\ x(-2)=1$

풀이와 해설

(1) $x(n)+x(n-1)=2,\ n\geq 0,\ x(-1)=0$

양변을 Z-변환하고 초기치를 대입한다.

$$(1+z^{-1})X(z)=\frac{2z}{z-1}\text{: } X(z)\text{로 정리한다.}$$

$$X(z)=\frac{2z^2}{(z-1)(z+1)}=\frac{z}{z-1}+\frac{z}{z+1}\text{: 역 } Z\text{-변환한다.}$$

$$x(n)=Z^{-1}[X(z)]=u(n)+(-1)^n u(n)$$

(2) $x(n)-4x(n-1)+3x(n-2)=2^n,\ n\geq 0,\ x(-1)=0,\ x(-2)=1$

양변을 Z-변환하고 초기치를 대입한다.

$$X(z)-4[x(-1)+z^{-1}X(z)]+3[x(-2)+x(-1)z^{-1}+z^{-2}X(z)]=\frac{z}{z-2}$$

$$(1-4z^{-1}+3z^{-2})X(z)=\frac{z}{z-2}-3$$

$$\begin{aligned}X(z)&=\frac{-2z^2(z-3)}{(z-2)(z^2-4z+3)}\text{: } X(z)\text{로 정리한다.}\\&=\frac{-2z^2}{(z-2)(z-1)}\\&=\frac{-2z}{z-2}+\frac{2z}{z-1}\text{: 역 } Z\text{-변환한다.}\end{aligned}$$

$$\begin{aligned}x(n)&=Z^{-1}[X(z)]=-2(2)^n u(n)+2u(n)\\&=-2^{n+1}u(n)+2u(n)\end{aligned}$$

5.5 이산시스템의 입·출력 관계

개 요

이산시스템의 입·출력 관계와 시스템 특성은 전달함수에 의해 구해진다. Z-변환에 의해 구한 전달함수는 $H(z)$로 표기하며, 이것은 입력 $X(z)$와 출력 $Y(z)$의 관계, $H(z) = \dfrac{Y(z)}{X(z)}$ 이다. $H(z)$로부터 시스템의 영점과 극점을 구하고, 영점과 극점으로부터 시스템 응답과 특성을 구한다.

대부분의 이산시스템이 인과시스템으로서 초기치는 거의 고려하지 않기 때문에 선형 차분방정식을 Z-변환하여 입·출력 전달함수를 얻어내는 것은 그리 어려운 작업이 아니다.

전달함수, $H(z)$

개념이해: 입·출력 신호 체계로 구성된 선형 차분방정식을 Z-변환하면 이산시스템의 전달함수를 얻게 된다. 시스템 전달함수 $H(z)$는 이산신호처리의 핵심이다. 신호처리 성패 여부는 이 전달함수의 설계에 의해 좌우된다고 해도 지나치지 않다. [그림 5-9]에 전달함수의 개념을 보였다.

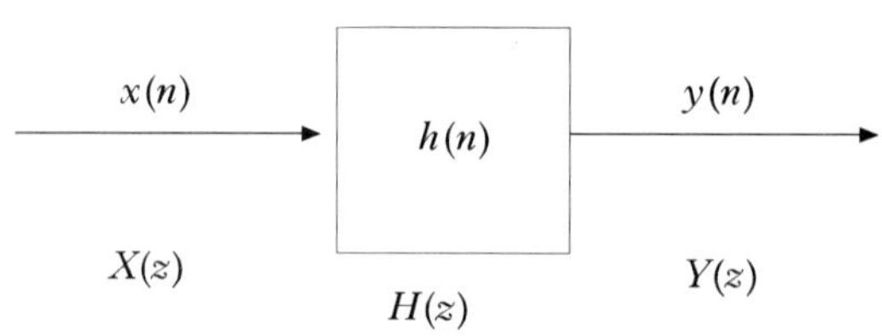

$$y(n) = x(n) * h(n)$$

$$Y(z) = X(z)\,H(z)$$

$$H(z) = \frac{Y(z)}{X(z)}$$

[그림 5-9]

전달함수는 선형 차분방정식을 Z-변환하여 얻는다:

시스템의 선형 차분방정식:

$$y(n) = \sum_{k=0}^{m} a_k x(n-k) - \sum_{k=1}^{i} b_k y(n-k) \tag{5.25}$$

Z-변환: 모든 초기치가 0인 인과시스템인 경우, 이를 Z-변환한다.

$$\left(1+\sum_{k=1}^{i} b_k z^{-k}\right) Y(z) = \left(\sum_{k=0}^{m} a_k z^{-k}\right) X(z) \tag{5.26}$$

전달함수: $X(z)$와 $Y(z)$에 관하여 전달함수 $H(z)$를 다항식 형태로 정리한다.

$$H(z) = \frac{Y(z)}{X(z)} = \frac{a_0 + a_1 z^{-1} + a_2 z^{-2} + \cdots}{1 + b_1 z^{-1} + b_2 z^{-2} + \cdots} \tag{5.27}$$

전달함수의 변형과 인수분해: 식 (5.27)의 분모와 분자에 최고 차수를 곱하고 인수 분해한다.

$$\begin{aligned} H(z) &= \frac{a_0 z^N + a_1 z^{N-1} + a_2 z^{N-2} + \cdots}{z^N + b_1 z^{N-1} + b_2 z^{N-2} + \cdots} \\ &= \frac{(z+c_1)(z+c_2)(z+c_3)\cdots}{(z+p_1)(z+p_2)(z+p_3)\cdots} \end{aligned} \tag{5.28}$$

영점과 극점(Zero & Pole): 식 (5.28)의 분자를 0으로 하는 것을 영점(Zero), 분모를 0으로 보내는 것을 극점(Pole)이라 한다. 이는 모두 복소수이다.

영점(Zero): $-c_1,\ -c_2,\ -c_3,\ \cdots$

극점(Pole): $-p_1,\ -p_2,\ -p_3,\ \cdots$

개념 이해 예제 10

어떤 디지털 필터의 입·출력식이 다음과 같다. 초기치는 0이다.

$$y(n) = x(n) - 0.5x(n-1) + 3y(n-1) - 2y(n-2)$$

Z-변환에 의해 전달함수 $H(z)$를 구하고 영점과 극점을 구하여라.

풀이와 해설

주어진 선형 차분방정식을 좌·우변으로 정리한 후 Z-변환한다.

$$y(n)-3y(n-1)+2y(n-2)=x(n)-0.5x(n-1)$$
$$(1-3z^{-1}+2z^{-2})Y(z)=(1-0.5z^{-1})X(z)$$

전달함수 $H(z)$를 계산한다.

$$H(z)=\frac{Y(z)}{X(z)}=\frac{1-0.5z^{-1}}{1-3z^{-1}+2z^{-2}} \text{ : 분모·분자에 } z^2\text{을 곱한다.}$$
$$=\frac{z^2-0.5z}{z^2-3z+2} \text{ : 분모·분자를 인수분해 한다.}$$
$$=\frac{z(z-0.5)}{(z-1)(z-2)} \text{ : 영점과 극점을 구한다.}$$

결과식에서, 영점: $z=0,\ 0.5$, 극점: $z=1,\ 2$이다.

극점의 위치와 시스템 안정도

결론: "모든 극점들의 절대값이 1보다 작아야 시스템이 안정하다." 또는 "모든 극점들이 단위원(unit circle) 안에 위치해야만 시스템이 안정하다."

이유: 식 (5.28)의 우변에서 인수분해된 결과식을 각각 부분분수로 전개한다.

$$H(z)=\frac{k_1}{z+p_1}+\frac{k_2}{z+p_2}+\frac{k_3}{z+p_3}+\cdots \tag{5.29}$$

식 (5.29)를 역 Z-변환하여 시간영역에서의 $h(n)$을 구한다.

$$h(n)=Z^{-1}[H(z)]=[k_1(-p_1)^{n-1}+k_2(-p_2)^{n-1}+k_3(-p_3)^{n-1}+\cdots]u(n-1) \tag{5.30}$$

식 (5.28)의 우변을 자세히 살펴보면 극점, $p_1,\ p_2,\ p_3,\ \cdots$에 따라 $h(n)$이 0으로 수렴할 수도 무한대로 발산할 수도 있음을 확인하게 된다. 극점에 지수승 되는 $(n-1)$승은 그 밑수가 1보다 작으면 0으로 가게 되지만, 반대로 1보다 크면 무한대에 이르게 한다. 예를 들어

$$h_1(n) = [(1.1)^n + (-1.2)^n + (0.7)^n]u(n)$$
$$h_2(n) = [(0.8)^n + (-0.9)^n + (0.3)^n]u(n)$$

의 두 $h(n)$에 대하여 $h_1(n)$은 $n\to\infty$에 대하여 무한대로 가버리고, $h_2(n)$은 0으로 수렴한다. 100개의 극점의 절대값 중에 어느 하나라도 1보다 크면 결과는 마찬가지이다. $h(n)$이 0으로 수렴하려면 모든 극점들의 절대값이 1보다 작아야 함을 알 수 있다. $h(n)$은 전달함수이므로 전달함수가 n축 상에서 무한대로 가버리는 불안정 상태라면 신호처리의 의미를 상실한다. 입력신호를 받아들여, 이를 처리해야할 전달함수 자체가 불안정하면 입력신호의 처리는 고사하고 시스템 자체의 파괴마저 초래할 위험이 있다. 따라서 시스템이 안정되게 신호처리하기 위해서는 시스템의 모든 극점들의 절대값이 1보다 작아야 하고, 작되 거의 원점인 0에 접근해야 함이 필요하다. 극점들이 0에 가까울수록 전달함수 $h(n)$는 빠른 시간에 0으로 수렴하기 때문이다. 이를 수식과 복소수 평면상에 도형으로 나타내면 [그림 5-10]과 같다. 모든 극점들이 복소수 평면의 단위원(unit circle, 또는 unit disc) 내에 위치해야 한다.

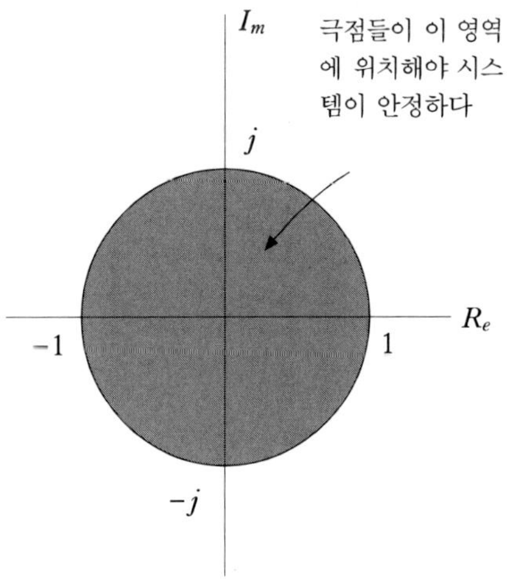

[그림 5-10]

$$|p_i| < 1,\ i = 1,\ 2,\ 3,\ 4,\ \cdots \tag{5.31}$$

전달함수와 컨벌루션

Z-변환에 의해 컨벌루션이 곱셈으로 바뀌기 때문에 컨벌루션에 의해 설정된 신호의 입·출력이 시스템 상에서 곱셈이 된다. 즉 다음 [그림 5-11]과 같이 시간영역에서의 컨벌루션이 Z-변환에 의해 곱셈이 된다.

Z-변환 ↳ $y(n) = h(n) * x(n)$ → $Y(z) = H(z)X(z)$

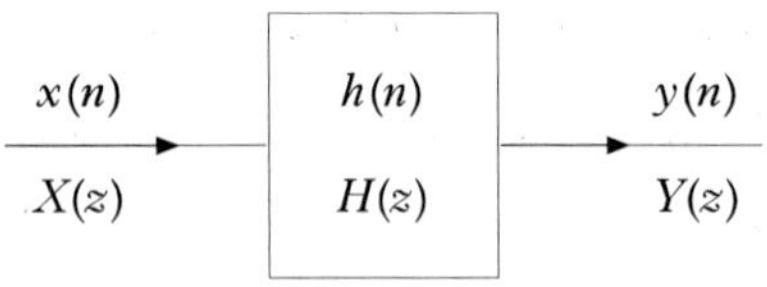

[그림 5-11]

Z-변환에 의한 입·출력 신호 관계 설정은 컨벌루션에 의한 방법보다 수학적으로 훨씬 수월하다. 시간영역에서 출력 $y(n)$을 구하기 위해 복잡한 컨벌루션을 시행했던 반면에, Z-변환에서는 입력신호와 전달함수의 Z-변환식을 서로 곱하여 출력 $Y(z)$를 얻고 이를 역변환 하여 $y(z)$을 산출한다. 다음 몇 가지 예제를 통해 이 과정을 확인해 본다.

기초 예제 9

이산시스템 전달함수 신호체계 $h(n)$이 다음과 같다.

$$h(n) = u(n) - u(n-3)$$

시스템에 입력신호 $x(n)$

$$x(n) = 2\delta(n) + \delta(n-1) + 0.5\delta(n-2)$$

가 인가되었다. 출력 $y(n)$을 산출하라. $x(n)$과 $h(n)$ 모두는 Causal이다.

풀이와 해설

이 관계를 컨벌루션에 의해 접근할 수도 있으나 $x(n)$과 $h(n)$을 Z-변환하여 계산한다.

$$H(z) = Z[h(n)] = (1 - z^{-3})\frac{z}{z-1} = 1 + z^{-1} + z^{-2}$$

$$X(z) = Z[x(n)] = 2 + z^{-1} + 0.5z^{-2}$$

$$\begin{aligned} Y(z) &= H(z)X(z) = (1 + z^{-1} + z^{-2})(2 + z^{-1} + 0.5z^{-2}) \\ &= 2 + 3z^{-1} + 3.5z^{-2} + 1.5z^{-3} + 0.5z^{-4} \end{aligned}$$

$$y(n) = Z^{-1}[Y(z)] = 2\delta(n) + 3\delta(n-1) + 3.5\delta(n-2) + 1.5\delta(n-3) + 0.5\delta(n-4)$$

기초 예제 10

이산시스템을 설계하여 전달함수 $H(z)$를 얻었다.

$$H(z) = \frac{z+3}{z^2-z-2}$$

이 시스템에 입력 $x(n) = 3u(n)$을 인가하였다. 출력 $y(n)$을 구하라.

풀이와 해설

입력 $x(n)$을 Z-변환하여 $H(z)$을 곱하여 $Y(z)$을 구한다.

$$Y(z) = H(z)X(z) = \frac{z+3}{z^2-z-2}\frac{3z}{z-1}$$
$$= \frac{3(z^2+3z)}{(z-2)(z+1)(z-1)} = \frac{10z}{z-2} - \frac{z}{z+1} - \frac{6z}{z-1}$$

$Y(z)$를 역 Z-변환하여 $y(n)$을 계산한다.

$$y(n) = Z^{-1}[Y(z)] = [10 \times 2^n - (-1)^n - 6]u(n)$$

이 출력은 n이 커질수록 무한대에 이른다. 불안정한 필터이다.

기초 예제 11

어떤 이산시스템의 선형 차분방정식이 다음과 같다.

$$y(n) = x(n) + 0.5x(n-1) + 0.8y(n-1)$$

이 시스템에 $x(n) = u(n)$을 인가하였을 때 출력 $y(n)$울 구하여라.

풀이와 해설

주어진 차분방정식에 $x(n) = u(n)$을 그대로 대입하여 $y(n)$을 계산할 수도 있으나 매우 번거로운 일이므로 Z-변환에 의해 산출한다. 차분방정식 양변을 Z-변환하여 전달함수 $H(z)$을 구한다.

$$(1-0.8z^{-1})Y(z)=(1+0.5z^{-1})X(z)$$

$$Y(z)=\frac{1+0.5z^{-1}}{1-0.8z^{-1}}X(z)=\frac{z+0.5}{z-0.8}X(z)$$

$$H(z)=\frac{Y(z)}{X(z)}=\frac{z+0.5}{z-0.8}$$

전달함수 $H(z)$의 극점 $p=0.8<1$이므로 시스템은 안정한다.

입력 $X(z)=Z[x(n)]=\dfrac{z}{z-1}$를 $H(z)$에 곱하여 $Y(z)$를 구한다.

$$Y(z)=\frac{(z+0.5)z}{(z-0.8)(z-1)}=z\left(\frac{-6.5}{z-0.8}+\frac{7.5}{z-1}\right)$$

$Y(z)$를 역변환 한다.

$$y(n)=Z^{-1}[Y(z)]=[-6.5(0.8)^n+7.5]u(n)$$

5.6 이산시스템의 구조와 블록선도

개 요

앞에서 차분방정식의 블록선도를 이미 제시하였으므로 차분방정식을 Z-변환에 의해 구현한 이산시스템의 블록선도도 어렵지 않게 그릴 수 있다. 결론을 먼저 말하면 Z-변환에서의 블록선도는 차분방정식의 블록선도에서 T를 z^{-1}로 바꾸고 $x(n)$이나 $y(n)$을 $X(z)$나 $Y(z)$로 교체한 것에 불과하다. 작도하는 요령은 차분방정식의 그것과 유사하다. 그 유사성을 확인하기 위해 앞 장에서 예로 들었던 차분방정식을 Z-변환하여 블록선도를 그려보도록 한다.

블록선도 그리는 요령

하나의 예를 들어 그리는 요령을 제시한다. 차분방정식이 다음과 같고 초기치가 모두 0이다.

$$y(n) = x(n) - 2x(n-1) + 4x(n-2) - 2y(n-1) + 5y(n-2)$$

이 방정식을 Z-변환한다.

$$(1 + 2z^{-1} - 5z^{-2})Y(z) = (1 - 2z^{-1} + 4z^{-2})X(z)$$

$$H(z) = \frac{Y(z)}{X(z)} = \frac{1 - 2z^{-1} + 4z^{-2}}{1 + 2z^{-1} - 5z^{-2}}$$

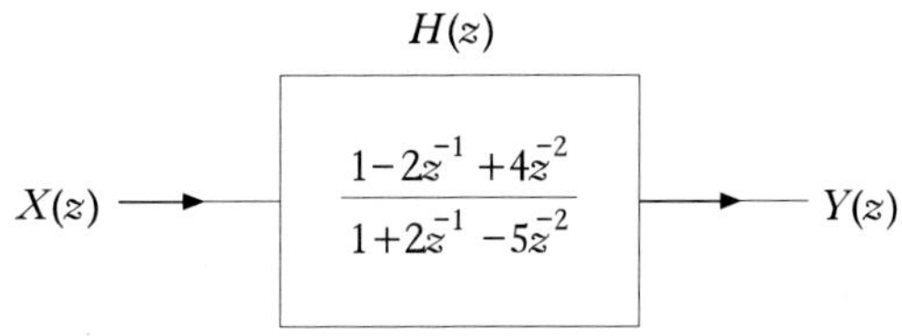

[그림 5-12]

전달함수 $H(z)$에 의해 하나의 입·출력 관계 블록선도로 나타낼 수도 있다.
블록 $H(z)$를 자세히 그리기 위해 $Y(z)$에 대하여 전개한다.

$$Y(z) = (1 - 2z^{-1} + 4z^{-2})X(z) + (-2z^{-1} + 5z^{-2})Y(z)$$

이 수식을 가지고 블록선도를 작도한다. 먼저 $X(z)$와 $Y(z)$를 그림의 좌측과 우측에 위치시키고 $X(z)$ 해당 부분을 작도한 후 $Y(z)$ 부분을 완성한다.

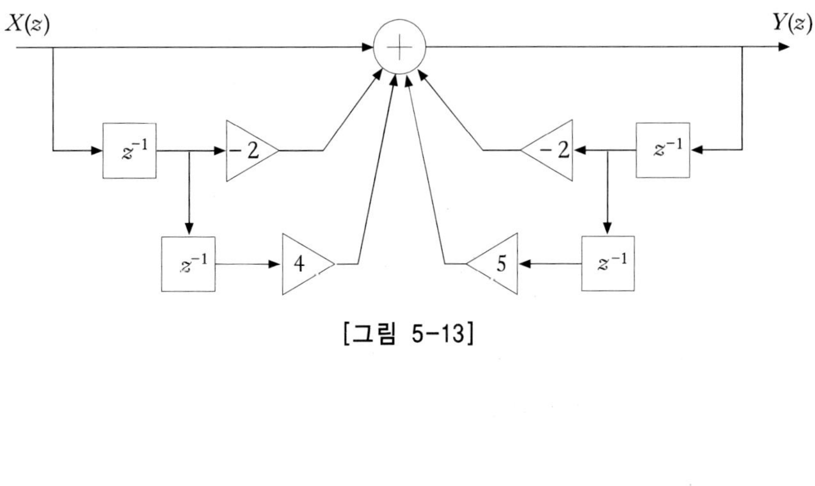

[그림 5-13]

이 그림과 4장의 블록선도를 비교하면 재미있는 현상을 발견하게 된다. 그림의 형태가 동일하고 T를 z^{-1}로 바꾸면 그대로 그림을 완성할 수 있다. 작도하는 것은 그렇다치고 Z-변환에 의한 이산시스템의 블록선도는 차분방정식의 그것보다 쓸모가 더 많다. 가령, 매우 복잡한 이산시스템을 설계하고 이를 블록선도로 구현하였을 경우, 차분방정식을 사용한 블록선도로부터 차분방정식을 이끌어 내기가 쉽지 않을 때가 흔히 발생하지만 Z-변환의 블록선도로부터 $H(z)$를 찾고, 그 $H(z)$로부터 차분방정식을 찾아내는 것은 별로 어려운 작업이 아니다. 이는 전자의 경우 전달함수 형태의 단일식이 쉽지 않은데 비해, 후자는 가능하다는 이유에 기인한다. 다음의 예를 통해 이를 확인해 보자. 차분방정식 자체 블록선도와 Z-변화에 의한 블록선도 두 가지를 보였다.

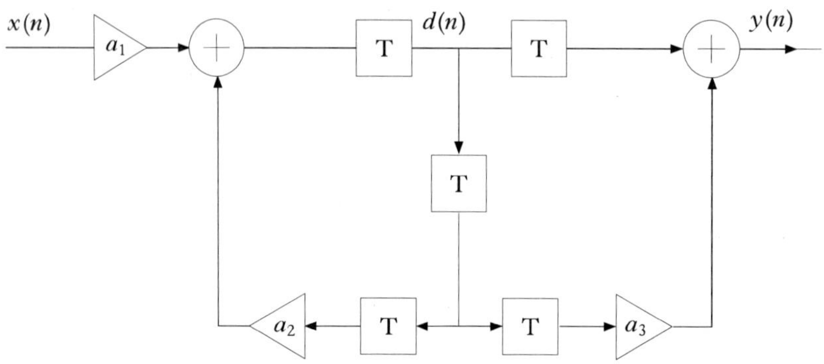

(a)

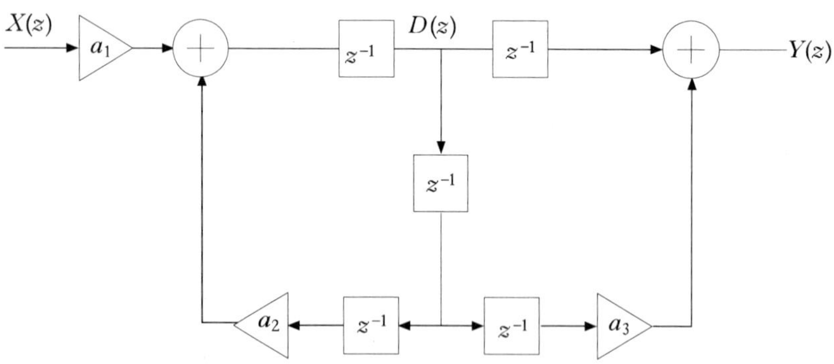

[그림 5-14]

위의 [그림 5-14(a)]로부터 차분방정식을 구하려면 $d(n)$을 계산해야 한다. 그림에서 $d(n)$의 좌우를 통하여 수식을 세운다.

$$a_1x(n-1)+a_2d(n-3)=d(n)$$
$$d(n-1)+a_3d(n-2)=y(n)$$

위의 두 식 자체만 가지고 $d(n)$을 소거하여 $y(n)$과 $x(n)$만의 차분방정식을 구하는 것은 어렵다. 반면에 [그림 5-14(b)]에서는

$$a_1z^{-1}X(z)+a_2z^{-3}D(z)=D(z)$$
$$z^{-1}D(z)+a_3z^{-2}D(z)=Y(z)$$

이 되고 앞의 식에서 $D(z)$를 계산하여 다음 식에 대입하면 $X(z)$와 $Y(z)$의 관계식이 얻어진다.

$$D(z)=\frac{a_1z^{-1}}{1-a_2z^{-3}}X(z)$$
$$Y(z)=\frac{a_1z^{-1}(z^{-1}+a_3z^{-2})}{1-a_2z^{-3}}X(z)$$
$$(1-a_2z^{-3})Y(z)=(a_1z^{-2}+a_1a_3z^{-3})X(z)$$

$X(z)$와 $Y(z)$ 관계식으로부터 차분방정식을 구한다.

$$y(n)=a_1x(n-2)+a_1a_3x(n-3)+a_2y(n-3)$$

위 예를 통해 살펴보았듯이 Z-변환은 이산시스템 해석뿐만 아니라 시스템적 구현에 있어서도 매우 쓸모 있는 수단이다.

기초 예제 12

어떤 디지털 필터의 선형차분방정식이 다음 식과 같다.

$$y(n)=x(n)-0.5x(n-1)+2x(n-3)$$

이를 Z-변환한 후 블록선도로 나타내어라.

풀이와 해설

주어진 필터는 FIR 형태이다. 양변을 Z-변환한다.

$$Y(z) = (1 - 0.5z^{-1} + 2z^{-3})X(z)$$

[그림 5-15]에 블록선도를 보였다.

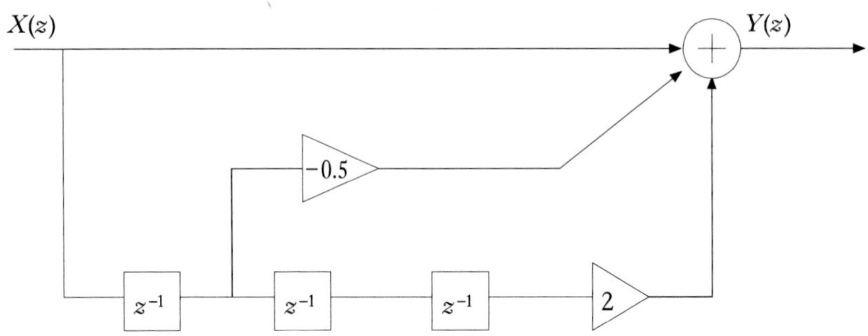

[그림 5-15]

기초 예제 13

[그림 5-16]과 같은 블록선도로 표현된 필터의 전달함수와 선형차분방정식을 구하여라.

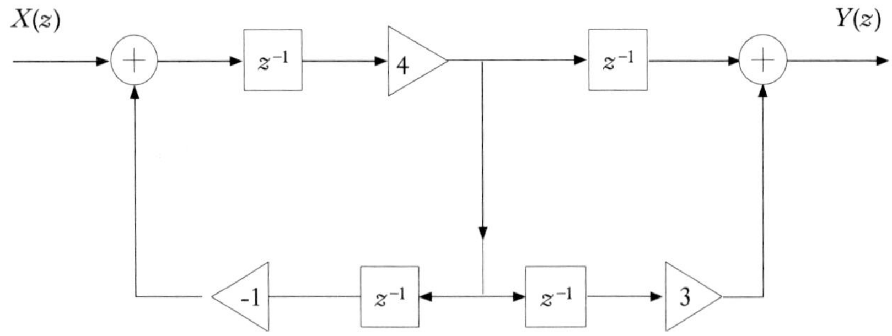

[그림 5-16]

풀이와 해설

[그림 5-17]과 같이 합성점 a에서의 값을 $A(z)$로 놓고 각 부분의 값을 표기한다.

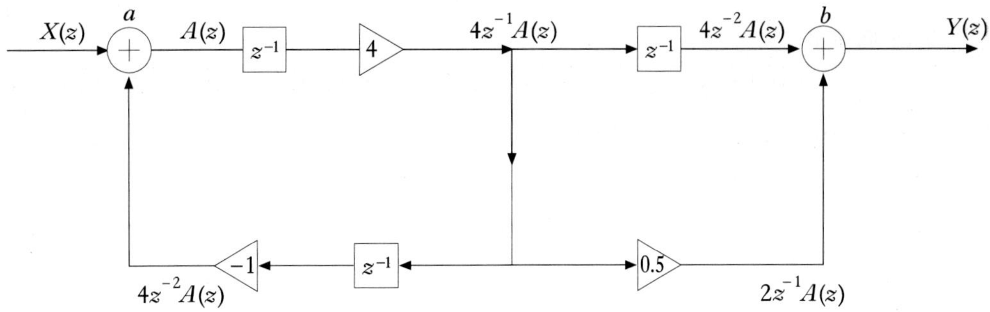

[그림 5-17]

합성점 a에서 $A(z)$와 $X(z)$의 관계를 구한다.

$$A(z) = X(z) - 4z^{-2}A(z)$$
$$(1+4z^{-2})A(z) = X(z)$$
$$A(z) = \frac{1}{1+4z^{-2}}X(z) \qquad \cdots ①$$

출력측 b에서 $A(z)$와 $Y(z)$의 관계를 구한다.

$$Y(z) = 4z^{-2}A(z) + 2z^{-1}A(z) = (2z^{-1}+4z^{-2})A(z) \qquad \cdots ②$$

식 ①을 식 ②에 대입하여 $X(z)$와 $Y(z)$의 관계식을 계산한다.

$$Y(z) = \frac{2z^{-1}+4z^{-2}}{1+4z^{-2}}X(z) \qquad \cdots ③$$

$$(1+4z^{-2})Y(z) = (2z^{-1}+4z^{-2})X(z) \qquad \cdots ④$$

식 ③에서 전달함수 $H(z)$를 얻는다.

$$H(z) = \frac{Y(z)}{X(z)} = \frac{2z^{-1}+4z^{-2}}{1+4z^{-2}}$$

식 ④를 역 Z-변환하여 차분방정식을 계산한다.

$$y(n) + 4y(n-2) = 2x(n-1) + 4x(n-2)$$
$$y(n) = 2x(n-1) + 4x(n-2) - 4y(n-2)$$

응용 예제 2

이산시스템을 설계하고 z-변환에 의한 블록선도를 작도하였다. 이 블록선도로부터 시스템 전달 함수 $H(z)$을 계산하고 차분방정식을 구하여라.

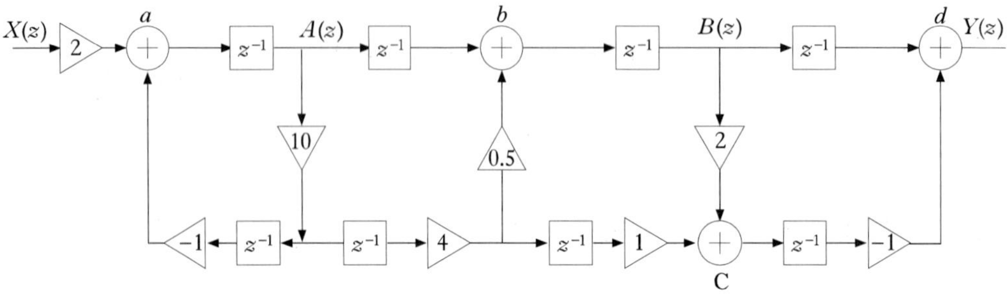

[그림 5-18]

풀이와 해설

문제의 그림에서 두 지점을 선정하여 각각 $A(z)$, $B(z)$로 표기한 후. $A(z)$와 $B(z)$로 구성된 입·출력 관계식을 수립하여 $A(z)$와 $B(z)$를 그 수식들로부터 소거하면서 최종 입·출력 관계식을 계산한다. 먼저 a지점에서 $A(z)$를 구한다.

$$A(z) = 2z^{-1}X(z) - 10z^{-2}A(z)$$

$$A(z) = \frac{2z^{-1}}{1+10z^{-2}}X(z) \qquad \cdots①$$

b 지점에서 합성 후 $B(z)$를 계산한다.

$$[z^{-1}A(z) + 20z^{-1}A(z)]z^{-1} = B(z)$$

$$B(z) = 21z^{-2}A(z) = \frac{42z^{-3}}{1+10z^{-2}}X(z) \qquad \cdots②$$

c 지점에서 신호를 합성 후 d 지점에서 $Y(z)$를 구한다.

$$-[40z^{-2}A(z) + 2B(z)]z^{-1} + z^{-1}B(z) = Y(z)$$

$$Y(z) = -40z^{-3}A(z) - z^{-1}B(z) \qquad \cdots③$$

식 ①과 ②를 식 ③에 대입한다.

$$Y(z) = \frac{-122z^{-4}}{1+10z^{-2}}X(z) \qquad \cdots④$$

식 ④를 좌·우변에 정렬한 후 역 Z-변환하여 차분방정식을 구한다.

$$(1+10z^{-2})Y(z) = -122z^{-4}X(z)$$
$$y(n) = -122x(n-4) - 10y(n-2)$$

이상의 설명에서 Z-변환에 의해 필터의 블럭선도를 간단히 그리는 요령을 살펴보았다. 이를 보다 규격화된 구조로 구현하는 방법을 아래에 설명한다. 이해를 돕기 위해 FIR필터와 IIR필터를 다음의 예에 대하여 고찰한다.

직접형 구조

입력과 출력의 전달체계로부터 직접 구한다.

FIR필터 : $y(n) = 2x(n) + 4x(n-1) - x(n-2) + 6x(n-3)$

IIR필터 : $y(n) = x(n) - 2x(n-1) + 3x(n-2) - 2y(n-1) + 5y(n-2)$

FIR필터 : Z-변환하면 다음과 같다.

$$\begin{aligned} y(z) &= (2+4z^{-1} - z^{-2} + 6z^{-3})X(z) \\ &= 2X(z) + 4z^{-1}X(z) - z^{-2}X(z) + 6z^{-3}X(z) \qquad \cdots① \end{aligned}$$

식 ①에서 z^{-3}까지 있으므로 블록선도는 [그림 5-19]와 같이 z^{-1}, z^{-2}, z^{-3}이 순차적으로 진행하고 그 아래 해당하는 부분에서 이득값 $\{2, 4, -1, 6\}$이 곱해져서 합성된다.

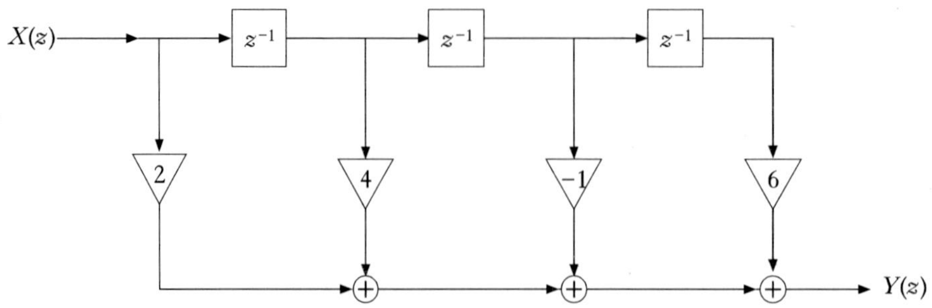

[그림 5-19]

IIR필터 : Z-변환하여 다음과 같이 만든다.

$$\begin{aligned} Y(z) &= (1-2z^{-1}+3z^{-2})X(z)-(2z^{-1}-5z^{-2})Y(z) \\ &= X(z)-2z^{-1}X(z)+3z^{-2}X(z)-2z^{-1}Y(z)+5z^{-2}Y(z) \end{aligned} \quad \cdots②$$

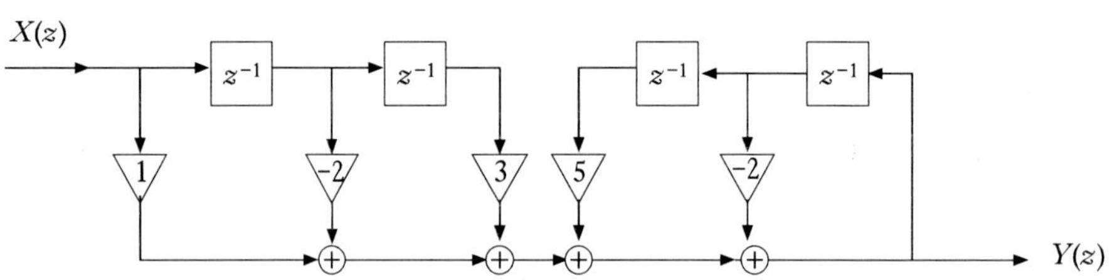

[그림 5-20]

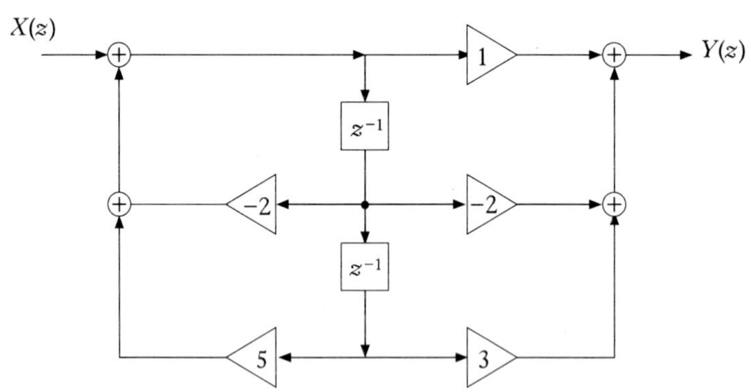

[그림 5-21]

종속형 구조

FIR필터 : $y(n) = x(n) - 2x(n-1) - 4x(n-2) + 7x(n-3) - 2x(n-4)$

주어진 FIR필터 양변을 Z-변환한다.

$$Y(z) = (1 - 2z^{-1} - 4z^{-2} + 7z^{-3} - 2z^{-4})X(z)$$

$$H(z) = \frac{Y(z)}{X(z)} = 1 - 2z^{-1} - 4z^{-2} + 7z^{-3} - 2z^{-4}$$
$$= (1 + z^{-1} - 2z^{-2})(1 - 3z^{-1} + z^{-2}) \quad \cdots①$$

식 ①은 두 개의 이차항의 곱이다. 각각에 대해 블럭선도를 그려서 곱한다.

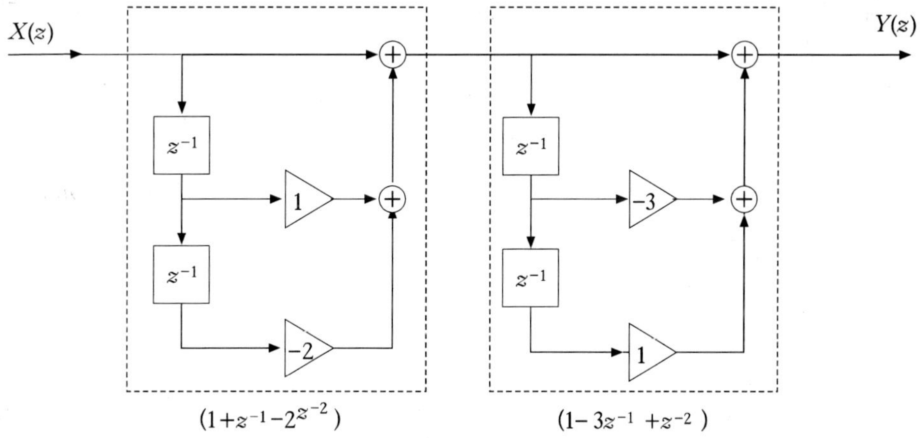

[그림 5-22]

IIR필터 : 어떤 차분방정식을 Z-변환한 결과 식 ②의 전달함수가 되었다.

$$H(z) = 5\left(\frac{1 + z^{-1} - 2z^{-2}}{1 + 3z^{-1} - 5z^{-2}} \frac{1 - 3z^{-1} + z^{-2}}{1 - 2z^{-1} + 4z^{-2}}\right) \quad \cdots②$$

식 ②의 $H(z)$는 두 부분의 곱으로 이루어져 있다. 각각의 불럭선도를 구하여 곱형태로 구성한다.

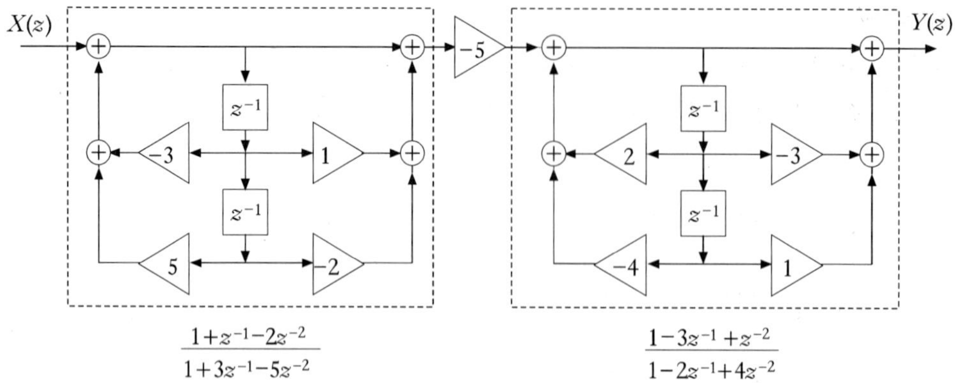

[그림 5-23]

격자형 구조

FIR필터 : 격자형 구조를 형성하기 위해 필터의 전달함수 $H(z)$와 $H(z)$의 수직성분을 활용한다.

기본식 $F_N(z) = H(z) = 1 + b_1 z^{-1} + b_2 z^{-2} + \cdots + b_N z^{-N}$

$$\widetilde{F_N}(z) = b_N + b_{N-1} z^{-1} + \cdots + b_1 z^{-(N-1)} + Z^{-N} \ : \ orthogonal \tag{5.32}$$

단계별 관계식

$$\begin{pmatrix} F_N(z) \\ \widetilde{F_N}(z) \end{pmatrix} = \begin{pmatrix} 1 & -k_N \\ -k_N & 1 \end{pmatrix} \begin{pmatrix} F_{N-1}(z) \\ z^{-1}\widetilde{F_{N-1}}(z) \end{pmatrix} \tag{5.33}$$

기본 구조

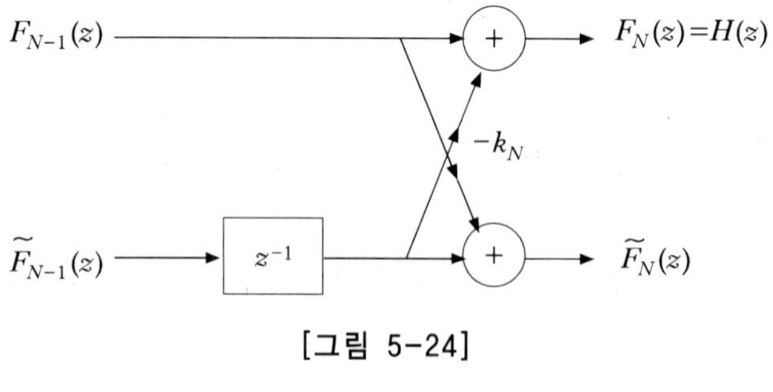

[그림 5-24]

전체 구조

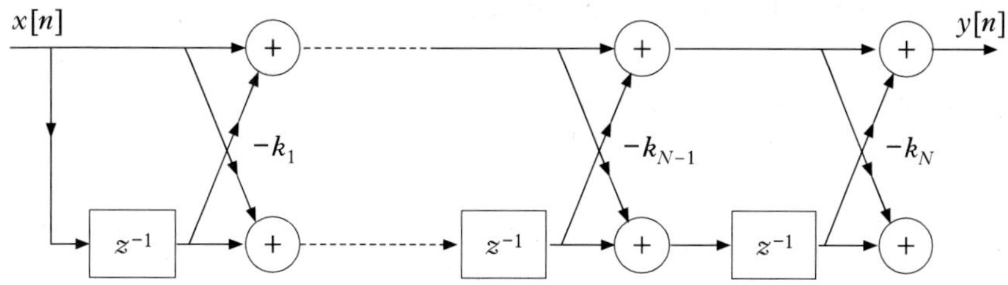

[그림 5-25]

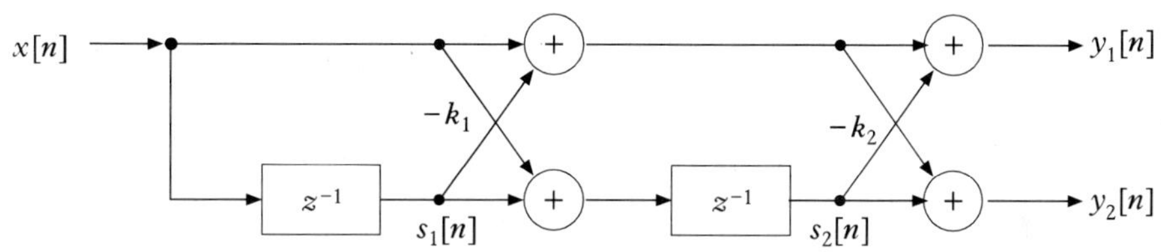

[그림 5-26] FIR 2차 격자 구조

FIR필터 격자구조형성의 이해를 위해 다음의 예제를 제시한다. 예제 문제를 몇 번씩 풀어서 격자형 구조를 이해하기 바란다.

개념 이해 예제 11

디지털 필터의 차분방정식이

$$y(n) = x(n) - 2x(n-1) + 5x(n-2) - 4x(n-3)$$

인 FIR필터를 격자형 구조로 설계하라.

풀이와 해설

차분방정식(또는 입출력 방정식)으로부터 전달함수를 구한다.

$$H(z) = 1 - 2z^{-1} + 5z^{-2} - 4z^{-3} \qquad \cdots ①$$

Z-변환형태의 전달함수 $H(z)$는 최고차수가 z^{-3}이므로 3단계 격자구조를 갖는다.

구조설계는 마지막 단계인 세 번째 단계로부터 순차적으로 두 번째 그리고 첫 번째로 옮겨온다. $H(z)$로부터 $F(z)$, 그리고 $\widetilde{F}(z)$를 구한 다음 단계별 관계식으로부터 계수를 산출한다.

i) 세 번째 단계

식 ①은 세 번째 단계로서 $H(z) = F_3(z)$이다.

$$\begin{cases} F_3(z) = 1 - 2z^{-1} + 5z^{-2} - 4z^{-3} \\ \widetilde{F_3}(z) = -4 + 5z^{-1} - 2z^{-2} + z^{-3} \end{cases} \quad \cdots ②$$

세 번째 단계가 구해졌으므로 두 번째 단계에 임의 계수 b_1, b_2를 아래와 같이 설정한다.

$$\begin{cases} F_2(z) = 1 + b_1 z^{-1} + b_2 z^{-2} \\ \widetilde{F_2}(z) = b_2 + b_1 z^{-1} + z^{-2} \end{cases} \quad \cdots ③$$

식 ②와 ③을 단계별 관계식에 대입하여 정리한다. 이때 $N = 3$이다.

$$\begin{pmatrix} F_3(z) \\ \widetilde{F_3}(z) \end{pmatrix} = \begin{pmatrix} 1 & -k_3 \\ -k_3 & 1 \end{pmatrix} \begin{pmatrix} F_2(z) \\ z^{-1}\widetilde{F_2}(z) \end{pmatrix}$$

$$\begin{bmatrix} 1 - 2z^{-1} + 5z^{-2} - 4z^{-3} \\ -4 + 5z^{-1} - 2z^{-2} + z^{3} \end{bmatrix} = \begin{bmatrix} 1 & -k_3 \\ -k_3 & 1 \end{bmatrix} \begin{bmatrix} 1 + b_1 z^{-1} + b_2 z^{-2} \\ z^{-1}(b_2 + b_1 z^{-1} + z^{-2}) \end{bmatrix} \quad \cdots ④$$

식 ④를 풀어서 좌·우변 계수 비교를 하여 미지수 k_3, b_1, b_2를 계산한다.

$$1 - 2z^{-1} + 5z^{-2} - 4z^{-3} = 1 + (b_1 - b_2 k_3) z^{-1} + (b_2 - b_1 k_3) z^{-2} - k_3 z^{-3}$$

$$\begin{cases} b_1 - b_2 k_3 = -2 \\ b_2 - b_1 k_3 = 5 \\ k_3 = 4 \end{cases} \quad \cdots ⑤$$

식 ⑤의 연립방정식을 풀어서 $b_1 = -1.2$, $b_2 = 0.2$를 얻었다.

ii) 두 번째 단계

i)의 세 번째 단계에서 구한 $b_1 = -1.2$와 $b_2 = 0.2$로 $F_2(z)$를 구성한다.

$$\begin{cases} F_2(z) = 1 - 1.2z^{-1} + 0.2z^{-2} \\ \widetilde{F_2}(z) = 0.2 - 1.2z^{-1} + z^{-2} \end{cases} \quad \cdots ⑥$$

두 번째 단계가 구해졌으므로 첫 번째 단계에 임의계수 b_0를 아래와 같이 설정한다. 첫 번째 단계는 일차이다.

$$\begin{cases} F_1(z) = 1 + b_0 z^{-1} \\ \widetilde{F_1}(z) = b_0 + z^{-1} \end{cases} \quad \cdots ⑦$$

i)에서와 마찬가지로 단계별 관계식을 세운다.

$$\begin{bmatrix} F_2(z) \\ \widetilde{F_2}(z) \end{bmatrix} = \begin{bmatrix} 1 & -k_2 \\ -k_2 & 1 \end{bmatrix} \begin{bmatrix} F_1(z) \\ z^{-1}\widetilde{F_1}(z) \end{bmatrix} \qquad \cdots⑧$$

식 ⑧에 식 ⑥과 ⑦을 대입한다.

$$\begin{bmatrix} 1-1.2z^{-1}+0.2z^{-2} \\ 0.2-1.2z^{-1}+z^{-2} \end{bmatrix} = \begin{bmatrix} 1 & -k_2 \\ -k_2 & 1 \end{bmatrix} \begin{bmatrix} 1+b_0z^{-1} \\ z^{-1}(b_0+z^{-1}) \end{bmatrix} \qquad \cdots⑨$$

식 ⑨를 풀어 좌·우변 계수 비교를 통해 k_2와 b_0를 계산한다.

$$1-1.2z^{-1}+0.2z^{-2} = 1+(b_0-k_2b_0)z^{-1}-k_2z^{-2} \qquad \cdots⑩$$

식 ⑩에서 $k_2=-0.2$, $b_0=-1$을 얻었다.

iii) 첫 번째 단계

$$\begin{cases} F_0(z) = 1 \\ \widetilde{F_0}(z) = 1 \end{cases} \qquad \begin{cases} F_1(z) = 1-z^{-1} \\ \widetilde{F_1}(z) = -1+z^{-1} \end{cases} \qquad \cdots⑪$$

단계별 관계식을 세운다.

$$\begin{bmatrix} F_1(z) \\ \widetilde{F_1}(z) \end{bmatrix} = \begin{bmatrix} 1 & -k_1 \\ -k_1 & 1 \end{bmatrix} \begin{bmatrix} 1 \\ z^{-1} \end{bmatrix} \qquad \cdots⑫$$

식 ⑪을 식 ⑫에 대입하여 k_1을 계산한다.

$$1-z^{-1} = 1-k_1z^{-1}$$
$$\therefore k_1 = 1$$

i), ii), iii)으로부터 계수를 정리한다.

$k_1=1$, $k_2=-0.2$, $k_3=4$

[그림 5-25]를 참조하여 격자형 구조를 구성한다. 이때 이득의 부호가 바뀐다.

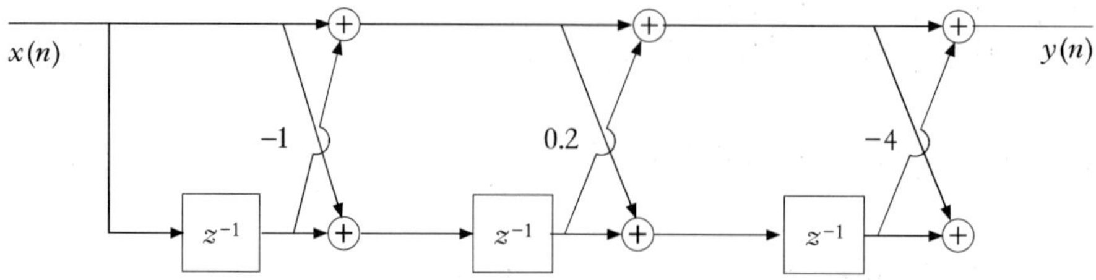

[그림 5-27]

IIR 필터 (All pole lattice) : 재귀형 항만 있는 IIR 필터를 IIR all pole 필터라 한다. 재귀형만 있으므로 전달함수 $H(z)$의 분모만 있고 분자는 1이다.

$$H(z)=\frac{1}{1+a_1z^{-1}+a_2z^{-2}+\cdots+a_Nz^{-N}} \tag{5.34}$$

기본식 $F_N(z)=\dfrac{1}{H(z)}=1+b_1z^{-1}+b_2z^{-2}+\cdots+b_Nz^{-N}$

$$\widetilde{F_N}(z)=b_N+b_{N-1}z^{-1}+\cdots+b_1z^{-(N-1)}+z^{-N} \tag{5.35}$$

단계별 관계식

$$\begin{pmatrix} F_N(z) \\ \widetilde{F_N}(z) \end{pmatrix}=\begin{pmatrix} 1 & -k_N \\ -k_N & 1 \end{pmatrix}\begin{pmatrix} F_{N-1}(z) \\ z^{-1}\widetilde{F_{N-1}}(z) \end{pmatrix} \tag{5.36}$$

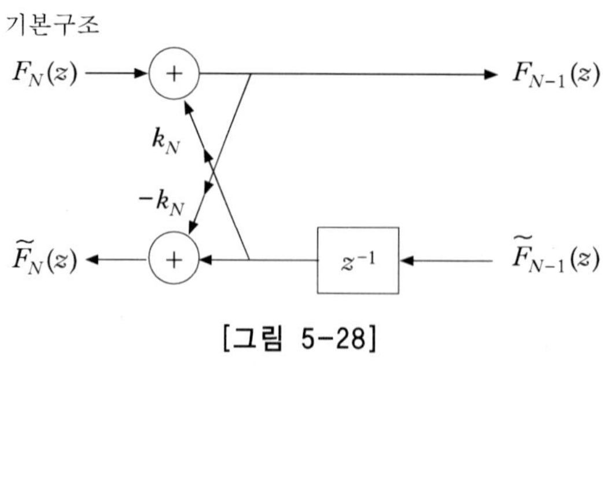

[그림 5-28]

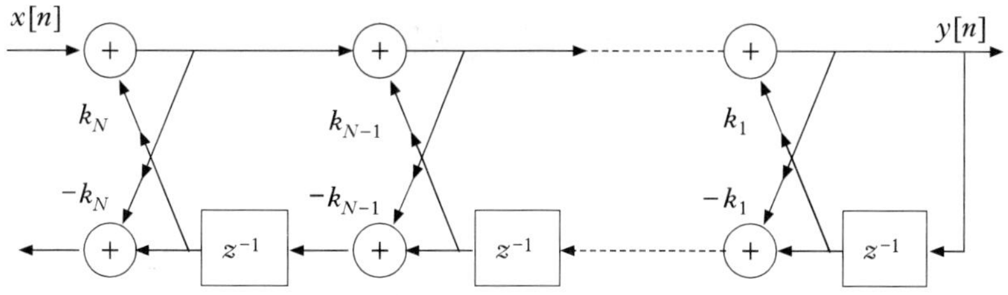

[그림 5-29]

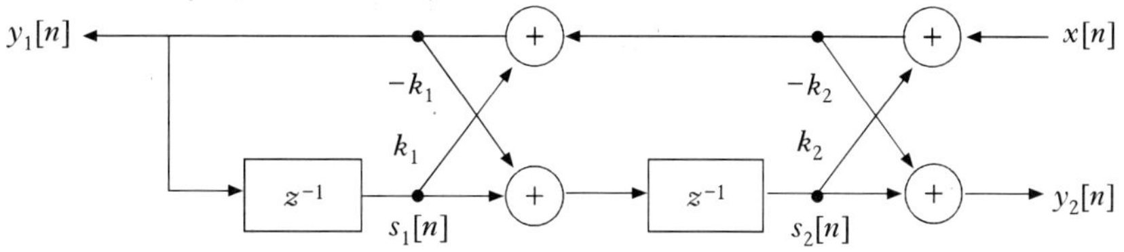

[그림 5-30] 2차 All pole IIR 격자구조

IIR 필터(pole-zero 격자구조) : 기본적인 접근은 FIR과 All pole IIR 격자 구조에 준한다. [그림 5-31]에 IIR 필터 격자 구조의 예를 보였다.

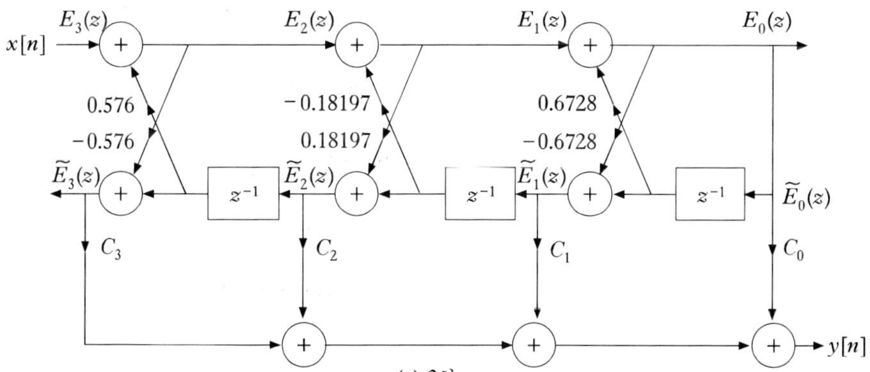

(a) 3차

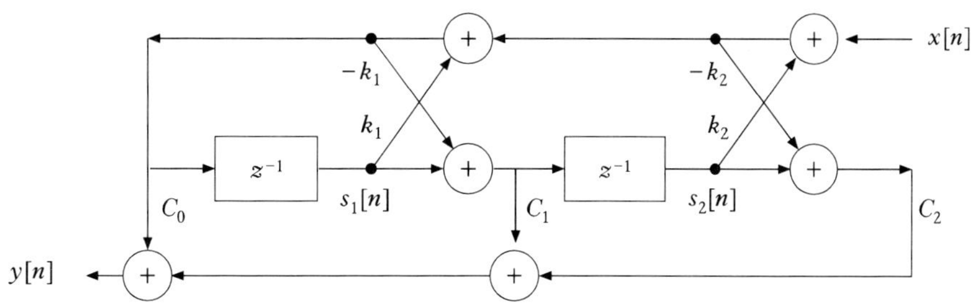

(b) 2차

[그림 5-31]

제 6 장 DFT
Discrete Fourier Transform

들어가는 말

이산신호 체계에서도 푸리에 급수와 푸리에 변환을 정의할 수 있다. 푸리에 변환의 수학적 의미에 대해서는 관련 전문서적에 자세히 기술되어 있으므로 여기서는 생략하고 이산신호 체계에서의 DFS와 DFT를 고찰하겠다. DFS는 Discrete Fourier Series의 약자이고 DFT는 Discrete Fourier Transform의 약자이다. DFS가 이산 형태의 푸리에 급수 전개라고 한다면, DFT는 이산형태의 푸리에 변환이다. DFS는 DFT를 이해하기 전 단계라고 보면 크게 틀리지 않는다. 실제로 사용되는 것은 DFT이고 DFS는 주기 신호인 경우로 거의 한정한다. 이산신호의 주파수 분석의 기본 원리를 제공하는 것이 DFT이다. DFT는 대부분의 이산신호 주파수 분석의 기본이다. 실제 주파수 분석에는 거의 사용되지 않으면서도 매우 중요한 신호분석의 개념을 제공한다.

내 용

6.1 DFS

개 요

주기성을 갖는 이산신호의 한 주기에 대한 급수 전개를 통해 이산신호 $x(n)$의 주파수 성분을 구하는 것이 DFS이다. n축상에서의 $0 \sim (N-1)$을 한 주기로 할 때 $x(n)$은 여러 기본신호의 합으로 표현된다.

알고리즘

이산신호 $x(n)$이 주기성을 갖고 한 주기가 $0 \sim (N-1)$일 때

$$x(n) = \sum_{k=0}^{N-1} X_k e^{j\frac{2\pi}{N} \cdot nk} \tag{6.1}$$

이다. 이때 X_k는 k번째 고조파 성분이다. k는 푸리에 급수의 주파수에 해당한다. $x(n) = x(n+N)$으로 주기성이 있다.

〔수식 설명〕

식 (6.1)에서 $x(n)$은 이산신호이고 X_k는 그 이산신호의 고조파 성분이다.

$x(n)$의 데이터 수가 $0 \sim (N-1)$로서 N(개)라면, X_k의 k도 N(개)이다. X_k는 미지의 값으로 앞으로 우리가 계산할 최종 결과이다. $e^{j\square}$는 복소수로서 크기가 1이고 위상이 □이다. $\square = \frac{2\pi}{N}nk$: 위상이 N, n, k에 따라 달라진다.

$$\begin{aligned} e^{j\frac{2\pi}{N}nk} &= \cos\left(\frac{2\pi}{N}nk\right) + j\sin\left(\frac{2\pi}{N}nk\right) \\ &= 1 \angle \frac{2\pi}{N}nk \end{aligned}$$

개념 이해 예제 1

이산신호의 한 주기가 0~3이고 $n=1$, $k=2$일 때, $e^{j\frac{2\pi}{N}nk}$를 계산하여라.

풀이와 해설

한 주기가 0~3 : $0 \sim (N-1)$이므로 $N=4$이다. $n=1$, $k=2$를 식에 대입한다.

$$e^{j\frac{2\pi}{N}nk} = e^{j\frac{2\pi}{4}\times 2} = e^{j\pi} = \cos\pi + j\sin\pi = -1$$

개념 이해 예제 2

앞의 개념 이해 예제 1에서 $n=1$이고 $k=0, 1, 2, 3$일 때 $e^{j\frac{2\pi}{N}nk}$의 변화를 구하고 복소수 평면상에 점으로 나타내어라.

풀이와 해설

이 예제는 앞으로 공부할 DFT 알고리즘의 회전인자에 대한 이해를 익히기 위해 제시되었다. k값의 변화에 따라 값이 어떻게 달라지며 복소수 평면상에서 그 값이 어떠한 경로를 그리는가를 고찰한다. $N=4$, $n=1$이므로 이 값을 대입한다.

$$e^{j\frac{2\pi}{N}nk} = e^{j\frac{2\pi}{4}k}$$

$k=0, 1, 2, 3$에 대한 값을 계산한다.

i) $k=0$, $e^{j\frac{\pi}{2}\times 0} = e^0 = 1$

ii) $k=1$, $e^{j\frac{\pi}{2}\times 1} = \cos\frac{\pi}{2} + j\sin\frac{\pi}{2} = j$

iii) $k=2$, $e^{j\frac{\pi}{2}\times 2} = \cos\pi + j\sin\pi = -1$

iv) $k=3$, $e^{j\frac{\pi}{2}\times 3} = \cos\frac{3}{2}\pi + j\sin\frac{3}{2}\pi = -j$

참 고 복소수의 표현

복소수는 다음 세 가지 형태로 표현한다.

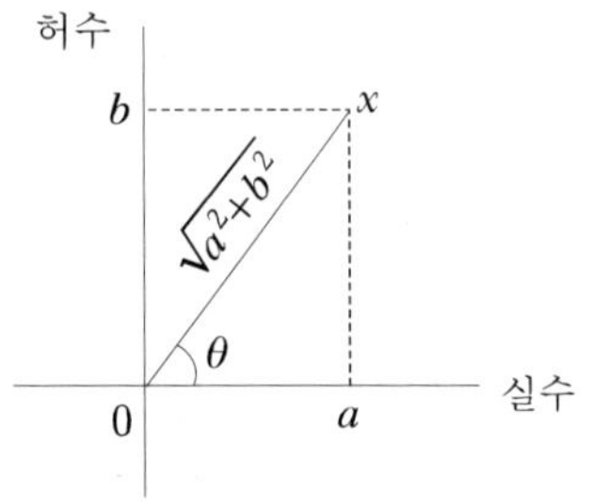

[그림 6-1] 복소수 평면

$x = a + jb$: 직각좌표 형식

$x = \sqrt{a^2+b^2}\angle\theta$: 극좌표 형식으로 크기와 위상으로 표현

$$\theta = \tan^{-1}\frac{b}{a}$$

$x = \sqrt{a^2+b^2}\,e^{j\theta}$: 지수함수 형식으로 각도 θ를 $e^{j\theta}$로 표현한 것일 뿐 극좌표 형식과 개념은 같다.

$k = 0, 1, 2, 3$에 대한 값을 계산한 결과 1, j, -1, $-j$가 되었다. 이를 복소수 평면상에 나타내면 [그림 6-2]와 같다.

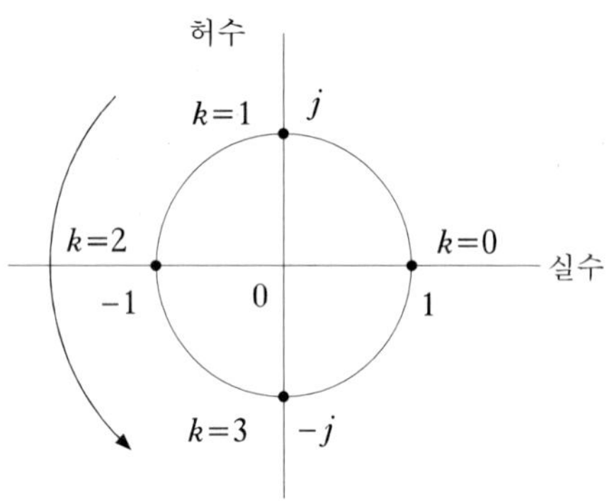

[그림 6-2] k값에 따른 점의 이동

k값에 따라 단위원상을 회전하는 모습을 보여준다. 시계 반대 방향으로 회전한다. 회전하는 형태를 수식으로 표현하면 $(e^{j\theta})^k = e^{j\theta k}$이다. $e^{j\theta}$는 크기가 1이고 위상이 θ이므로 k승에 대해 크기는 변하지 않고 위상만 단위원을 타고 회전한다. $(e^{j\theta})^k$는 시계 반대 방향으로 회전하고 $(e^{-j\theta})^k$는 시계 방향으로 회전한다.

개념 이해 예제 3

$e^{-j\theta k}$에서 $\theta = \dfrac{\pi}{4}$이고 $k = 0, 1, 2, 3, 4, 5, 6, 7$일 때의 점의 위치 변화를 복소수 평면상에 나타내어라.

풀이와 해설

먼저 복소수 $e^{-j\frac{\pi}{4}}$를 직각좌표로 표시한다. $e^{-j\frac{\pi}{4}}$는 크기가 1이고 위상이 $-\dfrac{\pi}{4}$인 복소수이다.

$$\begin{aligned} e^{-j\frac{\pi}{4}} &= \cos\left(-\frac{\pi}{4}\right) + j\sin\left(-\frac{\pi}{4}\right) \\ &= \frac{\sqrt{2}}{2} - j\frac{\sqrt{2}}{2} \end{aligned}$$

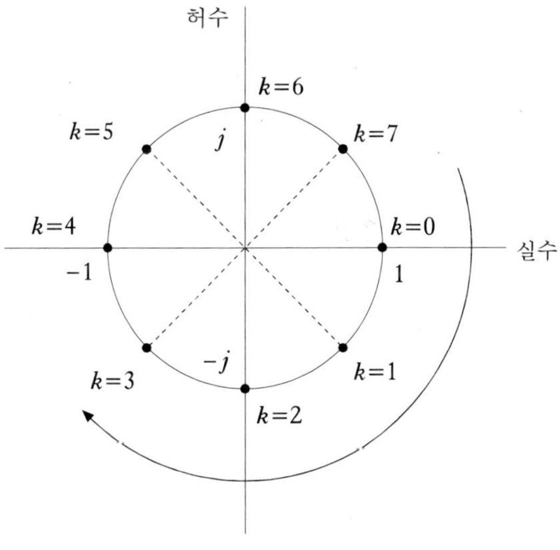

[그림 6-3]

$k = 0,\ 1,\ 2,\ \cdots,\ 7$에 대하여 $(e^{-j\frac{\pi}{4}})^k = e^{-j\frac{\pi}{4}k}$ 값은 $1,\ e^{-j\frac{\pi}{4}},\ e^{-j\frac{2\pi}{4}},\ e^{-j\frac{3}{4}\pi},\ e^{-j\frac{4}{4}\pi},\ e^{-j\frac{5}{4}\pi},\ e^{-j\frac{6}{4}\pi},\ e^{-j\frac{7}{4}\pi}$와 같이 크기가 1이고 위상이 k에 따라 달라진다. [그림 6-3]에 k에 따른 $e^{-j\frac{\pi}{4}k}$의 위치를 보였다. 점이 시계 방향으로 움직이는 것을 알 수 있다.

X_k를 구하는 알고리즘 : 식 (6.1)에서 X_k를 구한다. 같은 조건에서

$$X_k = \frac{1}{N}\sum_{n=0}^{N-1} x(n)e^{-j\frac{2\pi}{N}nk} \tag{6.2}$$

〔수식 설명〕

식 (6.2)는 이산신호 $x(n)$으로부터 고조파 성분 X_k를 구하는 알고리즘이다. $x(n)$에 복소수 $\left(e^{-j\frac{2\pi}{N}}\right)^{nk}$ 를 곱한 후 $n=0 \sim N-1$까지 더한 다음 데이터 수 N으로 나눈다. 계산 결과는 복소수이므로 주파수 k에 따른 진폭과 위상 스펙트럼을 구할 수 있다.

〔수식 유도〕

식 (6.2)는 식 (6.1)로부터 유도한다. 식 (6.1)의 양변에 $e^{-j\frac{2\pi}{N}mn}$을 곱하고 $n=0$에서 $N-1$까지 합한다.

$$\sum_{n=0}^{N-1} x(n)e^{-j\frac{2\pi}{N}mn} = \sum_{n=0}^{N-1}\sum_{k=0}^{N-1} X_k e^{j\frac{2\pi}{N}(k-m)n} \tag{6.3}$$

식 (6.3)의 우변을 계산한다. 먼저 두 개의 $\sum$의 위치를 바꾼다.

$$\sum_{n=0}^{N-1} X_k \sum_{k=0}^{N-1} e^{j\frac{2\pi}{N}(k-m)n} \tag{6.4}$$

식 (6.4)의 두 번째 $\sum$을 계산한다.

$$\sum_{n=0}^{N-1} e^{j\frac{2\pi}{N}(k-m)n} \tag{6.5}$$

식 (6.5)는 $k=m$과 $k \neq m$으로 나누어 생각할 수 있다.

i) $k=m$이면 지수의 윗부분이 0이 된다.

$$\sum_{n=0}^{N-1} (e^{j0})^n = \sum_{n=0}^{N-1} 1^n = N$$

ii) $k \neq m$일 때 $a = e^{j\frac{2\pi}{N}(k-m)}$으로 놓으면 식 (6.5)는 유한급수가 된다.

$$\sum_{n=0}^{N-1} a^n = \frac{a^N - 1}{a - 1} \tag{6.6}$$

식 (6.6)에서

$$a^N = e^{j\frac{2\pi}{N}(k-m)N} = (e^{j2\pi})^{(k-m)} \tag{6.7}$$

이다. $e^{j2\pi} = \cos(2\pi) + j\sin(2\pi) = 1$이므로 $a^N = 1^{(k-m)} = 1$이다. 이를 식 (6.6)에 대입한다.

$$\sum_{n=0}^{N-1} a^n = \frac{1-1}{a-1} = 0 \tag{6.8}$$

즉 $k \neq m$일 때 식 (6.5)는 0이다.

따라서 식 (6.3)의 우변은 $k = m$일 때만 값을 갖는다. $m = k$로 놓는다.

$$\sum_{n=0}^{N-1} x(n) e^{-j\frac{2\pi}{N}kn} = X_k N \tag{6.9}$$

식 (6.9)를 X_k에 대하여 정리한다.

$$X_k = \frac{1}{N}\sum_{n=0}^{N-1} x(n) e^{-j\frac{2\pi}{N}nk} \tag{6.10}$$

식 (6.10)을 DFS라 하고, 식 (6.1)을 IDFS(Inverse DFS)라 한다.

$$\text{DFS}: \; X_k = \frac{1}{N}\sum_{n=0}^{N-1} x(n) e^{-j\frac{2\pi}{N}nk}$$

$$\text{IDFS}: \; x(n) = \frac{1}{N}\sum_{k=0}^{N-1} X_k e^{j\frac{2\pi}{N}nk} \tag{6.11}$$

$x(n)$이나 $x(n)$의 스펙트럼인 X_k 모두 주기성을 갖는다.

기초 예제 1

[그림 6-4]의 이산신호 $x(n)$의 DFS를 구하여라.

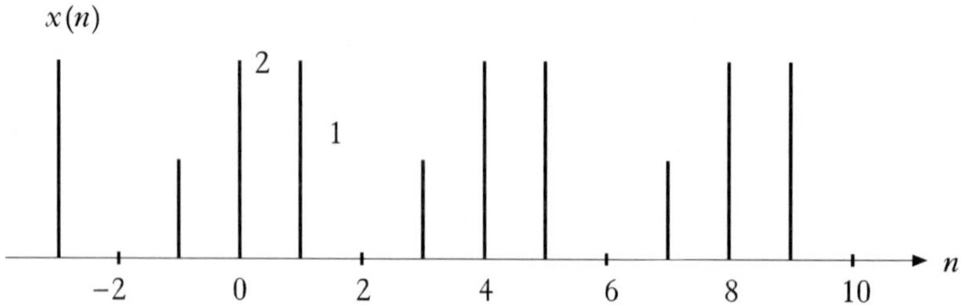

[그림 6-4]

풀이와 해설

$x(n)$은 주기신호로서 [그림 6-5]와 같이 $n = 0 \sim 3$, $N = 4$를 한 주기로 잡는다. [그림 6-5]에서

$$x(0) = x(1) = 2,\ x(2) = 0,\ x(3) = 1$$

식 (6.11)의 DFS를 적용한다.

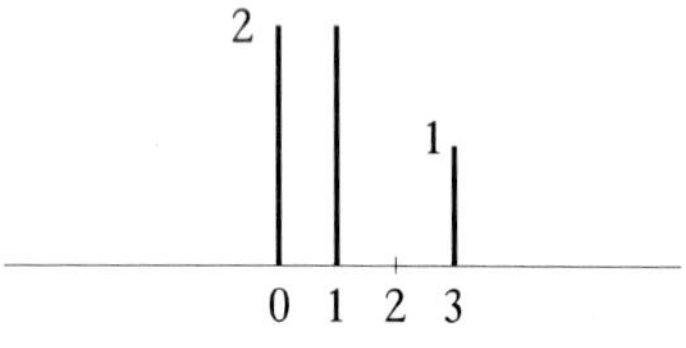

[그림 6-5]

$$\begin{aligned} X_k &= \frac{1}{N}\sum_{n=0}^{N-1} x(n) e^{-j\frac{2\pi}{N}nk} \\ &= \frac{1}{4}\sum_{n=0}^{3} x(n) e^{-j\frac{2\pi}{4}nk} \\ &= \frac{1}{4}[x(0) + x(1)e^{-j\frac{\pi}{2}k} + x(2)e^{-j\frac{\pi}{2}2k} + x(3)e^{-j\frac{\pi}{2}3k}] \end{aligned}$$

여기서 $e^{-j\frac{\pi}{2}} = 1\angle -90^\circ = -j,\ e^{-j\frac{\pi}{2}\times 2} = -1,\ e^{-j\frac{\pi}{2}\times 3} = j$ [그림 6-6]

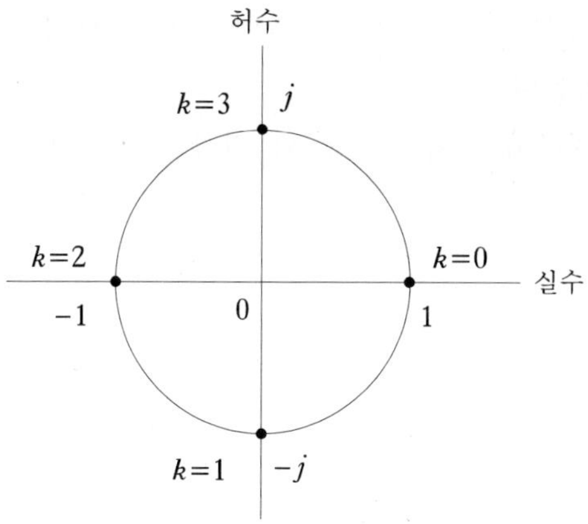

[그림 6-6]

[그림 6-4]에서 $x(0)=2,\ x(1)=2,\ x(2)=0,\ x(3)=1$이므로, 이를 식에 대입한다.

$$X_k=\frac{1}{4}[2+2(-j)^k+(-j)^{3k}]$$

$k=0\sim 3$에 대하여 X_k를 구한다.

$$X_0=\frac{1}{4}(2+2+1)=1.25$$

$$X_1=\frac{1}{4}[2+2(-j)^1+(-j)^3]=0.5-j0.25$$

$$X_2=\frac{1}{4}[2+2(-j)^2+(-j)^6]=-0.25$$

$$X_3=\frac{1}{4}[2+2(-j)^3+(-j)^9]=0.5+j0.25$$

여기서,

$$(-j)^1=(-j)^5=(-j)^9=\cdots$$
$$(-j)^2=(-j)^6=(-j)^{10}=\cdots$$
$$(-j)^3=(-j)^7=(-j)^{11}=\cdots$$
$$(-j)^0=(-j)^4=(-j)^8=\cdots$$

이 성립한다. [그림 6-6]에서 시계 방향으로 돌아가면 이 관계를 이해할 수 있다. 한 바퀴 돌 때마다 제자리로 돌아온다.

X_k, $k = 0, 1, 2, 3$에 대하여 진폭(=크기)와 위상을 구한다.

$$|X_0| = 1.25, \qquad \angle X_0 = 0$$

$$|X_1| = \sqrt{0.5^2 + (0.25)^2} = 0.56, \qquad \angle X_1 = \tan^{-1}\frac{-0.25}{0.5} = -26.57^\circ$$

$$|X_2| = 0.25, \qquad \angle X_2 = -180^\circ$$

$$|X_3| = \sqrt{0.5^2 + (0.25)^2} = 0.56, \qquad \angle X_3 = 26.57^\circ$$

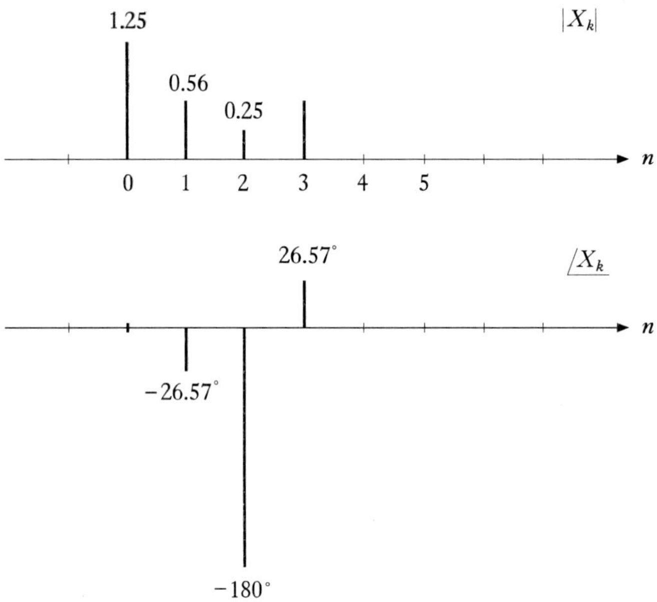

[그림 6-7]

k변화에 따른 크기와 위상 스펙트럼을 [그림 6-7]에 보였다. 실제 스펙트럼은 [그림 6-7]이 주기적으로 반복한다. 이번에는 X_k의 결과로부터 $x(n)$을 계산해 보자. 정의식으로부터

$$x(n) = \sum_{k=0}^{N-1} X_k e^{j\frac{2\pi}{N}nk} = \sum_{k=0}^{3} X_k e^{j\frac{2\pi}{4}nk}$$

$$= X_0 + X_1 e^{j\frac{\pi}{2}n} + X_2 e^{j\frac{\pi}{2}2n} + X_3 e^{j\frac{\pi}{2}3n}$$

$n=0, 1, 2, 3$을 대입한다.

$$\begin{aligned} x(0) &= 1.25+0.5-j0.25-0.25+0.5+j0.25=2 \\ x(1) &= 1.25+(0.5-j0.25)e^{j\frac{\pi}{2}}-0.25e^{j\pi}+(0.5+j0.25)e^{j\frac{3}{2}\pi} \\ &= 1.25+(0.5-j0.25)j+0.25+(0.5+j0.25)(-j)=2 \\ x(2) &= 1.25+(0.5-j0.25)e^{j\frac{\pi}{2}\times 2}-0.25e^{j\frac{\pi}{2}\times 4}+(0.5+j0.25)e^{j\frac{\pi}{2}\times 6} \\ &= 1.25+(0.5-j0.25)(-1)-0.25+(0.5+j0.25)(-1)=0 \\ x(3) &= 1 \end{aligned}$$

정리하면, $n=0, 1, 2, 3$에 대하여 $x(0)=x(1)=2$, $x(2)=0$, $x(3)=1$로서 본래 주어진 문제의 결과를 얻었다.

6.2 DFT 알고리즘 이해

개 요

이산신호의 주파수 분석에 있어서 DFS는 별로 쓰이지 않고, 대부분 DFT를 사용한다. DFT 알고리즘은 이산신호의 주파수 분석의 기본 골격을 형성한다. 실제로 가장 많이 사용되는 FFT(Fast Fourier Transform)도 결국은 DFT 계산 과정을 신속히 하고자 하는데서 비롯된 것으로, 기본 형태는 DFT에서 출발한다. 푸리에 변환 알고리즘이 푸리에 급수로부터 나온 것처럼 DFT도 DFS로부터 비롯되었다. 그 과정은 다른 관련 서적들을 참고하기 바라며, 여기서는 그 결과식만을 제시하겠다.

알고리즘

n개의 수열로 되어 있는 이산신호 $x(n)$의 DFT는 다음 식 (6.12)와 같다.

$$X(k)=D[x(n)]=\sum_{n=0}^{N-1} x(n)e^{-j\frac{2\pi}{N}nk} \tag{6.12}$$

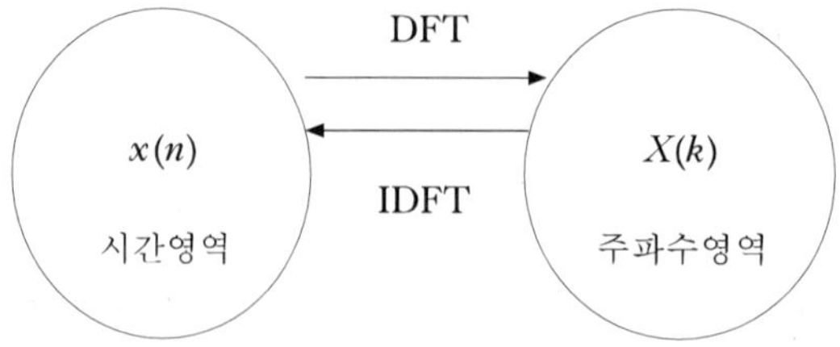

[그림 6-8]

(수식 설명)

식 (6.12)는 기본적으로 DFS의 경우와 유사하다. DFS가 주기 신호에 관한 것이라면 DFT는 받아들인 N개의 데이터를 변환한 것이다. N개의 데이터를 그대로 한 주기로 본 것에 해당한다. 데이터 $x(n)$은 이산신호로서 데이터가 $0 \sim (N-1)$로서 모두 N(개)이다. $x(n)$에 복소수 $\left(e^{-j\frac{2\pi}{N}}\right)^{nk}$를 곱한 다음 $n=0 \sim N-1$까지 합하여 주파수 k에 대한 $X(k)$를 얻는다. $x(n)$은 시간축 n에서 정의되는 시간함수이고 $X(k)$는 주파수축 k의 함수이다. 식 (6.12)를 푸는 열쇠는 복소수 $e^{-j\frac{2\pi}{N}}$이다. $e^{-j\frac{2\pi}{N}}$를 회전인자(twiddle factor)라 부른다. 복소수로서 크기가 1이고 각도가 $-\frac{2\pi}{N}$(rad)이다. 이 값들은 DFS에서 설명한 바와 같다.

회전인자 : $W = e^{-j\frac{2\pi}{N}}$ (6.13)

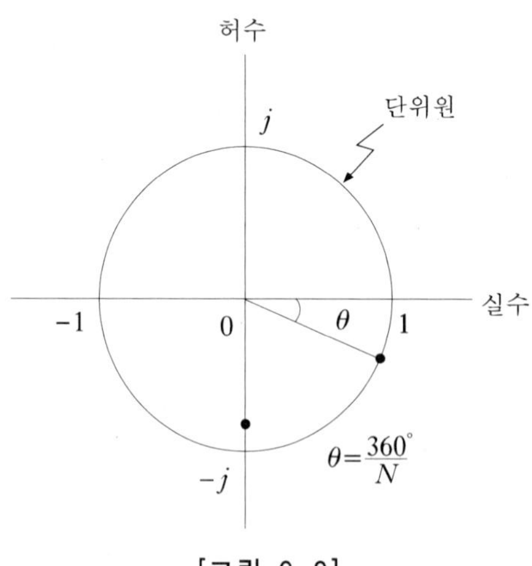

[그림 6-9]

이 회전인자는 단위원상의 어느 한 점이다. 원형트랙을 달리는 경주자처럼 W는 그 출발점에 해당한다. 여기에 nk승이 되어 W^{nk}, nk값에 따라 단위원을 시계 방향으로 회전하면서 달린다. $2\pi = 360^\circ$로서 출발점 W는 360°를 N등분한 $\dfrac{360^\circ}{N}$인 각도를 갖는 단위원상의 점이다. $N = 4$이면 원을 4등분, 8이면 8등분, 100이면 100등분한다. 100등분한 경우 W의 최초 각도는 $\dfrac{360^\circ}{100} = 3.6^\circ$이다.

회전인자로 표현된 알고리즘 : 식 (6.13)으로 식 (6.12)를 표현한다.

$$X(k) = D[x(n)] = \sum_{n=0}^{N-1} x(n) W^{nk} \tag{6.14}$$

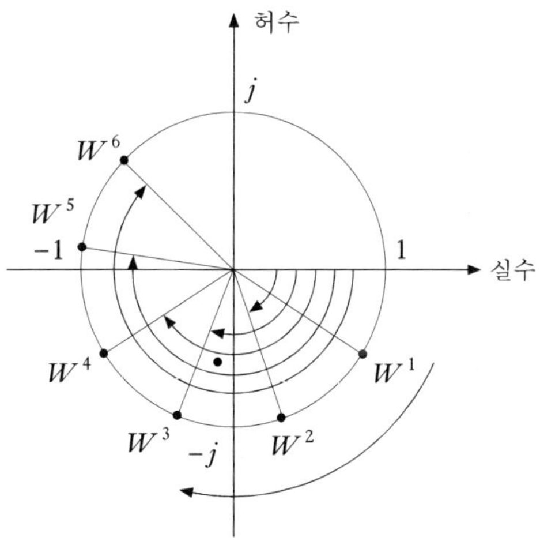

[그림 6-10]

DFT 알고리즘은 회전인자 W에 관한 계산이다. 이를 복소수 평면에 나타내면 [그림 6-10]과 같다. W^1, W^2, W^3, $\cdots$에 따라 시계방향으로 회전한다.

회전인자의 반복성 : [그림 6-9]는 $e^{j\theta}$의 위치를 나타내고 있다. 계산 과정에서 W^{nk}라는 W의 승분 계산이 계속되는데, 이는 [그림 6-10]에서와 같이 시계 방향으로 돌아가는 형태이다. 다음 [그림 6-11]은 $N = 4$와 $N = 8$일 때 복소수 단위원 상에서의 회전 인자의 승분을 보여주고 있다.

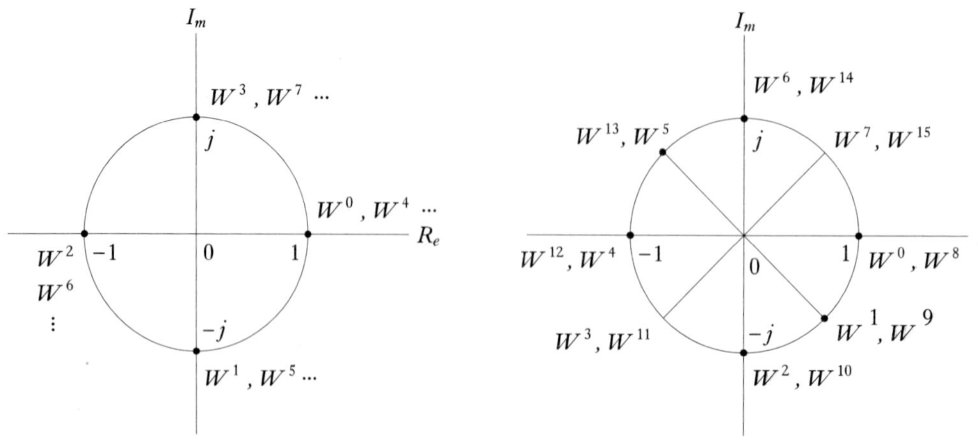

(a) $W=e^{-j\frac{\pi}{2}}$, $N=4$ (b) $W=e^{-j\frac{\pi}{4}}$, $N=8$

[그림 6-11]

(그림 설명)

그림에서 $N=4$이면 4번만에 다시 제자리로 돌아오고, $N=8$이면 시계 방향으로 돌아간지 8번 만에 본래 자리로 되돌아온다. 이는 한 바퀴 돌 때마다 동일한 계산값을 가짐을 의미한다. 즉 $N=4$일 때 4의 배수만큼 값이 모두 동일하다.

$$W^0 = W^4 = W^8 = \cdots = W^{4m} = 1$$
$$W^1 = W^5 = W^9 = \cdots = W^{4m+1} = -j$$
$$W^2 = W^6 = W^{10} = \cdots = W^{4m+2} = -1$$
$$W^3 = W^7 = W^{11} = \cdots = W^{4m+3} = j$$

이는 W^{nk}가 커지면서 계속 계산을 할 것이 아니라, 이미 계산된 값들을 불러서 쓰면 된다. 다음은 $N=4$일 때의 계산 과정을 보였다. 이 원리를 사용하여 식의 계산을 간략화 해보자.

일단 회전인자 W를 복소수로 계산한 다음 W^0, W^1, W^2, W^3을 구한다.

$$W = e^{-j\frac{2\pi}{4}} = \cos\left(-\frac{\pi}{2}\right) + j\sin\left(-\frac{\pi}{2}\right) = -j$$
$$W^0 = 1,\ \ W^1 = -j,\ \ W^2 = -1,\ \ W^3 = j$$

$N=4$, $n=0,\ 1,\ 2,\ 3$에서 $x(n)$의 DFT를 계산한다.

$$X(k) = \sum_{n=0}^{3} x(n) e^{-j\frac{2\pi}{N}nk} = \sum_{n=0}^{3} x(n)\, W^{nk}$$

: 식을 n에 대하여 푼다.

$$x(0)\,W^{0} + x(1)\,W^{k} + x(2)\,W^{2k} + x(3)\,W^{3k}$$

$X(k)$의 우변은 k의 함수로 되어 있다. 이를 $k = 0 \sim 3$을 대입하면서 $X(k)$를 계산한다.

$$\begin{aligned}
X(0) &= x(0)\,W^{0} + x(1)\,W^{0} + x(2)\,W^{0} + x(3)\,W^{0} \\
&= x(0) + x(1) + x(2) + x(3) \\
X(1) &= x(0)\,W^{0} + x(1)\,W^{1} + x(2)\,W^{2} + x(3)\,W^{3} \\
&= x(0) - jx(1) - x(2) + jx(3) \\
X(2) &= x(0)\,W^{0} + x(1)\,W^{2} + x(2)\,W^{4} + x(3)\,W^{6} \\
&= x(0)\,W^{0} + x(1)\,W^{2} + x(2)^{0}\,W^{0} + x(3)\,W^{2} \\
&= x(0) - x(1) + x(2) - x(3) \\
X(3) &= x(0)\,W^{0} + x(1)\,W^{3} + x(2)\,W^{6} + x(3)\,W^{9} \\
&= x(0)\,W^{0} + x(1)\,W^{3} + x(2)\,W^{2} + x(3)\,W^{1} \\
&= x(0) + jx(1) - x(2) - jx(3)
\end{aligned}$$

$X(0) \sim X(3)$이 $x(0) \sim x(3)$ 값으로 되어 있다. $X(0) \sim X(3)$ 값을 알면 $X(0) \sim X(3)$가 계산된다.

개념 이해 예제 4

[그림 6-12]와 같은 $x(n)$이 있다. 회전인자 W와 $x(n)$의 DFT $X(k)$를 계산하여라.

풀이와 해설

$x(n)$은 데이터 수가 3(개)이고 $n = 0, 1, 2,\ N = 3$이다.

$k = 0 \sim 3$에 대하여 계산한다.

$$X(0) = x(0)W^0 + x(1)W^0 + x(2)W^0 + x(3)W^0$$
$$= x(0) + x(1) + x(2) + x(3) = 1$$
$$X(1) = x(0)W^0 + x(1)W^1 + x(2)W^2 + x(3)W^3$$
$$= x(0) - jx(1) - x(2) + jx(3) = 2 - 3j = \sqrt{13}\angle -56.3^\circ$$
$$X(2) = x(0)W^0 + x(1)W^2 + x(2)W^4 + x(3)W^6 = x(0) - x(1) + x(2) - jx(3) = 3$$
$$X(3) = x(0)W^0 + x(1)W^3 + x(2)W^6 + x(3)W^9 = x(0) + jx(1) - x(2) - jx(3)$$
$$= 2 + 3j = \sqrt{13}\angle 56.3^\circ$$

계산결과를 [그림 6-18]에 보였다.

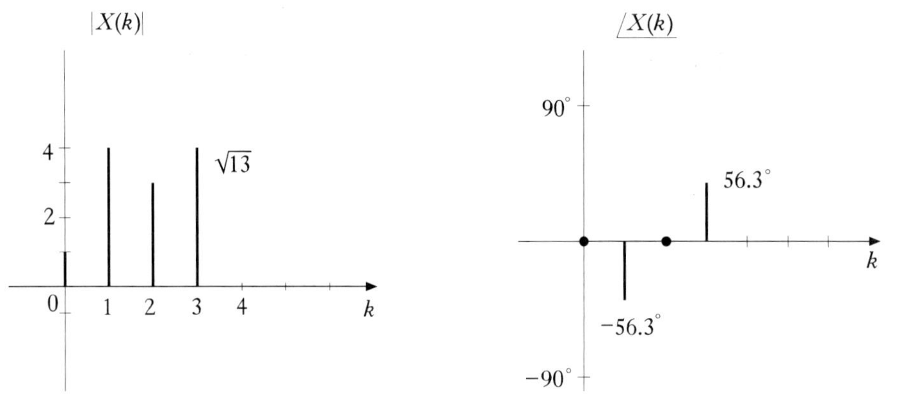

(a) $|X(k)|$ (b) $\angle X(k)$

[그림 6-18]

(2) $N = 4,\ n = -1, 0, 1, 2$

$x(-1) = 1,\ x(0) = 0,\ x(1) = -2,\ x(2) = 3$

회전인자, $W = e^{-j\frac{\pi}{2}} = -j,\ W^0 = 1,\ W^1 = -j,\ W^2 = -1,\ W^3 = j$

$$X(k) = \sum_{n=-1}^{2} x(n)W^{nk}$$
$$= x(-1)W^{-k} + x(0)W^0 + x(1)W^k + x(2)W^{2k}$$
$$= [x(-1)W^0 + x(0)W^k + x(1)W^{2k} + x(2)W^{3k}]W^{-k}$$

$k = 0 \sim 3$에 대하여 $X(k)$를 계산한다.

$$X(0) = x(-1) + x(0) + x(1) + x(2) = 1 - 2 + 3 = 2$$

$$X(1) = [x(-1) + x(0)W + x(1)W^2 + x(2)W^3]W^{-1}$$

$$= (3 + 3j)j = -3 + 3j = 3\sqrt{2}\angle -45^\circ$$

$$X(2) = [x(-1) + x(0)W^2 + x(1)W^4 + x(2)W^6]W^{-2}$$

$$= -5j = 5\angle -90^\circ$$

$$X(3) = [x(-1) + x(0)W^3 + x(1)W^6 + x(2)W^9]W^{-3}$$

$$= (3 - 3j)j = 3 + 3j = 3\sqrt{2}\angle 45^\circ$$

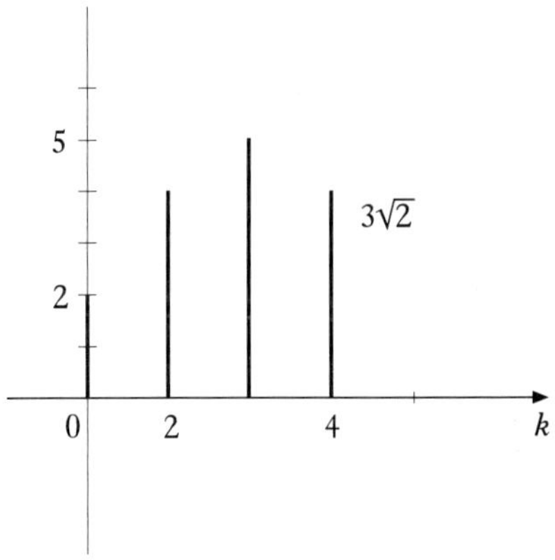

(a) $|X(k)|$

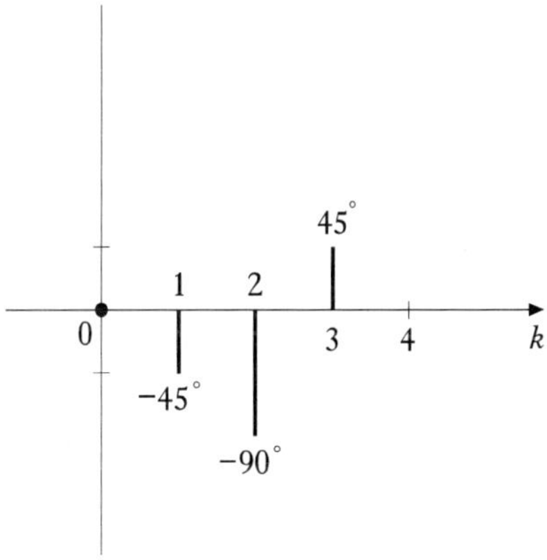

(b) $\angle X(k)$

[그림 6-19]

(3) 주기신호이므로 한 주기에 대해서만 DFT를 구한다.

$N = 4,\ n = 0, 1, 2, 3$

$x(0) = x(1) = x(2) = 1,\ x(3) = 0,\ W = -j,\ W^0 = 1,\ W^1 = -j,\ W^2 = -1,$
$W^3 = j$

$$X(k) = x(0)W^0 + x(1)W^k + x(2)W^{2k} + x(3)W^{3k}$$

$$X(0) = x(0) + x(1) + x(2) + x(3) = 3$$
$$X(1) = x(0)W^0 + x(1)W^1 + x(2)W^2 + x(3)W^3$$
$$= 1 - j - 1 = -j$$
$$X(2) = x(0)W^0 + x(1)W^2 + x(2)W^4 + x(3)W^6$$
$$= 1 - 1 + 1 + 0 = 1$$
$$X(3) = x(0)W^0 + x(1)W^3 + x(2)W^6 + x(3)W^9$$
$$= 1 + j - 1 = j$$

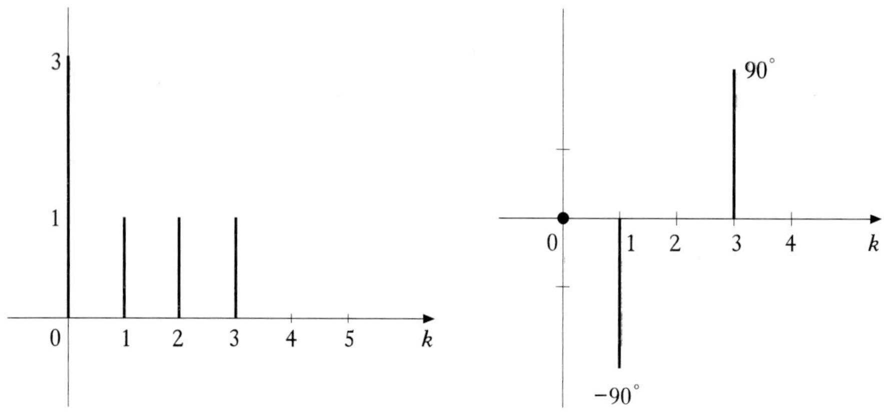

(a) $|X(k)|$ (b) $\angle X(k)$

[그림 6-20]

(4) $x(n) = 0.5^n,\ 0 \le n \le M$

$N = M + 1$이고 정의식에 의해

$$X(k) = \sum_{n=0}^{N-1} x(n) e^{-j\frac{2\pi}{N}nk} = \sum_{n=0}^{M} 0.5^n e^{-j\frac{2\pi}{M+1}nk} = \sum_{n=0}^{M} (0.5e^{-j\frac{2\pi}{M+1}k})^n$$

이 식은 유한 급수 전개식 $\sum_{n=0}^{N-1} c^n = \frac{1-c^N}{1-c}$에 의해

$$X(k) = \frac{1 - \left(0.5e^{-j\frac{2\pi}{M+1}k}\right)^{M+1}}{1 - 0.5e^{-j\frac{2\pi}{M+1}k}}$$

이다. $X(k)$의 분자에서

$$\left(0.5e^{-j\frac{2\pi}{M+1}k}\right)^{M+1} = 0.5^{M+1}e^{-j2\pi k} = 0.5^{M+1}[\cos(-2\pi k) + j\sin(-2\pi k)]$$

이고, $\cos(-2\pi k) = 1$, $\sin(-2\pi k) = 0$이므로
위 식은 0.5^{M+1}이 된다. 이를 $X(k)$ 분자에 대입하여 정리한다.

$$X(k) = \frac{1-0.5^{M+1}}{1-0.5e^{-j\frac{2\pi}{M+1}k}}$$

DFT의 역변환

$$x(n) = D^{-1}[X(k)] = \frac{1}{N}\sum_{n=0}^{N-1} X(k)e^{j\frac{2\pi}{N}nk}, \; n = 0, 1, 2, 3 \cdots N-1 \tag{6.15}$$

6.3 DFT의 특성

DFT의 특성은 푸리에 변환의 그것과 유사하다.

선형성(Linearity)

상수 a, b에 대하여 선형성을 갖는다. 이산 신호 $x(n)$과 $y(n)$ 각각의 DFT

$D[ax(n)] = aX(k)$, $D[by(n)] = bY(k)$가 성립할 때

$$D[ax(n) + by(n)] = aX(k) + bY(k) \tag{6.16}$$

스케일 변경

$X(k) = D[x(n)]$일 때, 임의의 상수 a에 대하여

$$D\left[x\left(\frac{n}{a}\right)\right] = X\left(\frac{k}{a}\right) \tag{6.17}$$

(증명)

$$D\left[x\left(\frac{n}{a}\right)\right] = \sum_{n=0}^{N-1} x\left(\frac{n}{a}\right) e^{-j\frac{2\pi}{N}\left(\frac{n}{a}\right)k}$$
$$= \sum_{n=0}^{N-1} x\left(\frac{n}{a}\right) e^{-j\frac{2\pi}{N}\left(\frac{k}{a}\right)n} = X\left(\frac{k}{a}\right)$$

주기성

이산 신호 $x(n)$의 주기가 N, $D[x(n)] = X(k)$이고, 임의의 정수 α에 대하여 $x(n+\alpha N)$의 DFT가 $X(k+\alpha N)$이다. 정리하면

$$x(n) = x(n+\alpha N)$$
$$X(k) = D[x(n)]$$
$$X(k+\alpha N) = D[x(n+\alpha N)]$$
$$= \sum_{n=0}^{N-1} x(n+\alpha N)\, W^{(k+\alpha N)n}$$
$$= \sum_{n=0}^{N-1} x(n)\, W^{nk}\, W^{\alpha N n}$$

$$\left|\begin{array}{l} W^{\alpha N n} = e^{-j\frac{2\pi}{N}\alpha N n} = e^{-j2\pi\alpha n} = (e^{-j2\pi})^{\alpha n} = 1 \\ \because e^{-j2\pi} = 1 \end{array}\right.$$

$$= \sum_{n=0}^{N-1} x(n)\, W^{nk} = X(k)$$

따라서 $X(k) = X(k+\alpha N)$ (6.18)

주기 신호는 매 주기마다의 DFT가 모두 같다.

시간이동(Time shift)

수식: $X(k) = D[x(n)]$이고, $x(n)$의 시간이동 $x(n-n_0)$이다.

$$D[x(n-n_0)] = W^{n_0 k}X(k) \tag{6.19}$$

여기서 $W = e^{-j\frac{2\pi}{N}}$

〔수식 설명〕

이산 신호 $x(n)$의 시간 이동 $x(n-n_0)$의 DFT는 $x(n)$의 $X(k)$에 회전인자 $W^{n_0 k}$를 곱한 것과 같다.

〔증명〕

$$\begin{aligned} D[x(n-n_0)] &= \sum_{n=0}^{N-1} x(n-n_0)\,W^{nk} \\ &= \sum_{n=0}^{N-1} x(n-n_0)\,W^{(n-n_0)k}\,W^{n_0 k} \qquad \cdots① \end{aligned}$$

식 ①의 우변에서 $n-n_0 = m$으로 놓고 계산하면, m의 구간은 $-n_0 \sim N-1-n_0$이다.

$$\begin{aligned} \sum_{m=-n_0}^{N-1-n_0} x(m)\,W^{km} &= \sum_{m=0}^{N-1-n_0} x(m)\,W^{km} + \sum_{m=-n_0}^{-1} x(m)\,W^{km} \\ &= \sum_{m=0}^{N-1} x(m)\,W^{km} - \sum_{m=N-n_0}^{N-1} x(m)\,W^{km} \\ &\quad + \sum_{m=-n_0}^{-1} x(m)\,W^{km} \qquad \cdots② \end{aligned}$$

식 ②의 우변 세 번째 항을 N만큼 이동시키면 $m = N-n_0$가 되고 구간은 $N-n_0 \sim N-1$이 된다. 한 주기 N만큼 이동한 것은 식 (6.17)의 주기성에 의해

$$\sum_{m=-n_0}^{-1} x(m)\,W^{km} = \sum_{m=N-n_0}^{N-1} x(m)\,W^{km} \qquad \cdots③$$

이다. 식 ③을 ②에 대입한다.

$$\sum_{m=-n_0}^{N-1-n_0} x(m)\,W^{km} = \sum_{m=0}^{N-1} x(m)\,W^{km} = X(k) \qquad \cdots ④$$

식 ④를 식 ①에 대입한다.

$$D[x(n-n_0)] = W^{n_0 k} X(k)$$

기초 예제 3

다음 그림에서 제시하고 있는 이산신호들은 동일한 형태의 신호를 좌우로 이동한 것에 불과하다. 세 신호의 DFT를 구하고 상호 비교하라.

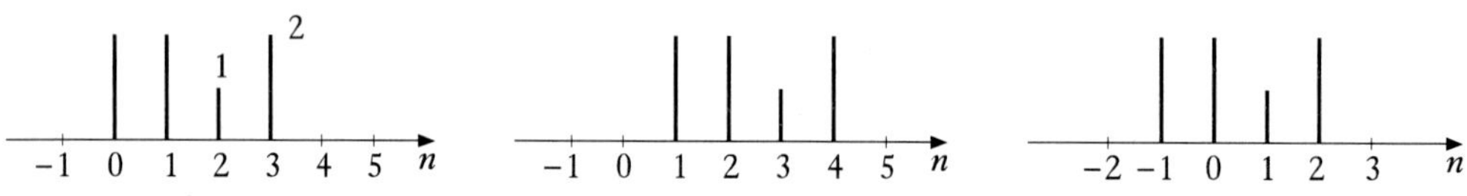

(a) $x(n)$ (b) $x(n-1)$ (c) $x(n+1)$

[그림 6-21]

풀이와 해설

각 이산신호의 DFT를 계산한다. $N=4$로 모두 같다.

(a) $x(n)$

$N=4,\ n=0, 1, 2, 3,\ W=e^{-j\frac{2\pi}{4}}=-j$

$x(0)=2,\ x(1)=2,\ x(2)=1,\ x(3)=2$

$x(n)$의 DFT를 구한다.

$$X(k) = \sum_{n=0}^{3} x(n)\,W^{nk}$$
$$= x(0)\,W^{0} + x(1)\,W^{k} + x(2)\,W^{2k} + x(3)\,W^{3k}$$

$k=0 \sim 3$에 대하여 $X(k)$를 계산한다.

$$X(0)=7,\ X(1)=1,\ X(2)=-1,\ X(3)=1$$

$X(k)$를 k축에 나타내면 다음 [그림 6-22]와 같다.

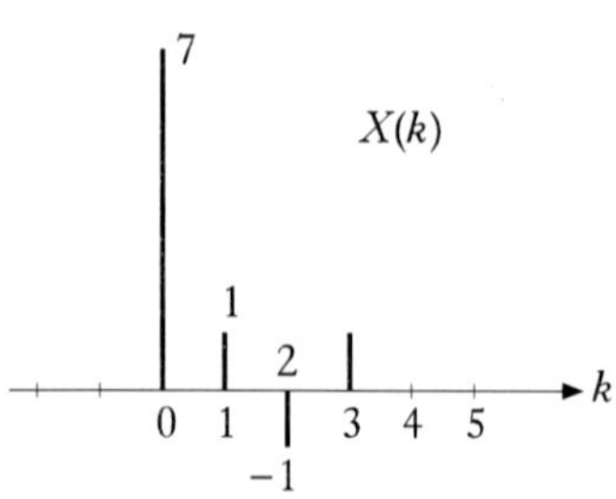

[그림 6-22]

(b) $x(n-1)$

DFT의 시간이동 특성에 의해 계산한다.

$$D[x(n-n_0)] = W^{n_0 k}X(k) \qquad \cdots①$$

앞의 문제에서 $X(k)$, $k=0, 1, 2, 3$은

$$X(0)=7,\ X(1)=1,\ X(2)=-1,\ X(3)=1$$

이다. $n_0=1$, $W=e^{-j\frac{2\pi}{N}}=e^{-j\frac{2\pi}{4}}=-j$

이를 식 ①에 대입하여 $k=0, 1, 2, 3$에 대하여 값을 구한다.

$$W^{n_0 k}X(k)=(-j)^k X(k)$$

i) $k=0, X(0)=7$

ii) $k=1, X(1)=(-j)\times 1=-j$

iii) $k=2, X(2)=(-j)^2\times(-1)=1$

iv) $k=3, X(3)=(-j)^3\times 1=j$

정리하면 $X(0)=7$, $X(1)=-j$, $X(2)=1$, $X(3)=j$

$X(k)$의 절대값과 위상을 구한다.

$|X(0)|=7,\quad \angle X(0)=0$

$|X(1)|=1,\quad \angle X(1)=-90°$

$|X(2)|=1,\quad \angle X(2)=0$

$|X(3)|=1,\quad \angle X(3)=90°$

이 결과를 주파수축 k상에 그리면 [그림 6-23]과 같다.

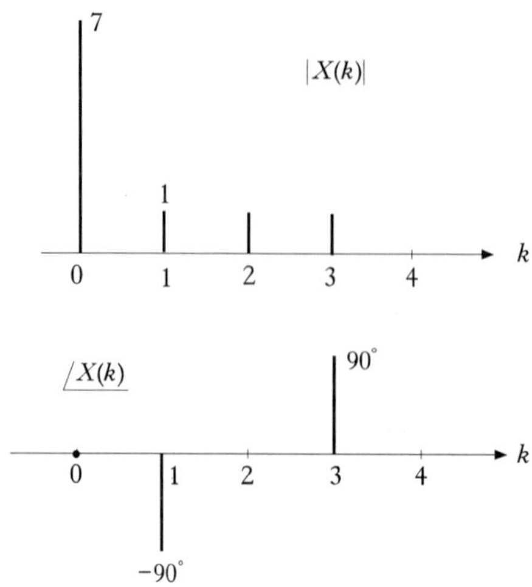

[그림 6-23]

〔DFT 계산에 의한 확인〕

이번에는 시간이동 특성에 의하지 않고, [그림 6-20(b)]를 보면서 정의식에서 직접 구한다. 그림에서 $x(n)$은 $n=1, 2, 3, 4$에 따라 $x(1)=2,\ x(2)=2,\ x(3)=1,\ x(4)=2$이고 $N=4,\ W=-j$이다. DFT 정의식,

$$\begin{aligned} X(k) &= \sum_{n=1}^{4} x(n)\,W^{nk} \\ &= x(1)\,W^{k} + x(2)\,W^{2k} + x(3)\,W^{3k} + x(4)\,W^{4k} \\ &= [x(1) + x(2)\,W^{k} + x(3)\,W^{2k} + x(4)\,W^{3k}]\,W^{k} \end{aligned}$$

$k=0\sim 3$에 대하여 $X(k)$를 계산한다.

$$\begin{aligned} &X(0) = x(1) + x(2) + x(3) + x(4) = 7 \\ &X(1) = -j,\ X(2) = 1,\ X(3) = j \end{aligned}$$

앞의 결과와 동일한 값을 얻었다.

(c) $x(n+1)$

$n_0 = -1,\ N=4,\ W = e^{-j\frac{2\pi}{4}} = -j$

$D[x(n+1)] = W^{n_0 k}x(k) = (-j)^{-k}X(k) = (j)^k X(k)$

$k=0,\ 1,\ 2,\ 3$에서 값을 구한다.

$X(0)=7,\ X(1)=j,\ X(2)=1,\ X(3)=-j$

주파수 이동

시간이동의 쌍대성을 갖는 것이 주파수 이동이다.

시 간 이 동 : $D[x(n-n_0)] = W^{n_0 k}X(k), \quad W = e^{-j\frac{2\pi}{N}}$

주파수이동 : $D^{-1}[x(k-k_0)] = W^{-k_0 n}x(n)$ (6.20)

컨벌루션(Convolution)

두 신호 $x(n), y(n)$에 대하여 각각의 DFT가 $X(k), Y(k)$이다.

$$X(k) = D[x(n)], \quad Y(k) = D[y(n)]$$

$x(n)$과 $y(n)$의 컨벌루션의 DFT는 각각의 DFT의 곱이다.

$$D[x(n) * y(n)] = D[x(n)] \cdot D[y(n)] = X(k)Y(k) \tag{6.21}$$

〔수식 설명〕

식 (6.21)은 어떤 이산신호들의 컨벌루션으로 얻은 신호의 주파수 특성을 분석하는 요령을 보여준다. 실내 음향을 조성할 때 이러한 컨벌루션을 많이 사용하는데 그 결과음의 주파수 특성은 각각의 주파수 분석 결과를 곱하여 얻는다.

〔증명〕

$$\begin{aligned}
D[x(n)*y(n)] &= \sum_n [\sum_d x(d)y(n-d)]\, W^{nk} \\
&= \sum_d x(d) \sum_n y(n-d)\, W^{nk} \\
&\quad | \, m = n-d, \; n = m+d \\
&= \sum_d x(d) \sum_m y(m)\, W^{(m+d)k} \\
&= \sum_d x(d) \sum_m y(m)\, W^{mk} W^{dk} \\
&= [\sum_d x(d)\, W^{dk}][\sum_m y(m)\, W^{mk}] \\
&= X(k)Y(k)
\end{aligned}$$

개념 이해 예제 5

두 개의 음향신호 $x_1(n)$과 $x_2(n)$을 컨벌루션하여 새로운 음을 조성하였다. $x_1(n)$과 $x_2(n)$의 주파수 특성이 $X_1(k)$, $X_2(k)$이고, [그림 6-24]와 같다. 새로 조성된 음향신호의 주파수 특성을 그림으로 나타내어라.

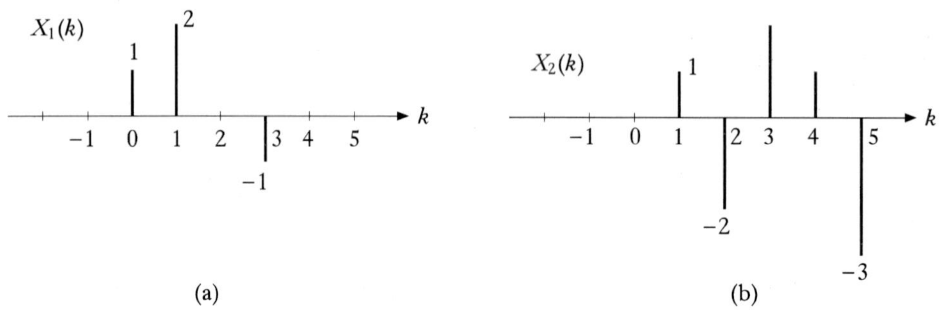

[그림 6-24]

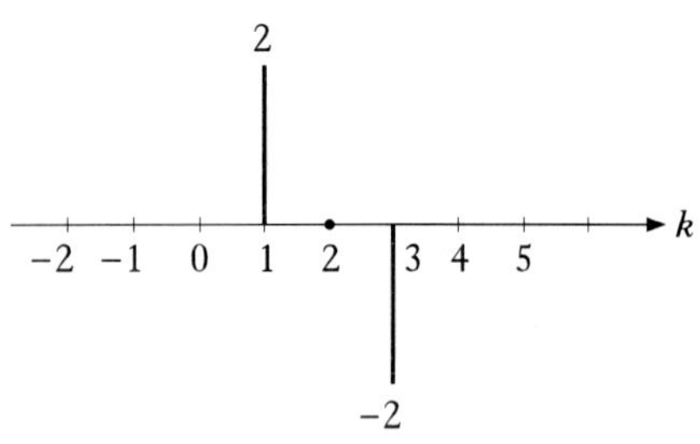

[그림 6-25]

풀이와 해설

식 (6.20)에 의해 두 신호 $x_1(n)$, $x_2(n)$의 컨벌루션의 DFT는 각각의 DFT의 곱이므로 [그림 6-24]에서 두 파형을 시간축 k에서 그대로 곱한다. 두 파형이 중복되는 범위가 $k = 1, 2, 3$이므로 나머지끼리의 곱은 모두 0으로 처리한다.[그림 6-25]

신호의 곱

신호적 의미 : 신호끼리의 곱이 갖는 신호적 의미는 여러 가지가 있다. 그 중에 창함수(Window Function)과 주파수 컨벌루션은 매우 중요하다. 이 두 가지를 설명하기 전에 수식을 먼저 살펴보자.

수식 : $D[x(n)] = X(k)$, $D[y(n)] = Y(k)$일 때

$$D[x(n)y(n)] = \frac{1}{N}\sum_{m=0}^{N-1} X(m)\,Y(k-m) \tag{6.22}$$

〔수식 설명〕

식 (6.22)의 우변은 $X(k)$와 $Y(k)$의 컨벌루션 형태이다. 실제 사용할 때는 $X(k)$와 $Y(k)$를 컨벌루션한 다음 N으로 나눈다.

창함수(Window Function): 이산 신호 처리 과정에서 결코 무시할 수 없는 것이 바로 이 창함수이다. 창함수는 신호추출 과정이나 FIR 필터 설계시 사용된다. 창함수를 사용하는 이유와 용도에 대하여 살펴보도록 한다. 더 자세한 내용 DSP(디지털 신호처리)에 관한 전문서를 참고하기 바란다.

〔1〕 신호 추출에서의 창함수 용도

신호분석을 하기 위해서는 신호를 추출해야만 한다. 주기신호의 경우는 한 주기를 채취하면 되나, 일반적인 신호는 주기도 없으며 설령 알고 있다고 하더라도 그 시간대로 정확히 추출하는 것은 거의 불가능하다. 따라서 실제 신호 처리에서는 대상 신호를 적당한 시간 간격으로 끊어서 계측기나 컴퓨터로 입력한다. 신호분석이나 처리를 위해 끌어들이는 이 과정에 심각한 문제가 발생한다. 앞 절의 DFT 예제에서도 살펴보았듯이 동일한 신호라고 하더라도 추출한 시간간격과 추출시간이 다르면 그 결과도 달라진다. 예를 들어 [그림 6-26]의 신호는 누가 보더라도 하나의 주파수만 있고, 이를 주파수 분석할 때 하나의 스펙트럼만 나타나야 한다. 그러나 이는 주기를 대표할 수 있는 정확한 파형을 잘라내었을 경우에 한한다[그림 6-26(c)].

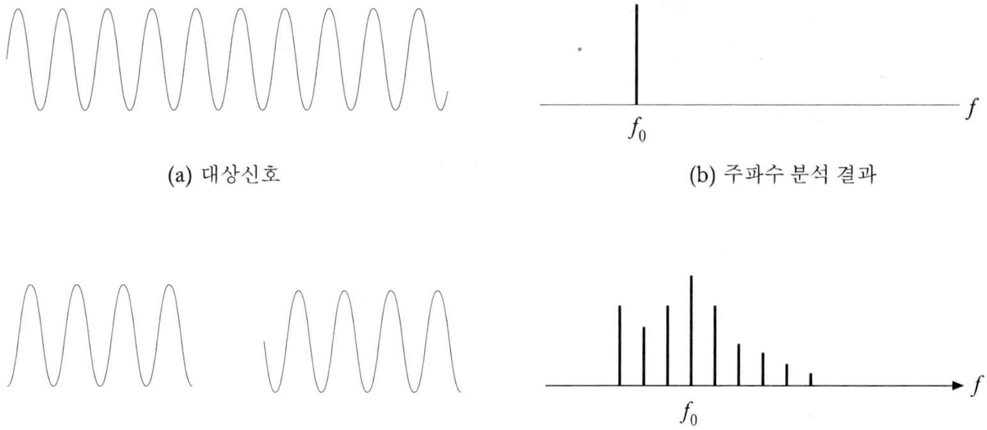

(a) 대상신호 (b) 주파수 분석 결과

(c) (d) (e)

[그림 6-26]

만약, 임의로 파형을 끊어 양측을 절단한 파형의 끝이 서로 만나지 않으면 [그림 6-26(d)], 이 파형을 주파수 분석하였을 때 전혀 엉뚱한 분석 결과가 나온다[그림 6-26(e)]. 이러한 불상사를 방지하기 위해, 무리한 처사이지만, 추출할 대상신호의 양시간 끝을 0으로 처리할 수 밖에 없다. 물론 이것도 정확히 추출하였다고는 할 수 없으나 [그림 6-26(d)]와 같은 치명적인 결과를 막을 수 있다. 추출신호의 좌·우 끝을 0으로 처리하고자 고안한 것이 창함수이다. 창함수 양 끝의 값을 0으로 처리하고, 창함수를 대상신호에 곱하면 추출된 신호 양 끝도 0이 되어 추출되고 남은 나머지 파형을 이었을 때 서로 만나게 된다.

(2) 창함수의 종류와 수식

현재까지 제시된 창함수들은 여러 종류가 있다. 그 가운데 어떤 창함수가 가장 좋은가 하는 것은 대상 신호와 경우에 따라 다르다. 선택 기준은 사용자의 경험에 의한다. 필요에 따라 적절히 선택하여 사용한다. 다음 그림들은 여러 종류의 창함수들에 대한 시간 특성과 진폭 특성을 보이고 있다.

가장 기본적인 창함수로서 신호의 본래 상태가 보존되지만, 끊어지는 부분에서의 급격한 변화로 진폭 특성에 깁스 현상이 발생한다.

① 사각창(Rectangular window)

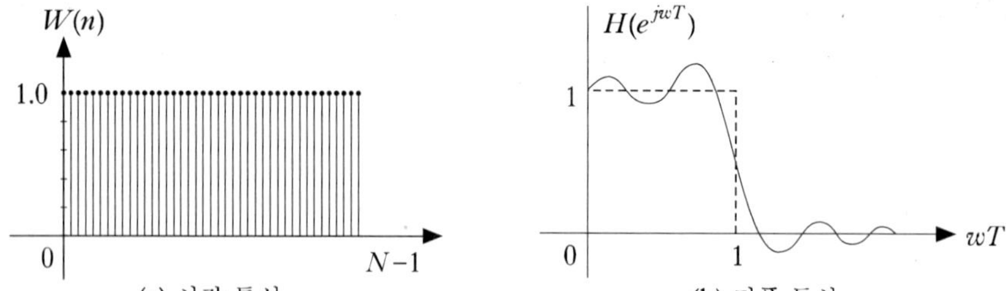

(a) 시간 특성 (b) 진폭 특성

[그림 6-27]

② 삼각창(Bartlett window)

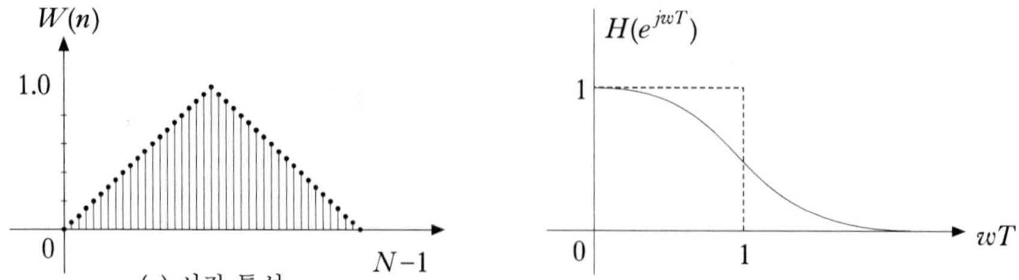

(a) 시간 특성 (b) 진폭 특성

[그림 6-28]

③ Hanning window

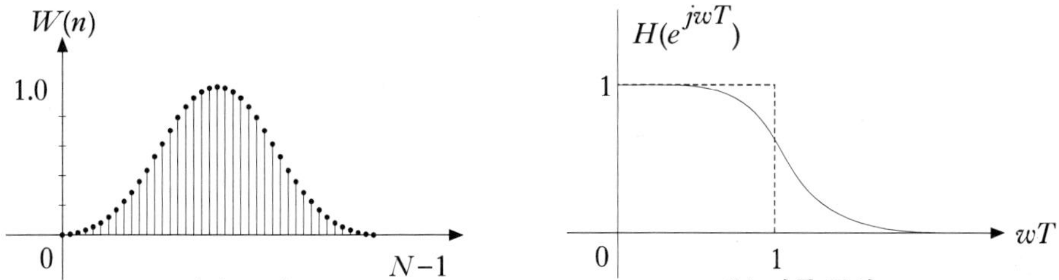

(a) 시간 특성 (b) 진폭 특성

[그림 6-29]

④ Hamming window

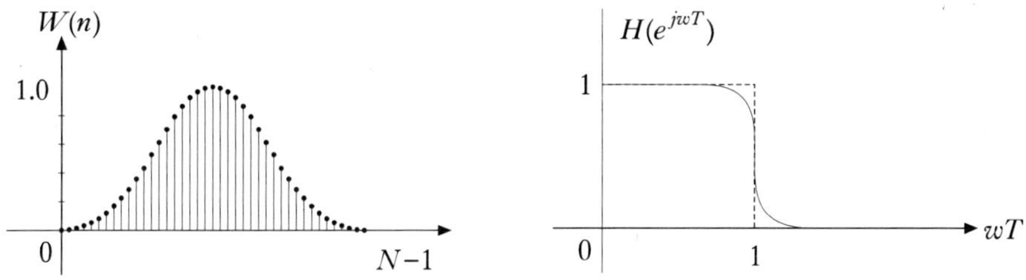

(a) 시간 특성 (b) 진폭 특성

[그림 6-30]

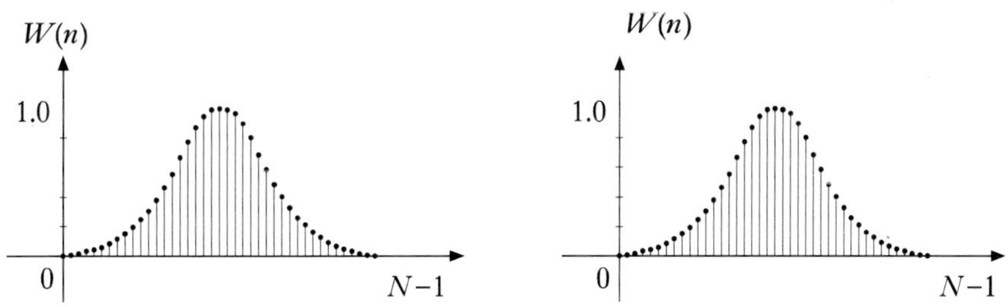

(a) Kaiser 창 (b) Black man 창

[그림 6-31]

다음의 [표 6-1]은 창함수를 수식으로 나타낸 것이다.

[표 6-1] 창함수

Window	function, $0 \le n \le N-1$
Rectangular	$W_n = 1$
Bartlett	$W_n = 1 - \dfrac{\lvert 2n - N + 1 \rvert}{N-1}$
Hanning	$W_n = 0.5 \left[1 - \cos \dfrac{2\pi n}{N-1} \right]$
Hamming	$W_n = 0.54 - 0.46 \cos \dfrac{2\pi n}{N-1}$
Blackman	$W_n = 0.42 - 0.5 \cos \dfrac{2\pi n}{N-1} + 0.08 \dfrac{4\pi}{N-1}$
Kaiser	$W_n = \dfrac{I_0 \left[\alpha \sqrt{1 - \left(\dfrac{\lvert 2n - N + 1 \rvert}{N-1} \right)^2} \right]}{I_0(\alpha)}$ $I_0(\alpha) = \sum_{n=0}^{\infty} \left(\dfrac{a^n}{2^n n!} \right)^2$

공액복소수

$D[x(n)] = X(k)$일 때 $x(n)$의 공액복소수 $x^*(n)$의 DFT는 다음 식과 같다.

$$D[x^*(n)] = X^*(-k) \tag{6.23}$$

참고 DTFT

DFT 이외에 이론적으로 고안된 DTFT(Discrete Time Fourier Transform)이 있다. 제 4장에서 공부한 푸리에 변환과 DFT의 중간 형태 정도로 보면 크게 틀리지 않다.

$$\text{알고리즘 : } X(w) = \sum_{n=-\infty}^{\infty} x(n) e^{-jwn}$$

(수식 설명)

이산 신호 $x(n)$에 대하여 모든 시간 $n : -\infty \sim \infty$에 걸쳐 있으며 계산결과 $X(w)$가 w

의 함수로서 이산 신호 처리 과정의 수치 계산이 곤란하다. 여기서 $X(w)$가 복소수로 계산됨은 물론이다. 이산 신호 $x(n)$에 관한 직접적인 주파수 w 분석이 가능하다. 이산 신호에 아날로그적 해석을 내렸다고 보는 것이 타당하다.

6.4 FFT(Fast Fourier Transform)

개 요

이산 신호 분석 알고리즘의 대명사인 FFT는 DFT 계산을 고속으로 처리하려는 와중에 나왔다. 이 FFT 알고리즘이 제시되면서 신호 처리는 활기를 띠게 되었고, 나중에는 신호 스펙트럼 분석기의 이름이 되기까지 하였다. FFT는 새로운 형태의 알고리즘이 아니라, DFT 알고리즘의 일종의 변형이다. DFT 계산 과정에서는 데이터 수 N개에 대하여 N^2의 곱셈과 $N(N-1)$회의 덧셈을 해야 한다. FFT는 이 방대한 계산량을 줄이는 알고리즘으로서 그 기본 핵심은 회전인자 W에 있다. 회전 인자의 특성을 적절히 사용하여 계산 시간을 줄인 것이다. 여기에는 기본적으로 시간 영역 신호 $x(n)$과 주파수 영역 신호 $X(k)$를 좌·우에 배치하여 좌측 $x(n)$의 배열을 바꾸어 계산하여 $X(k)$를 이끌어내는 방법과 우측의 $X(k)$의 배열을 바꾸어 $x(n)$으로부터 $X(k)$를 구하는 두 계산 방식으로 구분한다. 전자를 시간 추출 알고리즘, 후자를 주파수 추출 알고리즘이라 부르겠다.

시간 추출 알고리즘

FFT에 대한 자세한 수식 전개에 들어가기 전에 8개의 데이터로부터 FFT 계산을 하는 과정을 먼저 소개함으로 FFT 계산의 흐름을 파악하겠다. FFT 계산은 DFT 계산에서 출발한다.

$N=8$인 경우의 FFT 계산 흐름(예) :

$N=8$이므로 이산 신호 $x(n)$의 DFT는

$$X(k)=\sum_{n=0}^{N-1} x(n)\,W^{nk} \tag{6.25}$$

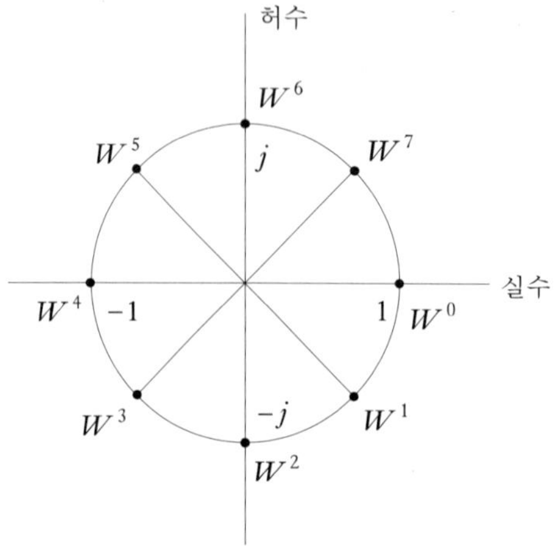

[그림 6-32]

이다. 여기서 $N=8$, $W=e^{-j\frac{2\pi}{8}}=\frac{\sqrt{2}}{2}-j\frac{\sqrt{2}}{2}$ 이다. 회전인자 W를 계산한다.

$$
\begin{aligned}
&W^0=1,\ W^1=\frac{\sqrt{2}}{2}-j\frac{\sqrt{2}}{2},\ W^2=-j,\ W^3=-\frac{\sqrt{2}}{2}-j\frac{\sqrt{2}}{2} \\
&W^4=-1,\ W^5=-\frac{\sqrt{2}}{2}-j\frac{\sqrt{2}}{2},\ W^6=j,\ W^7=\frac{\sqrt{2}}{2}+j\frac{\sqrt{2}}{2}
\end{aligned}
$$

식 (6.25)의 $X(k)$를 풀어 쓴다.

$$
\begin{aligned}
X(k)=&\ x(0)W^0+x(1)W^k+x(2)W^{2k}+x(3)W^{3k}+x(4)W^{4k} \\
&+x(5)W^{5k}+x(6)W^{6k}+x(7)W^{7k}
\end{aligned}
\tag{6.26}
$$

FFT에 대한 준비가 끝났으면 $k=0, 1, 2, \cdots, 7$에 대한 FFT 계산과정으로 들어간다. $k=0$은 지수부분이 모두 0이 되어

$$X(0)=x(0)+x(1)+x(2)+x(3)+x(4)+x(5)+x(6)+x(7)$$

i) $k=1$

단계 1: $X(1)=x(0)W^0+x(1)W+x(2)W^2+x(3)W^3$
$\qquad +x(4)W^4+x(5)W^5+x(6)W^6+x(7)W^7$

단계 2 : 우변의 8개항에서 홀수 번째 것들과 짝수 번째 항들을 끼리끼리 모은다.

$$X(1) = \underbrace{x(0)W^0 + x(2)W^2 + x(4)W^4 + x(6)W^6}_{\text{짝수 항}} + \underbrace{x(1)W^1 + x(3)W^3 + x(5)W^5 + x(7)W^7}_{\text{홀수 항}}$$

단계 3 : 각 부분을 마찬가지의 요령으로 짝수 항들과 홀수 항들로 분류한다.

$$X(1) = x(0)W^0 + x(4)W^4 + x(2)W^2 + x(6)W^6 + x(1)W + x(5)W^5 + x(3)W^3 + x(7)W^7$$

단계 4 : 공통인자로 서로 묶으면 재미있는 결과식이 나온다.

$$X(1) = x(0)W^0 + x(4)W^4 + W^2[x(2) + x(6)W^4] + W[x(1) + x(5)W^4] + W^3[x(3) + x(7)W^4]$$

네 부분 모두 W^0과 W^4의 형태로 되어 있다. [그림 6-32] 회전인자를 보면 W^0과 W^4은 값이 같고 부호가 서로 반대임을 알 수 있다. 즉, $W^0 = 1$, $W^4 = -1$이다.

따라서 마지막 식은 다음과 같다.

$$x(1) = x(0) - x(4) + W^2[x(2) - x(6)] + W[x(1) - x(5)] + W^3[x(3) - x(7)]$$

정리하면

$X(1) = x(0) + x(1)W + x(2)W^2 + x(3)W^3 + x(4)W^4 + x(5)W^5 + x(6)W^6 + x(7)W^7$

⇨ $x(0) - x(4) + W^2[x(2) - x(6)] + W[x(1) - x(5)] + W^3[x(3) - x(7)]$

(계산 흐름도)

이 수식 계산 흐름을 그림으로 나타내면 다음 [그림 6-33]과 같다.

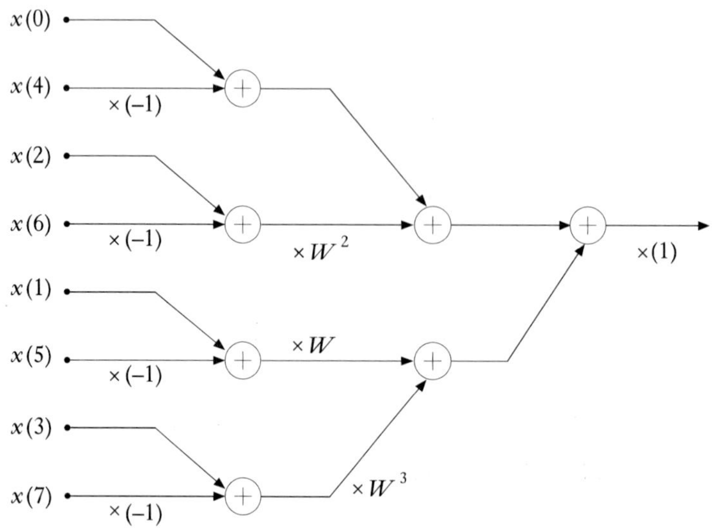

[그림 6-33] $X(1)$ 계산 흐름도

ii) $k=6$

$X(6)$을 짝수 항과 홀수 항들로 분류한다.

$$\begin{aligned} X(6) &= [x(0)+x(2)W^{12}+x(4)W^{24}+x(6)W^{36}] \\ &\quad + [x(1)W^{6}+x(3)W^{18}+x(5)W^{30}+x(7)W^{42}] \\ &= [x(0)+x(4)W^{24}]+[x(2)W^{12}+x(6)W^{36}] \\ &\quad + [x(1)W^{6}+x(5)W^{30}]+[x(3)W^{18}+x(7)W^{42}] \end{aligned}$$

회전인자의 특성을 적용한다.

$$W^{24}=W^{0}=1,\ \ W^{12}=W^{4},\ \ W^{18}=W^{2},\ \ W^{4}=-W^{0}=-1,\ \ W^{6}=-W^{2}$$

이를 $X(6)$식에 대입하여 정리한다.

$$\begin{aligned} X(6) &= [x(0)+x(4)]+W^{4}[x(2)+x(6)]+W^{6}[x(1)+x(5)]+W^{2}[x(3)+x(7)] \\ &= \{[x(0)+x(4)]-[x(2)+x(6)]\}-W^{2}\{[x(1)+x(5)]-[x(3)+x(7)]\} \end{aligned}$$

이 결과를 계산 흐름도로 그리면 다음 [그림 6-34]와 같다.

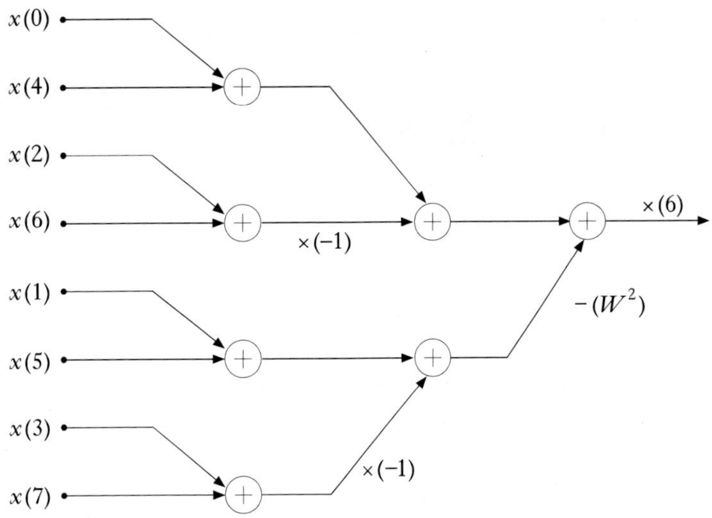

[그림 6-34] $X(6)$ **계산 흐름도**

$k=1$, $k=6$인 대표적인 경우에 대하여 살펴보았다. 일단 개념 이해 예제를 푼 다음 나머지 경우도 고찰해 보도록 한다.

개념 이해 예제 6

[그림 6-35]의 이산신호를 FFT 하여 주파수축 k 상에 나타내어라.

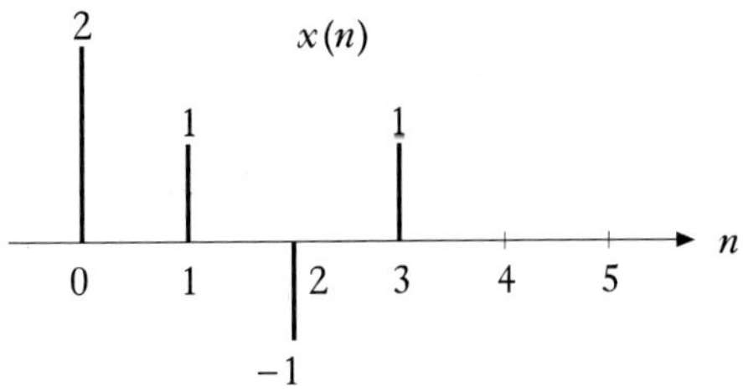

[그림 6-35]

풀이와 해설

$x(n)$은 $n=0, 1, 2, 3$이고 $N=4$이다.

$$x(0)=2,\ x(1)=1,\ x(2)=-1,\ x(3)=1$$

먼저 DFT 알고리즘을 적용한다.

$$D[x(n)] = \sum_{n=0}^{N-1} x(n) e^{-j\frac{2\pi}{N}nk} = \sum_{n=0}^{3} x(n) e^{-j\frac{2\pi}{4}nk} \qquad \cdots ①$$

여기서, 회전인자 $W = e^{-j\frac{\pi}{2}} = -j$

$$X(k) = D[x(n)] = \sum_{n=0}^{3} x(n)(-j)^{nk}$$
$$= x(0)(-j)^0 + x(1)(-j)^k + (2)x(-j)^{2k} + x(3)(-j)^{3k} \qquad \cdots ②$$

식 ②에 $x(n)$의 값을 대입한다.

$$X(k) = 2 + (-j)^k - (-j)^{2k} + (-j)^{3k}$$
$$X(0) = 2 + 1 - 1 + 1 = 3$$

$k = 1, 2, 3$에서 FFT 과정을 적용한다.

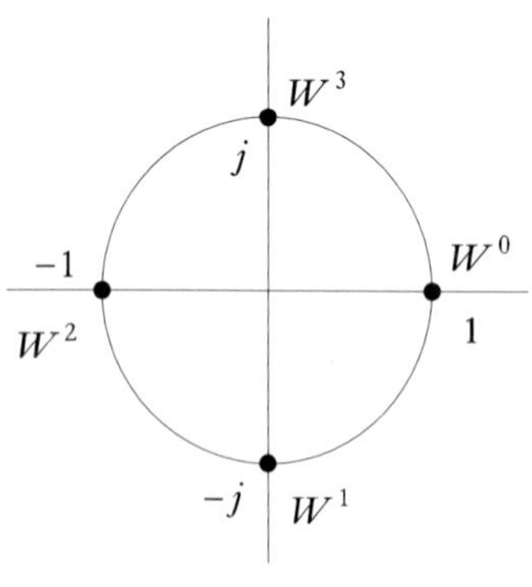

[그림 6-36] 회전인자

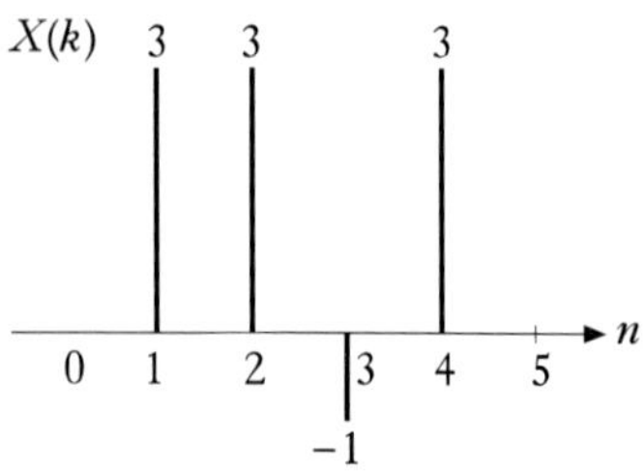

[그림 6-37]

i) $k = 1$

$$X(1) = x(0) + x(2)(-j)^2 + x(1)(-j) + x(3)(-j)^3$$
$$= x(0) - x(2) + (-j)[x(1) - x(3)] = 3$$

ii) $k = 2$

$$X(2) = x(0) + x(2)(-j)^4 + x(1)(-j)^2 + x(3)(-j)^6$$
$$= x(0) + x(2) + (-j)^2[x(1) + x(3)(-j)^4]$$
$$= x(0) + x(2) + (-j)^2[x(1) + x(3)] = -1$$

iii) $k = 3$

$$X(3) = x(0) + x(2)(-j)^6 + x(1)(-j)^3 + x(3)(-j)^9$$
$$= x(0) - x(2) + (-j)^3[x(1) + x(3)(-j)^6]$$
$$= x(0) - x(2) + (-j)^3[x(1) - x(3)] = 3$$

정리한다.

$X(0) = 3,\ X(1) = 3,\ X(2) = -1,\ X(3) = 3$

개념 이해 예제 7

$n=0, 1, 2, \cdots, 7$이고 $N=8$인 $x(n)$의 $X(4)$와 $X(7)$을 FFT로 구하는 과정을 보여라.

풀이와 해설

$x(n)$의 DFT $X(k)$를 쓴다.

$$X(k) = x(0)W^0 + x(1)W^k + x(2)W^{2k} + x(3)W^{3k} + x(4)W^{4k} + x(5)W^{5k} + x(6)W^{6k} + x(7)W^{7k} \quad \cdots ①$$

i) $k=4$에 대하여 FFT를 시행한다.

$$X(4) = x(0) + x(4)W^{16} + x(2)W^8 + x(6)W^{24} + x(1)W^4 + x(5)W^{20} + x(3)W^{12} + x(7)W^{28} \quad \cdots ②$$

식 ②에서 회전인자를 정리하여 식을 간략화 한다.

$$W^{16} = W^0,\ W^8 = W^0,\ W^{24} = W^0,\ W^{20} = W^4,\ W^{12} = W^4,\ W^{28} = W^4$$

$$\begin{aligned} X(4) &= x(0) + x(4) + x(2)W^0 + x(6)W^0 + x(1)W^4 + x(5)W^4 \\ &\quad + x(3)W^4 + x(7)W^4 \\ &= x(0) + x(4) + x(2) + x(6) + W^4[x(1) + x(5)] + W^4[x(3) + x(7)] \\ &\quad | W^4 = -1 \\ &= x(0) + x(4) + x(2) + x(6) - [x(1) + x(5) + x(3) + x(7)] \end{aligned}$$

ii) $k=7$에 대하여 FFT를 시행한다.

$$X(7) = x(0) + x(4)W^{28} + x(2)W^{14} + x(6)W^{42} + x(1)W^7 + x(5)W^{35} + x(3)W^{21} + x(7)W^{49}$$

$$W^{28} = W^4,\ W^{14} = W^6,\ W^{42} = W^2,\ W^{35} = W^3,\ W^{21} = W^5,\ W^{49} = W^1$$

$$\begin{aligned} &= x(0) + x(4)W^4 + x(2)W^6 + x(6)W^2 + x(1)W^7 + x(5)W^3 \\ &\quad + x(3)W^5 + x(7)W^1 \\ &= [x(0) - x(4)] - W^2[x(2) - x(6)] - W^3[x(1) - x(5)] - W[x(3) - x(7)] \end{aligned}$$

[그림 6-38]은 전체 계산 흐름도를 보이고 있다. 이 그림의 계산은 오른쪽에서 왼쪽으로 거슬러 올라가면서 하는 것이 편리하다.

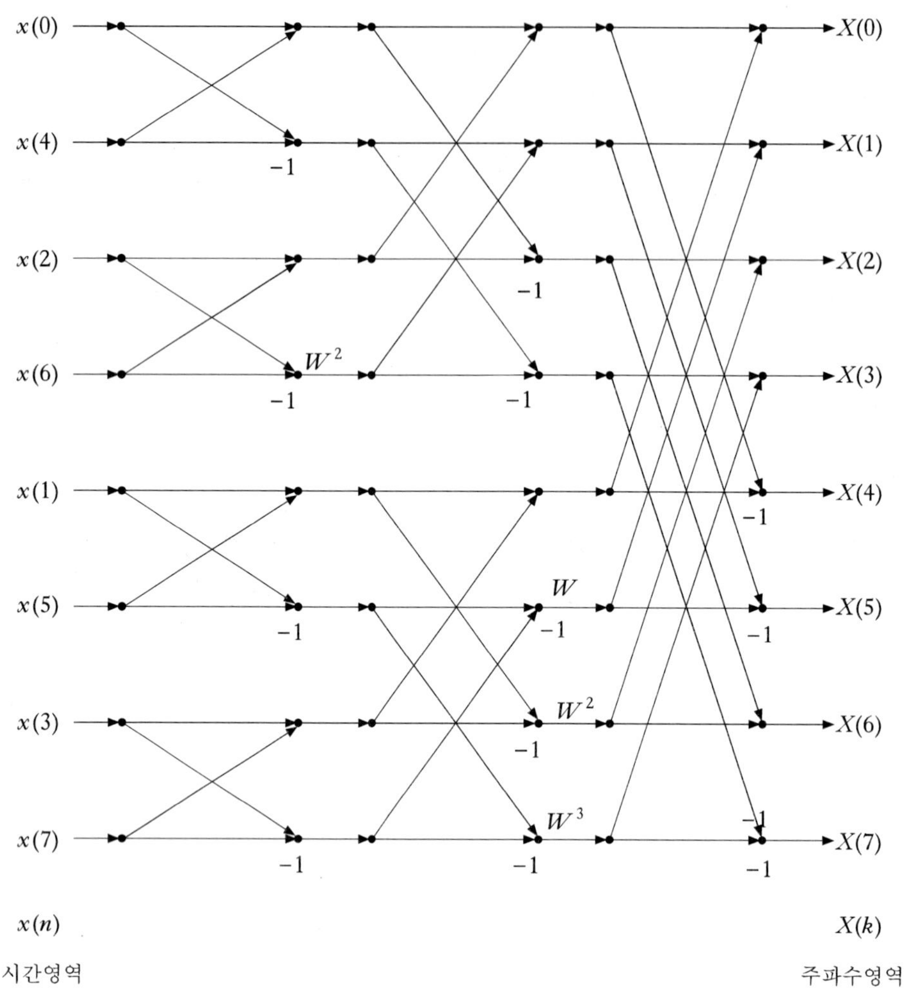

[그림 6-38] 8점 FFT 시간 추출 계산 흐름도

개념 이해 예제 8

[그림 6-38]에서 $X(3)$를 산출하는 계산식을 구하여라.

풀이와 해설

[그림 6-39]와 같이 $X(3)$의 경로를 찾는다.

그림에 표시된 경로를 따라 식을 세운다. 경로가 서로 만나는 점은 (+)이다.

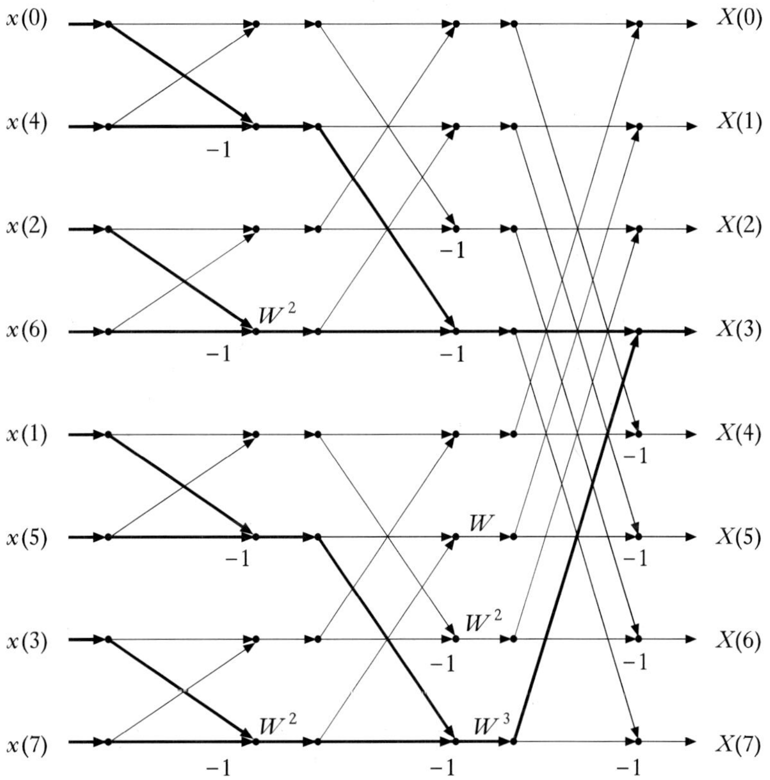

[그림 6-39]

$$
\left.\begin{array}{l}
\left.\begin{array}{l} x(0)-x(4) \\ [x(2)-x(6)]\,W^2\times(-1) \end{array}\right\}(+) \\
\left.\begin{array}{l} x(1)-x(5) \\ [x(3)-x(7)]\,W^2\times(-1) \end{array}\right\}(+)\times W^3
\end{array}\right](+) = X(3)
$$

수식을 정리한다.

$$\begin{aligned} X(3) &= [x(0)-x(4)] - W^2[x(2)-x(6)] + W^3[\{x(1)-x(5)\} - W^2\{x(3)-x(7)\}] \\ &= x(0)-x(4) - W^2[x(2)-x(6)] + W^3[x(1)-x(5)] - W^5[x(3)-x(7)] \end{aligned}$$

개념 이해 예제 9

[그림 6-38]에서 $X(6)$의 계산식을 구하여라.

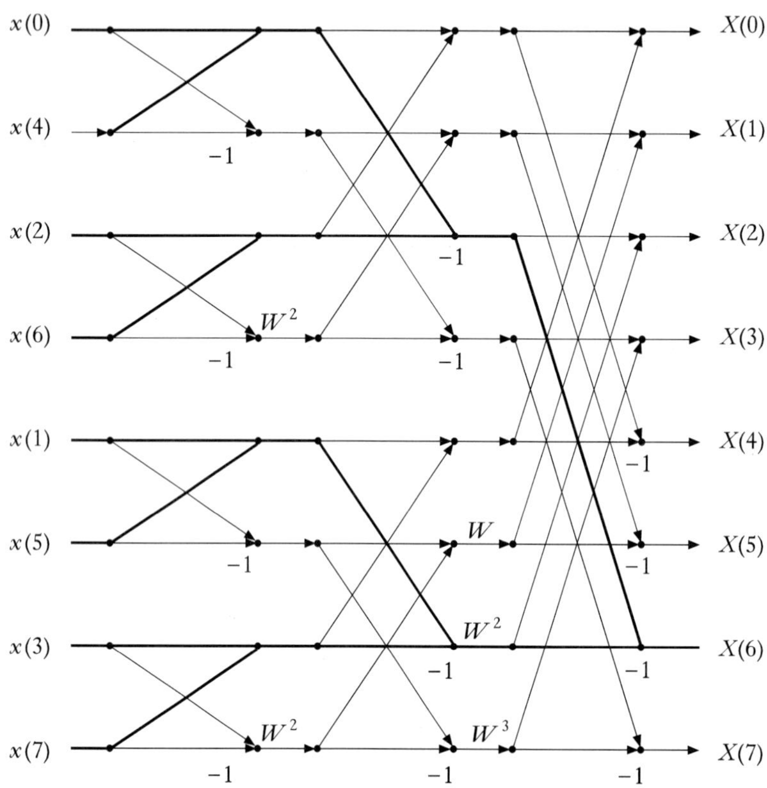

[그림 6-40]

풀이와 해설

[그림 6-40]과 같이 계산 경로를 찾는다. 경로에 따라 수식을 세운다.

$$\left.\left.\begin{array}{l}\left.\begin{array}{l}x(0)+x(4)\\ [x(2)+x(6)]\times(-1)\end{array}\right\}(+)\\ \left.\begin{array}{l}x(1)+x(5)\\ [x(3)+x(7)]\times(-1)\end{array}\right\}(+)\times W^2\times(-1)\end{array}\right]\right.(+)=X(6)$$

수식을 정리한다.

$$X(6)=[x(0)+x(4)]-[x(2)+x(6)]-W^2[\{x(1)+x(5)\}-\{x(3)+x(7)\}]$$

이제까지 설명한 계산 과정을 계산식에서 추려내는 방식을 [그림 6-41]에 보였다. $X(3)$에 대하여 제시한다.

$k=3$: $X(3)=$ $\{x(0)\ \ x(1)W^3\ \ x(2)W^6\ \ x(3)W^9\ \ x(4)W^{12}\ \ x(5)W^{15}\ \ x(6)W^{18}\ \ x(7)W^{21}\}$

홀수와 짝수로 구분: $\{x(0)\ \ x(2)W^6\ \ x(4)W^{12}\ \ x(6)W^{18}\}\ \{x(1)W^3\ \ x(3)W^9\ \ x(5)W^{15}\ \ x(7)W^{21}\}$

한 번 더 구분: $\{x(0)\ \ x(4)W^{12}\}\ \{x(2)W^6\ \ x(6)W^{18}\}\ \{x(1)W^3\ \ x(5)W^{15}\}\ \{x(3)W^9\ \ x(7)W^{21}\}$

회전인자로 정리: $W^{12}=W^4=-1,\ W^{18}=W^2,\ W^{15}=W^7,\ W^9-W^1,\ W^{21}-W^5$

계산: $x(0)-x(4),\ x(2)W^6+x(6)W^2=W^2[x(2)W^4+x(6)]=-W^2[x(2)-x(6)]$

$x(1)W^3+x(5)W^7=W^3[x(1)+x(5)W^4]=W^3(x(1)-x(5)]$

$x(3)W+x(7)W^5=W[x(3)+x(7)W^4]=W[x(3)-x(7)]$

합산: $X(3)=[x(0)-x(4)]-W^2[x(2)-x(6)]+W^3[x(1)-x(5)]+W[x(3)-x(7)]$

[그림 6-41] $X(3)$의 FFT 계산 요령

DFT로부터의 데이터 추출 배열: [그림 6-41]의 마지막 합산식을 보면 처음의 시간 영역 데이터 $x(0),\ x(1),\ \cdots,\ x(7)$의 배열이 $x(0),\ x(4),\ x(2),\ x(6),\ x(1),\ x(5),\ x(3),\ x(7)$

로 되어 있음을 볼 수 있다. $x(1)$, $x(2)$, ⋯, $x(7)$ 모두 이 배열이다. 이는 시간 영역 신호 데이터를 불러들여 저장한 다음, FFT 계산 시 배열 순서를 이와 같이 바꾸어 진행하는 것을 의미한다. 데이터가 8개 정도면 별 문제가 없으나 그 수가 수천이나 수만이 되면 이 배열을 찾는 것은 거의 불가능하다. 신호의 입력 배열을 구하는 방식으로 역비트법(bit-reverse)이 있다. 다음 [그림 6-42]에 그 방법을 자세히 보였다.

$x(n)$의 n	421비트로 표시	비트의 순서를 뒤집는다.	십진수로 변환
0	000	000	0
1	001	100	4
2	010	010	2
3	011	110	6
4	100	001	1
5	101	101	5
6	110	011	3
7	111	111	7

[그림 6-42]

FFT의 특성

2^n의 데이터를 필요로 한다: FFT 계산과 DFT 계산의 차이점은 대상 데이터 수가 FFT에서는 한정되어 있다. 앞의 계산요령에서 살펴보았듯이, FFT 계산은 계속해서 홀수 항들과 짝수 항들을 나누게 되고, 최종적으로 2개씩 짝을 이룬다. 이는 FFT 계산에 사용되는 데이터 수는 2^n임을 의미한다. 즉 신호 분석을 위해 입력시키는 데이터가 2^n인 32, 64, 128, 1024, 2048, ⋯이다. 만약 어떤 계측기나 소프트웨어를 사용하여 임의의 데이터를 FFT 하는 경우, 데이터의 개수를 지정하기도 하지만 별 지시가 없더라도 2^n개로 데이터를 한정해 불러들여 분석한다.

계산 시간이 대폭 줄어든다: FFT 계산을 하는 이유는 계산 시간 단축에 있다. 실제 계산 시 DFT를 사용하는 예는 매우 드물다. N개의 데이터에 대하여 DFT와 FFT의 계산 횟수를 비교해 보자.(곱셈)

$$\text{DFT} : N^2$$

$$\text{FFT} : \frac{\log_2 N}{2}$$

(이유)

DFT 과정은 한번 계산에 N개의 곱셈이 필요하며 $k=N$개에 대해 $N\times N=N^2$의 곱셈을 한다. 반면에 FFT는 데이터 N개에 대하여, 한 개의 결과 값을 얻는데 필요한 곱셈수가 $\log_2 N$이고 여기에 N을 곱하여 $N\log_2 N$회의 곱셈이 행해지고, 마지막 단계에서 곱셈의 수가 절반으로 줄어들어 결국은 $\frac{(N\log_2 N)}{2}$회의 곱셈을 하는 셈이다.

기초 예제 4

FFT 계산을 위해 64(개) 데이터를 입력하였다. 곱셈의 계산 횟수를 구하여라.

풀이와 해설

$N=64$이므로 곱셈의 계산 수는 $\frac{64\log_2 64}{2}=192$(회)

주파수 추출 알고리즘

시간 추출 알고리즘이 $x(n)$을 짝수 항들과 홀수 항들로 나눈 데 비해, 주파수 추출 알고리즘은 $x(n)$을 순번대로 둘씩 나누어 계산해 들어가는 방식이다. 전자의 경우와 동일한 결과가 나오기는 하지만 최종 주파수 영역의 데이터 순서가 달라지는 것이 차이점이다. 이해를 돕기 위해 8점의 데이터의 FFT를 간단히 제시한다. DFT로부터 시작한다.

$$\begin{aligned}X(k) &= x(0)W^0+x(1)W^k+x(2)W^{2k}+x(3)W^{3k}+x(4)W^{4k}+x(5)W^{5k}+x(6)W^{6k}+x(7)W^{7k}\\ &= W^0[x(0)+x(4)W^{4k}]+W^k[x(1)+x(5)W^{4k}]+W^{2k}[x(2)+x(6)W^{4k}]+W^{3k}[x(3)+x(7)W^{4k}]\end{aligned}$$

i) k가 홀수이면 $W^{4k}=-1$이다.

$$X(k)=W^0[x(0)-x(4)]+W^k[x(1)-x(5)]+W^{2k}[x(2)-x(6)]+W^{3k}[x(3)-x(7)]$$

ii) k가 짝수이면 $W^{4k}=1$이다.

$$X(k)=W^0[x(0)+x(4)]+W^k[x(1)+x(5)]+W^{2k}[x(2)+x(6)]+W^{3k}[x(3)+x(7)]$$

$k=1$에서 $X(1)$

$$X(1)=x(0)-x(4)+[x(1)-x(5)]W+[x(2)-x(6)]W^2+[x(3)-x(7)]W^3$$

$k=2$에서 $X(2)$

$$\begin{aligned}X(2)&=x(0)+x(4)+W^2[x(1)+x(5)]+W^4[x(2)+x(6)]+W^6[x(3)+x(7)]\\&=x(0)+x(4)+W^2[x(1)+x(5)]-W^0[x(2)+x(6)]-W^2[x(3)+x(7)]\end{aligned}$$

k의 홀수와 짝수에서 서로 다른 양상을 보인다. 다음 [그림 6-43]은 그 과정을 보이고 있다.

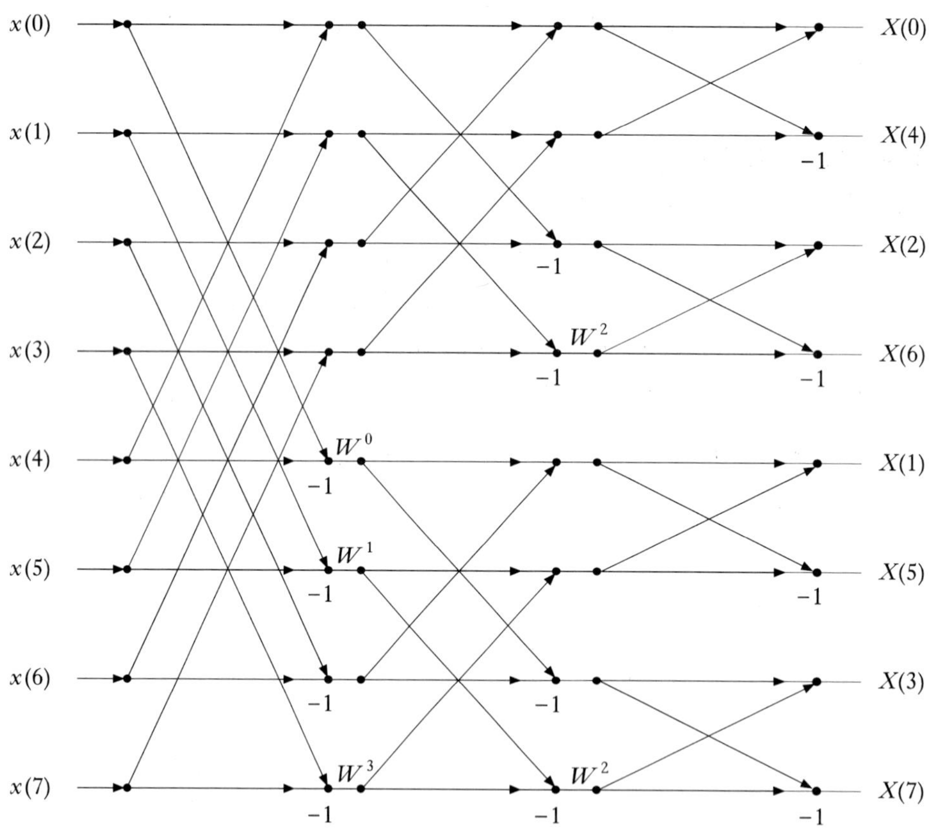

[그림 6-43] 8점 FFT 주파수 추출 계산 흐름도

연 습 문 제

1. $W = e^{j\frac{\pi}{12}}$이다. W^{32}를 구하여라.

2. $W = e^{-j\frac{\pi}{4}}$일 때, $W^0 = -W^4$임을 증명하여라.

3. $W = e^{-j\frac{\pi}{5}}$이고, W^1과 절대값이 같고 부호가 반대인 값을 W^k라고 한다. k를 구하여라.

4. $x(n)$이 [그림 6-44]와 같다. DFS를 구하고 스펙트럼을 그려라.

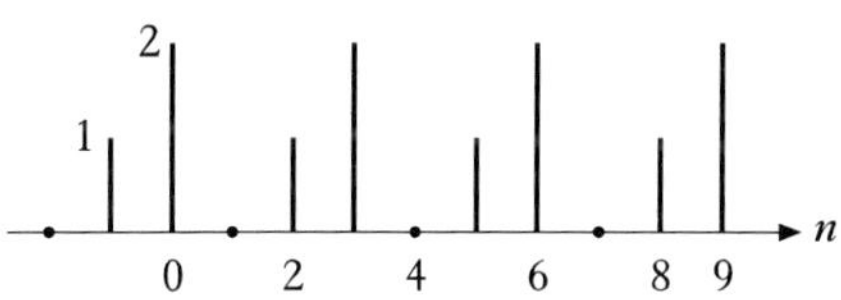

[그림 6-44]

5. 다음 [그림 6-45]의 $x(n)$ DFT하여 $X(k)$를 계산하고 k축상에 나타내어라.

[그림 6-45]

6. 이산 신호 $x(n)$이 [그림 6-46]과 같다. DFT하여 $X(k)$를 계산하고 k축상에 나타내어라.

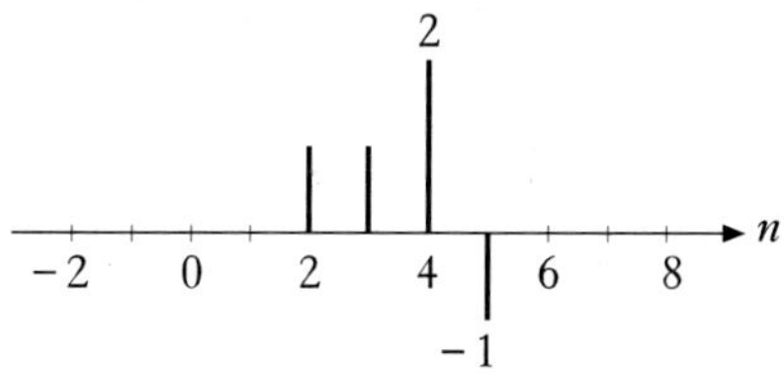

[그림 6-46]

7. 시스템 전달함수 신호체계 $h(n)$이 다음과 같이 주어졌다.

$$h(n) = e^{-n}[u(n) - u(n-4)]$$

이 시스템에 입력 신호 $x(n) = u(n) - u(n-8)$이 인가되었다. 출력 신호 $y(n)$의 DFT를 구하여라.

8. 이산 신호 $x(n)$이 다음과 같다.

$$x(n) = u(n) - u(n-5) + \delta(n-7)$$

FFT에 의해 $k=2$, $k=3$일 때의 $X(2)$와 $X(3)$을 계산하여라.

9. $x(n)$의 데이터가 4개로서 $n=0, 1, 2, 3$이다. FFT하는 과정을 시간 추출 알고리즘으로 그려라.

10. 문제 5의 [그림 6-45]를 FFT로 주파수 분석한 것을 $X(k)$라 할 때

$$D^{-1} \log |X(k)|^2$$

을 구하고 그림을 나타내어라. (cepstrum)

11. 문제 10의 $X(k)$에서

$$D^{-1}[|X(k)|^2]$$

을 구하여라.(Auto correlation)

제 7 장 디지털 필터 해석과 설계

Digital Filter Analysis and design

들어가는 말

이산 신호처리의 궁극적 목적은 이산신호 속에 내재되어 있는 신호의 특성과 필터를 통한 신호변형이다. 입력 신호를 설계자가 원하는 형태로 변형을 시키는 것이 디지털 필터이다. 디지털 필터는 입력 신호의 시간 특성과 주파수 특성에 변형을 이끌어내어 궁극적으로 출력신호를 변형한다. 디지털 필터는 입출력 구성상 크게 나누어 FIR 필터와 IIR 필터로 나누어진다. 이에 관한 내용은 이미 앞 장에서 살펴보았다. FIR 필터가 현재 및 과거의 입력에 의해서만 현재 출력이 결정되는데 비해 IIR 필터는 반복항을 갖고 있어 현재의 입력과 과거의 입출력에 의해 현재 출력이 결정된다. 이 때 필터 응답을 결정하는 것이 바로 필터의 입출력 계수이다. 또한 입출력 상태에 의해 필터의 주파수 응답이 가늠되며 이는 Z-변환에 의해 산출할 수 있다.

내 용

7.1 디지털 필터 유형과 일반적 특성

필터 유형 구분

디지털 필터는 크게 IIR(Infinite Impulse Response)필터와 FIR(Finite Impulse Response)필터로 나누어진다. 두 필터는 형태와 설계 방식이 각기 다르고, 특성에서도 적지 않은 차이가 있다. 필터의 차이는 일단 입출력 차분방정식에 의해 구분된다. 반복항이 없으면 FIR 필터이고 반복항이 있으면 IIR 필터이다.

FIR 필터 형태 : $y(n) = \sum_{k=0}^{m} b_k x(n-k)$ (7.1)

일반형태 : $y(n) = b_0 x(n) + b_1 x(n-1) + b_2 x(n-2) + \cdots$

IIR 필터 형태 : $y(n) = \sum_{k=0}^{m} b_k x(n-k) - \underbrace{\sum_{k=1}^{s} a_k y(n-k)}_{\text{반복항}}$ (7.2)

일반형태 : $y(n) = b_0 x(n) + b_1 x(n-1) + b_2 x(n-2) + \cdots$
$- a_1 y(n-1) - a_2 y(n-2) - a_3 y(n-3) + \cdots$

위의 두 형태를 나타내는 식 (7.1)과 (7.2)에서 반복항은 과거의 출력이 계속해서 현재의 출력에 영향을 끼친다. 반복항의 존재와 영향에 대해 이미 앞의 여러 장에서 고찰하였으나 여기서는 기억을 상기하고자 다시 한 번 예로서 제시한다.

개념 이해 예제 1

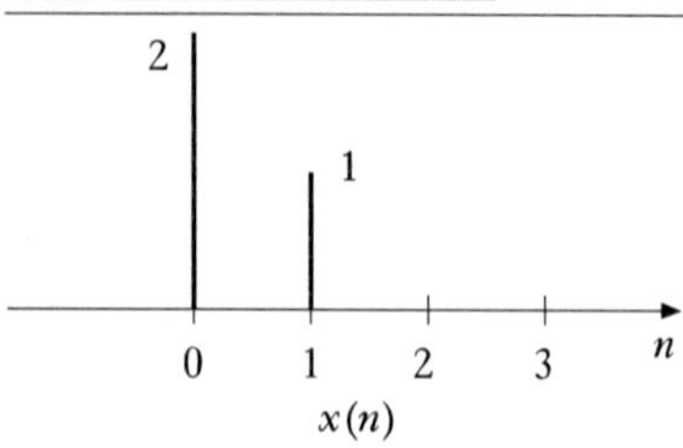

[그림 7-1]

[그림 7-1]의 입력신호 $x(n)$이

① $y(n) = \frac{1}{3}[x(n) + x(n-1) + x(n-2)]$

② $y(n) = \frac{1}{3}[x(n) + x(n-1) + x(n-2)] + 0.5y(n-1)$

③ $y(n) = \frac{1}{3}[x(n) + x(n-1) + x(n-2)] + 1.2y(n-1)$

의 세 디지털 필터에 인가되었다. 각 필터의 출력 신호와 입출력 상태를 구하고 고찰하시오. $x(n)$, $y(n)$ 모두 초기치는 0이다.

풀이와 해설

각각의 필터 응답을 구하기 전에 먼저 ①, ②, ③ 필터의 유형을 살펴보자.

①; 방정식의 좌변 $y(n)$은 현재의 출력이고 우변은 입력 $x(n)$, $x(n-1)$, $x(n-2)$로 구성된 FIR 필터이다.

②; 방정식의 우변에는 반복항 $0.5y(n-1)$이 추가되어 있고 그 계수 0.5는 1보다 작다.

③; 방정식의 우변에 있는 반복항 $1.2y(n-1)$의 계수 1.2는 1보다 크다. 1보다 크고 작음에 의해 안정도가 판별됨을 앞에서 배웠다.

유형을 살펴보았으면 이제 각 필터의 응답을 구해보도록 한다.

(1) $y(n) = \frac{1}{3}[x(n) + x(n-1) + x(n-2)]$

이 FIR 필터는 순차적으로 나타나는 입력 이산신호 세 개씩을 평균한다. 즉 평균 필터(mean filter)라 할 수 있다.

[그림 7-1]의 $x(n)$이 $x(0) = 2, x(1) = 1$이므로 $n = 0, 1, 2, 3 \cdots$에 대하여 다음과 같이 출력 $y(0), y(1), y(2), \cdots$를 산출해 나간다.

i) $n = 0,\ y(0) = \frac{1}{3}[x(0) + x(-1) + x(-2)]$

$$= \frac{1}{3}(2 + 0 + 0) = \frac{2}{3}$$

ii) $n = 1,\ y(1) = \frac{1}{3}[x(1) + x(0) + x(-1)]$

$$= \frac{1}{3}(1 + 2 + 0) = 1$$

iii) $n = 2,\ y(2) = \frac{1}{3}[x(2) + x(1) + x(0)]$

$$= \frac{1}{3}(0 + 1 + 2) = 1$$

iv) $n=3,\ y(3)=\frac{1}{3}[x(3)+x(2)+x(1)]$

$$=\frac{1}{3}(0+0+1)=\frac{1}{3}$$

v) $n=4,\ y(4)=\frac{1}{3}[x(4)+x(3)+x(2)]$

$$=\frac{1}{3}(0+0+0)=0$$

vi) $n>5,\ y(n)=0$

계산결과를 정리한다.

$$\cdots y(-2)=y(-1)=0,\ y(0)=\frac{2}{3},\ y(1)=1,\ y(2)=1,\ y(3)=\frac{1}{3},\ y(4)=0,\ \cdots=0$$

$y(n)$을 그래프로 그리면 [그림 7-2]와 같다. 출력 $y(n)$이 안정하다.

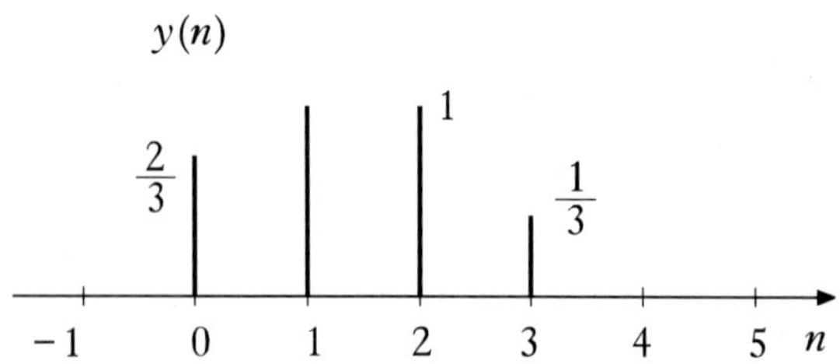

[그림 7-2]

(2) $y(n)=\frac{1}{3}[x(n)+x(n-1)+x(n-2)]+0.5y(n-1)$

앞의 ①에 해당하는 FIR 필터에 반복항 $0.5y(n-1)$이 추가된 IIR 필터이다. 입력신호 $x(n)$에 대하여 $x(0)=2,\ x(1)=1$에서 $y(n)$을 산출한다.

i) $n=0,\ y(0)=\frac{1}{3}[x(0)+x(-1)+x(-2)]+0.5y(-1)=\frac{2}{3}$

ii) $n=1,\ y(1)=\frac{1}{3}[x(1)+x(0)+x(-1)]+0.5y(0)=\frac{1}{3}[1+2+0]+0.5\times\frac{2}{3}=\frac{4}{3}$

iii) $n=2,\ y(2)=\frac{1}{3}[x(2)+x(1)+x(0)]+0.5y(1)=\frac{1}{3}[0+1+2]+0.5\times\frac{4}{3}=\frac{5}{3}$

iv) $n=3,\ y(3)=\frac{1}{3}[x(3)+x(2)+x(1)]+0.5y(2)=\frac{1}{3}+0.5\times\frac{5}{3}=\frac{7}{6}$

v) $n=4,\ y(4)=\frac{1}{3}[x(4)+x(3)+x(2)]+0.5y(3)=\frac{7}{12}$; 이번부터는 x의 입력항이 0이다. 계산 시 반복항만 남는다.

vi) $n=5,\ y(5)=0.5y(4)=\frac{7}{24}$

vii) $n=6,\ y(6)=0.5y(5)=\frac{7}{48}$

....

....

n이 지속될수록 $y(n)$의 값은 0으로 수렴한다.

결과를 정리한다.

$$y(0)=\frac{2}{3},\ y(1)=\frac{4}{3},\ y(2)=\frac{5}{3},\ y(3)=\frac{7}{6},\ y(4)=\frac{7}{12},\ y(5)=\frac{7}{24},\ \cdots$$

$y(n)$의 결과를 [그림 7-3]에 보였다.

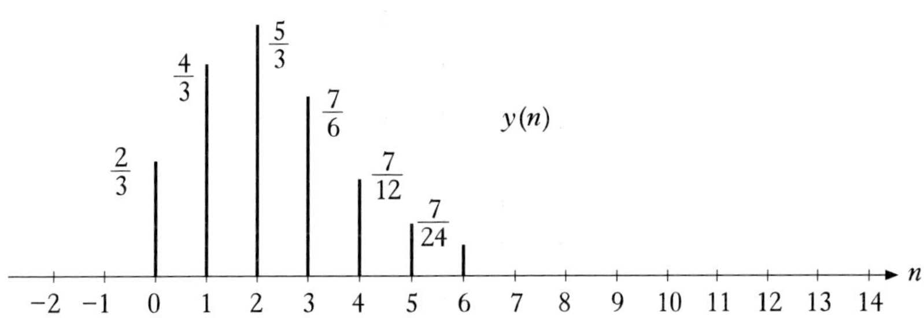

[그림 7-3]

[그림 7-3]에서 반복항이 $y(n)$ 계산 시 계속해서 물고 들어가나 0.5가 거듭 곱해지므로 그 값이 줄어들어 0으로 가까이 가고 있다. 안정하다.

(3) $y(n) = \frac{1}{3}[x(n) + x(n-1) + x(n-2)] + 1.2y(n-1)$

앞의 (2)번 IIR 필터의 반복항 $0.5y(n-1)$의 계수가 0.5인데 비해, 이번에는 계수 값이 1.2로서 1보다 큰 것이 특징이다. 앞의 계산과 마찬가지로 $x(0) = 2$, $x(1) = 1$에 대해 $y(n)$을 계산한다.

i) $n = 0$, $y(0) = \frac{1}{3}[x(0) + x(-1) + x(-2)] + 1.2y(-1) = \frac{2}{3}$

ii) $n = 1$, $y(1) = \frac{1}{3}[x(1) + x(0) + x(-1)] + 1.2y(0) = 1 + 1.2 \times \frac{2}{3} = \frac{9}{5}$

iii) $n = 2$, $y(2) = \frac{1}{3}[x(2) + x(1) + x(0)] + 1.2y(1) = 1 + 1.2 \times \frac{9}{5} = 3.16$

iv) $n = 3$, $y(3) = \frac{1}{3}[x(3) + x(2) + x(1)] + 1.2y(2) = \frac{1}{3} + 1.2 \times 3.16 = 4.13$

v) $n = 4$, $y(4) = 1.2y(3) = 4.96$

vi) $n = 5$, $y(5) = 1.2y(4) = 1.2 \times 4.96 = 5.95$

....

....

n이 커질수록 입력항은 없고 출력항에 1.2가 계속해서 곱해지므로 $y(n)$은 무한대로 점점 커지게 된다. $y(n)$을 [그림 7-4]에 보였다. 불안정하다.

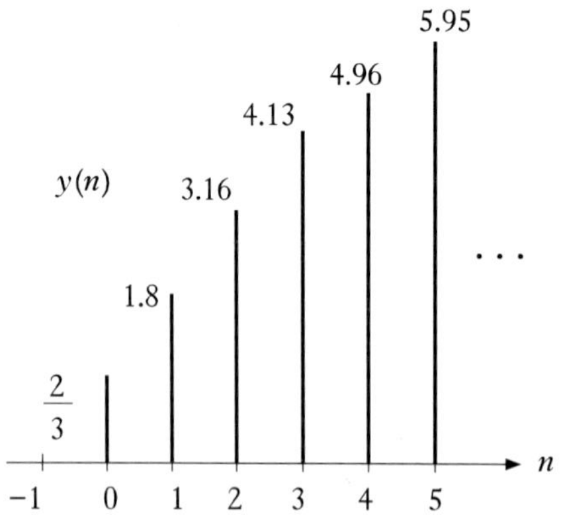

[그림 7-4]

이상의 개념 이해 예제를 통해 반복항의 유무와 반복항의 계수 값에 따라 응답이 어떻게 결정되는가를 이해하였으리라 본다. 반복항의 계수에 의해 필터가 안정하거나 불안정하게 됨도 파악하였을 것이다. 예제에서는 단순히 1보다 크고 작은 계수 하나만을 살펴보았으나 반복항이 여럿 있을 때에는 계수 값만 가지고는 판별이 어렵고 Z-변환을 통해 필터 전달함수를 구하고, 전달함수의 극점을 구하여 판별해야 한다.

필터 전달함수와 영점(Zero) 및 극점(Pole)

필터의 전달함수는 입출력 차분방정식을 Z-변환함으로 구한다.

FIR 필터 전달함수 : 일반형태의 FIR 필터 입출력 차분방정식

$$y(n) = b_0 x(n) + b_1 x(n-1) + b_2 (n-2) + \cdots$$

의 좌우변을 Z-변환한다.

$$Y(z) = (b_0 + b_1 z^{-1} + b_2 z^{-2} + b_3 z^{-3} + \cdots)X(z)$$

우변의 $X(z)$를 좌변으로 옮겨 전달함수 $H(z)$를 산출한다.

$$H(z) = \frac{Y(z)}{X(z)} = b_0 + b_1 z^{-1} + b_2 z^{-2} + b_3 z^{-3} + \cdots$$

전달함수 $H(z)$를 $\sum$를 사용하여 표현한다.

$$\boxed{H(z) = \sum_{k=0}^{m} b_k z^{-k}} \tag{7.3}$$

식 (7.3)의 전달함수는 분자만 존재하므로 어떠한 경우든지 $H(z) = \infty$가 될 걱정이 없다. 즉 절대적으로 안정하다. 단지 필터 응답이 입력 상태로만 결정되므로 응답이 느리고 그리 만족스럽지 않은 게 흠이다.

IIR 필터 전달함수: 일반형태의 IIR 필터 입출력 차분방정식

$$y(n) = b_0x(n) + b_1x(n-1) + b_2x(n-2) + \cdots \underbrace{- a_1y(n-1) - a_2y(n-2) - a_3y(n-3) + \cdots}_{\text{반복항}}$$

의 반복항을 좌변으로 옮겨 출력항과 입력항으로 구분한다.

$$y(n) + a_1y(n-1) + a_2y(n-2) + \cdots = b_0x(n) + b_1x(n-1) + b_2x(n-2) + \cdots$$

위 식의 양변을 Z-변환한다.

$$Y(Z)(1 + a_1z^{-1} + a_2z^{-2} + \cdots) = X(Z)(b_0 + b_1z^{-1} + b_2z^{-2} + \cdots)$$

위의 Z-변환 결과로부터 전달함수 $H(z)$를 구한다.

$$H(z) = \frac{Y(Z)}{X(z)} = \frac{b_0 + b_1z^{-1} + b_2z^{-2} + \cdots}{1 + a_1z^{-1} + a_2z^{-2} + \cdots}$$

전달함수 $H(z)$를 $\sum$를 사용하여 표현한다.

$$H(z) = \frac{\sum_{k=0}^{m} b_k z^{-k}}{1 + \sum_{k=1}^{i} a_k z^{-k}} \tag{7.4}$$

FIR 필터의 계수: 필터의 계수는 입출력 차분방정식에서 얻는다.

출력 $y(n)$과 관련된 값이 출력항 계수이고 입력 $x(n)$, $x(n-1)$, $\cdots$과 관련된 값이 입력항 계수이다. 따라서

$$y(n) = b_0x(n) + b_1x(n-1) + b_2x(n-2) + b_3x(n-3) + \cdots$$

에 대하여 계수를 구한다.

$$출력항\ 계수\ 집합,\ A = \{1\}$$
$$입력항\ 계수\ 집합,\ B = \{b_0,\ b_1,\ b_2,\ \cdots\}$$

IIR 필터계수 : 입출력항 모두 존재하므로 입출력 차분방정식을 출력항과 입력항으로 양분한 다음 계수들을 구한다. 즉

$$y(n)+a_1y(n-1)+a_2y(n-2)+\cdots = b_0x(n)+b_1x(n-1)+b_2x(n-2)+\cdots$$

에서 계수를 구한다.

$$출력항\ 계수\ 집합,\ A = \{1,\ a_1,\ a_2,\ a_3,\ \cdots\}$$
$$입력항\ 계수\ 집합,\ B = \{b_0,\ b_1,\ b_2,\ b_3,\ \cdots\}$$

필터의 계수들은 필터 시뮬레이션 시 매우 중요하게 사용된다.

영점과 극점 : 디지털 필터의 영점과 극점은 식 (7.3)과 (7.4)의 해당 분모 분자를 인수분해함으로 구한다. FIR 필터는 분자만 있으므로 영점만 존재하고 IIR 필터는 분모와 분자가 모두 있으므로 분자에 해당하는 영점과 분모에 해당하는 극점이 모두 존재한다. 수식을 통해 고찰해 보자.

$$\text{IIR 필터}:\ H(z) = \frac{b_0(z-q_1)(z-q_2)(z-q_3)\cdots}{(z-p_1)(z-p_2)(z-p_3)\cdots} \tag{7.5}$$

영점의 집합, $\{q_1,\ q_2,\ q_3,\ \cdots\}$
극점의 집합, $\{p_1,\ p_2,\ p_3,\ \cdots\}$

식 (7.5)를 통해 산출한 극점 $p_i < 1\ (i = 1,\ 2,\ 3,\ \cdots)$이면 필터가 안정함은 제 5장에서 이미 설명하였다. 디지털 필터의 유형과 특성을 [표 7-1]에 정리하였다.

[표 7-1]

필터	FIR 필터	IIR 필터
입출력 방정식	$y(n) = b_0x(n) + b_1x(n-1) + b_2x(n-2) + \cdots$ $y(n) = \sum_{k=0}^{m} b_k x(n-k)$	$y(n) = b_0x(n) + b_1x(n-1) + b_2x(n-2) + \cdots - a_1y(n-1) - a_2y(n-2) - a_3y(n-3) + \cdots$ $y(n) + a_1y(n-1) + a_2y(n-2) + \cdots = b_0x(n) + b_1x(n-1) + b_2x(n-2) + \cdots$ $y(n) + \sum_{k=1}^{i} a_k y(n-k) = \sum_{k=0}^{m} b_k x(n-k)$
전달함수 $H(z)$	$H(Z) = \frac{Y(Z)}{X(Z)} = b_0 + b_1 Z^{-1} + b_2 Z^{-2} + b_3 Z^{-3} + \cdots = \sum_{k=0}^{m} b_k Z^{-k}$	$H(Z) = \frac{Y(Z)}{X(z)} = \frac{b_0 + b_1 z^{-1} + b_2 z^{-2} + \cdots}{1 + a_1 z^{-1} + a_2 z^{-2} + \cdots} = \frac{\sum_{k=0}^{m} b_k z^{-k}}{1 + \sum_{k=1}^{i} a_k z^{-k}}$
입출력 계수	$A = \{1\},\ B = \{b_0,\ b_1,\ b_2,\ b_3,\ \cdots\}$	$A = \{1,\ a_1,\ a_2,\ a_3,\ \cdots\}$ $B = \{b_0,\ b_1,\ b_2,\ b_3,\ \cdots\}$
특성	선형위상특성 항상 안정하다. 차단특성이 나쁘다. 필터성능개선을 위해 높은 차수 요구	감쇠특성이 좋고 FIR보다 차수가 적다. 선형위상 특성실현이 어렵다. 불안정할 수 있다. 안정도 판별 요구됨

7.2 디지털 필터의 주파수 특성 일반

주파수 분석에 대한 개념 이해

신호 속에 내재된 여러 가지 특성을 찾아내는 기법들의 기본은 푸리에 변환이다. 신호 해석 결과가 해당 신호의 정보를 최대한 갖고 있을수록 쓸모가 있다. 신호는 단독으로 검출하여 분석하거나 어떤 신호처리 시스템을 통과시켜 설계자가 원하는 신호 형태를 얻게 된다. 신호 자체의 분석과 신호의 재형성은 신호 처리의 양대 산맥이다. 전자는 물성계에서 발생하거나 신호처리 장치 출력 측에서 발생하거나를 막론하고 측정 센서를 통해 전기적 신호로 변환되어 계측기나 컴퓨터로 입력된다. 신호 분석기에 들어온 신호들은 다양한 해석 기법을 통해 분석되어진다. 이 과정에서 어느 분석기법이 만능이라고 하기는 힘들다. 어떤 신호체계 분석에 어떠한 해석 기법이 유용하다는 것은 다년간 이에 종사했던 실무자의 경험에 속하는 경우가 허다하다. 신호가 갖고 있는 정보를 최대한 제공하는 기법이 우선적으로 사용된다. 기계 진동, 건축소음, 항공기소음, 음향, 음성, 영상신호에 이르기까지 실로 다방면에 걸쳐 다양한 분석 방법이 동원된다. 후자의 신호 재형성 과정도 마찬가지이다. 신호 재형성은 소위 "필터"에 의해 진행되는 과정이다. 신호를 처리하는 필터도 일종의 신호체계이다. 설계자가 어떠한 하드웨어나 소프트웨어로 신호처리 알고리즘을 개발하였다 하더라도, 그것은 입력 신호와 엉켜서 새로운 출력 신호를 형성하는 신호 체계이다. 필터가 중간에 게재된 신호처리 과정에는 세 종류의 신호체계가 있다. 입력 신호, 필터의 전달 신호체계 그리고 출력신호가 그것이다. 이 각각은 결코 무시할 수 없는 이론적이고 실제적인 해석 대상이다. 시간 평면상에는 물론이고 주파수 평면상에서 세 신호 체계는 면밀히 해석되어야 한다. 특히 필터의 전달 신호체계는 설계자나 해석자가 설정하거나 제작하는 것으로 입력 신호 체계와 밀접하게 연관되어 있다. 입력신호와 시스템 전달 신호 체계에 의해 출력 신호가 결정되므로 출력신호 해석 역시 필터 성능을 감지하는 중요한 대상이다. 이러한 세 가지 신호체계가 거의 대부분 주파수와 관련되어 있고, 주파수축 상에서 신호의 특성을 나타내므로 이 신호들의 주파수 평면상 해석이 필수적이다. 주파수 평면상에서 신호의 동향과 흐름이 파악되고 필터의 성능을 가늠할 수 있다. 여기에 사용되는 해석 방법은 여러 종류가 있을 수 있으나 우선적으로 가장 많이 사용되는 푸리에 변화에 의한 신호분석과 시스템 해석 방법을 제시한다. 그 결과는 주파수 축상에서 표현되며 주파수 평면상에서 분석된다. 디지털 신호이므로 DFT나 FFT 결과로 구한 주파수 특성이 고찰된다.

디지털 필터의 신호 입출력과 주파수 특성

디지털 필터의 주파수 응답은 입출력 이산 신호의 상관 관계에 의해 결정되고 주파수 평면상에서 분석 가능하다. 아날로그 신호 주파수 분석시 사용되던 주파수 축 f 또는 w가 DFT에 의해 k 축으로 표현되므로 DFT 결과로 얻은 변수 k가 디지털 필터의 주파수에 해당한다. k 값에 Hz 단위를 부가함으로 실제 값을 갖게 한다. 이미 살펴본 바와 같이 디지털 필터는 [그림 7-5]에서 보는 바와 같이 세 가지 신호체계가 있다.

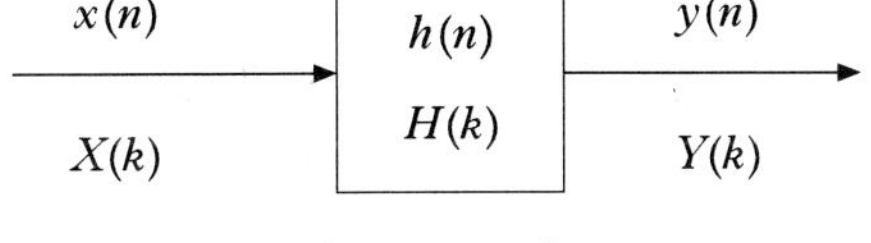

[그림 7-5]

	입력신호	디지털필터	출력신호
데이터함수(n)	$x(n)$	$h(n)$	$y(n)$
주파수(k)	$X(k)$	$H(k)$	$Y(k)$

여기서 $X(k)$, $H(k)$, $Y(k)$는 각각 $x(n)$, $h(n)$, $y(n)$을 DFT 처리한 결과이다. 이들 신호들은 n축 상에서 컨벌루션 형태로 표현된다.

$$y(n) = x(n) * h(n) \tag{7.7}$$

이산신호를 DFT 처리한 결과 복소수가 되므로 $X(k)$, $H(k)$, $Y(k)$ 각각은 절대값과 위상으로 나타낼 수 있다.

관계식 : 입력, $X(k) = D[x(n)] = |X(k)| \underline{/\theta_1(k)}$

필터, $H(k) = D[h(n)] = |H(k)| \underline{/\theta_2(k)}$

출력, $Y(k) = D[y(n)] = |Y(k)| \underline{/\theta_3(k)}$

입출력관계, $D[y(n)] = D[x(n) * h(n)]$

$$\begin{aligned} Y(k) &= X(k)H(k) \\ &= |X(k)||H(k)| \underline{/\theta_1(k) + \theta_2(k)} \end{aligned} \tag{7.8}$$

$$|Y(k)| = |X(k)||H(k)| \tag{7.9}$$

$$\theta_3(k) = \theta_1(k) + \theta_2(k) \tag{7.10}$$

(관계식 음미)

$x(n)$과 $h(n)$을 알고 있을 때 입력 이산신호 $x(n)$을 필터에 인가한 결과는 $h(n)$이 갖고 있는 주파수 이득 $|H(k)|$과 입력신호 $x(n)$의 주파수 특성 $|X(k)|$가 서로 곱해져 출력 신호의 크기를 결정한다. 이때 출력신호의 위상은 $\theta_1(k) + \theta_2(k)$로서 서로 합성된다. 따라서 출력 신호의 주파수 특성을 알고자 한다면, 입력신호와 필터신호 체계를 DFT 처리하여 절대값끼리는 곱하고 위상끼리는 서로 더하면 된다.

개념 이해 예제 2

입력신호 $x(n)$과 디지털 필터 $h(n)$을 DFT 처리한 결과가 [그림 7-6]과 같다. 출력신호 $y(n)$의 주파수 특성을 고찰하라.

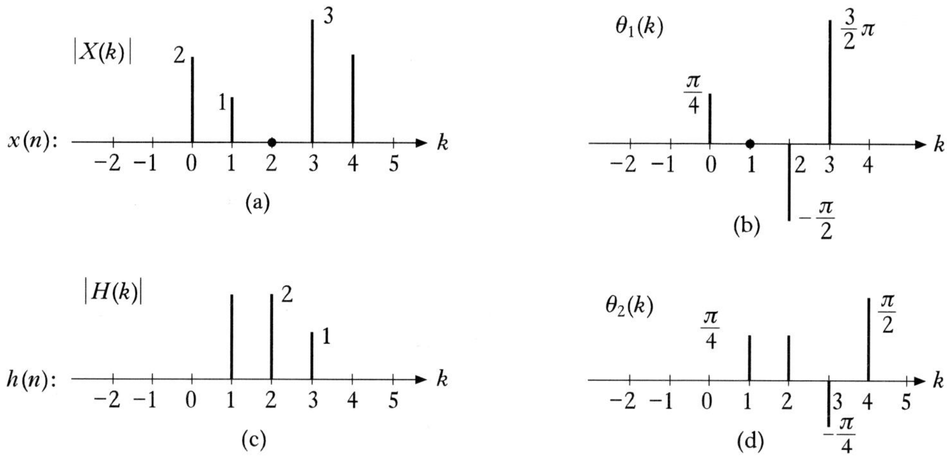

[그림 7-6]

풀이와 해설

식 (7.8)을 적용하여 절대값끼리는 곱하고 각도끼리는 더한다. 즉 [그림 7-6]에서 (a)와 (c)는 곱하고 (b)와 (d)는 더한다. 그 결과가 [그림 7-7]이다.

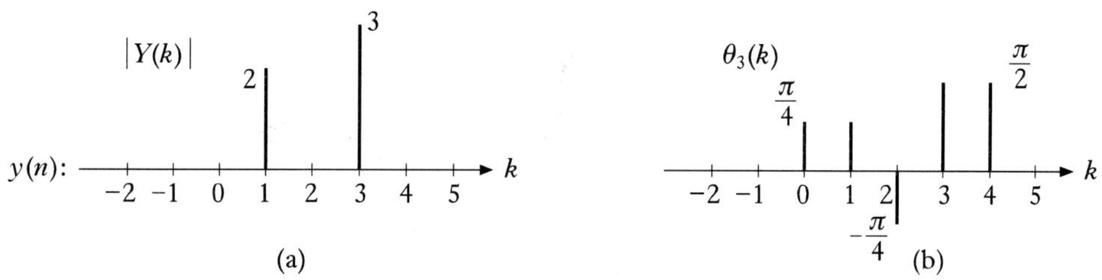

[그림 7-7]

앞의 예제와 식 (7.8)에 의해 디지털 필터의 주파수 응답에 대한 이해가 되었으리라 본다. 위상특성은 후에 설명하기로 하고 먼저 이득(gain) 특성을 고찰하면, 필터의 이득 특성(절대값과 동일)이 입력신호의 주파수 특성에 그대로 곱해진다. 이는 곧 필터의 이득 특성을 적절히 설계하므로 입력신호의 주파수를 가감, 삭제 또는 선별 종목 등이 가능함을 의미한다. 다음 [그림 7-8]을 통해 자세히 설명한다. [그림 7-8(a)]는 입력신호 $x(n)$의 주파수 특

성 $|X(k)|$로서 $x(n)$을 DFT 처리하여 얻은 결과이다. 저주파 부분의 이득이 고주파 부분보다 상대적으로 낮아 사람의 음성으로 말하면 여성이나 어린아이에 가깝고, 악기로 말하자면 바이올린이나 피리에 가깝다. 매우 가늘고 예리한 소리라고 생각된다. 이러한 주파수 특성을 갖는 신호를 그림에서 보는 바와 같은 여러 디지털 필터에 인가하였다. 필터의 주파수 이득 특성에 따라 실로 다양한 형태의 출력신호 주파수 특성이 생성된다.

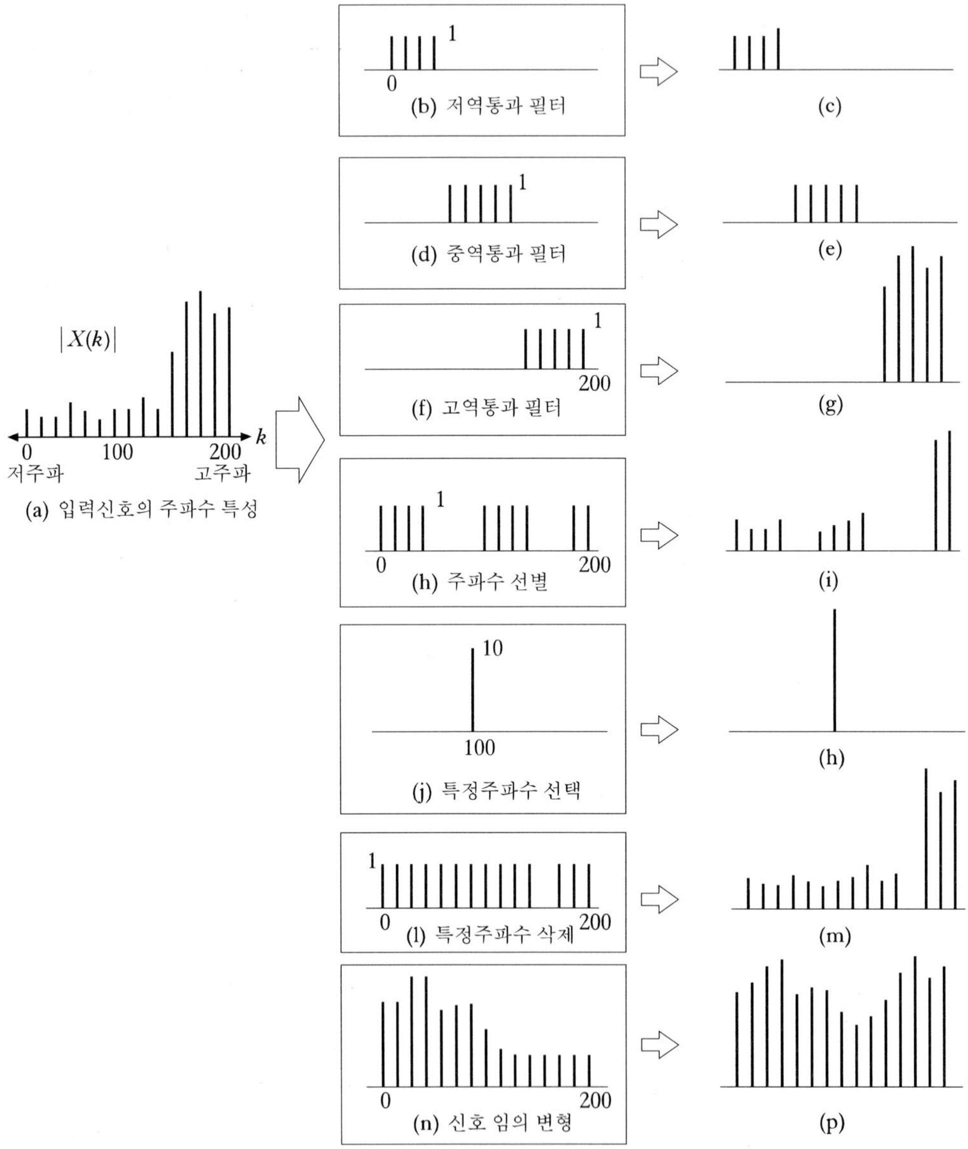

[그림 7-8]

[그림 7-8]의 예에서 디지털 필터를 통해 입력신호를 자유자재로 변형할 수 있음을 알 수 있다. 여자 목소리를 남자 목소리로, 어린이 음성을 노인 음성으로 듣기 싫은 주파수를 제거하고 원하는 소리만 듣게 하는 등 신호의 임의 조작과 변형이 가능하다. 이것이 디지털 필터의 막강한 힘이다.

기초 예제 1

어떤 디지털 필터의 입·출력신호 $x(n)$과 $y(n)$을 DFT로 주파수 분석한 결과 $X(k)$와 $Y(k)$의 절대값이 [그림 7-9]와 같이 분석되었다. 디지털 필터 $h(n)$의 주파수 이득 특성 $|H(k)|$를 구하고 그림으로 나타내어라.

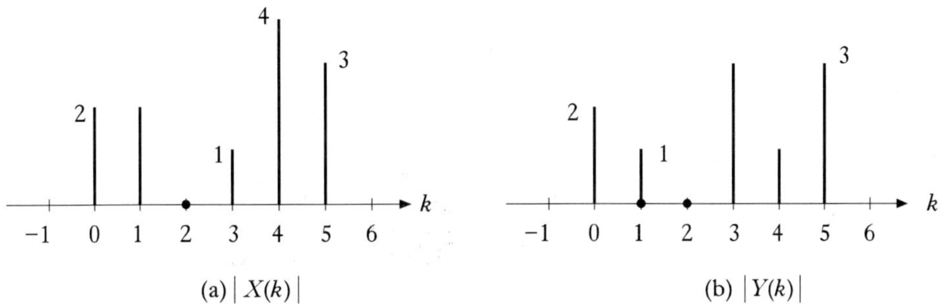

[그림 7-9]

풀이와 해설

식 (7.9)를 적용한다.

$$|H(k)| = \frac{|Y(k)|}{|X(k)|} \qquad \cdots①$$

식 ①을 $k = 0, 1, 2, \cdots, 5$ 각각에 적용한다.

$$|H(0)| = \frac{|Y(0)|}{|X(0)|} = \frac{2}{2} = 1$$
$$|H(1)| = \frac{|Y(1)|}{|X(1)|} = \frac{1}{2} = 0.5$$
$$|H(2)| = \frac{|Y(2)|}{|X(2)|} = \frac{0}{0} \text{ : 의미가 없다.}$$

마찬가지로 서로 비교하여 나누면 $|H(3)|=3$, $|H(4)|=\dfrac{1}{4}$, $|H(5)|=1$이다.
이를 정리하여 그림으로 나타내면 [그림 7-10]이다.

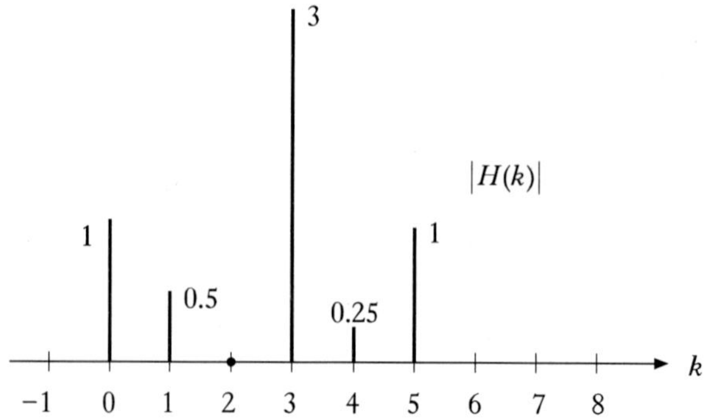

[그림 7-10]

전달함수와 주파수 특성

앞 절에서 입출력 방정식으로부터 전달함수를 산출하는 방법을 Z-변환을 통해 공부하였다. 디지털 필터의 전달함수는 필터의 주파수 특성을 제공한다.

계산 요령: 전달함수 $H(z)$의 $\boxed{Z=e^{jwT}}$를 대입한다. 여기서 T는 샘플링 주기이다.

FIR 필터 주파수 특성: $H(z)=\sum_{k=0}^{m} b_k z^{-k}\Big|_{z=e^{jwT}}=\sum_{k=0}^{m} b_k e^{-jwkT}$ (7.11)

IIR 필터 주파수 특성:

$$H(z)=\frac{\sum_{k=0}^{m} b_k z^{-k}}{1+\sum_{k=1}^{i} a_k z^{-k}}\Bigg|_{Z=e^{jwT}}=\frac{\sum_{k=0}^{m} b_k e^{-jwkT}}{1+\sum_{k=1}^{i} a_k e^{-jwkT}} \tag{7.12}$$

(수식의 의미)

식 (7.11)과 (7.12)에서 e^{-jwkT}는 복소수이다. 크기가 1이고 위상이 $-wkT$이다. 극좌표로 표시하면

$$e^{-jwkT}=1\ \angle -wkT \qquad \cdots①$$

이다. T는 샘플링 주기이고, k는 주어진 0 또는 자연수이므로 각 주파수 w를 변수로 하는 함수가 된다. 즉

$$H(z)|_{z=e^{jwT}} = H(w) \qquad \cdots ②$$

이다. 식 ①에서 각 주파수 $w=2\pi f$이므로 주파수 f의 특성을 고찰할 수 있다. 이때 고유함수 e^{-jwkT}는 시계방향으로 회전하면서 $wkT=0, 2\pi, 4\pi, \cdots$에서 동일한 값이 된다. 필터의 주파수 특성이 2π마다 반복한다.

개념 이해 예제 3

어떤 FIR필터의 입출력 방정식이 $y(n)=x(n)+2x(n-1)$이다. 이 필터의 주파수 특성을 고찰하라.

풀이와 해설

입출력방정식 좌 우변을 Z-변환하여 전달함수를 구한다.

$$Y(z)=(1+2z^{-1})X(z) \qquad \cdots ①$$

$$H(z)=\frac{Y(z)}{X(z)}=1+2z^{-1} \qquad \cdots ②$$

식 ②에서 $Z=e^{jwT}$를 대입헌다.

$$H(z)=1+2z^{-1}\Big|_{z=e^{jwt}}=1+2e^{-jwT} \qquad \cdots ③$$

$e^{j\theta}=\cos\theta+j\sin\theta$이므로 식 ③의 우변을 변형한다.

$$H(w)=1+2e^{-jwT}=1+2[\cos(-wT)+j\sin(-wT)]$$
$$=\underbrace{1+2\cos wT}_{\text{실수부}}-\underbrace{2j\sin wT}_{\text{허수부}} \qquad \cdots ④$$

식 ④를 절대값과 위상으로 변형한다.

$$H(w) = \sqrt{(1+2\cos wT)^2 + (-2\sin wT)^2}\ \angle \tan^{-1}\frac{-2\sin wT}{1+2\cos wT}$$

$$= \sqrt{5+4\cos wT}\ \angle \tan^{-1}\frac{-2\sin wT}{1+2\cos wT} \qquad \cdots ⑤$$

식 ⑤에서

$$|H(w)| = \sqrt{5+4\cos wT}$$

$$\angle H(w) = \tan^{-1}\frac{-2\sin wT}{1+2\cos wT}$$

$w = 0 \sim 2\pi$에 대하여 $|H(w)|$와 $\angle H(w)$ 의 그래프를 그리면 주파수 특성을 알 수 있다.

개념 이해 예제 4

입출력 선형차분방정식이

$$y(n) = x(n) + 0.5x(n-1) + 0.4y(n-1)$$

인 IIR 필터가 있다. 이 필터의 주파수 특성을 고찰하라.

풀이와 해설

주어진 입출력 방정식의 좌우변을 Z-변환하여 전달함수를 구한다.

$$y(n) - 0.4y(n-1) = x(n) + 0.5x(n-1)$$

$$(1-0.4z^{-1})Y(z) = (1+0.5z^{-1})X(z)$$

$$H(z) = \frac{Y(z)}{X(z)} = \frac{1+0.5z^{-1}}{1-0.4z^{-1}} \qquad \cdots ①$$

식 ①의 전달함수에 $z = e^{jwT}$를 대입한다.

$$H(w) = \frac{1+0.5e^{-jwT}}{1-0.4e^{-jwT}}$$

$$= \frac{1+0.5\cos wT - j\,0.5\sin wT}{1-0.4\cos wT + j\,0.4\sin wT}$$

$$= \sqrt{\frac{(1+0.5\cos wT)^2+(0.5\sin wT)^2}{(1-0.4\cos wT)^2+(0.4\sin wT)^2}}\ \angle \tan^{-1}\frac{-0.5\sin wT}{1+0.5\cos wT} - \tan^{-1}\frac{0.4\sin wT}{1-0.4\cos wT}$$

$$|H(w)| = \sqrt{\frac{1.25+\cos wT}{1.16-0.8\cos wT}}$$

$$\angle H(w) = \tan^{-1}\frac{-0.5\sin wT}{1+0.5\cos wT} - \tan^{-1}\frac{0.4\sin wT}{1-0.4\cos wT}$$

7.3 FIR 필터의 주파수 특성

관계식

입출력 방정식 : $y(n) = \sum_{k=0}^{m} b_k x(n-k)$

전달함수 : $H(z) = \sum_{k=0}^{m} b_k z^{-k} = \sum_{k=0}^{m} h(k) z^{-k}$ (7.13)

주파수 특성 : $H(w) = \sum_{k=0}^{m} h(k) e^{-jkwT}$

$$= \sum_{k=0}^{m} h(k)\left[\cos(kwT) - j\sin(kwT)\right] \tag{7.14}$$

이득, $G(w) = |H(w)|$

위상, $\theta(w) = \angle H(w)$

(수식 이해)

위 수식들은 이미 앞에서 여러 차례 설명되었고 또한 예제를 통해 익숙할 것이다. 여기서 눈여겨 볼 곳은 식 (7.13)이다. b_k가 $h(k)$로 대치되었다. $h(k)$는 필터 자체 신호 체계로 앞에서 제시하였던 $h(n)$과 같다. 즉 FIR 필터의 입력측 계수 b_k는 곧바로 $h(n)$으로 대치된다. 가령 $y(n) = x(n) - 0.5x(n-1) + 4x(n-2)$와 같은 FIR 필터의 입력측 계수는 $\{1, -0.5, 4\}$이고 동시에 $h(n)$도 $h(0) = 1$, $h(1) = -0.5$, $h(2) = 4$라는 뜻이다. 왜냐하면 식 (7.13)은 마치 b_k를 놓고 계수 b_k를 Z-변환하고 있는 형태를 갖고 있다. 그것은 곧 필터 자체의 신호체계 $h(n)$과 직결되기 때문이다.

따라서 FIR 필터로부터 $h(n)$을 구하는 것은 매우 쉬운 일이다. 계수집합에서 곧바로 구하면 된다. [그림 7-11]에 그 요령을 정리해 놓았다.

$$y(n) = 1x(n) - 0.5x(n-1) + 4x(n-2) : \text{ 입출력방정식}$$

$$\{\ 1,\ -0.5,\ 4\ \} : \text{ 계수집합}$$

$$h(0)\quad h(1)\quad h(2)\ :\ h(n)$$

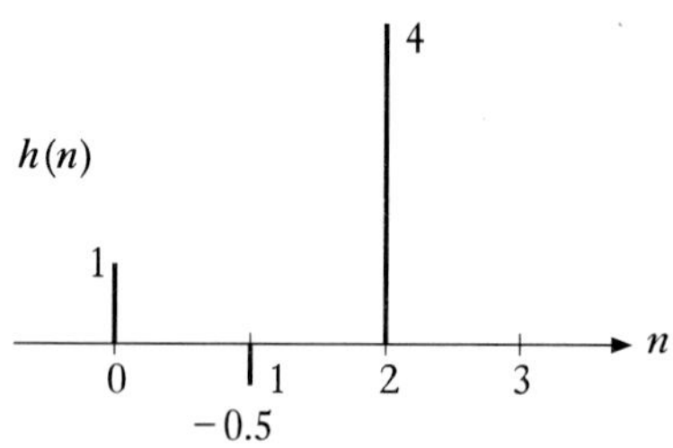

[그림 7-11]

그리고 식 (7.14)는 $z = e^{jwT}$에 의해 복소수로 변형되었으므로 직각좌표로 바꾸어 절대값과 위상을 구하고 있음을 보이고 있다.

개념 이해 예제 5

FIR 필터의 입출력 차분방정식이

$$y(n) = 2x(n) - 4x(n-1) + 3x(n-3) + x(n-5)$$

이다. 필터의 계수 집합과 신호체계 $h(n)$을 구하시오.

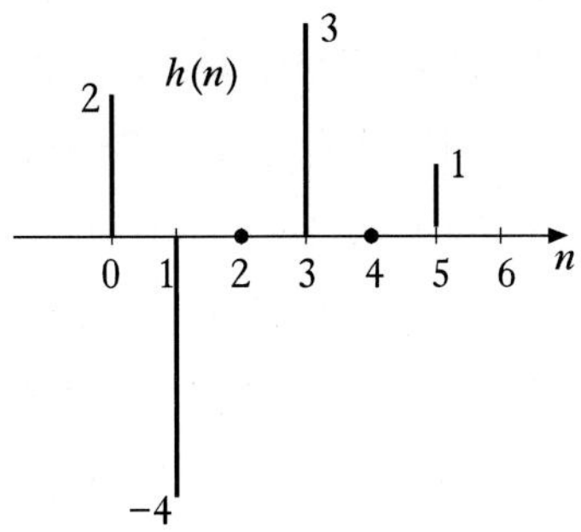

[그림 7-12]

풀이와 해설

주어진 입출력 방정식에서 $x(n-2)$와 $x(n-4)$의 계수는 0이므로 입력항 계수 집합

$$B = \{2,\ -4,\ 0,\ 3,\ 0,\ 1\}$$

이다. 이로서 $h(n)$을 구하여 그림으로 나타내면 [그림 7-12]와 같다.

선형위상특성

제 2절의 입출력에 따른 주파수 특성에서 살펴보았듯이 입력신호 $x(n)$이 디지털 필터 $h(n)$에 인가되면 주파수 평면에서 입력신호의 주파수 특성 $X(w)$ (또는 $X(k)$)과 필터의 주파수 특성 $H(w)$ (또는 $X(k)$) 사이에 절대값 끼리는 곱해지고 위상은 더해진다. [그림 7-13]에 이 관계를 정리하여 제시하였다. 여기서 $X(w)$나 $H(w)$의 변수 w는 각 주파수로서 DFT 결과로 얻은 $X(k)$나 $H(k)$의 k보다 일반적인 주파수 개념이다.

k는 주파수 관련 데이터 변수로서 실제는 각 주파수 w나 주파수 $f(w = 2\pi f)$로 환산해서 보여주어야 한다.

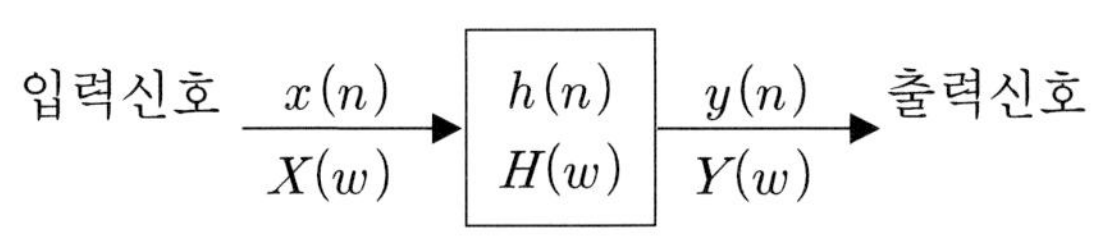

$$y(n) = x(n) * h(n)$$

$$\begin{aligned} Y(w) &= X(w)H(w) \\ &= |X(w)||H(w)| \underline{/\ \theta_x(w) + \theta_h(w)} \\ &= G(w)\underline{/\theta(w)} \end{aligned}$$

$$G(w) = |X(w)||H(w)|$$

$$\theta_y(w) = \theta_x(w) + \theta_h(w)$$

[그림 7-13]

[그림 7-13]의 아래 수식에서 주파수 관련 이득은 곱셈을 통해 진폭이 조정되나 위상은 입력신호의 위상과 함께 필터 신호체계의 위상이 합산된다. 필터신호체계의 위상([그림 7-13]에서 $\theta_h(w)$]이 어떠한 형태냐에 따라 입력측 위상이 밀리기도 하고 늘어나기도 한다. 만약 위상의 늘고 줄어듦이 주파수에 따라서 선형성을 가져 일률적으로 진행하지 않으면 출력으로 나온 신호들이 서로 합하여져서 하나의 신호를 만들 때, 위상의 서로 밀림에 의해 입력신호 고유 형태가 일그러질 우려가 있다. 필터의 이득 $|H(w)|$를 통해 진폭이 조정된 입력신호가 위상의 영향에 의해 찌그러지거나 일그러지지 않고 출력측에 전송될 필요가 있다. 특히 FIR 필터에서 신호 입출력에 따른 위상변화 영향에 의해 일그러짐이 없으려면 식 (7.14)의 위상 $\theta(w)$가 변수 w에 대하여 선형이어야 한다. 즉, $\theta(w)$가 w에 대해 일차방정식이어야 한다. 이를 가리켜 "선형위상특성"이라고 부른다.

선형위상특성을 만족하기 위해서는 FIR 필터의 위상 특성

$$\theta(w) = aw + \phi_0 \tag{7.15}$$

로서 a는 (+)나 (-)인 상수이고 ϕ_0 역시 0을 포함한 상수이어야 한다.

주파수 변환시 $w = 0 \sim \pi$를 범위로 하므로 $\theta(w)$의 그래프가 [그림 7-14] 형태이면 된다.

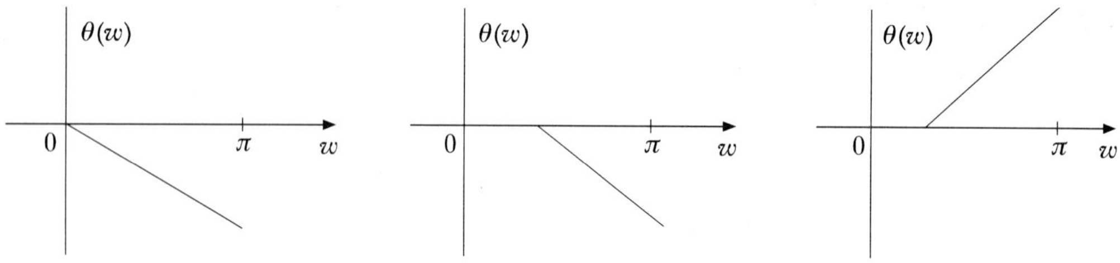

(a) 기울기(−), $\phi_0=0$　　(b) 기울기(−), $\phi_0 \fallingdotseq 0$　　(c) 기울기(+), $\phi_0 \fallingdotseq 0$

[그림 7-14]

FIR 필터의 선형위상 조건

조건 : FIR 필터의 이산신호체계 $h(n)$이 대칭성이 있어야 한다. 즉

$$h(n) = h(m-1-n) \quad : \text{우대칭} \tag{7.16}$$

$$h(n) = -h(m-1-n) \quad : \text{기대칭} \tag{7.17}$$

여기서 m은 $h(n)$의 임펄스 데이터 총수이다.

(조건의 부가설명)

조건에서 $h(n)$이 우대칭 또는 기대칭이라는 의미를 그림의 예로 설명하면 [그림 7-15]와 같다. 각각의 경우에서도 m이 짝수일 때와 홀수일 때가 있다. 그리고 n이 최소한 $n=0$에서 시작하므로 대칭의 중심은 가로축의 오른편에 위치한다.

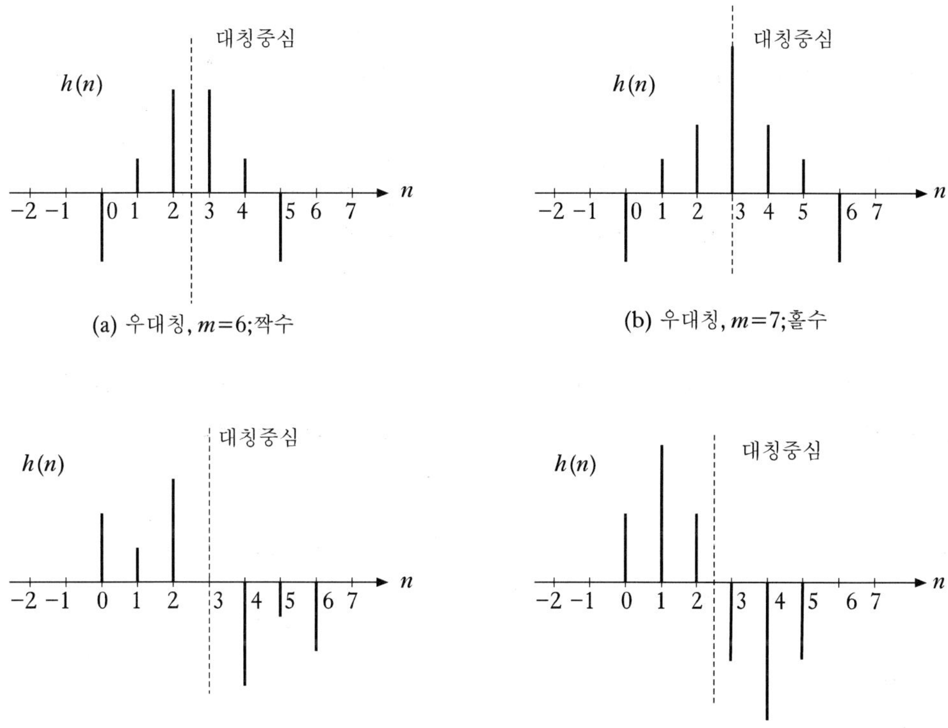

(a) 우대칭, $m=6$;짝수　(b) 우대칭, $m=7$;홀수

(c) 기대칭, $m=7$;홀수　(d) 기대칭, $m=6$;짝수

[그림 7-15]

[그림 7-15]의 예와 같은 $h(n)$의 형태를 갖고 있으면 대칭성을 만족하여 선형위상 특성이 있다. 그림 (a)와 (b)는 우대칭으로서 $h(n)$의 임펄스 개수에 따라 짝수와 홀수가 된다. 그림 (c)와 (d)는 기대칭으로서 대칭중심을 기준으로 홀수개나 짝수개의 $h(n)$ 임펄스 데이터가 나열해 있다.

(조건의 유도 과정)

식 (7.14)로부터 유도한다.

$$H(w) = \sum_{k=0}^{m} h(k)[\cos(kwT) - j\sin(kwT)]$$

$$= \underbrace{\sum_{k=0}^{m} h(k)\cos(kwT)}_{\text{실수부}} - j\underbrace{\sum_{k=0}^{m} h(k)\sin(kwT)}_{\text{허수부}} \qquad \cdots ①$$

식 ①이 $H(w) = a_1 + jb_1$의 형태가 되었으므로 위상은 $\tan^{-1}\dfrac{b_1}{a_1}$에 의해 계산한다.

$$\theta(w) = \angle H(w) = \tan^{-1}\left[\frac{-\sum_{k=0}^{m} h(k)\sin(kwT)}{\sum_{k=0}^{m} h(k)\cos(kwT)}\right] \qquad \cdots ②$$

식 ②의 좌변 $\theta(w)$가 선형위상특성을 만족하려면 일차함수이어야 하므로 식 (7.15)에서 $\phi_0 = 0$으로 놓은 $\theta(w) = awT$(여기서 T는 수식전개상 도입한다)가 되어야 한다.

$$\theta(w) = awT = \tan^{-1}\frac{-\sum_{k=0}^{m} h(k)\sin(kwT)}{\sum_{k=0}^{m} h(k)\cos(kwT)} \qquad \cdots ③$$

식 ③은 $\phi = \tan^{-1}x$ 형태로서 $x = \tan\phi$로 바꾼다.

$$\frac{-\sum_{k=0}^{m} h(k)\sin(kwT)}{\sum_{k=0}^{m} h(k)\cos(kwT)} = \tan(awT) = \frac{\sin(awT)}{\cos(awT)} \qquad \cdots ④$$

식 ④를 정리한다.

$$\sum_{k=0}^{m} h(k)[\cos(kwT)\sin(awT) + \sin(kwT)\cos(awT)] = 0 \qquad \cdots ⑤$$

식 ⑤를 삼각함수 공식에 의해 간단히 한다.

$$\sum_{k=0}^{m} h(k)\sin(awT + kwT) = 0 \qquad \cdots⑥$$

식 ⑥을 풀기 위해서는 a와 변수 w에 대한 매우 복잡한 풀이 과정을 거쳐야 한다. 본 단원에서 그 모든 과정을 제시하는 것은 무리여서 결과만 제시한다.

식 ⑥을 만족하기 위해서

$$a = \frac{m}{2}$$
$$h(k) = h(m-1-k)$$

가 성립되어야 하며 이때 $h(k)$는 우대칭이다.

또한 $\theta(w)$의 일반식 $\theta(w) = awT + \phi_0$를 적용할 경우 $h(k)$는 기대칭이 되며, 그때

$$h(k) = -h(m-1-k)$$

이다. 여기서도 $a = \frac{m}{2}$이다.

이상의 유도 과정에서 $k = n$으로 치환하면 식 (7.16)과 (7.17)을 얻을 수 있다.

선형위상 특성을 갖는 FIR 필터의 주파수 특성

앞에서 살펴본 바와 같이 선형위상 조건을 만족하는 FIR 필터가 되기 위해서는 $h(n)$이 대칭성을 가져야 하며 우대칭이거나 기대칭 형태를 취해야 하고 그것은 $h(n)$의 임펄스 개수가 짝수인지 홀수인지와 직접 관련이 있다. 이하 예제를 통해 $h(n)$으로부터 FIR 필터의 주파수 특성을 고찰한다.

개념 이해 예제 6 (m : 짝수, 예)

FIR 필터의 입출력 방정식이 다음과 같다. 선형위상특성과 주파수 특성을 고찰하라.

$$y(n) = -x(n) + x(n-1) + 2x(n-2) + 2x(n-3) + x(n-4) - x(n-5)$$

풀이와 해설

주어진 FIR 필터의 좌우변을 Z-변환하여 $h(n)$을 구한다.

$$Y(z) = (-1 + z^{-1} + 2z^{-2} + 2z^{-3} + z^{-4} - z^{-5})X(z) \qquad \cdots ①$$

식 ①에서 $H(z)$를 구한다.

$$\begin{aligned} H(z) &= -1 + z^{-1} + 2z^{-2} + 2z^{-3} + z^{-4} - z^{-5} \\ &= \sum_{n=0}^{5} h(n) z^{-n} \qquad \cdots ② \end{aligned}$$

식 ②에서

$$h(n) = \{-1,\ 1,\ 2,\ 2,\ 1,\ -1\}$$

이다. $h(n)$을 그래프로 나타내면 [그림 7-16]이다.

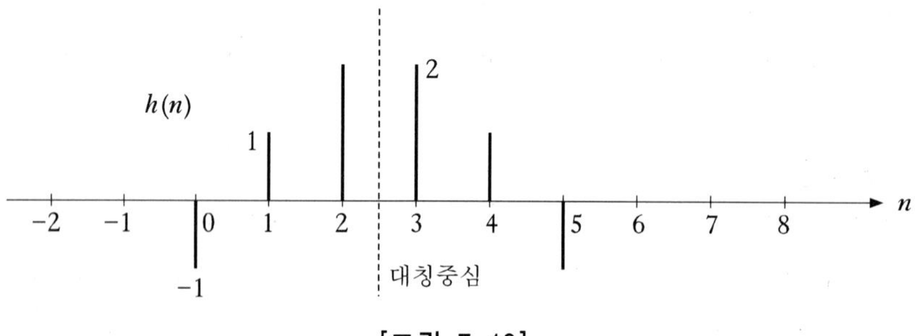

[그림 7-16]

[그림 7-16]에서 $h(n)$의 임펄스 개수 $m = 6$으로서 짝수이다.
$h(n) = h(6-1-n)$을 만족한다. 선형위상조건을 충족함을 알 수 있다. $n = 0, 1, 2, 3, 4, 5$에서 $h(n)$을 구한다.

$$h(0) = -1,\ h(1) = 1,\ h(2) = 2,\ h(3) = 2,\ h(4) = 1,\ h(5) = -1$$

전달함수에서 대칭성을 살펴본다. 식 ②에서

$$H(z) = \sum_{n=0}^{5} h(n)z^{-n}$$

$$= h(0) + h(1)z^{-1} + h(2)z^{-2} + h(3)z^{-3} + h(4)z^{-4} + h(5)z^{-5}$$

$h(0) \sim h(5)$의 값을 대입한다.

$$= \underbrace{-1 + z^{-1} + 2z^{-2}}_{\text{3개씩 묶는다}} + \underbrace{2z^{-3} + z^{-4} - z^{-5}}_{\text{3개씩 묶는다}}$$

$$= (-1 + z^{-1} + 2z^{-2}) + (-z^{-5} + z^{-4} + 2z^{-3})$$

$$= \sum_{n=0}^{2} h(n)z^{-n} + \sum_{n=0}^{2} h(n)z^{-(5-n)} \qquad \cdots③$$

$$= \sum_{n=0}^{2} h(n)(z^{-n} + z^{-(5-n)}) \qquad \cdots④$$

식 ③과 ④로부터 m이 짝수일 때의 일반식을 구할 수 있다. m이 짝수이므로 나누어지는 데이터 수는 각각 $\frac{m}{2}$이고 $\sum$의 범위는 $0 \sim \left(\frac{m}{2} - 1\right)$이다.

일반식 :

$$H(z) = \sum_{n=0}^{m-1} h(n)z^{-n}$$

$$= \sum_{n=0}^{\frac{m}{2}-1} h(n)\left[z^{-n} + z^{-(m-1-n)}\right]; \ m\text{이 짝수, 대칭성}$$

다음은 주어진 FIR 필터의 주파수 특성과 실제 선형위상 특성을 만족하는지 살펴본다. 주파수 특성은 전달함수 $H(z)$에 $z = e^{jwT}$를 대입하여 얻는다.

$$H(z)\Big|_{z=e^{jwT}} = -1 + e^{-jwT} + 2e^{-j2wT} + 2e^{-j3wT} + e^{-j4wT} - e^{-j5wT}$$

$$= e^{-j2.5wT}(-e^{j2.5wT} + e^{j1.5wT} + 2e^{j0.5wT} + 2e^{-j0.5wT} + e^{-j1.5wT} - e^{-j2.5wT}) \qquad \cdots ⑤$$

$$2(e^{j0.5wT} + e^{-j0.5wT})$$

$$e^{j1.5wT} + e^{-j1.5wT}$$

$$-(e^{j2.5wT} + e^{-j2.5wT})$$

$$= e^{-j2.5wT}[\underbrace{2(e^{j0.5wT} + e^{-j0.5wT})}_{4\cos(0.5wT)} + \underbrace{(e^{j1.5wT} + e^{-j1.5wT})}_{2\cos(1.5wT)} - \underbrace{(e^{j2.5wT} + e^{-j2.5wT})}_{-2\cos(2.5wT)}]$$

$$= 2e^{-j2.5wT}[\underbrace{2\cos(0.5wT) + \cos(1.5wT) - \cos(2.5wT)}_{w\text{를 변수로 하는 실수이다.} = A(w)}]$$

$$= 2A(w)e^{-j2.5wT} \qquad \cdots ⑥$$

식 ⑥을 다시 정리한다.

$$H(w) = 2A(w)e^{-j2.5wT}$$

$$= B(w) \angle -2.5wT \qquad \cdots ⑦$$

문제의 FIR 필터의 이득 특성이 $B(w)$이고 위상특성은 $-2.5wT$이다.
위상특성이 w의 일차함수로서 선형 특성을 만족한다. 즉

$$\theta(w) = aw, \; a = -2.5T \qquad \cdots ⑧$$

다음 예제는 m이 홀수일 때이다. 문제를 풀면서 앞의 예제와 비교하기 바란다.

개념 이해 예제 7 (m; 홀수, 예)

FIR 필터의 입출력 방정식이 다음과 같다. 선형위상 특성과 주파수 특성을 고찰하여라.

$$y(n) = -x(n) + x(n-1) + 2x(n-2) + x(n-3) - x(n-4)$$

풀이와 해설

전달함수, $H(z) = \sum_{n=0}^{4} h(n) z^{-n}$

$$= -1 + z^{-1} + 2z^{-2} + z^{-3} - z^{-4}$$

$h(n) = \{-1, 1, 2, 1, -1\}$. $m = 5$; 홀수

$h(n)$을 그래프로 나타내면 [그림 7-17]이다.

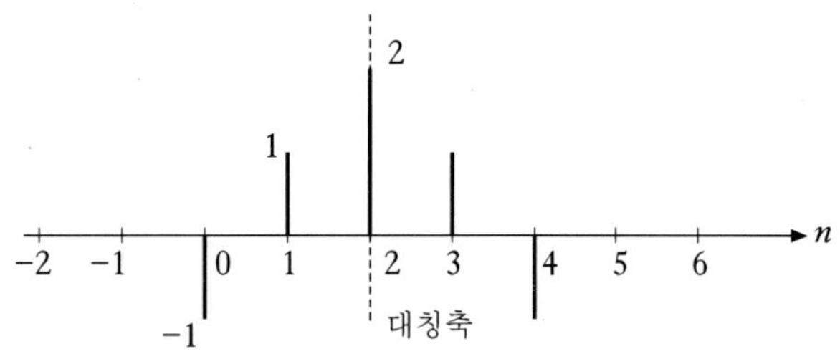

[그림 7-17]

주파수 특성,

$$H(z)\Big|_{z=e^{jwT}} = -1 + e^{-jwT} + 2e^{-j2wT} + e^{-j3wT} - e^{-j4wT}$$

$$= e^{-j2wT}(-e^{j2wT} + e^{jwT} + 2 + e^{-jwT} - e^{-j2wT})$$

$$(e^{jwT} + e^{-jwT}) \qquad -(e^{j2wT} + e^{-j2wT})$$

$$= e^{-j2wT}[2 + \underbrace{(e^{jwT} + e^{-jwT})}_{2\cos(wT)} - \underbrace{(e^{j2wT} + e^{-j2wT})}_{2\cos(2wT)}]$$

$$= e^{-j2wT}\underbrace{2[1 + \cos(wT) - \cos(2wT)]}_{A(w)}$$

$$= A(w)e^{-j2wT} \qquad \cdots ①$$

결과식 ①을 정리한다.

$$H(w) = A(w)e^{-j2wT}$$

$$= A(w)\underline{/-2wT} \qquad \cdots ②$$

식 ②에서 위상 $\theta(w) = -2wT$로서 w의 일차함수이다. 선형위상조건을 만족한다. $m=5$인 홀수인 경우 일반식을 구하면 다음과 같다.

$$H(w) = e^{-jwT\frac{m-1}{2}}\left[h\left(\frac{m-1}{2}\right) + \sum_{n=0}^{\frac{m-3}{2}} 2h(n)\cos\left\{wT\left(n - \frac{m-1}{2}\right)\right\}\right] \qquad \cdots③$$

7.4 FIR 필터 설계

필터 설계 요령

필터를 설계하려면 먼저 어떤 필터를 쓸 것인가부터 결정해야 한다. 필터란 주파수 특성을 고려한 것이므로 어떤 주파수를 어떻게 어떠한 형태로 조절할 것인가를 생각해야 한다. 고주파 부분을 살리고 저주파 부분을 제거할지, 아니면 어떤 특정주파수 만을 크게 강조하거나 아예 없애버릴지 설계자나 필터 주문자의 요구에 따라 일차적으로 주파수 축상에서 이득과 위상 특성을 대강 스케치한다. 만약 전체 신호를 뭉게버릴 필요가 있으면 주파수 대열이 아닌 신호 자체에 손을 댈 필요가 있다. 신호의 평활화(smoothing)가 그 예로서 영상에서는 전체 또는 일부 화면이 흐리게 처리되고, 음성에서는 고주파 부분이 억제된다. 아날로그 필터 설계시 절대적으로 필요했던 차단주파수 개념이 디지털 필터 설계시 항상 요구되는 것은 아니다. 디지털 필터에서는 이미 대역 개념을 뛰어넘기 때문에 차단주파수도 필요에 따라 사양중의 하나로 쓰면 된다.

주파수축에서 대강의 설계 스케치가 끝났으면, 다음은 어떠한 필터를 쓸 것인가를 결정한다. 디지털 필터에는 FIR 필터와 IIR 필터가 있는데 FIR 필터는 안정하기는 하지만 좋은 응답을 얻으려면 필터 차수를 높여야 한다는 단점이 있다. 요즈음 컴퓨터 프로세서의 비약적인 발달로 처리속도가 무척이나 향상되어 원만한 차수의 FIR 필터를 쓰는데 별 지장이 없으나 빠른 처리 속도를 요하는 곳에서는 FIR보다 IIR을 쓰는 것이 낫다. IIR 필터는 FIR에 비해 처리 속도도 빠르고 필터 응답 특성도 우수하나, 설계시 늘 안정도를 최우선 과제로 삼아야 한다. IIR 필터의 안정도는 필터의 전달함수에서 극점을 산출하여 극점들의 절대값이 1보다 작되, 아예 0에 가까울수록 좋다. 극점들 중의 하나라도 1에 가깝거나 1보다 크면 전체 필터가 불안정해지니 주의해야 한다. 이러한 극점을 지배극점(dominant pole)

이라 부르는데, 엉뚱한 극점 하나 때문에 필터 전체 특성을 망가뜨릴 우려가 있다.

FIR이나 IIR 필터 선택이 끝났으면, 그 다음으로 그 가운데 어떤 종류를 쓸 것인가를 고려한다. FIR이나 IIR 필터 안에서도 필터 종류가 무수히 많기 때문이다. 본 단원에서 그 대강을 소개하기는 하겠지만 교과서에 소개된 것 말고도 수많은 필터들이 있으니, 실제 적용시 전문가와 상의하였으면 한다. 어쨌든 필터 유형이 선정되었으면 해당 필터로부터 필터계수를 찾아낸다. 필터 설계의 가장 중요하고 궁극적 목표가 바로 필터 계수 추출이다. 계수만 찾으면 그 계수에 의해 시간 및 주파수 특성을 알아낼 수 있다. 계수로부터 입출력 방정식, 전달함수를 구할 수 있기 때문이다. [그림 7-18]에 디지털 필터 설계 요령을 간단히 정리하였다. 그리고 이 일련의 과정에서 시중에 판매되는 여러 소프트웨어들이 유용한 도구로 활용된다. 이들 소프트웨어의 도움을 받아 손쉽게 필터를 설계할 수 있다. 설계된 필터 알고리즘을 제품화하는 일은 하드웨어 전문가의 몫이다.

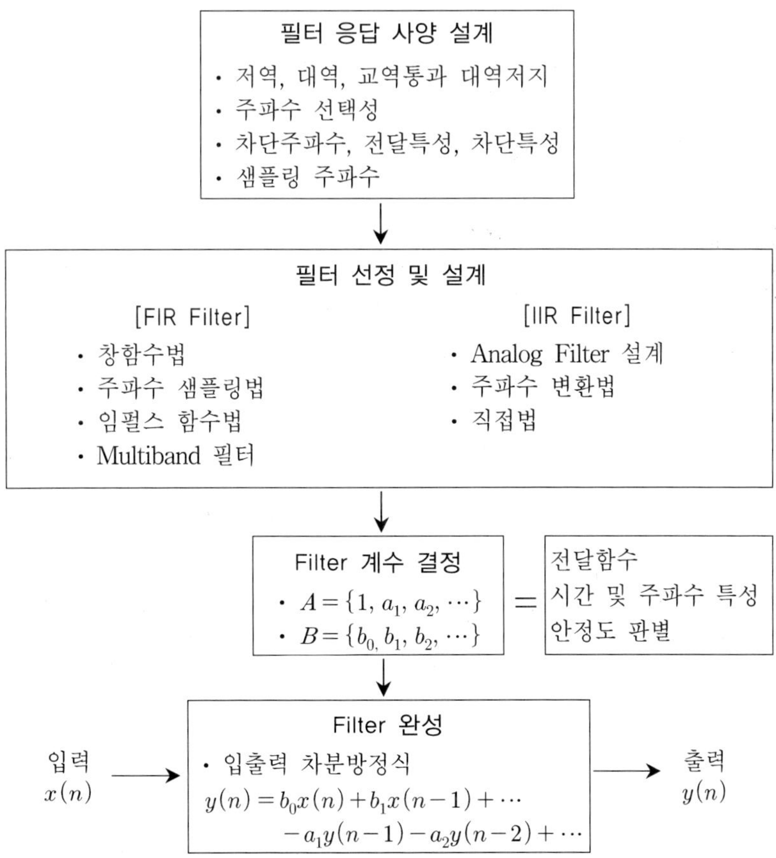

[그림 7-18]

FIR 평균필터

다소 까다로운 FIR 필터 설계법을 소개하기 전에 쉽고 간편한 필터 하나를 소개한다. 평균필터(mean filter)이다. 이 방식은 영상처리에서 마스크에 의한 평균 필터와 유사하니 주의깊게 보기 바란다.

기본식 : $$y(n) = \frac{1}{M}\sum_{k=0}^{M-1} x(n-k) \tag{7.18}$$

〔수식 설명〕

수식이 어렵게 보이나, 사실은 간단한 식이다. 입력항의 개수만큼 평균한다. 가령 세 개를 평균하면

$$y(n) = \frac{1}{3}[x(n) + x(n-1) + x(n-2)]$$

이고 다섯 개를 평균하면 이어지는 다섯 개 항을 5로 나눈다.

$$y(n) = \frac{1}{5}[x(n) + x(n-1) + x(n-2) + x(n-3) + x(n-4)]$$

다음의 예제를 통해 FIR 평균 필터를 이해하자.

개념 이해 예제 8 평균필터

입력이산신호 $x(n)$이 [그림 7-19]와 같다. $y(n) = \frac{1}{3}[x(n) + x(n-1) + x(n-2)]$ 인 FIR 필터로 처리한 결과를 구하고 그림으로 나타내어라.

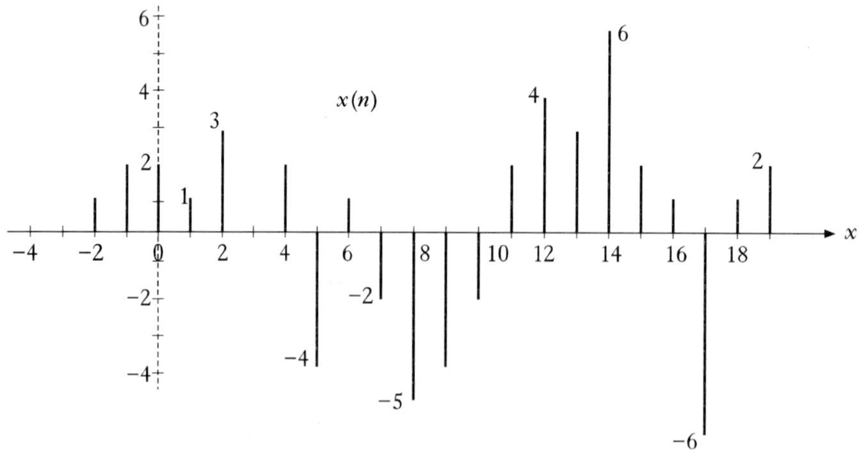

[그림 7-19]

풀이와 해설

일단 $h(n)$을 구한다. 그림에서 그래프의 크기를 그대로 구해서 나열한다.

$$h(n) = \{1, 2, 2, 1, 3, 0, 2, -4, 1, -2, -5, -4, -2, \cdots\}$$

n의 범위는 $-2 \sim 21$이다.

수식에 대입해서 계산할 수도 있으나 계산 요령을 터득하기 위해 계산요령을 아래에 보였다.

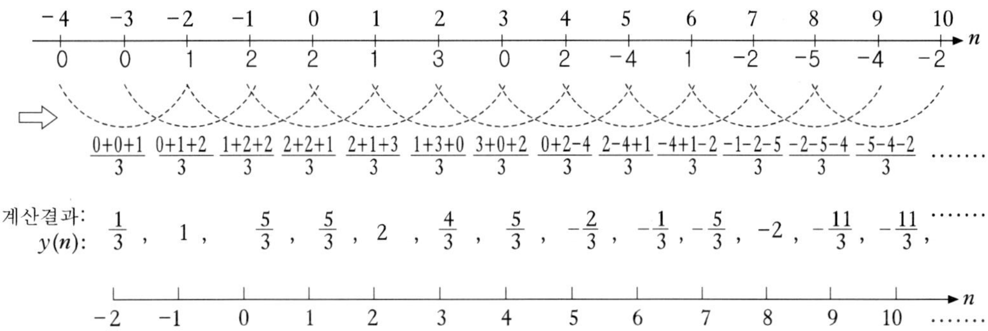

[그림 7-20]

[그림 7-20]의 계산 요령은 왼쪽으로부터 세 개씩 묶어서 더한 다음 3으로 나눈다. 이 과정을 오른쪽으로 진행하면서 하나씩 하나씩 계산해 나간다. 데이터가 다 끝나는 $n = 19$를 넘어 $n = 21$까지 값을 구할 수 있다. 그 이전과 그 이후는 0이므로 그대로 둔다.

계산 결과는 $y(n)$으로 [그림 7-20]에서 보는 바와 같이

$$y(-2) = \frac{1}{3},\ y(-1) = 1,\ y(0) = \frac{5}{3},\ y(1) = \frac{5}{3},\ y(2) = 2,\ \cdots$$

가 된다. 수식에 의한 계산 과정 몇 단계를 보면 다음과 같다.

$$\text{i)}\ \ n=-2,\ y(-2)=\frac{1}{3}[\underbrace{x(-2)}_{1}+\underbrace{x(-3)}_{0}+\underbrace{x(-4)}_{0}]=\frac{1}{3}$$

$$\text{ii)}\ \ n=-1,\ y(-1)=\frac{1}{3}[\underbrace{x(-1)}_{2}+\underbrace{x(-2)}_{1}+\underbrace{x(-3)}_{0}]=1$$

$$\text{iii)}\ \ n=0,\ y(0)=\frac{1}{3}[\underbrace{x(0)}_{2}+\underbrace{x(-1)}_{2}+\underbrace{x(-2)}_{1}]=\frac{5}{3}$$

$$\text{iv)}\ \ n=1,\ y(1)=\frac{1}{3}[\underbrace{x(1)}_{1}+\underbrace{x(0)}_{2}+\underbrace{x(-1)}_{2}]=\frac{5}{3}$$

$$\text{v)}\ \ n=2,\ y(2)=\frac{1}{3}[\underbrace{x(2)}_{3}+\underbrace{x(1)}_{1}+\underbrace{x(0)}_{2}]=2$$

$$\text{vi)}\ \ n=3,\ y(3)=\frac{1}{3}[\underbrace{x(3)}_{0}+\underbrace{x(2)}_{3}+\underbrace{x(1)}_{1}]=\frac{4}{3}$$

이상의 과정을 $n=21$까지 계속한다.

세 개씩 묶어서 평균을 취하기 때문에 평균필터라 하는 것이다. 평균처리에 의해 중간에 돌출된 데이터 값은 뭉게진다. 평균필터에 의해 구한 $y(n)$을 [그림 7-21]에 보였다. [그림 7-19]와 비교하기 바란다.

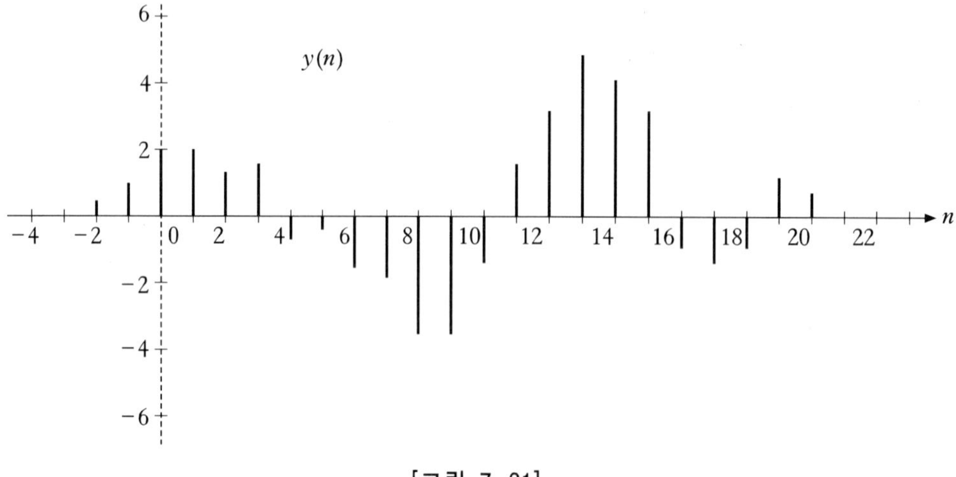

[그림 7-21]

FIR 필터 설계법 1: 푸리에 급수 전개법

계산 방법 :

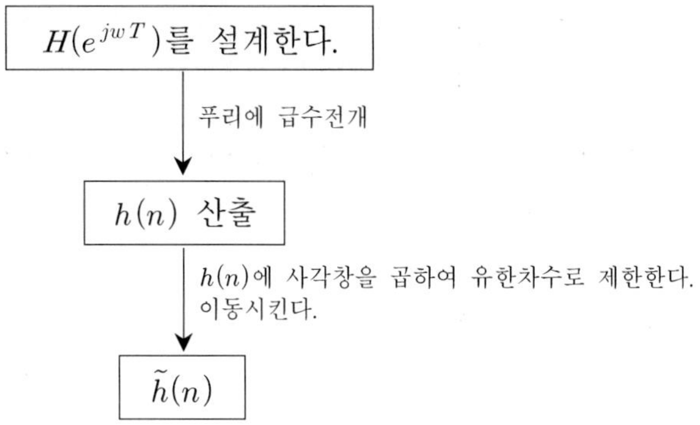

푸리에 급수 전개 ;

$$h(n) = \frac{1}{w_s}\int_{-w_c}^{w_c} H(e^{jwT})e^{jnwT}dw \tag{7.19}$$

여기서, $w_s = 2\pi f_s = \frac{2\pi}{T}$, f_s : 샘플링주파수

w_c : 차단주파수

$H(e^{jwT})$는 주기 w_s로 반복하는 주기함수

(계산 근거)

$h(n)$은 $h(n)$의 Z-변환 $H(z)$의 주파수 특성 $H(e^{jwT})$를 푸리에 급수 전개하였을 때의 푸리에 계수와 동일하다.

* 설계시 FIR 필터는 선형 위상 특성이 되도록 하므로 통상 위상항은 0으로 처리하여 무시한다.

개념 이해 예제 9

$T=1$이고 위상지연은 없으며 $N=9$이다.

$|H(e^{jwT})|$가 [그림 7-22]와 같이 주어졌다. FIR 필터의 $h(n)$을 푸리에 급수전개법으로 구하여라.

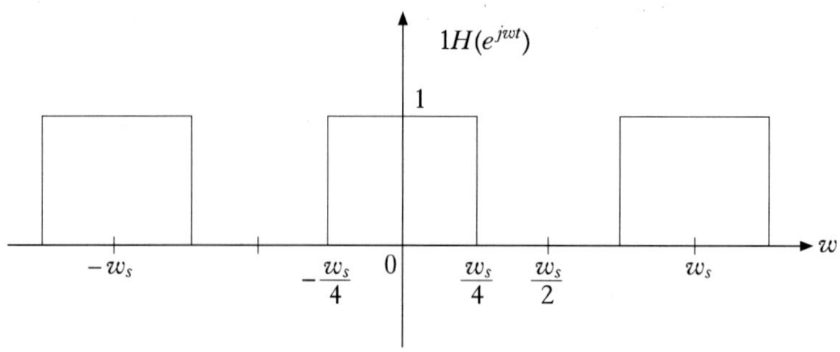

[그림 7-22]

풀이와 해설

주어진 $|H(e^{jwT})|$를 수식으로 나타낸다.

$$|H(e^{jwT})| = \begin{cases} 1, & |w| \le \dfrac{w_s}{4} \\ 0, & |w| > \dfrac{w_s}{4} \end{cases} \qquad \cdots①$$

식 ①을 푸리에 급수 전개한다. 적분구간은 $-\dfrac{w_s}{4} \sim \dfrac{w_s}{4}$이다. $T=1$이다.

$$h(n) = \frac{1}{w_s}\int_{-\frac{w_s}{4}}^{\frac{w_s}{4}} 1 \cdot e^{jnw}\, dw$$

여기서 $w_s = \dfrac{2\pi}{T}$인데 $T=1$이므로 $w_s = 2\pi$

또한 적분공식, $\displaystyle\int e^{jnw}\, dw = \frac{1}{n}(\sin nw - j\cos nw)$

$$= \frac{1}{2\pi}\int_{-\frac{w_s}{4}}^{\frac{w_s}{4}} e^{jnw}\, dw$$

$$= \frac{1}{2\pi n}(\sin nw - j\cos nw)\Big|_{-\frac{w_s}{4}}^{\frac{w_s}{4}}$$

$$= \frac{1}{2\pi n} 2\sin\left(n\frac{w_s}{4}\right); \ w_s = 2\pi\text{를 대입}$$

$$= \frac{1}{2}\frac{\sin\left(\dfrac{\pi}{2}n\right)}{\dfrac{\pi}{2}n} \qquad \cdots②$$

문제에서 $N=9$이므로 $h(n)$의 $n=-4,-3,-2,\cdots,2,3,4$로 한정한다.

$n=-4,-3,-2,\cdots,2,3,4$를 식 ②의

$$h(n)=\frac{1}{2}\frac{\sin\left(\frac{\pi}{2}n\right)}{\frac{\pi}{2}n}$$

에 대입하여 $h(n)$을 산출한다.

$$\begin{aligned}&h(0)=1,\\&h(1)=h(-1)=0.32\\&h(2)=h(-2)=0\\&h(3)=h(-3)=-0.1\\&h(4)=h(-4)=0\end{aligned}$$

$h(n)$을 $n=-4\sim4$까지 그래프로 그리면 [그림 7-23(a)]이다. 그 후 $h(n)$을 오른쪽으로 4만큼 이동하여 $\tilde{h}(n)$를 구한다. $\tilde{h}(n)$가 구하려는 최종 결과이다.

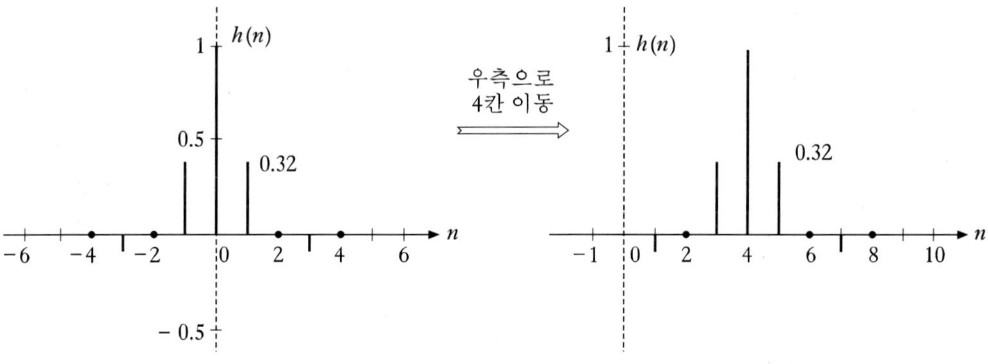

(a) $h(n)$ (b) $\tilde{h}(n)$

[그림 7-23]

FIR 필터 설계법 2 : 창함수법

계산방법 : 앞의 푸리에 급수 전개법에 의해 얻은 $h(n)$을 한계치 N으로 제한하지 않고 $h(n)$에 창함수 $W(n)$을 곱하여 $h(n)$을 선택한다. 나머지 계산은 푸리에 급수 전개법과 동일하다.

이론적 근거 : $h(n)$에 창함수를 곱하는 이유는 한계치 N에 의해 잘려나가는 부분에서 값의 급격한 변화로 인한 맥동현상을 억제하고자 함이다. 이 현상을 소위 깁스현상(Gibbs phenomenon)이라 부른다. 푸리에 급수전개시 반드시 발생하는 현상을 깁스(Gibbs)가 지적했다고 해서 붙여진 이름이다. 다음 그림을 보면서 설명을 계속한다.

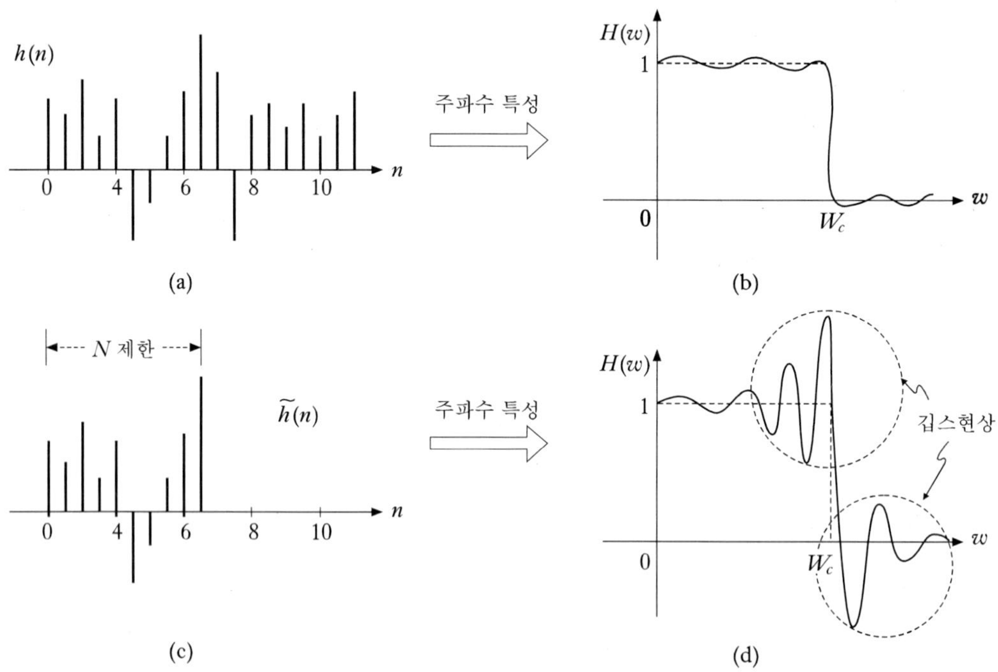

[그림 7-24]

[그림 7-24]에서 그림 (a)는 $h(n)$을 보이고 있고, 그 $h(n)$의 주파수 특성이 그림 (b)라고 할 때 그림 (b)는 차단 주파수 w_c 부근에서 전달특성이 1에서 0으로 변하는 매우 우수한 차단특성을 보이고 있다. 이때 그림 (c)와 같이 제한된 N까지만 강제로 잘라 내었다고 할 때 남은 부분만의 주파수 특성은 그림 (d)에서 보는 바와 같이 주파수가 달라지는 차단주파

수 w_c 부근에서 매우 극심한 맥동현상을 보인다. 이와 같은 현상을 깁스 현상이라 부르고, 그러한 현상이 나타난 원인은 $h(n)$을 급격히 잘라낸데 있다. 급격히 잘라내었다는 말은 곧 $h(n)$에 [그림 7-25]에서 보는 바와 같이 사각창(Rectangular window)을 씌워 곱함을 의미한다.

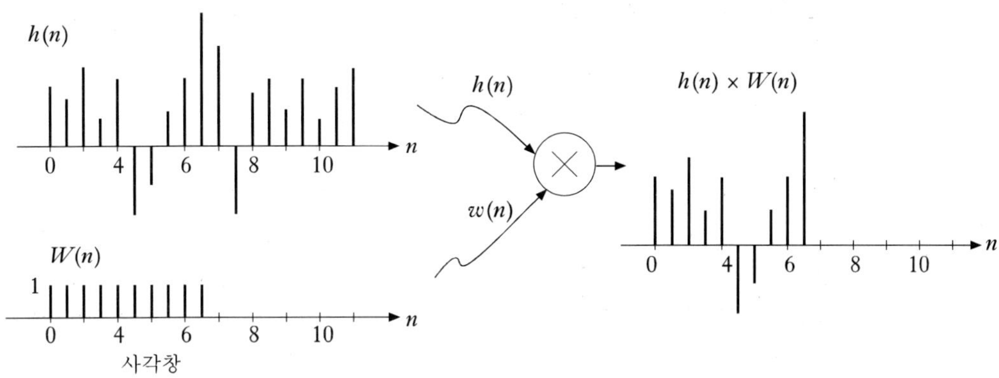

[그림 7-25]

이러한 깁스 현상을 억제하려면 사각창이 아닌 좌우 끝 부분이 부드럽게 처리된 다른 창(window)을 사용하면 된다. [그림 7-26]에 사각창을 비롯한 여러 가지 창을 그 주파수 특성과 함께 소개하였다. 이 그림은 제 6장에서 소개했던 창 함수와 동일하다. 이해를 돕기 위해 다시 한 번 제시한다.

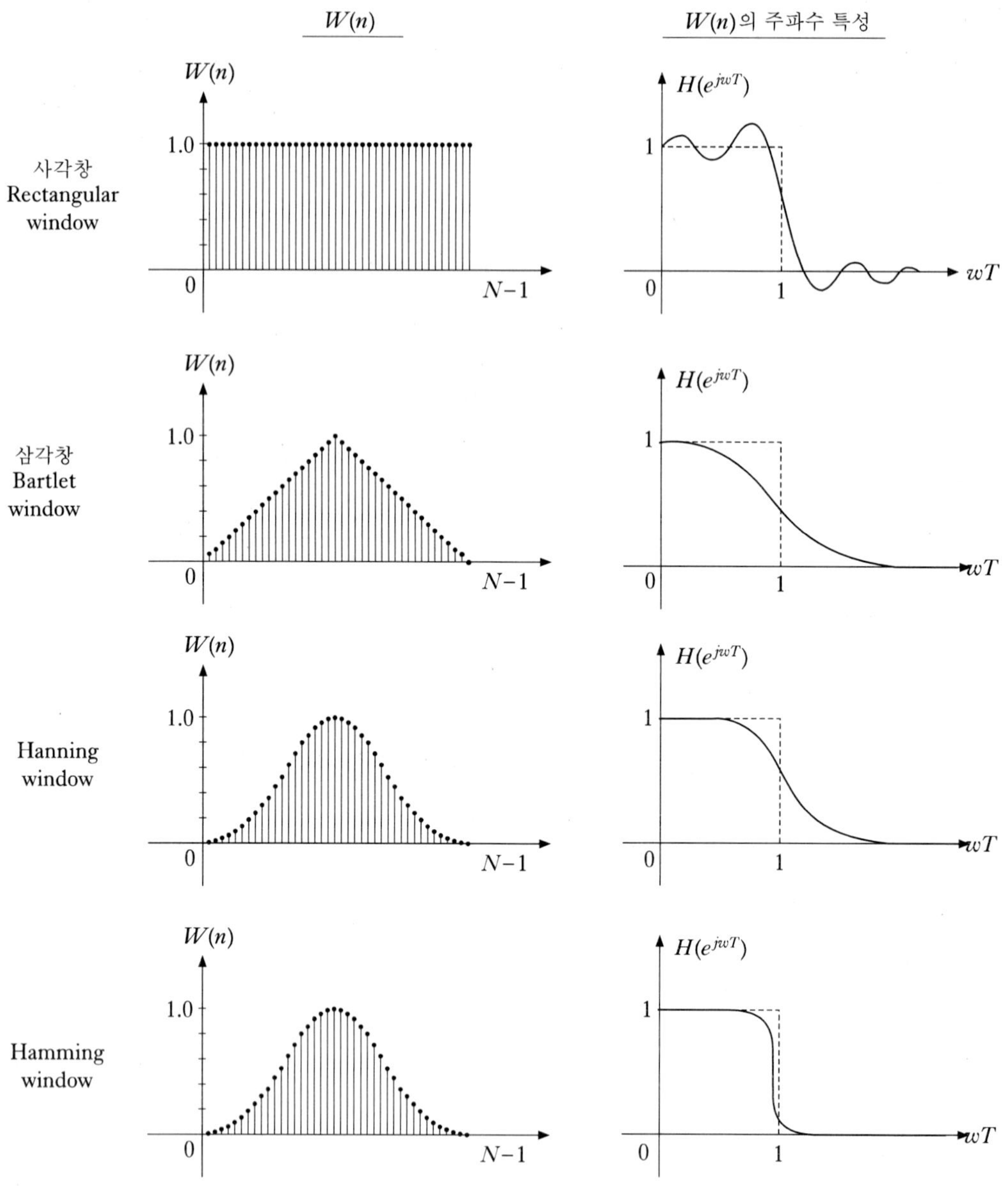

[그림 7-26]

[그림 7-26]에서 사각창은 데이터가 끝나는 부분에서 값이 1에서 0으로 순간 떨어지나 다른 창들은 좌우 끝부분이 서서히 0으로 떨어진다. [그림 7-25]에서 알 수 있듯이 이들 창들은 $h(n)$에 곱해지므로 사각창에 비해 다른 창들은 곱할 때 끝 부분이 완만히 처리된다. [그림 7-27]은 사각창과 해닝창을 곱했을 때를 비교 제시하였다.

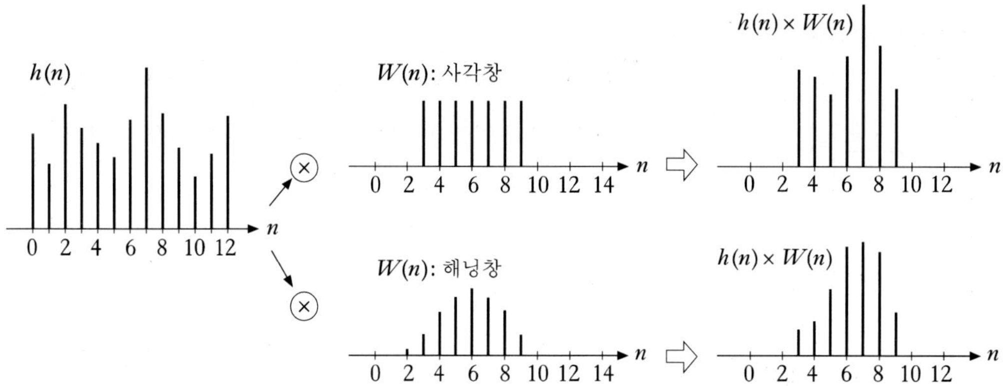

[그림 7-27]

FIR 필터 설계법 3 : 주파수 샘플링법

계산 방법 : 주어진 $H(e^{jwT})$를 샘플링한 다음, 이를 역 DFT하여 $h(n)$을 구한다.

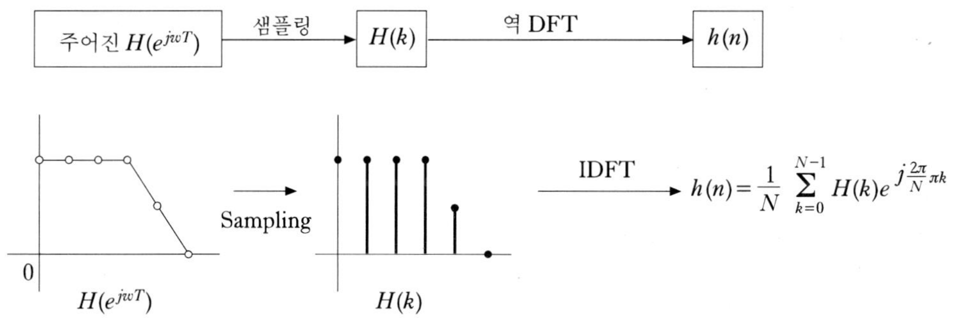

[그림 7-28]

설계자에 의해 주어진 필터의 주파수 특성 $H(e^{jwT})$는 아날로그 형태로서 그대로 역푸리에 변환이나 역 DFT를 취하기가 곤란하다. $H(e^{jwT})$를 적당간격으로 샘플링 하면 $H(k)$가 구해지고 이를 역 DFT 함으로 원하는 바 $h(n)$을 산출한다. 다음 예제를 통해 이해하도록 한다.

개념 이해 예제 10

필터 설계자가 [그림 7-29]와 같은 대역통과 필터를 설계하였다. 이를 디지털 필터로 처리하고자 한다. 주파수 샘플링 법으로 $h(n)$을 산출하라.

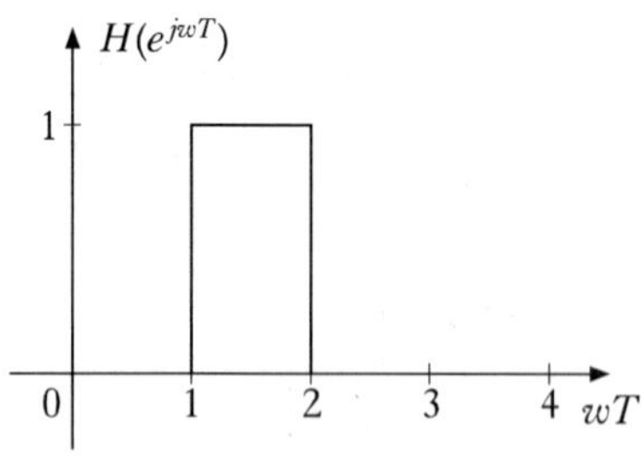

[그림 7-29]

풀이와 해설

i) 문제에서 주어진 $H(e^{jwT})$ [그림 7-29]를 [그림 7-30]과 같이 샘플링 한다.

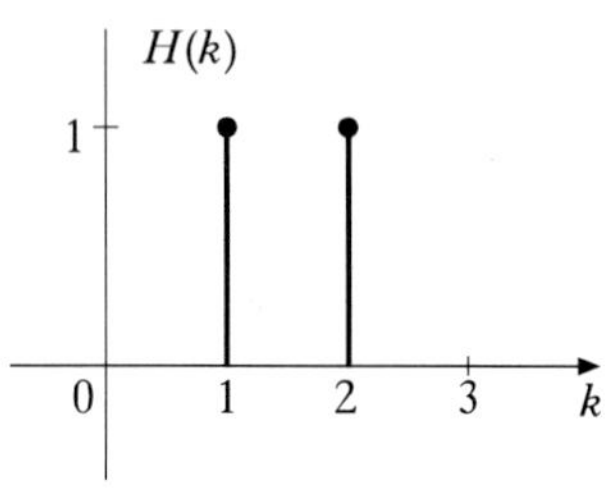

[그림 7-30]

$k=0, 1, 2, 3, 4,\ N=4$에 대하여

$$H(0)=0$$
$$H(1)=1$$
$$H(2)=1$$
$$H(3)=0$$

ii) IDFT에 의해 $H(k)$로부터 $h(n)$을 계산한다.

$$\text{IDFT} : h(n) = \frac{1}{N}\sum_{k=0}^{N-1} H(k) e^{j\frac{2\pi}{N}nk}$$

$$\Big|\ N=4,\ e^{j\frac{2\pi}{4}} = j$$

$$= \frac{1}{4}\sum_{k=0}^{3} H(k)(j)^{nk}$$

$$= \frac{1}{4}\left[\underbrace{H(0)}_{0}(j)^0 + \underbrace{H(1)}_{1}(j)^n + \underbrace{H(2)}_{1}(j)^{2n} + \underbrace{H(3)}_{0}(j)^{3n}\right]$$

$$= \frac{1}{4}\left[(j)^n + (j)^{2n}\right] \qquad \cdots①$$

식 ①을 정리한다.

$$h(n) = \frac{1}{4}\left[(j)^n + (j)^{2n}\right]$$

$n = 0, 1, 2, 3$을 $h(n)$에 순차적으로 대입한다.

$$h(0) = \frac{1}{4}(1+1) = \frac{1}{2}$$

$$h(1) = \frac{1}{4}(j-1) = \frac{\sqrt{2}}{4} \angle 135°$$

$$h(2) = \frac{1}{4}(-1+1) = 0$$

$$h(3) = \frac{1}{4}(-j-1) = \frac{\sqrt{2}}{4} \angle -135°$$

FIR 필터 설계 실제 예

앞에서 설명한 몇 가지 설계 기법들은 매우 초보적인 것들이다. 실제로 필터 설계 시 이상에서 나열한 여러 복잡한 수식들을 직접 풀지 않고 이미 개발된 필터 설계 소프트웨어를 활용한다. 이하 FIR 필터의 실제 설계의 몇 가지 예를 제시한다.

(1) 임펄스 함수 $h(n)$으로부터 FIR 필터 설계

〔설계 1〕

$h(n) = \{-4, 1, -1, -2, 5, 6, 5, -2, -1, 1, -4\}$; $m = 11$, 홀수, 우대칭

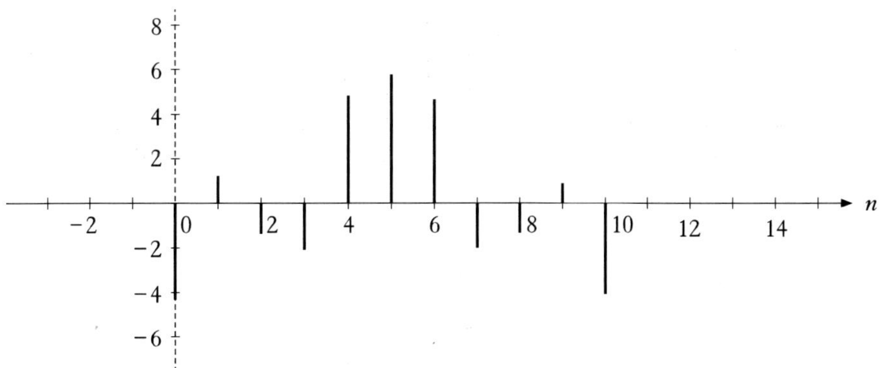

[그림 7-31]

결과: b 파라미터는 {6, 10, -4, -2, 2, -8}, 필터차수는 5이다.

입출력방정식 $y(n) = 6x(n) + 10x(n-1) - 4x(n-2) - 2x(n-3) + 2x(n-4) - 8x(n-5)$

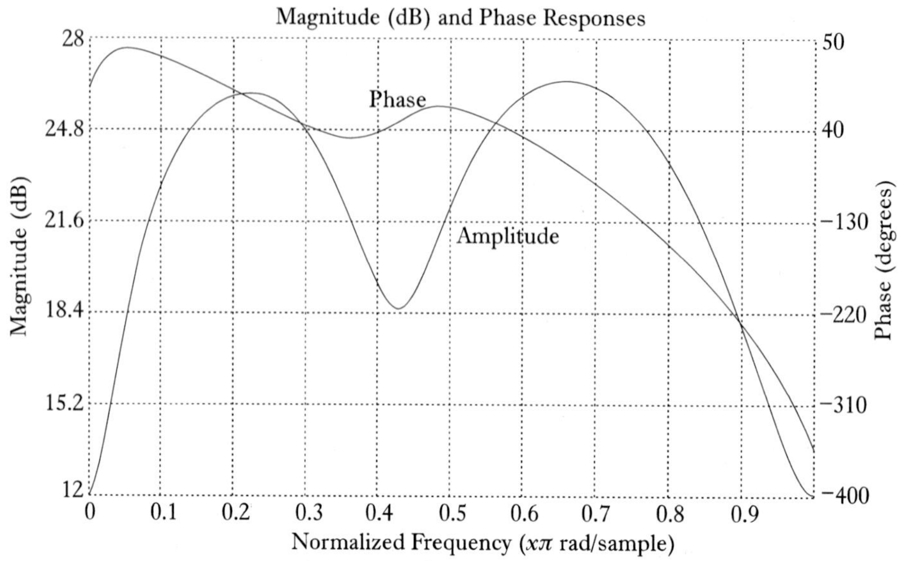

[그림 7-32] 필터 주파수 특성, 진폭과 위상

(설계 2)

$h(n) = \{-4, 1, -1, -2, 5, 6, 6, 5, -2, -1, 1, -4\}$; $m = 12$, 짝수, 대칭

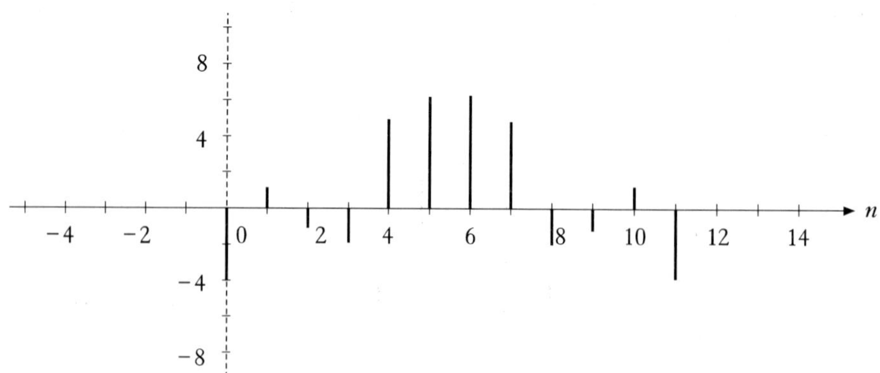

[그림 7-33]

결과: b 파라미터는 {12, 10, -4, -2, 2, -8}, 필터차수는 5이다.

입출력 방정식 $y(n) = 12x(n) + 10x(n-1) - 4x(n-2) - 2x(n-3) + 2x(n-4) - 8x(n-5)$

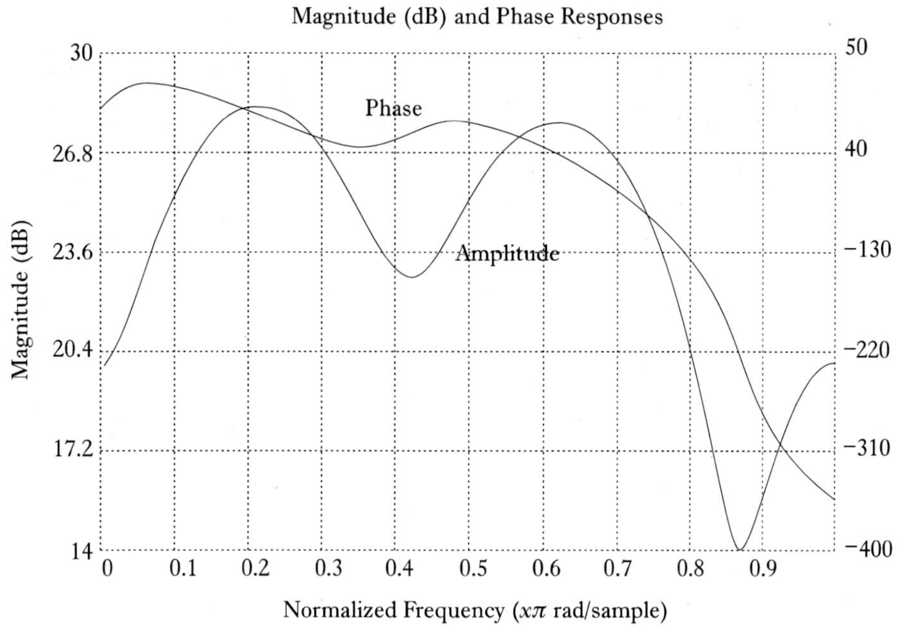

[그림 7-34] 필터 주파수 특성, 진폭과 위상

(2) Window를 사용한 FIR 필터 설계

〔설계 3〕

차단주파수 $0.4\pi = 1.256\,(\mathrm{rad/s})$, 저역 통과 필터, 사각창(Rectangular Window) 필터차수 n을 10, 25, 50, 100으로 변화시키면서 결과를 본다.

결과: 차수 증가에 따라 성능향상, 차단주파수 부분에서 굴곡이 생기는 깁스 현상 발생

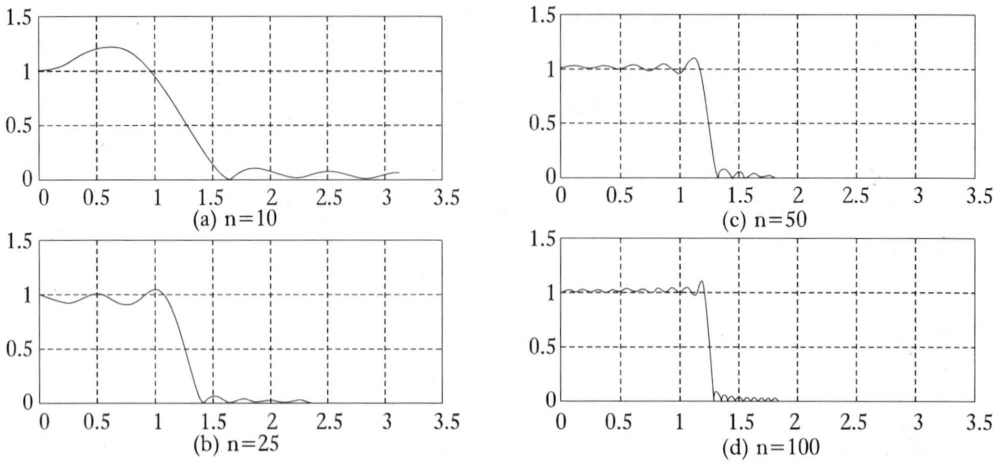

[그림 7-35]

(설계 4)

차단주파수 $0.4\pi = 1.256$(rad/s), 저역통과 필터, 필터차수 20

사각창, Bartlett, Blackman, Hamming, Hanning, Kaiser 변경하면서 결과를 본다.

결과: 깁스현상이 다른 창에서 줄어들었으며, 다른 창들의 차이는 미소함

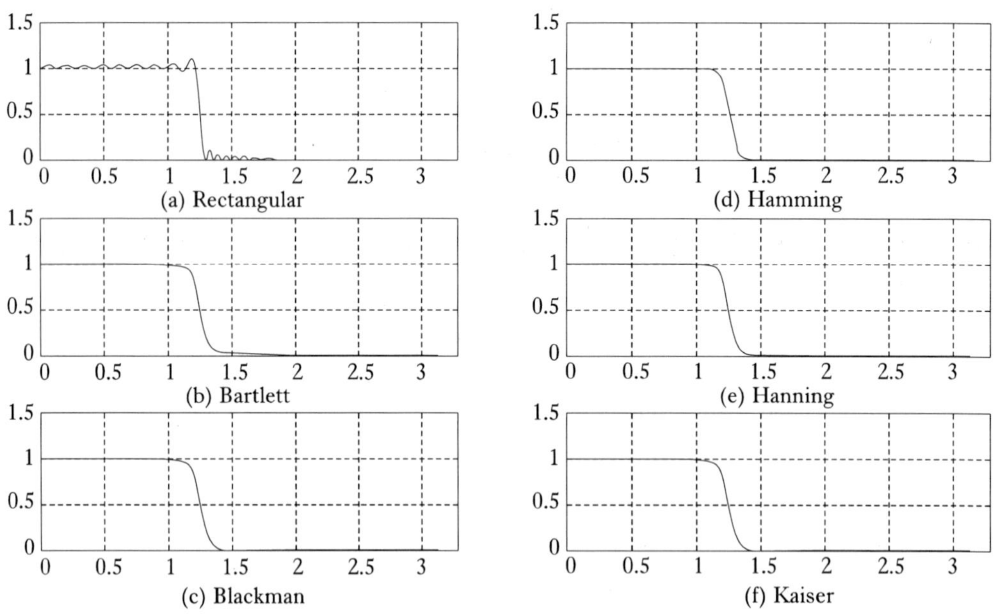

[그림 7-36]

(3) Transition Band 설정에 의한 Multiband FIR 필터 설계:

요령: 통과 및 저지대역 사이에 존재하는 천이 대역을 설정하고, 그 사이의 전달 특성 곡선을 지정한 다음, 필터의 응답이 그 궤적을 추적하도록 함.

필요한 사양: 필터차수 n, band를 나타내는 주파수 f, 천이대역에서의 이득 a

〔설계 5〕 $f = [0\ \ 0.3\ \ 0.4\ \ 0.6\ \ 0.7\ \ 0.9]$, $a = [0\ \ 1\ \ 0\ \ 0\ \ 0.5\ \ 0.5]$
f와 a로 band 구획을 정한다.

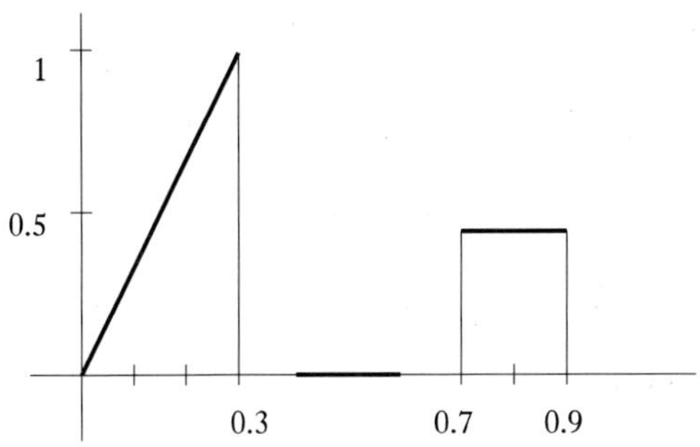

(a) 구획설정

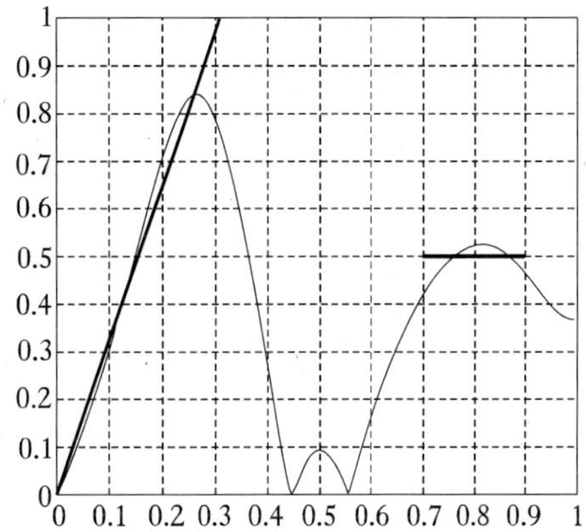

(b) 결과

[그림 7-37]

〔설계 6〕 $f=[0\ 0.4\ 0.5\ 1],\ \ a=[1\ 1\ 0\ 0]$

결과 :

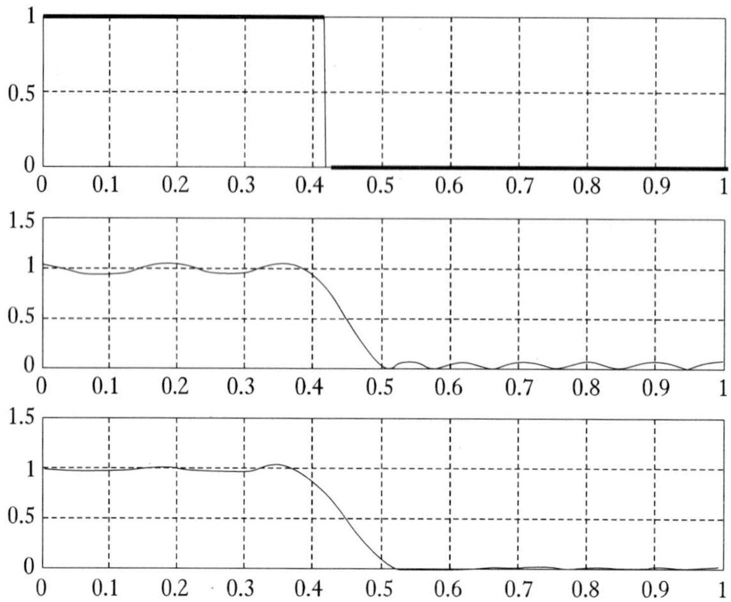

[그림 7-38]

〔설계 7〕 $f = [0\ 0.3\ 0.4\ 0.7\ 0.8\ 1],\ \ a = [0\ 0\ 1\ 1\ 0\ 0]$

결과 :

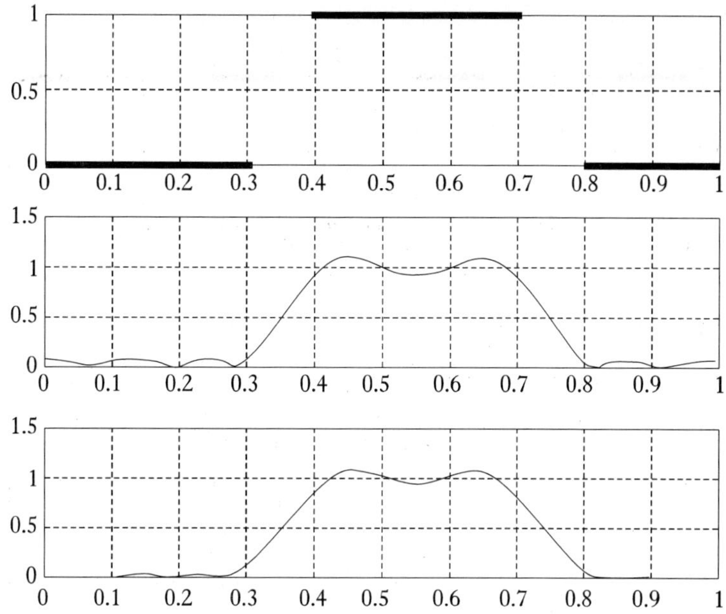

[그림 7-39]

(설계 8) $f = [0\ 0.1\ 0.15\ 0.25\ 0.3\ 0.4\ 0.45\ 0.55\ 0.6\ 0.7\ 0.75\ 0.85\ 0.9\ 1];$

$a = [1\ 1\ 0\ 0\ 1\ 1\ 0\ 0\ 1\ 1\ 0\ 0\ 1\ 1];$

결과:

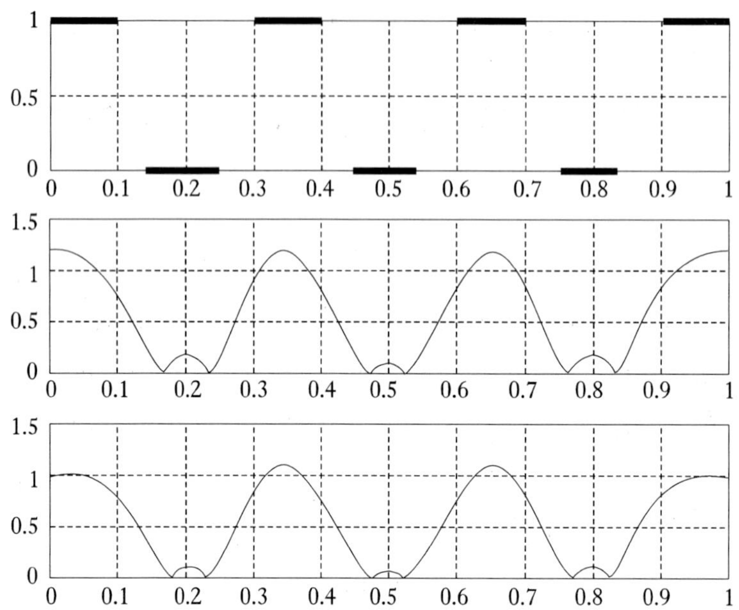

[그림 7-40]

(4) 주파수 샘플링법에 의한 FIR 필터 설계

〔설계 9〕 $M=20$; alpha $=(M-1)/2$; $1=0:M-1$; $wl=(2*\pi/M)*1$;

결과 :

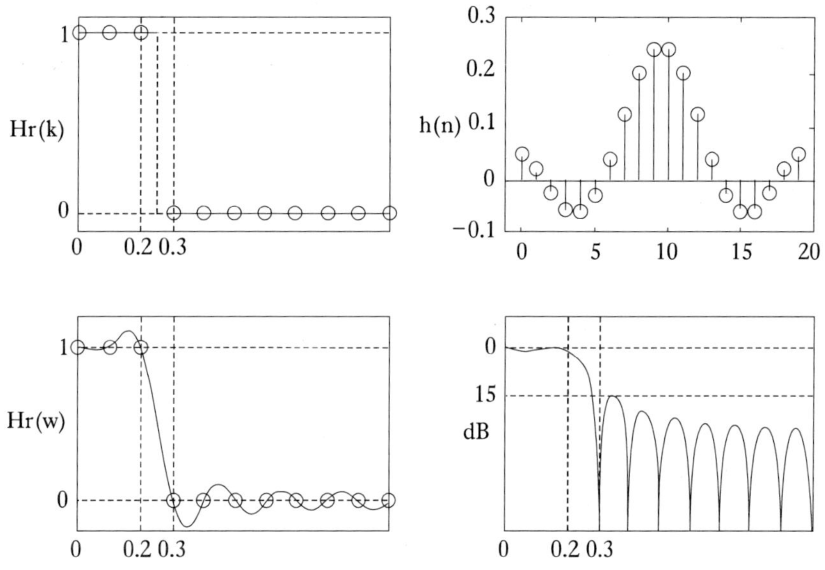

[그림 7-41]

7.5 IIR 필터 설계

필터설계요령

IIR 필터의 입출력 방정식, 전달함수, 극점과 영점 및 안정도에 대해서는 이미 앞에서 공부하였다. FIR 필터의 경우와 조금 다르게 IIR 필터는 주로 간접적인 방법에 의해 설계한다. 경우에 따라서 전달특성으로부터 직접 입출력 계수를 산출하는 기법도 소개되기는 하였지만 필터 설계의 기본적인 골격은 아날로그 필터라고 생각하면 틀림없다. 다음에 열거하는 아날로그 필터는 필터를 이해하거나 설계하는 것이 그리 쉽지 않다.

아날로그 필터: Butterworth
Chebyshev
Elliptic
Bessel

위에 열거한 아날로그 필터의 기본 골격을 이해하려면 아날로그 필터 해석과 관련하여 한 학기 정도 수업을 들어야 한다. 또한 이 단원에서 그 자세한 것을 설명하는 것은 책의 주제에서 벗어난다. 아날로그 필터와 관련하여 용어와 알고리즘을 알고자 하는 학생은 관련 전문서적들을 참고하기 바란다.

IIR 필터 간접 설계법:

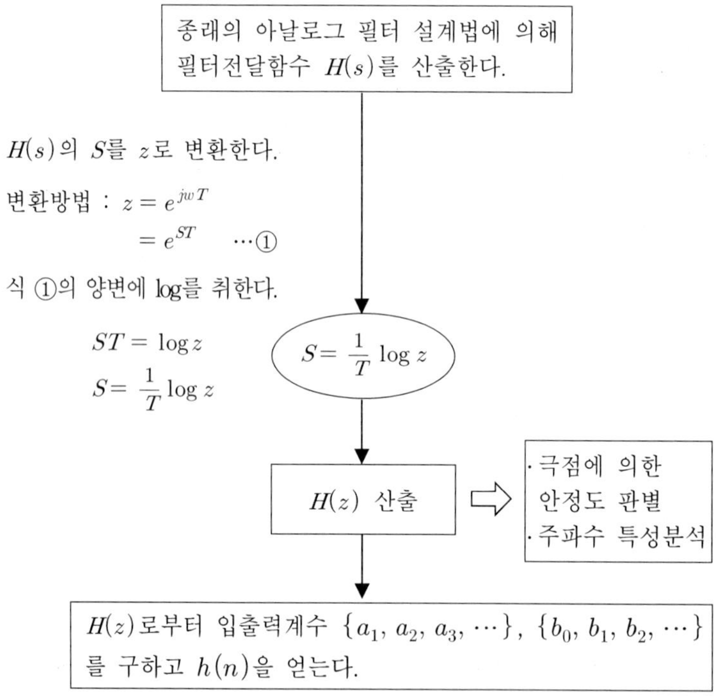

[그림 7-42]

간접설계법의 문제점: [그림 7-42]의 중간 과정에서 $S = \frac{1}{T} \log z$로 변환함에 따른 계산상의 무리가 발생한다. 따라서 $H(s)$로부터 $H(z)$로 변환시키는 보다 간략한 기법들이 제시

되었다. 그 가운데 본 단원에서 소개할 기법은 다음과 같다.

- 입펄스 불변 변화법
- 쌍선형 변환법(Bilinear transform)

IIR 필터 설계법 1 : 임펄스 불변 변환법

계산방법 : [그림 7-42]에서 보는 바와 같이 설계자가 미리 아날로그 필터로 설계하여 $H(s)$를 구한 다음 $H(s)$를 역변환하여 $h(t)$를 구한다. $h(t)$는 아날로그 형태로서 $h(t)$를 그대로 샘플링하여 $h(n)$을 얻는 매우 간결한 기법이다. [그림 7-43]에 계산 요령을 정리하였다.

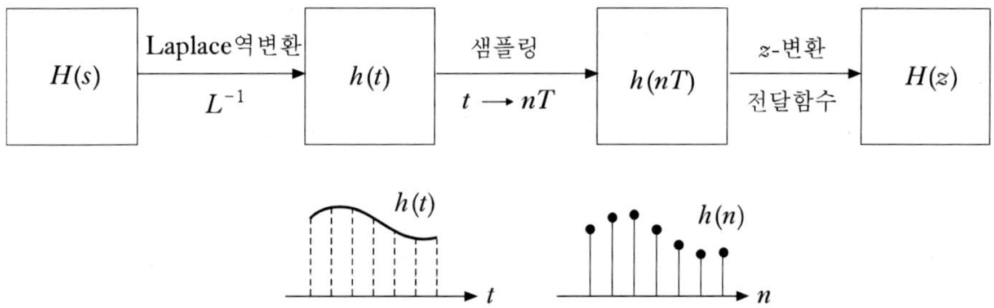

[그림 7-43]

개념 이해 예제 11

IIR 필터를 설계하기 위해 다음과 같이 $H(s)$를 설계하였다. $H(z)$를 구하여라.

$$H(s) = \frac{1}{s^2 + 5s + 6}$$

풀이와 해설

$h(t)$를 구하기 위해 문제의 $H(s)$를 역라플라스 변환한다.

$$\begin{aligned} H(s) &= \frac{1}{s^2 + 5s + 6} \\ &= \frac{1}{(s+2)(s+3)} \\ &= \frac{1}{s+2} - \frac{1}{s+3} \end{aligned}$$

$$h(t) = \mathcal{L}^{-1}[H(s)] = e^{-2t} - e^{-3t} \qquad \cdots①$$

식 ①의 $t = nT$로 치환

$$h(nT) = e^{-2nT} - e^{-3nT} \qquad \cdots②$$

식 ②의 $h(nT)$를 Z-변환한다.

$$\begin{aligned} H(z) = \mathcal{L}[h(nT)] &= \sum_{n=0}^{\infty} (e^{-2nT} - e^{-3nT}) z^{-n} \\ &= \sum_{n=0}^{\infty} [(e^{-2T} z^{-1})^n - (e^{-3T} z^{-1})^n] \\ &= \frac{(e^{-2T} - e^{-3T}) z^{-1}}{1 - (e^{-2T} + e^{-3T}) z^{-1} + e^{-5T} z^{-2}} \qquad \cdots③ \end{aligned}$$

$a = e^{-2T} - e^{-3T}$, $b = e^{-2T} + e^{-3T}$, $c = e^{-5T}$로 놓고 식 ③을 정리한다.

$$H(z) = \frac{az^{-1}}{1 - bz^{-1} + cz^{-2}} \qquad \cdots④$$

$$\begin{aligned} H(z)\Big|_{z=e^{jwT}} &= \frac{ae^{-jwT}}{1 - be^{-jwT} + ce^{-j2wT}} \\ &= \frac{a\cos(wT) - ja\sin(wT)}{1 - b\cos(wT) + c\cos(2wT) + j[b\sin(wT) - c\sin(2wT)]} \\ &= G(w)\,\angle\theta(w) \end{aligned}$$

$$G(w) = \frac{\sqrt{[a\cos(wT)]^2 + [a\sin(wT)]^2}}{\sqrt{[1 - b\cos(wT) + c\cos(2wT)]^2 + [b\sin(wT) - c\sin(2wT)]^2}}$$

$$\theta(w) = -wT - \tan^{-1}\frac{b\sin(wT) - c\sin(2wT)}{1 - b\cos(wT) + c\cos(2wT)}$$

$h(n)$은 식 ④로부터 산출한다.

$$A=\{1,\ -b,\ c\},\quad B=\{a\}$$
$$H(z)=\frac{Y(z)}{X(z)}=\frac{az^{-1}}{1-bz^{-1}+cz^{-2}}$$
$$(1-bz^{-1}+cz^{-2})Y(z)=az^{-1}X(z) \qquad \cdots ⑤$$

식 ⑤를 역변환 하며 입출력 방정식을 구한다.

$$y(n)=ax(n-1)+by(n-1)-cy(n-2)$$

IIR 필터 설계법 2 : 쌍선형 변환법

계산방법 : 자세한 유도 과정은 매우 복잡하므로 여기서는 기법만 소개한다.

$$\text{변환식},\ s=\frac{2}{T}\frac{z-1}{z+1} \qquad (7.20)$$

$H(s)$의 s를 식 (7.20)에 의해 변환하여 계산한다.

개념 이해 예제 12

앞의 개념 이해 예제 11의 $H(s)$로부터 쌍선형 변환법에 의해 $H(z)$를 계산하여라.

풀이와 해설

$$H(s)=\frac{1}{s^2+5s+6}$$
$$\Big|\ s=\frac{2}{T}\frac{1-z^{-1}}{1+z^{-1}}$$
$$H(z)=\frac{1+z^{-1}}{4z^{-2}-12z^{-1}+20}$$

IIR 필터 설계 실제 예

(1) 간접설계법

* 필터의 종류

Butterworth

Chebyshev type 1, type 2

Elliptic

Bessel

(설계 1) 필터차수 5, Butterworth, 차단주파수 300, 고역통과필터

결과:

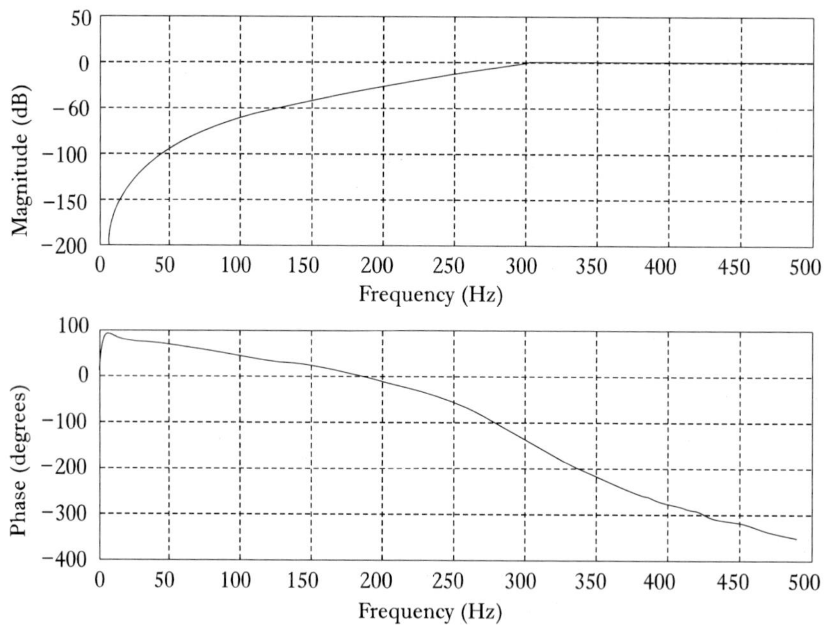

[그림 7-44]

(설계 2) 필터차수 1, Butterworth, 차단주파수 0.5, 고역통과필터

결과:

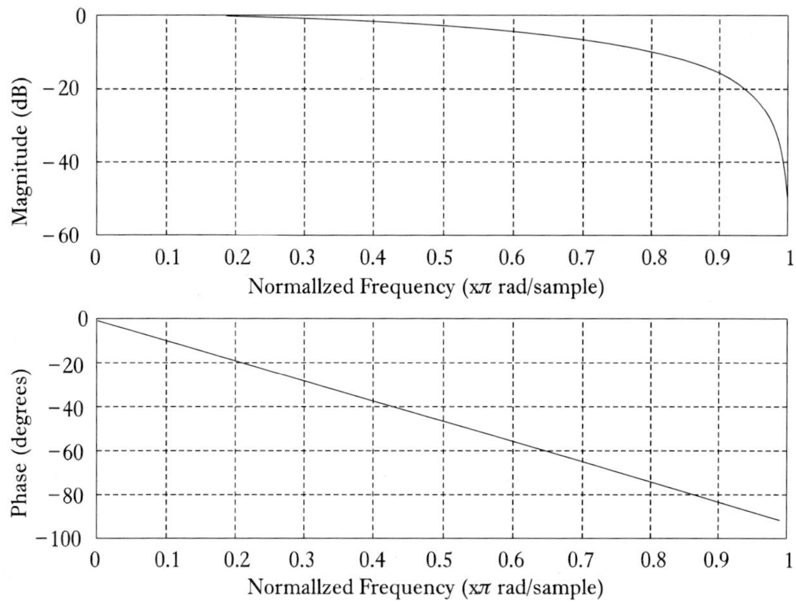

[그림 7-45]

(설계 3) 필터차수 4, 차단주파수 0.4, Chebyshev, 대역통과필터(0.2 ~ 0.4)

결과: 이득, 위상, 출력응답

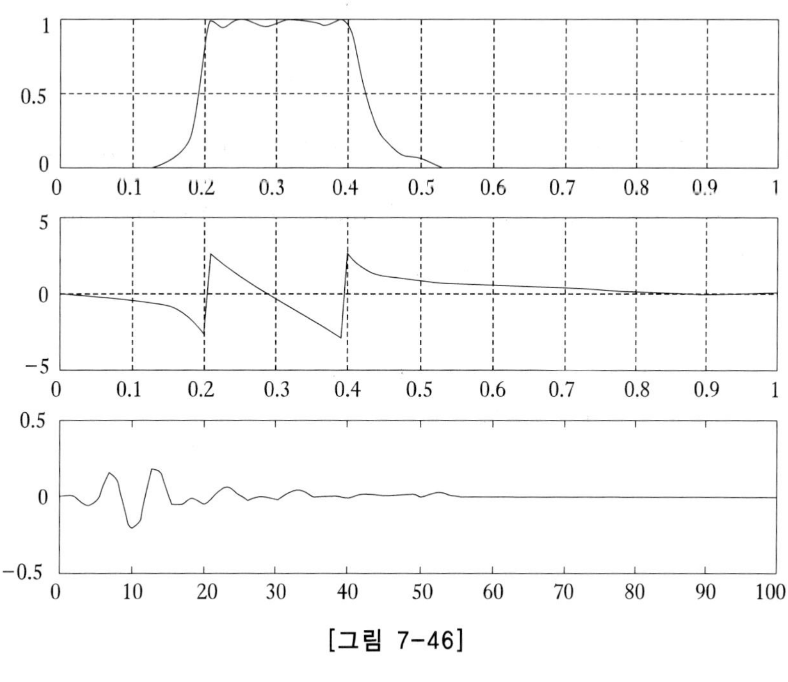

[그림 7-46]

〔설계 4〕 필터차수 6, 차단주파수 0.6, Elliptic, 저역통과필터

결과: 이득, 위상, 출력응답

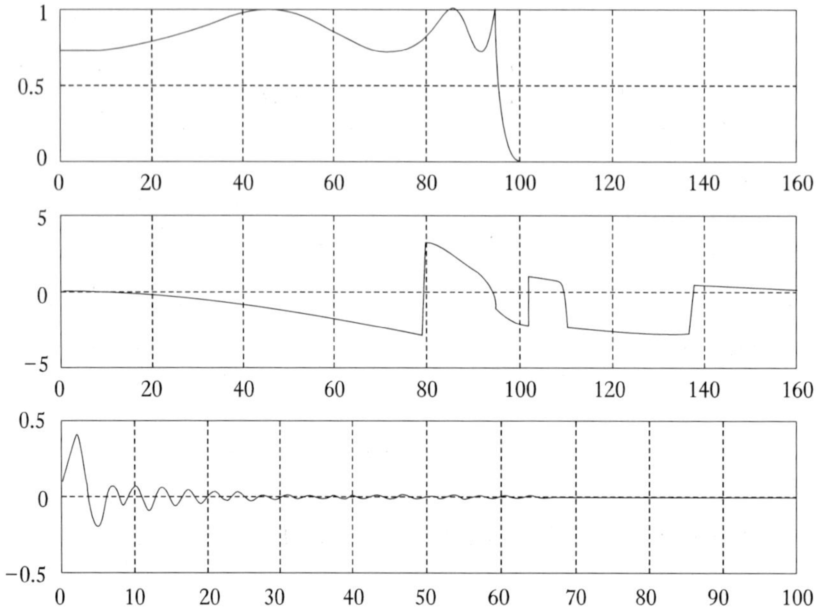

[그림 7-47]

(2) IIR 필터 직접 설계

주파수 범위와 필터의 응답 점근선 및 차수를 제시하여 직접 IIR 필터를 설계함

설계사양: 필터의 차수 n, 주파수 점 개수 f, 설계할 필터 응답곡선 m,

f : 로서 그 범위는 0에서 1까지이다.

〔설계 5〕 $n = 10$, $m = [0\ 0\ 1\ 1\ 0\ 0\ 1\ 1\ 0\ 0]$

$f = [0\ 0.1\ 0.2\ 0.3\ 0.4\ 0.5\ 0.6\ 0.7\ 0.8\ 1]$;

결과:

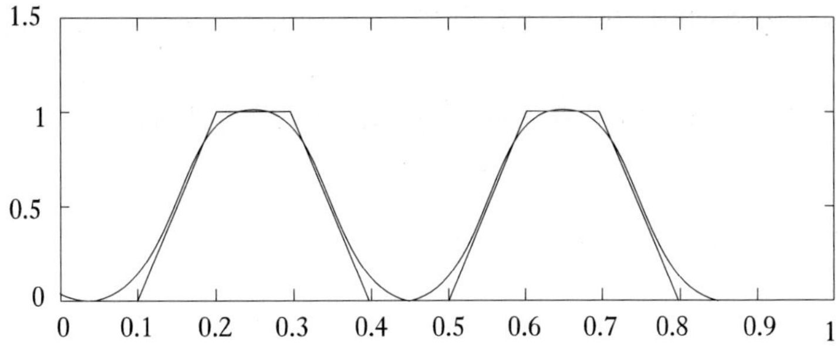

[그림 7-48]

(설계 6) $n = 10,\ f = 0 : 0.01 : 1$

m=[zeros(1, 10) ones(1, 20) zeros(1, 20) ones(1, 20) zeros(1, 10) ones(1, 10) zeros(1, 11)];

결과: 주파수 특성곡선과 출력응답

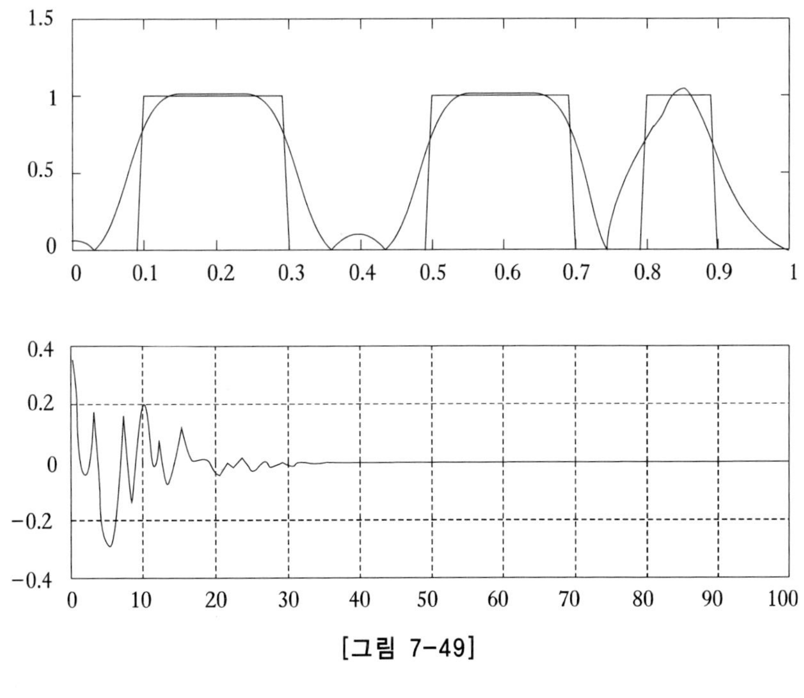

[그림 7-49]

(3) 일반적인 Butterworth 필터 직접 설계

설계사양 : 분자의 차수 nb, 분모의 차수 na, 차단주파수 wn

〔설계 7〕 $nb = 10;\ na = 2;\ wn = 0.2 * \mathrm{pi}$

결과 :

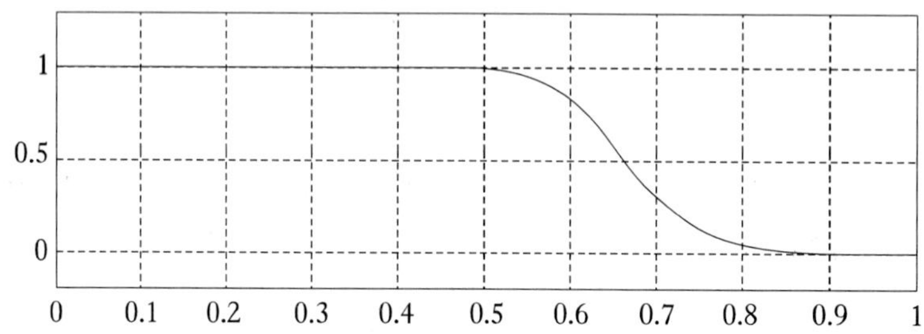

[그림 7-50]

연 습 문 제

1. $x(n) = \{-1, 2, 2, 1, -3, 5, 6, 1\}$이 $n = 0 \sim 7$까지 분포한다. FIR 평균 필터 $y(n) = \frac{1}{2}[x(n) + x(n-1)]$와 같이 입출력 방정식일 때, 출력 $y(n)$을 구하시오.

2. IIR 필터에서 반복항의 역할과 안정도에 대해 고찰하시오.

3. IIR 필터의 입출력 방정식이 다음과 같다.

$$y(n) = x(n-1) - 2x(n-2) - 0.1y(n-1) + 0.06y(n-2)$$

필터의 영점과 극점을 구하고 안정도를 판별하라.

4. 디지털 필터의 입력이산신호와 필터의 주파수 이득특성이 그림과 같이 주어졌다. 출력이산신호의 주파수 특성을 구하고 그림으로 나타내어라.

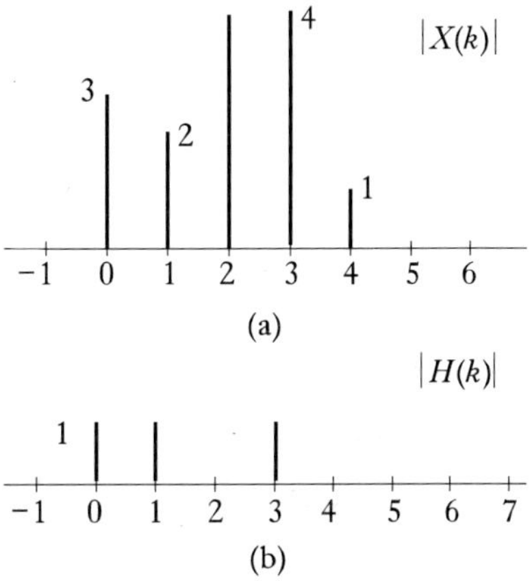

[그림 7-51]

여기서

$$X(k) = D[x(n)],\ H(k) = D[h(n)]$$

5. 다음과 같은 FIR 필터의 전달함수를 구하고 주파수 특성을 고찰하라.

$$y(n) = 0.5x(n) - x(n-1)$$

6. FIR 필터의 전달함수가 다음과 같다.

$$H(z) = 1 - 2z^{-1} + 5z^{-3}$$

필터의 신호체계 $h(n)$을 구하시오.

7. IIR 필터의 입출력 방정식이 다음과 같다.

$$y(n) = x(n) - x(n-1) - 5x(n-2) + 6x(n-3) + 2y(n-1)$$

필터의 전달함수 $H(z)$와 $h(n)$을 구하시오.

8. 문제 7 필터의 주파수 특성을 고찰하라.

9. 다음 그림들은 필터의 위상특성곡선을 구한 것이다. 선형위상특성을 갖는 필터를 고르시오.

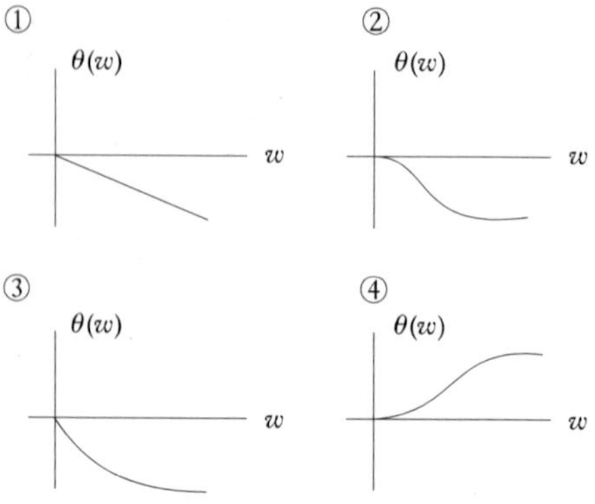

[그림 7-52]

10. 우대칭이며 선형위상특성을 갖는 FIR 필터를 설계하고 주파수 특성을 고찰하라.

제 8 장 영상신호처리

들어가는 말

이미지(image), 그림 또는 화상이라고도 불리는 영상은 실제로 평면에 뿌려진 데이터들이다. 이 데이터는 0, 1, 2, 40과 같은 간단한 숫자들이다. 숫자들이 모여서 영상을 만든다. 숫자들이 변하면 영상처리가 된다. 멈추거나 움직이기도 한다. 모니터는 컴퓨터 내부의 명령에 의해 이러한 숫자를 색깔로 변환시킨다. 컴퓨터는 숫자로 색을 읽지만 인간은 색으로 물체를 분간하기 때문이다.

내 용

- 영상은 데이터이고 영상처리는 데이터 처리이다.
- 화소(pixel)와 색깔 그리고 배열
- 영상 향상(Image Enhancement)
- 점처리(Point Process)
- 마스크 처리(Mask Process)
- 주파수 분석
- 형태론적 처리(Morphology)

감지했으리라 본다. [그림 8-1(a)]가 아날로그이고 그림 (b)가 디지털이다. 연속적인 것이 아날로그이고 뚝뚝 끊어지면서 지속되는 것이 디지털이다. 역학적인 개념으로 이해하였으면, 이제는 수학적으로 이해하여 보자.

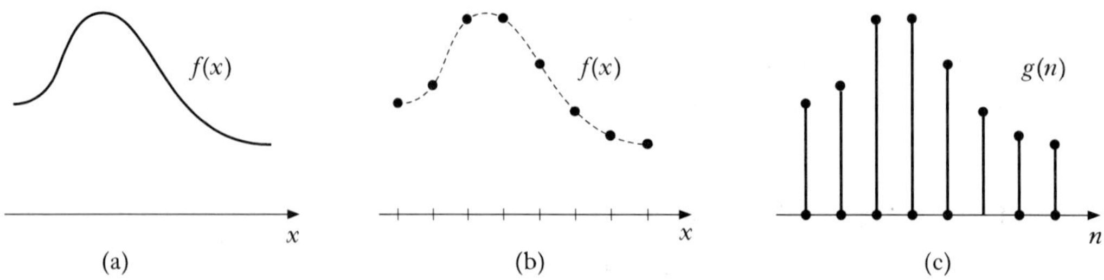

[그림 8-2]

[그림 8-2(a)]는 아날로그를 함수로 나타낸 것이다. 그래프가 연속적으로 변하면서 독립변수 x에 대한 값 $f(x)$를 만들고 있다. 그림 (b)는 (a)에서 (c)로 가는 중간 단계이다. 그림 (b)의 점선 중간 중간에 일정 간격으로 굵은 점들이 찍혀 있다. 굵은 점들만 보면 점들 사이의 값은 고려하지 않는다. 그림 (b)에서 중간중간의 값들을 아예 제거하고 굵은 점들만으로 그린 것이 그림 (c)이다. 그림 (b)는 그림 (a)를 일정간격으로 솎아내었다하여 샘플링 이라 부르고 샘플링 결과로 얻은 데이터들을 모은 것이 그림 (c)이다. 그림 (a)를 아날로그라고 한다면 그림 (c)가 디지털이 되는 것은 자명하다.

이렇게 디지털이 되면 수학적으로 무엇이 달라지는가? 엄청난 차이가 발생한다. 앞의 [그림 8-2]에서 이해하였던 바와 같이 아날로그의 가로축은 연속되는 실수나 복소수이다. 반면에 디지털은 정수 또는 자연수이다. 영상처리의 경우는 아예 0을 포함한 자연수이다. 자연수는 인간에게 가장 친숙한 수인 동시에 세살정도에서 익히는 수의 세계이다. 얼마나 쉬운가? 영상처리는 이러한 자연수들을 가지고 주거니 받거니 하면서 기기묘묘한 장관을 연출한다. 디지털로 처리한다는 말은 곧 데이터로 한데 묶어서 처리한다는 의미이다. 이 세계에서는 골치 아픈 미분이니 적분이니 미분방정식과 같은 것들이 실제하지 않는다. 단지 이론적으로 설명하기 위해 개념적으로만 있을 뿐이다.

영상은 공간상 위치에서 값으로 나타나는 데이터이다.

영상처리의 기본골격이 0을 포함한 자연수라는 것을 앞 절에서 살펴보았다. 0, 1, 2, 3, 35, 129 같은 수는 있지만 1.2, 3.9, -5, -4.78, $\sqrt{3}$, $3+4i$와 같은 수는 존재하지 않는다. 혹시 영상처리의 중간 계산과정에서 그러한 수가 발생할 수는 있으나 최종 영상으로 나타낼 때는 역시 0과 자연수이다. [그림 8-3]은 영상이 결국은 디지털 데이터임을 보여주고 있다. 칼라와 흑백 영상으로 나누어지는 것은 이미 알고 있을 것이다. 흑백 영상은 검정색에서 서서히 밝아져 나중에는 흰색으로 변한다. 반면에 칼라 영상은 빨강(Red), 녹색(Green), 파랑(Blue)이라는 세 가지 색을 적절히 조합하여 색을 만든다. 다른 여러 방법이 있기는 하지만 RGB 모드라고 불리는 이 방법이 가장 흔히 사용하는 칼라 영상을 만드는 기법이다. 빨강, 녹색, 파랑의 색상판이 모두 0을 포함한 숫자로 표현되고 있다. 흑백 영상이라고 불리는 영상도 모두 숫자로 나타냄을 볼 수 있다.

칼라영상(RGB)

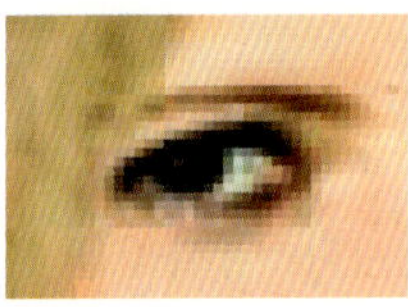

칼라영상을 줌(zoom)으로 크게 확대한 것: 화소(pixel)들이 보인다.

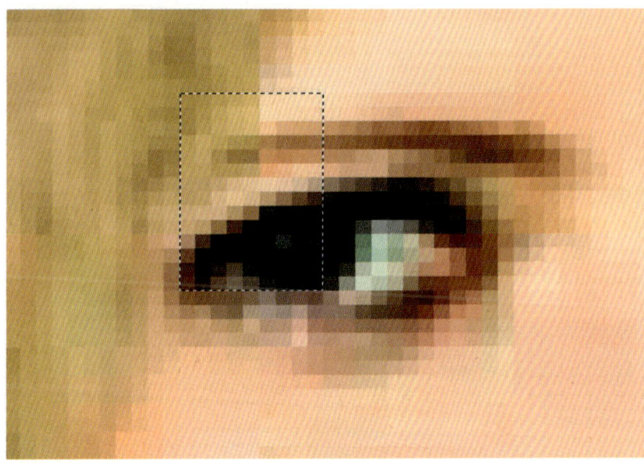

[확대한 영상 점선부분의 RGB 세 데이터 판들의 숫자 구성]

196	198	207	218	229	250	255	255	255
193	204	219	231	241	252	252	244	255
188	206	222	231	239	241	233	225	227
216	224	218	207	202	195	186	183	185
216	215	200	183	186	196	203	212	205
220	218	208	204	216	234	247	252	253
205	210	221	232	242	250	244	228	207
212	219	234	241	228	203	161	118	93
214	232	227	197	146	73	27	28	14
224	209	163	90	32	17	23	20	35
179	101	42	15	10	41	55	13	25
127	39	28	49	15	6	17	0	18
90	36	73	119	61	12	17	10	3
97	74	107	141	105	65	39	8	33

R(red, 빨강)

167	168	177	187	197	217	230	224	215
162	173	187	190	208	216	215	205	214
155	172	188	195	203	202	192	181	180
182	190	183	169	162	153	141	136	135
180	179	162	144	144	151	156	162	154
184	182	172	165	175	192	203	207	208
171	176	186	197	208	215	208	193	173
180	186	203	210	201	177	137	96	74
182	202	200	174	127	59	16	22	12
192	179	139	71	17	10	21	23	42
147	70	16	0	0	36	57	22	37
94	7	1	29	1	0	17	1	27
55	3	45	95	42	0	7	5	0
62	41	78	115	85	48	26	0	24

G(green, 녹색)

101	104	117	132	148	172	192	190	185
97	109	126	142	155	168	171	166	179
88	108	125	133	145	147	140	132	134
118	126	119	107	101	95	86	84	86
118	117	100	85	86	96	104	113	107
122	122	112	108	121	142	158	165	169
110	115	130	143	160	173	172	163	146
123	132	149	163	158	142	109	73	57
131	152	155	133	94	32	0	6	0
153	141	105	41	0	0	9	14	35
124	49	0	0	0	32	54	21	35
77	0	0	22	0	0	17	2	26
36	0	31	83	35	0	5	1	0
42	22	62	102	76	41	20	0	17

B(blue, 파랑)

[그림 8-3-1]

[칼라영상을 회색조(gray level) 곧 흑백으로 바꾼 영상]

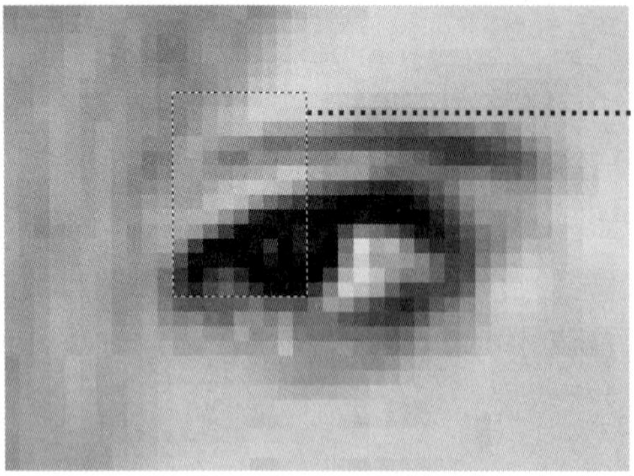

Gray(회색조) 흑백영상

168	170	179	190	201	222	233	229	224
164	175	190	202	212	221	221	212	222
157	175	191	199	207	207	198	189	189
185	193	186	173	167	159	148	144	144
184	183	166	149	150	158	164	171	164
188	186	176	170	181	199	211	216	217
174	179	190	201	213	221	215	200	180
183	190	206	214	204	181	141	100	78
186	205	203	176	129	60	17	22	11
197	184	142	73	20	11	20	21	39
154	77	22	4	3	37	56	19	33
102	16	9	34	5	2	17	1	24
63	13	52	101	47	4	10	6	1
70	49	85	121	90	52	29	2	26

[그림 8-3-2]

또한 [그림 8-4]는 흑백 영상의 가로선 하나를 뽑아내어 데이터로 본 것이다. 역시 0을 포함한 자연수들이 평면상에서 데이터를 만들고 있음을 확인할 수 있다.

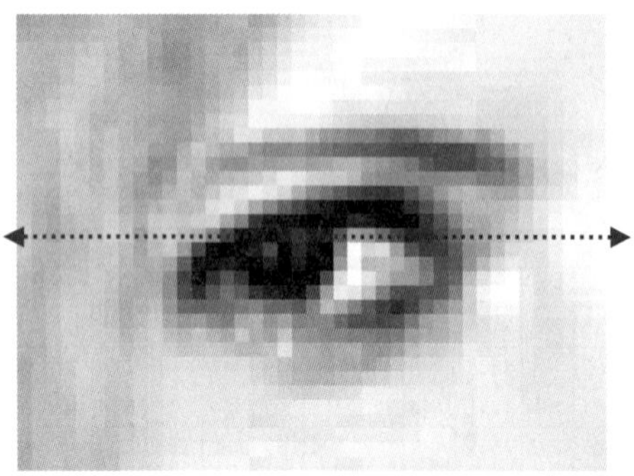

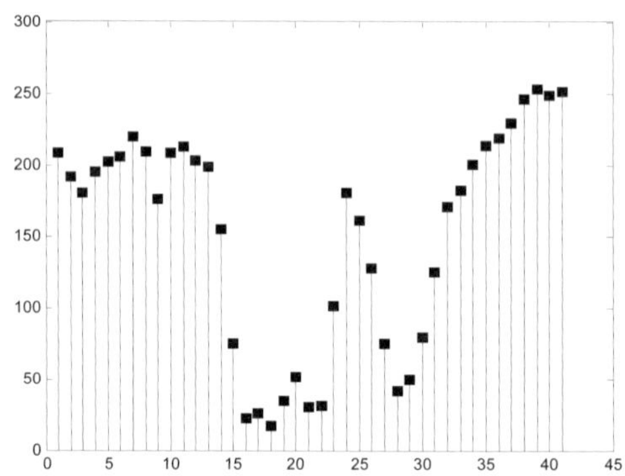

[그림 8-4]

그러면 숫자가 어떻게 색깔이 되느냐고 질문할 수 있다. 이것은 약속이다. 컴퓨터와 모니터 사이의 약속이다. 컴퓨터로 영상을 처리하고 계산할 때에는 모두 숫자로 하지만 막상 영상으로 나타낼 때에는 어떤 숫자에 어떤 모니터 색을 갖게 하라는 변환 명령에 의해 움직인다. 디지털 카메라나 스캐너 또는 인터넷에서 영상을 불러들일 때도 마찬가지이다. 불러들인 영상은 컴퓨터내의 또 다른 변환 명령에 의해 색상이 숫자로 바뀐다. 인터넷에서 그림 파일을 다운로드 할 때는 영상이 아닌 숫자들이 받아들여져 저장된다. 이때 데이터량이 너무 커서 받아들이거나 전송할 때 영상을 압축함은 이미 다 알려진 상식이다. 영상의 색상 표현과 압축에 관해서는 이 책의 뒷부분에서 배운다.

8.2 화소(pixel)와 색깔 그리고 배열

개 요

화소들이 모여서 영상이 된다. 그냥 아무렇게나 모이는 것이 아니라 군대의 연병장 사열하듯 질서 정연하게 가로 세로 열을 짓는다. 그 각각의 화소는 자신의 위치와 색이라는 두 가지 정보를 갖고 있다. 위치는 배열로 결정되고 색깔은 사전에 약속된 숫자로 주어진다. 이들의 모임이 집합이고 그 배열이 행렬이다. 어떠한 색을 갖느냐에 따라, 회색조(gray level 또는 gray scale), RGB, CMYB, HSI 그리고 반짝반짝 빛나는 HDRI의 형태를 갖는다. 화소의 수가 많으면 영상이 잘 보이고 작으면 해상도가 떨어진다.

화소(pixel) 배열과 색깔

화소들이 모여서 영상이 된다. 아무렇게나 모이는 것이 아니라 군대 연병장에서 사열하듯이 가로 세로 줄과 열을 맞추어 배열한다. 따라서 가 화소는 자신의 위치가 있고 색깔을 나타내는 숫자판을 들고 그 위치에 서 있다. 외부의 명령에 의해 판에 적힌 색깔 숫자를 바꾸기도 하고 자신의 자리를 이동하기도 한다. 때에 따라서는 간격을 넓혀 크게 벌어지기도 하고 간격을 좁혀 줄어들기도 한다. [그림 8-4]는 바둑판 모양의 배열에서 숫자판을 들고 서 있는 모습으로 영상의 화소들을 보여 주고 있다.

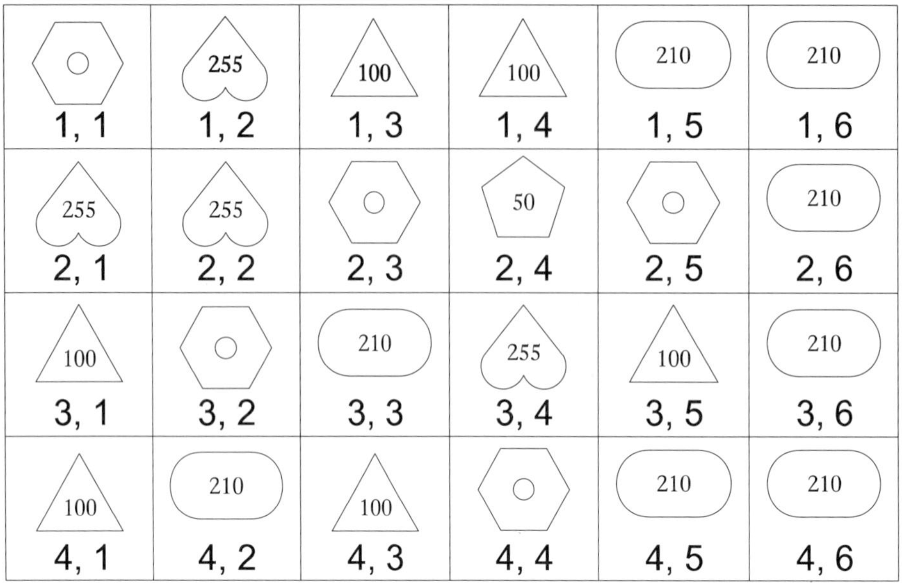

(a)

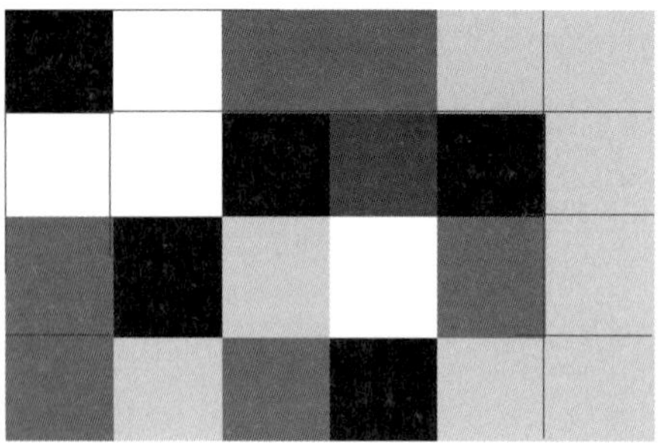

(b)

[그림 8-5]

[그림 8-5]의 바둑판 각 방들은 번지수와 숫자를 기록한 작은 도형들(△⬡♤⬭⬠)로 되어 있다. 번지수의 왼쪽에 1, 2, 3으로 쓰여진 것은 행(raw, 行)이라 하고, 오른쪽 편에 1, 2, 3, …으로 쓰여진 것은 열(column, 列)이라 부른다. 이 영상은 4개의 행과 6개의 열로 모두 $4 \times 6 = 24$(개)의 화소로 이루어져 있다. 행과 열은 영상처리에서 매우 중요하니 기록 방법을 많이 연습해 보기 바란다. 그와 같이 행과 열로 위치가 주어진 곳에 그 화소의 색이 숫자로 표시되어 있다. 색을 숫자로 나타내는 방법은 뒤에 자세히 살펴볼 터이나, 여기서는 간단히 회색조(gray level 또는 gray scale)로 언급한 후 설명을 이어가겠다. 회색조는 흑백

영상을 의미하며 숫자가 0이면 검정색이고 255이면 흰색이다. 검정색과 흰색을 256 등급으로 나누어 점차로 검정색에서 흰색으로 이동한다. 따라서 그림의 작은 도형 안에 들어가 있는 숫자 0은 검정색, 255는 흰색이다. 50은 검정색에 가까운 회색이고, 210은 흰색에 가까운 회색이다. [그림 8-5(b)]는 실제 색으로 표현된 영상이다. 다음 몇 가지 예제를 통해 화소의 위치와 색도를 연습해 보자.

개념 이해 예제 1

그림(a)와 같은 영상의 화소 배열이 있다. 각 화소의 배열상 행과 열을 기록하고 전체 화소의 개수를 구하시오.

[그림 8-6]

풀이와 해설

가로축들이 행이고 세로축들이 열이다. 가로축들이 3개 있으므로 행은 3(개)이고 세로축들이 4개 있으므로 열은 4(개)이다. (행, 열) 순서로 그림(b)와 같이 각 방을 기록해 나간다.

1, 1	1, 2	1, 3	1, 4
2, 1	2, 2	2, 3	2, 4
3, 1	3, 2	3, 3	3, 4

[그림 8-7]

개념 이해 예제 2

[그림 8-5(a)]에서 다음 물음에 답하시오.

(1) 화소의 배열(2, 4)에 해당하는 색도값은 얼마인가?

(2) 화소의 배열(3, 2)에 해당하는 색도값은 얼마인가?

(3) 화소의 배열(4, 4)에 해당하는 색도값은 얼마인가?

(4) 화소의 색도값이 0인 배열을 모두 고르시오.

(5) 화소의 색도값이 255인 배열을 모두 고르시오.

(6) 화소의 색도값이 210인 배열을 모두 고르시오.

풀이와 해설

[그림 8-5(a)]를 보면서 그대로 답하면 된다. 문제 (4)~(6)은 집합으로 표시한다.

(1) 50 (2) 0 (3) 0

(4) { (1, 1), (2, 3), (2, 5), (3, 2), (4, 4) } 모두 5개

(5) { (1, 2), (2, 1), (2, 2), (3, 4) } 모두 4개

(6) { (1, 5), (1, 6), (2, 6), (3, 3), (3, 6), (4, 2), (4, 5), (4, 6) } 모두 8개

영상의 화소들이 평면상에 하나의 배열을 이루며 각 화소마다 배열 상에 하나의 위치와 값을 갖고 있다는 사실을 알았을 것이다. 예제를 통해서도 연습을 해 보았으니 매우 쉽다는 느낌을 가졌으리라 본다. 그렇다. 영상처리는 매우 쉬운 과목이다. 그런데 참으로 쉬우려면 기초가 튼튼해야 한다. 개념적으로 이해한 것을 이제는 수학적으로 정리할 차례이다. 영상을 구성하는 배열(Array)는 수학적으로 행렬(Matrix)에 해당한다. **영상은 행렬이고 영상처리는 행렬계산이다.** 반드시 기억해야 한다. 영상을 그저 예쁜 그림이나 모양으로 생각했다가는 큰코 다친다. 영상은 행렬로 이루어진 데이터이고 이를 여러 형태로 변형하고 바꾸는 기기묘묘한 작업은 모두 행렬 계산이다. 행렬이기 때문에 화소들 모두는 행렬로 나타낼 수 있다. 앞의 [그림 8-5(a)]를 행렬로 나타내 보자. 식 (8.1)이다.

$$\text{Image} = \begin{bmatrix} 0 & 255 & 100 & 100 & 210 & 210 \\ 255 & 255 & 0 & 50 & 0 & 210 \\ 100 & 0 & 210 & 255 & 100 & 210 \\ 100 & 210 & 100 & 0 & 210 & 210 \end{bmatrix} \qquad \cdots(8.1)$$

식 (8.1)에서 다시 한 번 행과 열을 헤아려 보자. 앞에서 했던 것을 기억하며, 행이 4(개), 열이 6(개)이다. 행에 관한 부호를 i, 열에 관한 부호를 j라고 두고 식 (8.1)을 함수 형태로 만든다. 식 (8.2)이다.

$$\text{Image} : f(i,\ j) = \text{색을 나타내는 숫자} \qquad \cdots(8.2)$$

식 (8.2)에서 색을 나타내는 숫자를 k라 놓고 다시 쓰면 식 (8.3)이 된다.

$$f(i,\ j) = k \qquad \cdots(8.3)$$

앞에서 살펴보았듯이 행을 나타내는 i는 1, 2, 3, 4이고, 열을 나타내는 $j=1, 2, 3, 4, 5, 6$이었다. i와 j는 배열을 만들고 그때마다 자신의 색 k를 갖는다. 식 (8.1)을 i, j 배열에 대해 놓고 다음 [그림 8-8]과 같이 서로 대조해 본다.

1, 1	1, 2	1, 3	1, 4	1, 5	1, 6
2, 1	2, 2	2, 3	2, 4	2, 5	2, 6
3, 1	3, 2	3, 3	3, 4	3, 5	3, 6
4, 1	4, 2	4, 3	4, 4	4, 5	4, 6

[i, j 배열]

$$\Leftrightarrow \begin{bmatrix} 0 & 255 & 100 & 100 & 210 & 210 \\ 255 & 255 & 0 & 50 & 0 & 210 \\ 100 & 0 & 210 & 255 & 100 & 210 \\ 100 & 210 & 100 & 0 & 210 & 210 \end{bmatrix}$$

[화소값]

[그림 8-8]

[그림 8-8]에서 식 (8.3)을 가지고 하나씩 서로 대응시켜 본다. 왼쪽과 오른쪽을 번갈아 보면서 $f(i, j)=k$에 맞추어 본다.

$$f(1, 1)=0,\ f(1, 2)=255,\ f(1, 3)=100,\ f(1, 4)=100,\ f(1, 5)=210,\ f(1, 6)=210$$
$$f(2, 1)=255,\ f(2, 2)=255,\ f(2, 3)=0,\ f(2, 4)=50,\ f(2, 5)=0,\ f(2, 6)=210\cdots$$

이 정도 해보았으면 어떻게 하는지 요령을 알았으리라 본다. $f(3, 3)$은 얼마인가? 210이다. $f(4, 1)$은? 100이다. $f(4, 5)$는? 210이다. 이 때, $f(i, j)=k$의 k는 통상 0, 1, 2, ⋯, 255로서 모두 256(개)이다. 2진수 $2^8=256$에 해당하는 256은 8비트 컴퓨터가 처음 나와서 영상 처리할 때 그에 맞추고자 색도를 256 등급으로 나누었다는 이야기가 있는데 정확한지는 모르겠다. 하여튼 특별한 경우를 제외하고는 0, 1, 2, ⋯, 255의 256 등급을 사용한다. 이제까지 이해한 것을 토대로 조금 더 복잡한 것을 [그림 8-9]의 예로 제시하였으니 혼자 연습해 보기 바란다.

개념 이해 예제 3

1,1	1,2	1,3	1,4	1,5	1,6	1,7	1,8	1,9
2,1	2,2	2,3	2,4	2,5	2,6	2,7	2,8	2,9
3,1	3,2	3,3	3,4	3,5	3,6	3,7	3,8	3,9
4,1	4,2	4,3	4,4	4,5	4,6	4,7	4,8	4,9
5,1	5,2	5,3	5,4	5,5	5,6	5,7	5,8	5,9
6,1	6,2	6,3	6,4	6,5	6,6	6,7	6,8	6,9
7,1	7,2	7,3	7,4	7,5	7,6	7,7	7,8	7,9
8,1	8,2	8,3	8,4	8,5	8,6	8,7	8,8	8,9
9,1	9,2	9,3	9,4	9,5	9,6	9,7	9,8	9,9
10,1	10,2	10,3	10,4	10,5	10,6	10,7	10,8	10,9
11,1	11,2	11,3	11,4	11,5	11,6	11,7	11,8	11,9
12,1	12,2	12,3	12,4	12,5	12,6	12,7	12,8	12,9
13,1	13,2	13,3	13,4	13,5	13,6	13,7	13,8	13,9
14,1	14,2	14,3	14,4	14,5	14,6	14,7	14,8	14,9

[화소의 위치]

168	170	179	190	201	222	233	229	224
164	175	190	202	212	221	221	212	222
157	175	191	199	207	207	198	189	189
185	193	186	173	167	159	148	144	144
184	183	166	149	150	158	164	171	164
188	186	176	170	181	199	211	216	217
174	179	190	201	213	221	215	200	180
183	190	206	214	204	181	141	100	78
186	205	203	176	129	60	17	22	11
197	184	142	73	20	11	20	21	39
154	77	22	4	3	37	56	19	33
102	16	9	34	5	2	17	1	24
63	13	52	101	47	4	10	6	1
70	49	85	121	90	52	29	2	26

[화소의 색도]

[그림 8-9]

(1) $f(i, j) = k$에서 i와 j의 최대값은 얼마인가?

(2) 화소의 총 개수는 얼마인가?

(3) 화소의 위치와 색도를 보면서 $f(i, j) = k$을 연습해 보시오.

풀이와 해설

(1) i의 최대값 14, j의 최대값 9

(2) $14 \times 9 = 126$(개)

화소의 색도값은 어떻게 만들어지는가?

이미 앞장에서 화소의 색도값은 디지털이고 0과 자연수로 되어있다는 것을 공부했다. 디지털 카메라, 스캐너, 캠코더, 휴대폰 카메라 등으로 사진을 찍거나 영상을 받아들을 때 처음부터 디지털이 되는 것은 아니다. 본래 모든 영상은 아날로그이다. 카메라로 영상을 잡을 때도 상이 맺히는 곳의 물리적 특성 또한 아날로그이다. 이를 디지털로 변환할 수 있었던 데는 반도체 고집적 기술의 급속한 발달의 힘이다. 반도체는 빛이나 온도, 압력 변화에 의해 내부의 전기적인 상태가 달라진다. 빛의 세기 변화에 따른 전기적 상태 변화를 갖는 반도체 센서들을 무수히 고집적 회로에 형성시킴으로 영상이 그 집적회로 위에 맺혔을 때 각

소자들 위의 서로 다른 빛의 세기가 전기적 신호로 변환되어 읽힌다. 이 간단한 원리가 오늘날의 영상 문화를 이룩하는 데는 30년 이상의 세월이 소요되었다. 대부분의 디지털 카메라의 영상 입력 단에 사용되고 있는 영상센서는 CCD(condenser coupled device)이다. 1969년 AT&T Bell 연구소에서 개발된 이래 1974년에는 2D의 일만화소까지 가능하였고, 그후 반도체와 컴퓨터 기술의 비약적인 발달에 힘입어 오늘날과 같은 디지털 영상 혁명을 이룩할 수 있었다. CCD는 미세한 화소가 그 표면에 세밀하게 배열되어 있는 형태로서 영상이 표면에 맺히게 되면 그 수많은 각각의 화소들에 빛의 세기에 따른 서로 다른 전압이 발생한다. 이 전압은 콘덴서 형태로 저장되었다가 CCD와 연결되어 있는 마이크로 프로세스 콘트롤의 명령에 의한 디지털로 변환되어 읽혀진다. 이 때 각 화소의 배열 위치와 함께 RGB 각각의 색도 정보가 읽혀 메모리에 저장되며 디스플레이 액정화면에 나타난다. CCD의 장점은 영상을 하나의 평면 단위로 받아들인다는 점이다. 스캐너가 축을 따라 센서가 이동하면서 라인별로 색도 정보를 읽어들이는 데에 비해 CCD는 하나의 평면 단위로 영상을 받아들이기 때문에 사진 낱장은 물론이고 그 진행에 속도를 갖게 함으로 평면들의 집합이 된 동영상 입력도 가능하다. 문제는 디지털 영상 입력 장치에 내장되어 콘트롤하는 마이크로 프로세서의 성능과 처리속도 및 메모리 저장 능력에 달려 있다. [그림 8-10]에 CCD를 통한 영상입력과 디지털로의 변환 과정의 개념도를 보이고 있다.

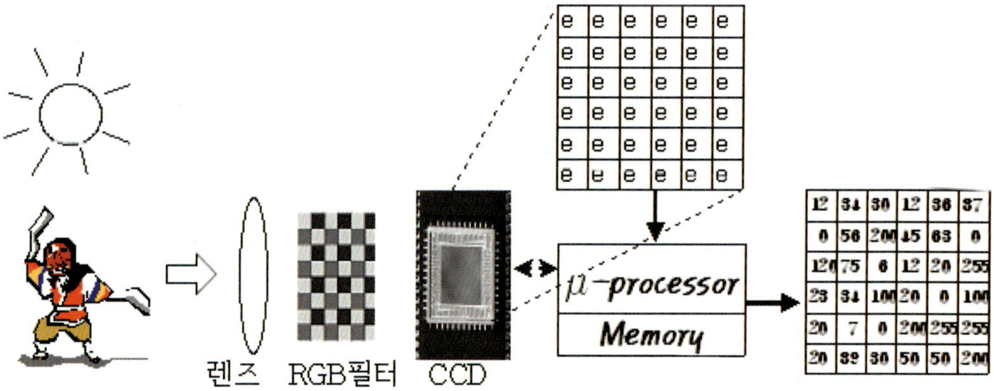

[그림 8-10] 영상입력 과정과 디지털 처리

대상 물체에 빛이 비춰면 렌즈를 통해 RGB 필터를 거쳐 CCD 표면에 영상이 맺힌다. RGB 필터는 물체의 빛 가운데 R(빨강), G(녹색), B(파랑)의 각 성분을 각각 별도로 추출하여 CCD 표면에 뿌려준다. CCD는 입력장치 내부의 마이크로프로세서에 의해 제어되고

CCD 표면의 전기적 신호를 우측의 숫자로 바꾸어 각 배열에 위치시킨다. 우측의 숫자 배열이 다시 영상으로 변환되어 LCD 창에 나타나는 것이다. CCD 이후부터 일련의 모든 작동과 처리가 디지털로 진행됨은 물론이다.

화소 색의 결정

색상, 명도, 채도 그리고 콘트라스트 :

흑백사진과 컬러사진이 있고 흑백 TV와 컬러 TV가 있듯이 사람들 눈에 보이는 것들은 흑백이나 컬러라고 할 수 있다. 다른 동물에 비해 인간의 시각 감지 능력은 매우 약하다. 밤에도 물체를 볼 수 없고 조금만 흐리면 정확히 구분을 못한다. 눈에 보이는 물체를 인식할 수 있음은 곧 물체와 그 주변 환경의 색도차이에 근거한다. 보호색을 띠고 있는 곤충이나 동물들을 찾지 못하는 것도 색도차이를 구분하지 못하기 때문이다. 인간이 구분할 수 있는 색도차이라는 것이 고작해야 100(개) 이하이다. 그것도 식별능력이 뛰어난 사람인 경우에나 그렇고 보통사람들은 그보다 훨씬 작다. 고양이나 부엉이는 밤에도 사냥을 할 정도이고 독수리는 고공에서도 땅에 기어다니는 개미도 본다는데 인간의 좋은 머리만큼 발달하지 못한 것 중에 하나가 시각인 듯하다. 문제는 이렇게 잘 볼 수도 없고 착시 현상에도 취약한 사람이 그냥 보는 것으로 그치는 것이 아니라 인간이 볼 수 있게끔 시각화해야 한다는 점이다. 즉 정지영상이나 동영상을 만들 때 인간의 시각 능력 한계를 고려해서 정량화 시켜야 한다. 대부분의 시각 매체가 사진이나 컴퓨터 모니터 위에 나타나므로 인간 시각 범위안에서 화소색과 배열을 정해야 한다.

색을 받아들이는 지각 변수에는 색상(hue), 채도(saturation) 및 명도(brightness), 즉 HSB가 있다. 빨강, 노랑, 파랑과 같은 것들을 흔히 색상이라고 부른다. 말 그대로 크레파스나 물감에서 흔히 볼 수 있는 색이다. 빛이 색에 비치었을 때 해당 색은 빛의 다른 주파수들은 모두 흡수하고 그 색에 해당하는 주파수만 반사한다. 잘 알려진 바와 같이 빛에는 여러 색들이 있다. 무지개 색이 그것인데, 빨강, 주황, 노랑, …, 남색, 보라이다. 이들 빛의 색들은 각기 서로 다른 주파수를 갖고 있다. 보라색 쪽이 주파수가 가장 높고 빨강색 쪽이 주파수가 낮다. 물론 빨강색 밖에는 적외선이 있고, 보라색 밖에는 자외선이 있지만, 눈에 보이는 소위 가시광선(可視光線)들은 각기 주파수가 다르다는 것 때문에 다른 색을 갖는다. 그런데 여기서 흑색, 회색 및 백색은 색깔이라고 흔히 부르지만 색상의 범주에는 넣지 않는다.

채도(彩度, saturation)는 색의 칙칙한 정도이다. 순수하게 빨강색에 흰색을 조금 섞으면 칙칙한 빨강색이 된다. 흰색이 섞이는 정도에 따라 느낌이 달라진다. 색이 변한 것 같고 빛에 바랜 느낌을 준다. 순수하게 빨강색인 경우를 채도가 높다하고 희미하거나 탁해져서 분홍색을 띠게 되면 채도가 낮다 한다. 다른 색에서도 마찬가지이다. 순수한 색은 흰색이 조금도 섞이지 않은 것으로 채도가 100(%)라 할 수 있다. 통상 순수한 색에 흰색을 섞어 가면서 0 ~ 100(%)의 채도를 만든다.

명도는 밝은 정도이다. 명도가 높으면 화면이 환해지면서 희게 변하고, 낮으면 어두워지면서 검게 변한다. 전체적으로 밝은 쪽으로 또는 어두운 쪽으로 변한다. 흔히 컴퓨터 모니터 화면의 밝게 조정하는 것이 곧 이 "밝기(brightness)"인데 비슷한 개념이다. 매우 어두운 흑색에서부터 아주 밝은 흰색에 이르기까지 밝기의 정도를 수치적으로 나타내며 명도를 가늠한다. 이 명도를 영상처리에서는 통상 회색조 또는 명암도(gray level 또는 gray scale)라고 부른다. 영상처리에 있어서 매우 중요한 용어이니 잘 숙지하기 바란다. [그림 8-11]에 회색조를 보이고 있다.

[그림 8-11] 회색조

[그림 8-11]의 윗부분은 명암정도를 0 ~ 10의 11등급으로 나눈 것이고, 아랫부분은 0 ~ 255의 256등급으로 나누었다. 회색조 0 ~ 255 (256등급)는 영상처리의 기본이 되는 구분이고 앞으로 엄청나게 많이 사용한다. 회색조 0은 흑색, 255는 흰색, 그 가운데 숫자는 단계별로 흑색에서 흰색으로 이동한다. 회색조는 크레파스나 물감으로 칠해 놓은 색깔이라기보다는 빛과 관련된 밝기이다. 컴퓨터 모니터 상에서 인지되는 개개 화소의 밝기 정도이므로 그것들의 조합에 의해 흑백영상의 형태가 만들어지고 물체의 윤곽이나 구조가 결정된다. 다음 [그림 8-12]는 0 ~ 255 회색조에 보다 친숙해지기 위해 몇 가지 영상을 제시했다.

(a) 회색조 118-255 (b) 회색조 0-118 (c) 회색조 0-255

[그림 8-12]

[그림 8-12]에서 볼 수 있듯이 회색조의 값을 어떻게 잡느냐에 따라 전혀 다른 밝기가 된다. 그림 (a)는 회색조 118 ~ 255를 채택한 것으로 주로 흰색 쪽에 치우쳐 있다. 그림 (b)는 (a)와는 반대로 회색조 0 ~ 118 범위 안에서 영상의 화소들이 값을 갖게 한 것으로 흑색 쪽으로 몰려 있다. 반면에 그림 (c)는 회색조 0 ~ 255를 모두 갖도록 한 것인데 흑백 대비가 또렷하여 매우 선명한 영상임을 알 수 있다. 그림 (a)를 안개 속에서 본 것이라 보고, 그림 (b)를 새벽녘 컴컴할 때라 한다면, 그림 (c)는 밝고 청명한 대낮에 본 것과 같다고 하겠다. 이와 같이 영상의 화소들이 회색조의 어떤 값을 갖고 있느냐에 따라 밝기가 결정된다.

개념 이해 예제 4

다음 세 가지 그림은 모두 회색조 영상이다. 영상의 회색조 범위에 걸맞은 것을 서로 연결하시오.

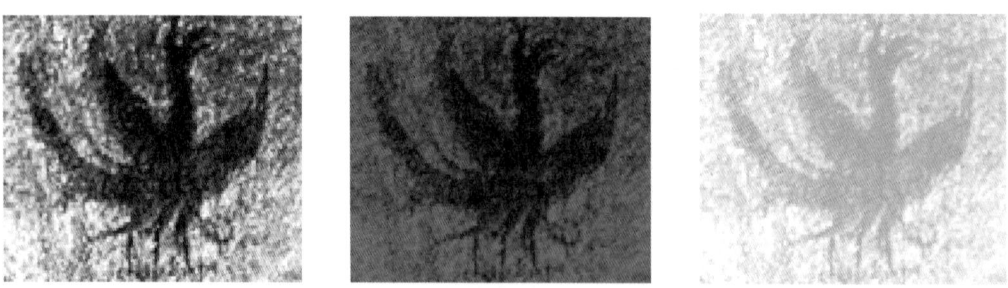

■ ■ ■

• • •

(회색조 180-255) (회색조 0-120) (회색조 0-255)

[그림 8-13]

풀이와 해설

먼저 답을 보면 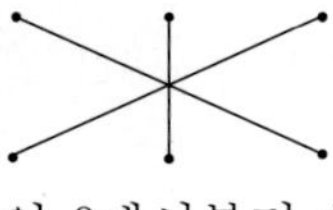 이다.

좌측그림은 흑색인 0에서부터 흰색인 255까지 사용하고 있다. 우측그림은 흰색이 주종을 이루는 밝은 영상으로서 회색조 180 ~ 255가 이에 해당한다. 반면에 중앙의 영상은 매우 어둡다. 흑색이 주종을 이루므로 회색조 0 ~ 120이라고 볼 수 있다.

색상, 채도, 명도라고 부르는 HSB 말고도 영상에서 자주 듣는 콘트라스트(대비 對比, contrast)라는 것이 있다. 특히 명도(밝기, brightness)와 함께 많이 사용되는데 무엇이 다른가 살펴보자. 콘트라스트는 영상이 갖고 있는 색도의 범위를 말한다. 앞의 [그림 8-12]와 개념 이해 예제 4에서도 알 수 있듯이 색도범위가 넓은 0 ~ 255와 그렇지 않은 것과는 잘 보이는 정도가 달랐다. 영상이 사용하는 색도 범위가 크면 콘트라스트가 크다고 하고, 범위가 작으면 작다고 한다. 콘트라스트가 클수록 잘 보이는 것은 당연하다. 수학적으로 표현하면 식 (8-4)와 같다.

$$\text{Contrast} = \frac{\text{명도 최대값} - \text{명도 최소값}}{\text{명도 최대값} + \text{명도 최소값}} \qquad \cdots(8.4)$$

앞의 [그림 8-12(a)]의 영상이 명도(회색조) 118 ~ 255를 범위로 갖고 있으므로

$$\text{명도 최대값} = 255,\ \text{명도 최소값} = 118$$

이다. 이를 식 (8.4)에 대입하면 [그림 8-12(a)]의 콘트라스트는

$$\text{Contrast} = \frac{255 - 118}{255 + 118} = 0.287$$

을 얻는다. 이로 보건데 식 (8.4)의 값은 항상 1보다 작고 0보다 큰 것을 알 수 있다. 콘트라스트는 0 ~ 1이다. 다음 [그림 8-14]를 통해 콘트라스트에 관하여 더 살펴보도록 하자.

(a) 회색조 60-180

$$Contrast=\frac{180-60}{180+60}=0.5$$

(b) 회색조 0-250

$$Contrast=\frac{250-0}{250+0}=1$$

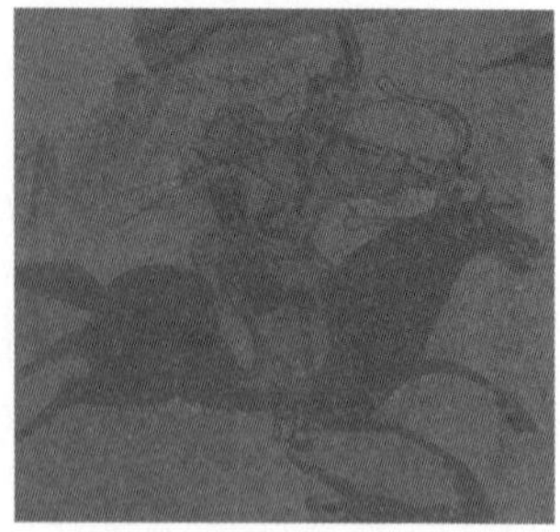

(c) 회색조 110-140

$$Contrast=\frac{140-110}{140+110}=0.12$$

[그림 8-14]

[그림 8-14]는 밝기(brightness)는 고정시키고 콘트라스트만 변화시킨 것이다. 그림 (a)의 콘트라스트는 0.5, 그림 (b)는 1, 그림 (c)는 0.12이다. 콘트라스트가 증가할수록 선명하게 잘 보이기는 하지만 영상의 연한 부분들이 사라지는 것을 볼 수 있다.

컬러 만들기

화소색의 결정은 회색유형(gray mode)과 컬러유형(color mode)으로 양분된다. 전자는 당연히 흑백 영상이고 후자는 컬러 영상이다. 회색조(gray level)로 대표되는 회색유형은 앞 절에서 살펴보았고, 이번에는 컬러를 어떻게 만드는지 살펴보도록 하자. 컬러 색을 만드는 방법은 매우 간단하다. 몇 가지 기본색들을 서로 조합하여 만든다. 흔히 쓰이는 유형으로는 RGB, CMY(CMYK), HSI 그리고 YC_bC_r이 있다. 컴퓨터 모니터에 사용하는 대부분의 유형은 RGB이다. CMY나 CMYK는 종이나 헝겊에 인쇄하는 출판, 광고업계에서 많이 사용한다. HSI 컬러 유형은 특별히 색상이나 채도 및 명도를 취급할 때 사용한다. YC_bC_r(YUV)는 광도 Y를 분리하여 생동감을 조성하는 컬러유형이다. 이들 네 가지 컬러 유형들은 수학적으로 상호 코드변환이 가능하다. 본 절에서는 네 가지 유형에 대하여 설명하지만 뒤에 이어지는 영상처리는 주로 회색조 영상에 대하여 진행한다. 회색조 영상 처리가 영상처리의 기본이기 때문에 다른 컬러 영상은 이에 준하여 약간 발전시키면 된다.

이들 네 가지 컬러유형은 각각의 화소에서 기본적으로 세 가지 성분을 적절히 조합하여 컬러를 표현한다. 그 각각은 정도를 나타내는 숫자로 되어 있다.

RGB(Red, Green, Blue) = 빨강색도(0 ~ 255) + 녹색색도(0 ~ 255) + 파랑색도(0 ~ 255)

CMY(Cyan, Magenta, Yellow) = 청록색도 + 자홍색도 + 노랑색도

CMYK(Cyan, Magenta, Yellow, Black) = 청록색도 + 자홍색도 + 노랑색도 + 검정색도

HSI(Hue, Saturation, Intensity) = 색상정도 + 채도정도 + 밝기정도

YC_bC_r(luminance, chrominance C_b, C_r) = 휘도 + C_b + C_r

이들 컬러 유형들의 기본 원리는 각각의 성분에 대한 영상 배열이 한 개씩 존재한다. R+G+B는 R이 한 장, G가 한 장, B가 한 장, 도합 세 장의 영상배열이 있다[그림 1-3 참조]. 컬러로 갈수록 화소의 수가 세곱으로 증가하고 그에 따른 데이터량이 증가하여 처리속도가 만만치 않아야 한다. 이하 각 컬러유형들에 관하여 자세히 살펴보도록 하자.

RGB mode

앞에서 간단히 설명한 바와 같이 RGB는 Red(빨강)+Green(녹색)+Blue(파랑)의 세 색상으로 컬러를 표현한다. 각 색상의 정도가 0 ~ 255의 256(개)로 나누어져 있다[그림 8-15].

[그림 8-15] RGB mode와 256 단계 디지털색도

[그림 8-15]에서 왼쪽으로 갈수록 흑색에 가깝다. 마치 빨강, 녹색, 파랑에 흑색을 조금씩 섞어가면서 색을 만들어간 듯하다. 왼쪽의 어두운 부분의 색도 값이 0, 오른쪽 끝의 색도 값이 255이고, 전 범위를 256단계로 나누어서 도합 256개의 색도 값을 갖는다. 빨강도 색도가 256(개), 녹색도 256(개), 파랑도 256(개)이다. 다음 [그림 8-16]은 RGB 각각의 색도 값에 따라 최종 영상의 컬러가 나타나는 모습을 보이고 있다. 그림의 왼쪽이 최종영상이다.

[그림 8-16]

RGB 각 색상이 256가지이므로 이들 색상을 서로 조합하면 무려 $256 \times 256 \times 256 = (2^8)^3 = 2^{24} = 16,777,216$(개)의 색이 만들어진다. 컴퓨터에서 만들 수 있는 색의 종류가 무려 일천육백만 가지를 넘는 천문학적인 숫자라니 실로 놀라운 일이 아닐 수 없다. 사람이 물감을 사용하여 만들 수 있는 색의 종류가 과연 몇 가지 정도이겠는가? 잘해야 고작 수백 가지 정도일 것이다. 컴퓨터 모니터에서 인간이 접하는 색의 세계는 기존의 상상을 초월한다. 색의 혁명이라 할 수 있다. 한글 워드나 MS워드, 파워포인트 및 각종 영상처리용 소프트웨어에서 지원하는 색의 종류가 매우 많음에 어떤 때는 당황할 때도 있다. 어떤 색을 선택할 것인가 고민한다. 그러한 소프트웨어에서 제공하는 색이라 해야 2^{24}(개)라는 엄청난 색 가운데 극히 일부분인데 말이다. 인류문명사를 예술적 관점에서 바라본 어떤 학자가 "인류문명은 색에서 비롯되었고 역사의 전환 이면에는 색의 창출이 있었다." 라고 한 말이 생각난다. 21세기는 영상을 통한 미디어 혁명의 시대이다. 디지털 TV, HDTV, DMB, 휴대폰 등 무수한 영상매체의 급속한 변화의 배후에는 색의 세계가 현존한다.

다음은 RGB 컬러영상을 회색조(gray level)의 흑백영상으로 바꾸는 작업을 설명한다. 흑백영상은 0 ~ 255의 명암도로 나타내기 때문에, RGB 각 색상이 갖고 있는 명암 요소를 서로 조합하여 나타낸다. NTSC 표준에서 제시하고 있는 변환식은 (8.5)와 같다

$$\text{회색조(gray level)} = 0.299R + 0.587G + 0.114B \qquad \cdots(8.5)$$

식 (8.5) 외에도 응용분야에서 간단히 사용하는 식은 식 (8.6)과 같이 평균을 취한다.

$$\text{회색조(gray level)} = \frac{1}{3}(R + G + B) \qquad \cdots(8.6)$$

식 (8.5)나 식 (8.6)의 계산결과는 소수점으로 나온다. 색도는 0과 자연수로 표현하기 때문에 계산결과를 정수처리한다. 반올림이나 소수제거 또는 소수올림을 사용한다. 다음 예제를 통해 연습해 본다.

개념 이해 예제 5

R = 10, G = 200, B = 120인 RGB 컬러영상을 회색조의 흑백영상으로 변환하였다. 명담도를 구하여라. 소숫점 이하는 반올림한다.

풀이와 해설

식 (8.5)를 사용한다.

$$\begin{aligned}\text{Gray level} &= 0.299\times10+0.587\times200+0.114\times120\\ &= 134.07\end{aligned}$$

계산결과를 반올림 정수 처리한다. Gray level은 134이다.

[그림 8-17]은 식 (8.5)에 의해 RGB 컬러영상을 회색조 흑백영상으로 변환한 예이다. R, G, B 각각에 대한 배열과 이들을 변환하였을 때 회색조 하나만의 배열로 됨을 볼 수 있다. 연습해 보기 바란다.

RGB컬러

Red

38	48	42	18	85	125
104	69	57	103	190	148
156	134	136	161	197	158
192	162	158	162	157	146
207	168	145	141	115	104
220	206	189	154	73	70
213	204	182	146	58	54
205	216	165	130	88	80

Green

19	32	33	14	85	122
83	50	44	97	186	141
129	110	118	150	188	147
162	135	135	147	143	132
174	140	121	125	101	87
187	178	167	136	60	53
183	176	160	131	45	39
176	190	145	116	76	66

Blue

51	61	50	15	73	115
116	80	62	99	175	135
164	142	140	154	179	143
200	170	161	154	140	132
219	181	153	138	101	95
240	227	206	158	69	69
243	234	207	160	62	62
240	251	196	149	98	92

회색조 흑백

Gray

28	40	38	15	84	122
93	59	50	99	186	142
141	121	126	154	190	150
175	147	145	152	147	136
189	153	132	131	105	93
203	192	178	144	65	60
199	191	172	139	51	46
192	205	157	124	82	73

[그림 8-17]

회색조 흑백영상을 RGB 컬러영상으로 변환하는 것은 고급과정이므로 여기서는 설명을 생략한다.

CMY 혹은 CMYK mode

RGB 컬러는 빨강, 초록 및 파랑을 사용하며 TV나 컴퓨터 모니터 등에 빛을 색으로 처리한 것이다. 이에 비해 종이나 헝겊에 컬러 인쇄를 하는 경우, 빛과는 달리 염료를 사용한다. 전자가 빛을 발산하는 것이라면, 후자는 빛을 흡수하고 나머지 주파수 성분만을 반사한다. 따라서 이러한 잉크나 염료의 색 특성을 고려하여 고안된 것이 CMY 컬러유형이다. 여기서 C는 Cyan(청록색), M은 Magenta(자홍색) 그리고 Y는 Yellow(노랑색)이다. 이 세가지 색에 더하여 K는 흑색(검정색)이다. CMY와 RGB는 상호 보색관계이다. 명암도 레벨을 0 ~ 255로 하였을 때 보색관계는 다음과 같다.

빨강(R)과 청록색(C)이 보색	:	C+R = 255
녹색(G)과 자홍색(M)이 보색	:	G+M = 255
파랑(B)과 노랑(Y)이 보색	:	B+Y = 255

상호 보색관계는 서로 더한 결과가 255이다. 따라서 어떤 색의 보색을 찾으려면 255에서 빼주면 된다. [그림 8-18]에 CMY의 색상을 0 ~ 255에 대하여 보이고 있다. 청록, 자홍, 노랑색에 흰색이 점진적으로 퍼진 형태이다.

[그림 8-18] CMY 색상도

RGB 컬러유형과 CMY 컬러유형의 상호 변환은 앞에서 설명한 보색의 원리를 가지고 다음과 같이 쉽게 쓸 수 있다.

$$
\begin{aligned}
C &= 255-R = (R+G+B)-R = G+B \\
M &= 255-G = (R+G+B)-G = R+B \\
Y &= 255-B = (R+G+B)-B = R+G
\end{aligned}
\qquad \cdots(8.7)
$$

역으로 CMY에서 RGB를 얻는 방법은 위 공식에서 얻는다.

$$
R = 255-C, \quad G = 255-M, \quad B = 255-Y \qquad \cdots(8.8)
$$

여기서 K(검정색)을 CMY에 추가한 것은 CMY 잉크를 섞어서 검정색(K)를 얻지 않고 곧장 검정색을 얻고자 함이다. 실제 인쇄에서 CMY를 섞어서 순수한 검정색이 잘 나오지 않기 때문이다. 결국 컬러 인쇄 목적으로 CMY에 K를 추가하여 CMYK 컬러유형을 만들었다. CMYK 컬러유형과 CMY의 컬러유형과의 관계는 다음과 같다. 편의상 CMYK과 CMY를 구분하기 위해 CMYK의 CMY에 $C_0 M_0 Y_0$라고 놓자.

K = min(C, M, Y), 설명 : C, M, Y 값 가운데 최소값을 택한다.

$$C_0 = C - K$$
$$M_0 = M - K \qquad \cdots(8.9)$$
$$Y_0 = Y - K$$

반대로 CMYK에서 CMY로의 변환은 다음 식 (8.10)과 같다. 이때도 CMYK의 CMY를 C_0, M_0, Y_0라 둔다.

$$C = C_0 + K, \quad M = M_0 + K, \quad Y = Y_0 + K \qquad \cdots(8.10)$$

개념 이해 예제 6

RGB 컬러영상 (R = 20, G = 180, B = 250)을 CMY 컬러영상으로 변환하고자 한다. C, M, Y 값을 구하여라.

풀이와 해설

식 (8.8)을 사용하여 C, M, Y 값을 구한다.

$$C = 255 - 20 = 235, \quad M = 255 - 180 = 75, \quad Y = 255 - 250 = 5$$

답 C = 235, M = 75, Y = 5

HSI mode

색상(Hue), 채도(Saturation), 명도(Intensity)의 세 성분으로 컬러를 표현하는 형태이다. 일단 삼원색인 RGB(빨강, 녹색, 파랑)을 기본으로 보조색인 CMY(청록, 자홍, 노랑)을 중간에 배치시킨 색상분포에 채도를 결합시킨 색상과 채도 평면을 구성한다. 이 색평면은 밝기(Intensity)를 어둡게 할 때와 밝게 할 때 각각 나타내는 색상의 변화를 갖는다. 이와 같이 색상에 색의 칙칙한 정도를 더하고, 그렇게 만들어진 색에 밝기를 조정케 하여 컬러를 표현코자 한 것이 HSI 유형이다. 구체적으로 [그림 8-19]를 통해 HSI 컬러유형의 실체에 접근해 보자.

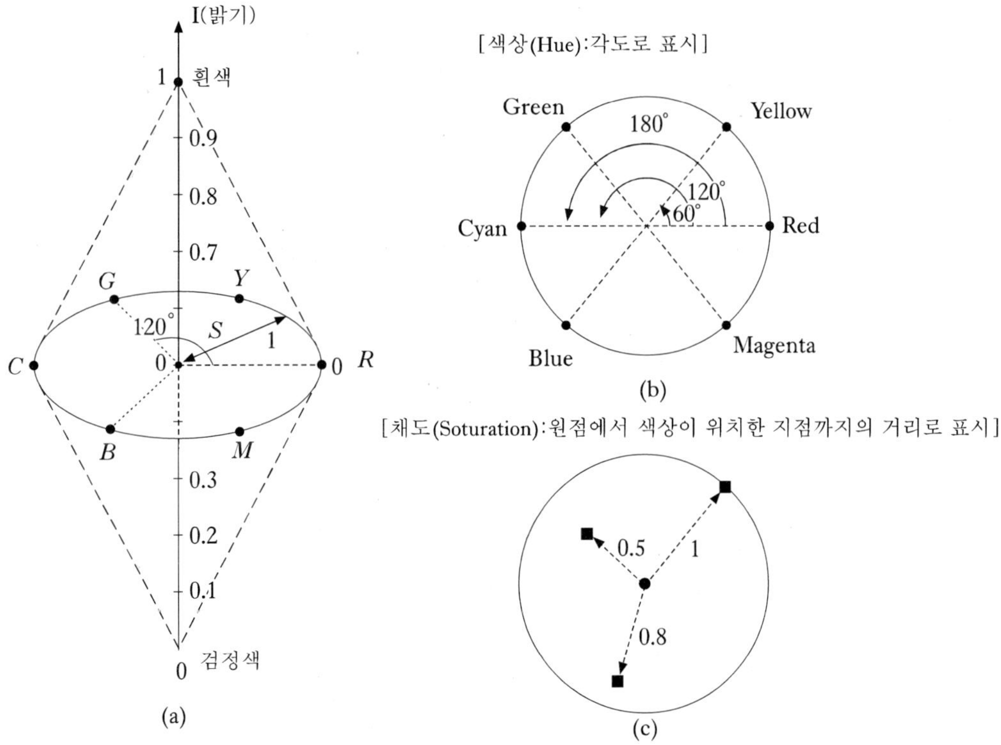

[그림 8-19] HSI의 컬러 표현

- H(Hue) : 색상은 [그림 8-19(b)]와 같이 배치되어 있다. 0~360°의 원을 형성하고 0일 때 순수한 빨강(R), 120°일 때 순수한 녹색(G), 그리고 각각 노랑(60°), 청록(180°), 파랑(240°), 자홍(300°)이다. R과 C, G와 M 및 B와 Y는 서로 보색이므로 원점을 중심으로 상호 마주보는 대칭에 위치한다. 각도 0°인 빨강에서부터 색이 서서히 변하면서 60°가

되면 순수한 노랑이 되고 또 60°에서 각도가 증가하면서 노랑에서 서서히 녹색으로 색이 변한다. 이러한 과정을 360° 제자리에 올 때까지 지속한다. 각도에 따라 색이 변하는 모습이 그림(c)이다. 따라서 색상정도는 각도로 표시한다.

- **S (Saturation, 채도)** : 채도는 [그림 8-19(d)]에서와 같이 색상이 원의 바깥쪽으로 나갈수록 색이 선명해져서 채도가 1에 가깝다. 원점으로 가까울수록 색이 칙칙해져서 채도는 0에 가깝다. 즉, 채도는 색이 위치한 지점과 원점과의 거리로 표시한다. 최외각에 도달했을 때를 1, 원점에 있으면 0이다. 채도는 0~1로서 표기한다.

- **I (Intensity, 명도)** : 명도는 색의 밝기이다. 아주 어두운 지점을 0(검정), 매우 밝은 지점을 1(흰색)으로 놓고 그 사이를 256등분한다. 따라서 동일한 색상과 채도를 가진 색도라 하더라도 [그림 8-19(a)]의 세로축으로 상하 이동하면서 밝기에 따라 색이 달라진다. 명도의 범위는 0~1이다.

RGB와 HSI를 상호 변환할 수 있다. RGB로부터 HSI를 구한다.

$$\mathrm{H} = \begin{cases} \text{각도 } \theta : B \le G \text{ 일 때,} \\ 360 - \theta : B \ge G \text{ 일 때} \end{cases}$$

$$\theta = \cos^{-1} \frac{\frac{1}{2}[(R-G)+(R-B)]}{\sqrt{(R-G)^2 + (R-B)(G-B)}}$$

$$S = 1 - \frac{3}{R+G+B}\{\min(\mathrm{R, G, B})\}$$

$$I = \frac{R+G+B}{3}$$

역으로 HSI로부터 RGB를 구하는 것은 0° ≤ H ≤ 120°(R-G구간)와 120° ≤ H ≤ 240°(G-B구간) 및 240° ≤ H ≤ 360°(B-R구간)의 세 구간으로 나누어서 계산한다.

i) $0° \le H \le 120°$인 경우 (빨강과 녹색 구간)

$$R = I\left[1 + \frac{S \cos H}{\cos(60° - H)}\right]$$

$$B = I(1-S)$$

$$G = 1-(R+B)$$

ii) $120° \le H \le 240°$인 경우 (녹색과 파랑 구간)

먼저, $H_o = H-120°$로 하고 RGB를 계산한다.

$$R = I(1-S)$$

$$G = I\left[1 + \frac{S \cos(H_o)}{\cos(60° - H_o)}\right]$$

$$B = 1-(R+G)$$

iii) $240° \le H \le 360°$인 경우 (파랑과 빨강 구간)

먼저, $H_o = H-240°$로 하고 RGB를 계산한다.

$$G = I(1-S)$$

$$B = I\left[1 + \frac{S \cos(H_o)}{\cos(60° - H_o)}\right]$$

$$R = 1-(G+B)$$

개념 이해 예제 7

다음 그림과 같은 영상의 히스토그램을 그려라. 색도분포는 0~9의 10등급이고 화소개수는 30(개)이다.

4	1	2	2	4	7
3	4	4	1	7	3
7	1	2	3	2	7
4	2	4	1	7	9
4	2	9	2	9	9

[그림 8-21]

풀이와 해설

그림의 영상 데이터를 보면서 직접 히스토그램을 그릴 수도 있으나 일단은 도수분포표를 만들어 보도록 하자. 0에서 9까지 나타난 횟수를 하나씩 헤아려 간다. 0은 한개도 없으므로 0, 1은 네 번 나타나므로 4, 2는 일곱 번 나타나므로 7, 3은 세 번 나타나므로 3, … 이런 순서로 표를 채운다. 표를 다 채운 다음 표를 보면서 막대그래프의 히스토그램을 그리면 완성이다.

색도값	빈도수
0	0
1	4
2	7
3	3
4	7
5	0
6	0
7	5
8	0
9	4

(a) 도수분포표

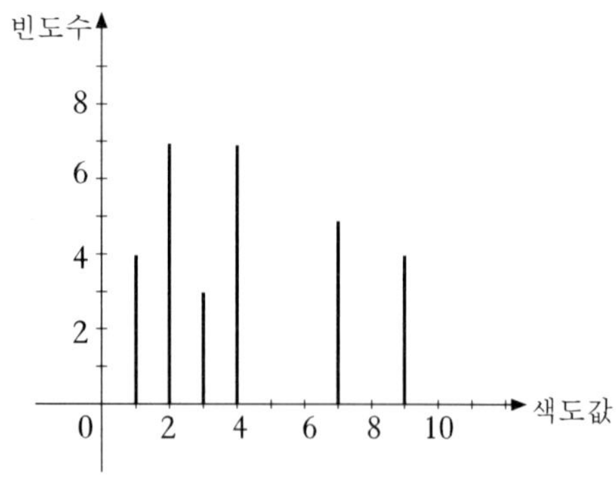

(b) 히스토그램

[그림 8-22]

히스토그램을 보면 영상의 명암 상태를 알 수 있다.

히스토그램은 영상데이터가 어떤 색도 값을 얼마나 사용하였는가를 보여주기 때문에 히스토그램을 보면 영상의 밝고 어두운 정도나 선명하고 희미한 정도를 어느 정도 가늠할 수 있다. 다음의 영상과 히스토그램을 보면서 설명하도록 한다. 그림의 좌측은 대상 영상이고 우측은 그 영상의 히스토그램이다.

〔영상 1〕

설명

흑백영상으로서 흔히 이진영상(binary image)라고 부른다. 색도 값이 0과 255뿐이다. 히스토그램은 양극단에 위치하며 흑색과 백색으로 나누어져 글씨가 선명하다.

〔영상 2〕

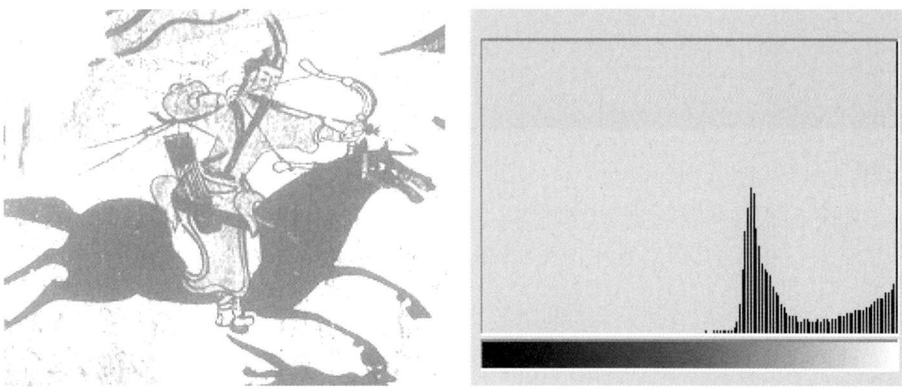

설명

흰색부분으로 치우친 영상이다. 히스토그램 분포가 주로 오른쪽으로 쏠려 있으며 전체적으로 흰색이 많다. 영상이 그리 선명하지 않다.

〔영상 3〕

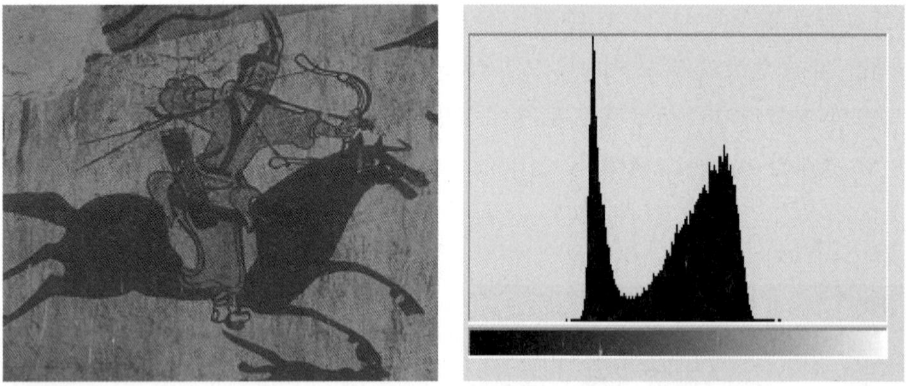

설명

히스토그램이 중간 부분으로 몰려 있다. 아주 흰색과 아주 검정색이 없고 회색을 중심으로 분포되어 있다.

〔영상 4〕

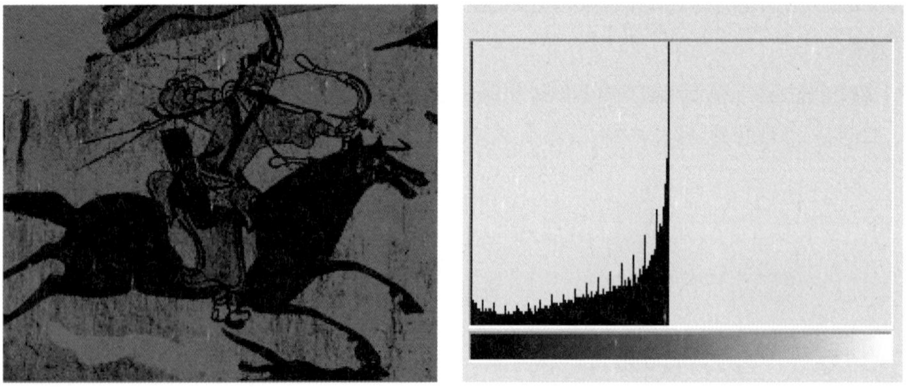

설명

검정색 부분으로 쏠린 영상이다. 전체적으로 어둡다. 아마도 해뜨기 전 어두운 새벽에 보이는 모습일 것이다. 히스토그램이 전체적으로 왼쪽으로 치우쳐 있다.

〔영상 5〕

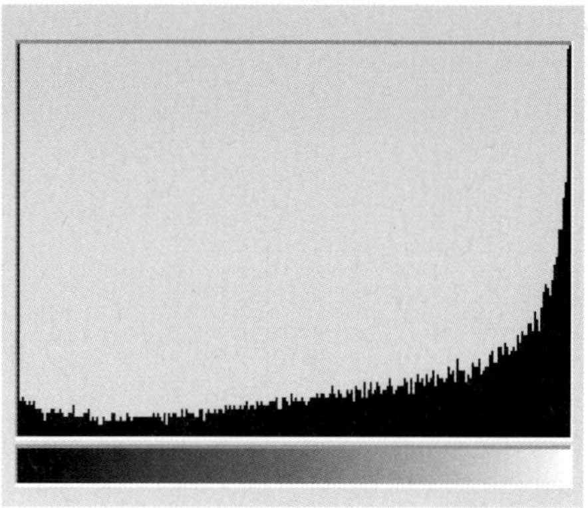

설명

어두운 곳과 밝은 곳이 히스토그램 전체에 나타난다. 선명하고 보기 좋은 영상이다.

히스토그램 균등화(Histogram Equalization)

균등화기법 : 앞의 히스토그램의 예들에서 히스토그램상에 색도분포가 전 색도 범위에 펼쳐 있으면 영상이 향상된다는 사실을 알게 되었을 것이다. 또한 넓게 펼쳐 있을 뿐만 아니라 전체적으로 빈도수가 골고루 분포되어 있다면 보다 잘 보이는 영상을 얻을 수 있다. 이러한 기법이 히스토그램 균등화이다.

$$\text{수식 : } y_k = g(x_k) = \sum_{j=0}^{k} \frac{n_j}{n} = \sum_{j=0}^{k} P(x_j) \qquad \cdots(8.11)$$

여기서 x_k : 원영상화소 색도값,

y_k : 히스토그램균등화결과 색도값,

k : 0 ~ 255 색도값,

n : 영상전체 화소개수,

n_j : j번째 화소값이 발생하는 빈도수,

$P(x_j)$: j화소값이 발생할 확률

〔수식 설명〕

수식을 하나씩 설명하는 것보다 실제 보기를 들어 설명하여 수식을 이해하도록 하겠다. [그림 8-24(a)]는 16(개) 화소로 된 원영상이다. 즉 $n = 16$이다. 색도범위는 0 ~ 9로 10단계이다.

$S=9$이다.

3	2	3	1
2	3	2	2
3	0	3	4
2	3	4	1

(a) 원래영상데이터, x

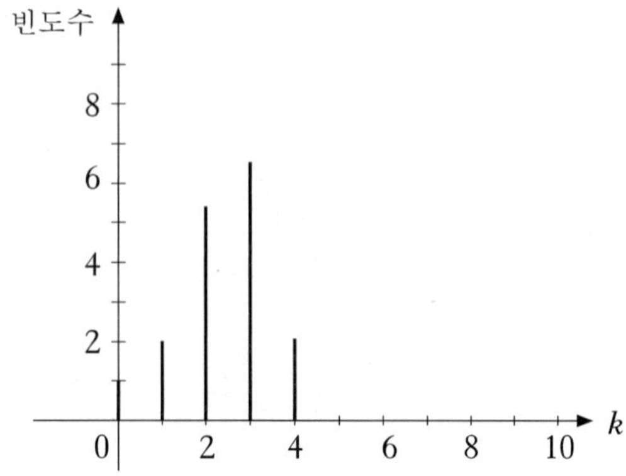

(b) 원래영상데이터의 히스토그램

색도값, x_k	빈도수, n_j	누적합 $\sum_{j=0}^{9} n_j$	$\frac{1}{n}\sum_{j=0}^{9} n_j,\ n=16$	$S\times\sum_{j=0}^{9}\frac{n_j}{n}$	$S\times\sum_{j=0}^{9}\frac{n_j}{n}$를 반올림
0	1	1	1÷16 = 0.0625	0.5625	1
1	2	3	3÷16 = 0.1875	1.6875	2
2	5	8	8÷16 = 0.5	4.5	5
3	6	14	14÷16 = 0.875	7.875	8
4	2	16	16÷16 = 1	9	9
5	0	16	1	9	9
6	0	16	1	9	9
7	0	16	1	9	9
8	0	16	1	9	9
9	0	16	1	9	9
		…………		…………	…………

(c) 계산표

* 빈도수를 순차적으로 더한다.
1+2 = 3
1+2+5 = 8
1+2+5+6 = 14
1+2+5+6+2 = 16

* 좌측난의 값에 색도 최대값인 9를 곱한다.

* 좌측난을 반올림 하여 정수로 만든다. 이 값이 새로 만든 y_k이다.

계산표 (c)의 좌측은 원래영상 x_k의 색도 값이고, 우측 끝은 변형된 색도 값 y_k이다. (d)의 표에 이를 정리한다.

$x_k \rightarrow y_k$
$0 \rightarrow 1$
$1 \rightarrow 2$
$2 \rightarrow 5$
$3 \rightarrow 8$
$4 \rightarrow 9$
$5, 6, 7, 8 \rightarrow 9$

(d) 변환표

변환표에 의해 원래영상 (a)의 값을 바꾼다.

8	5	8	2
5	8	5	5
8	1	8	9
5	8	9	2

(e) 변환된 영상, y

(e)가 변환된 영상 y이다. 이 영상데이터의 히스토그램(g)를 구하고 그림 (b)와 비교한다. 색도분포가 전체범위로 고루 펼쳐졌음을 알 수 있다.

색도값 y_k	빈도수
0	0
1	1
2	2
3	0
4	0
5	5
6	0
7	0
8	6
9	2

(f)

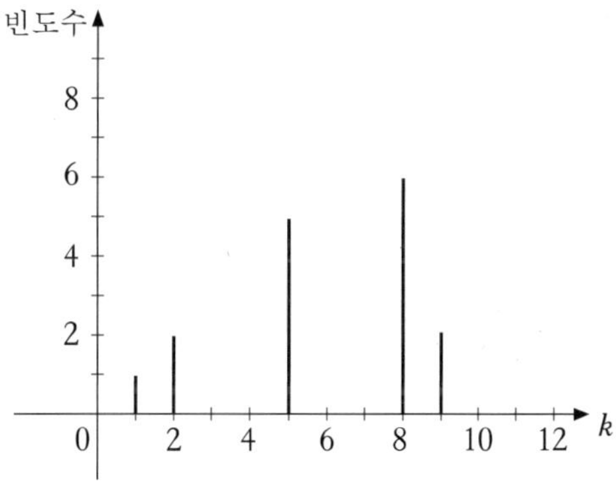

(g) y의 히스토그램

[그림 8-24]

(히스토그램 균등화 실제 예)

히스토그램이 한 쪽으로 쏠려서 영상이 불투명했던 것을 균등화를 통해 조정한 결과를 [그림 8-25]에 보였다. 영상이 잘 보이고 미세한 부분까지 선명해졌음을 확인할 수 있다.

(a)

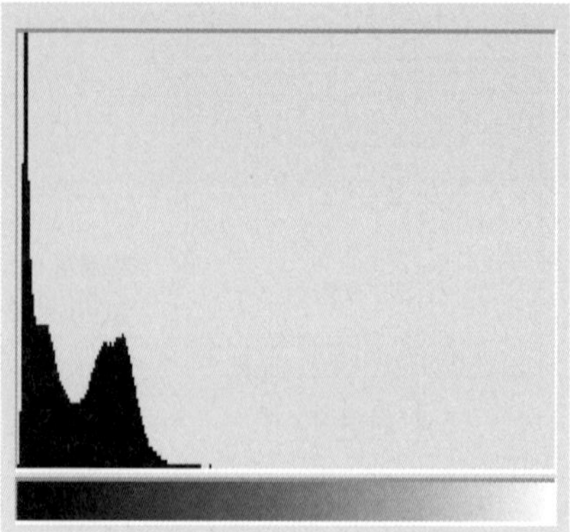

(b) (a)의 히스토그램

(c)

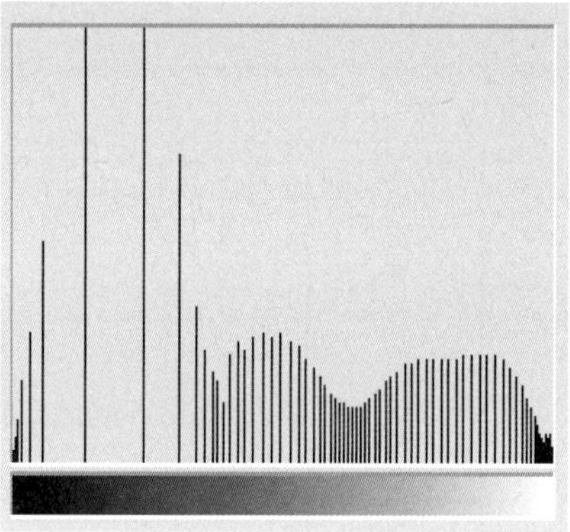

(d) (c)의 히스토그램

[그림 8-25]

개념 이해 예제 8

6	4	6	4	5
4	6	2	6	5
4	2	5	2	6

[그림 8-26]

[그림 8-26] 영상데이터는 색도범위가 0 ~ 10이다.
히스토그램균등화처리 결과를 영상과 히스토그램으로 보여라.

풀이와 해설

옆의 표를 완성한다.

화소개수는 15(개)이다.

$n=15,\ s=10$

[표 1]

색도값	빈도수	누적합	$\frac{\text{누적합}}{n}$	$\frac{\text{누적합}}{n}\times 10$	반올림	$x_k \rightarrow y_k$
0	0	0	0	0	0	$0\rightarrow 0$
1	0	0	0	0	0	$1\rightarrow 0$
2	3	3	0.2	2	2	$2\rightarrow 2$
3	0	0	0	0	0	$3\rightarrow 0$
4	4	7	0.47	4.7	5	$4\rightarrow 5$
5	3	10	0.67	6.7	7	$5\rightarrow 7$
6	5	15	1	10	10	$6\rightarrow 10$
7	0	0	0	10	10	$7\rightarrow 10$
8	0	0	0	10	10	$8\rightarrow 10$
9	0	0	0	10	10	$9\rightarrow 10$
10	0	0	0	10	10	$10\rightarrow 10$

6	4	6	4	5
4	6	2	6	5
4	2	5	2	6

(a) 원래 영상

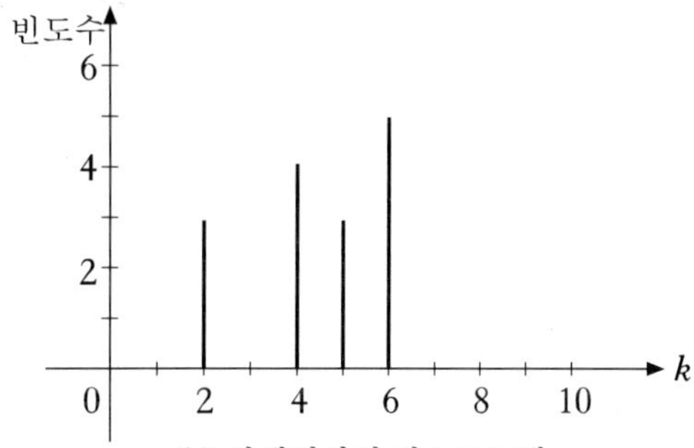

(b) 원래영상의 히스토그램

10	5	10	5	7
5	10	2	10	7
5	2	7	2	10

(c) 히스토그램 균등화시킨 영상

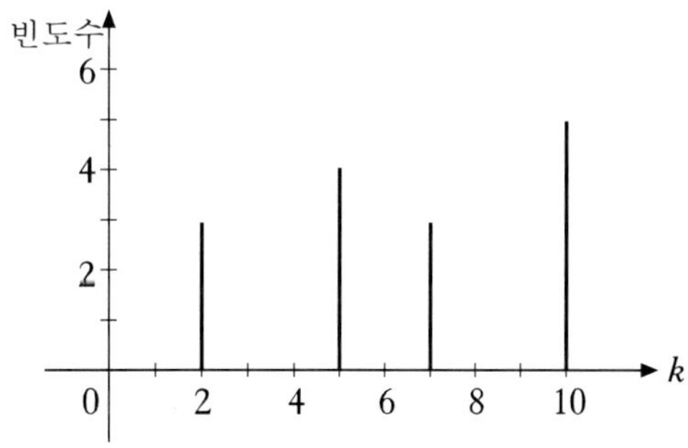

(d) 균등화시킨 영상의 히스토그램

[그림 8-27]

스트레칭(Stretching)

기법 : 영상의 히스토그램을 부채 펼치듯이 색도의 전 범위 0~255로 펼치는 작업이다. 원래 영상의 색도범위가 0~255로 확대되면서 영상은 보다 잘 보이게 된다.

$$수식 : y_k = (x_k - x_{min}) \frac{255}{x_{max} - x_{min}} \quad \cdots(8.12)$$

여기서 x_{min} : 원래 영상 데이터 색도 값 가운데 가장 낮은 값

x_{max} : 원래 영상 데이터 색도 값 가운데 가장 큰 값

x_k : 원래 영상의 현재 색도 값

y_k : 스트레칭 처리된 색도 값

(수식이해)

다음의 설명으로 수식을 이해하도록 한다. [그림 8-28(a)]의 원래영상은 색도 값의 최대값이 151이고 최소 값이 100이다. 즉, $x_{max} = 151$, $x_{min} = 100$이다. 우측에 히스토그램이 그려져 있다.

151	120	151	130	140
130	100	140	130	140
100	130	130	151	140

(a) 원래영상, x_k

255	100	255	150	200
150	0	200	150	200
0	150	150	255	200

(b) 스트레칭 이후 영상, y_k

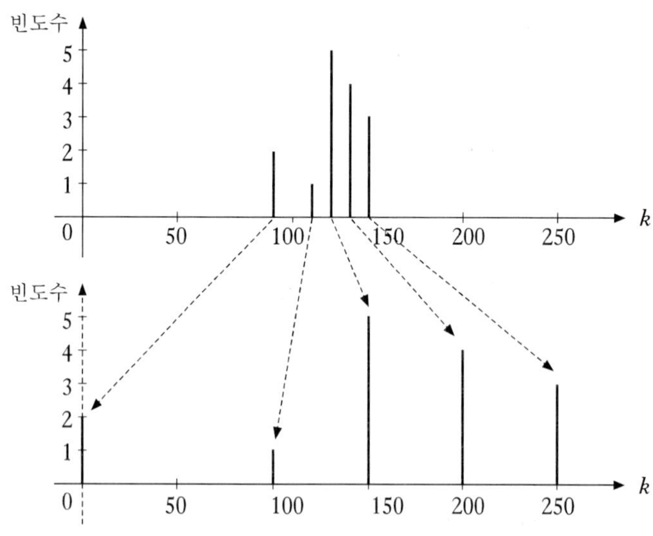

[그림 8-28]

원래 영상의 색도 값 $x_k = \{100, 120, 130, 140, 151\}$을 식에 넣어 계산한다.

$$y_1 = (100-100)\frac{255}{151-100} = 0$$

$$y_2 = (120-100)\frac{255}{151-100} = 100$$

$$y_3 = (130-100)\frac{255}{151-100} = 150$$

$$y_4 = (140-100)\frac{255}{151-100} = 200$$

$$y_5 = (151-100)\frac{255}{151-100} = 255$$

따라서 $y_k = \{0, 100, 150, 200, 255\}$가 되었다.

원래 영상 x_k에 대하여

x_k	100	120	130	140	151
	↓	↓	↓	↓	↓
y_k	0	100	150	200	255

와 같이 바뀌었음을 의미한다. y_k의 히스토그램은 [그림 8-28(b)]에서 보는 바와 같이 0~255의 전색도 범위에 펼쳐져 있다.

스트레칭처리를 하면 밀집되어 있던 색도분포가 전색도 범위로 고루 펼쳐지기 때문에 색노 사이의 간격이 벌어져 색도차이를 구분하는데 보디 용이하다.

[그림 8-29]와 [그림 8-30]은 스트레칭 처리효과를 보여주는 영상들이다. [그림 8-29]는 회색조(gray mode) 영상이고 [그림 8-30]은 RGB 영상이다. 스트레칭처리에 의해 RGB는 R, G, B 각각에서 스트레칭이 진행하였음을 알 수 있다.

(a) 원래영상과 히스토그램

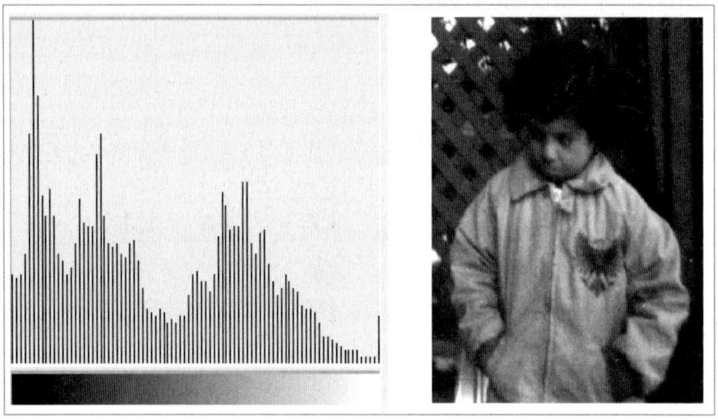

(b) 스트레칭 처리후 영상과 히스토그램

[그림 8-29]

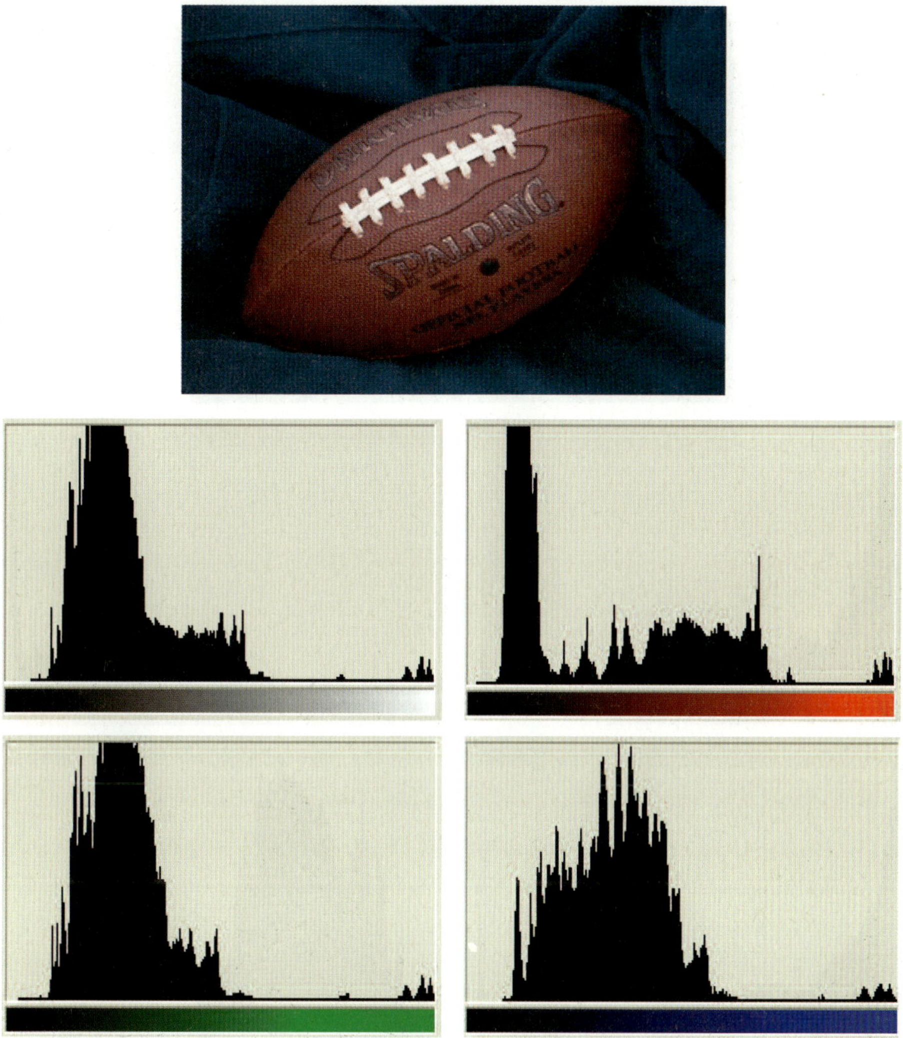

(a) 원래영상(RGB)과 히스토그램

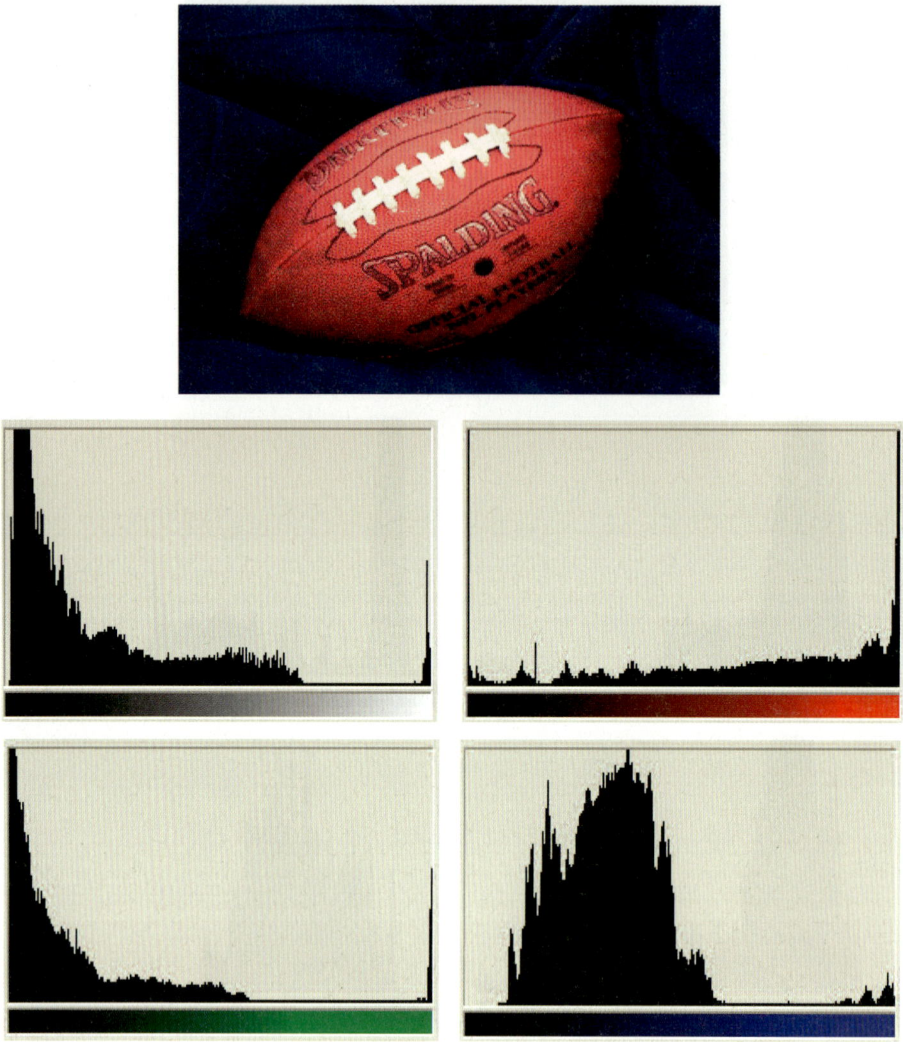

(b) 스트레칭 처리후 영상과 히스토그램

[그림 8-30]

개념 이해 예제 9

[그림 8-31]의 원래영상을 스트레칭 처리하였다. 결과 영상을 그림으로 나타내어라.

50	72	165
83	50	94
110	131	154

[그림 8-31]

풀이와 해설

원래 영상의 색도 최대값 $x_{max} = 165$, 최소값 $x_{min} = 50$ 스트레칭수식에 의해 현재 색도값 $x_k = \{50, 72, 83, 94, 110, 131, 154, 165\}$에 대하여 스트레칭 처리한다.

0	49	255
73	0	98
133	180	231

[그림 8-32]

$$y_1 = (50-50)\frac{255}{165-50} = 0 \qquad y_5 = (110-50)\frac{255}{165-50} \doteq 133$$

$$y_2 = (72-50)\frac{255}{165-50} \doteq 49 \qquad y_6 = (131-50)\frac{255}{165-50} \doteq 180$$

$$y_3 = (83-50)\frac{255}{165-50} \doteq 73 \qquad y_7 = (154-50)\frac{255}{165-50} \doteq 231$$

$$y_4 = (94-50)\frac{255}{165-50} \doteq 98 \qquad y_8 = (165-50)\frac{255}{165-50} = 255$$

스트레칭 처리에 의해

x_k	50	72	83	94	110	131	154	165
	↓	↓	↓	↓	↓	↓	↓	↓
y_k	0	49	73	98	133	180	231	255

로 변환되었다. [그림 8-32]는 처리 결과 영상이다.

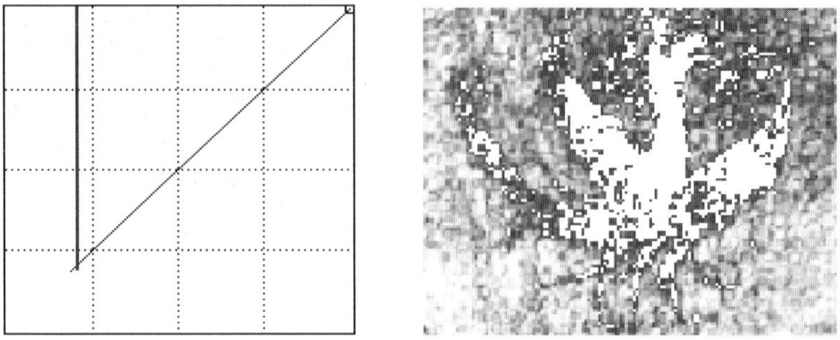

(e) 전달함수와 출력영상

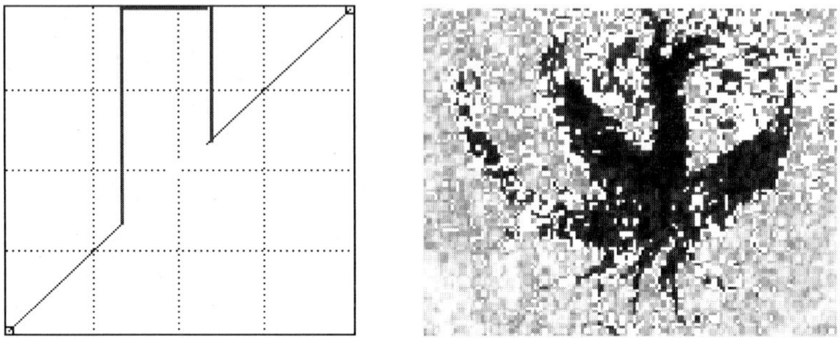

(f) 전달함수와 출력영상

[그림 8-36]

8.5 마스크 처리 (Mask Process)

기법 : [그림 8-37]과 같은 마스크를 발생시켜 마스크 내부를 구성하는 화소들의 값과 마스크가 얹혀있는 영상의 화소 값과 서로 곱하여 마스크를 이끄는 중심 화소 값을 변경한다. 주변을 계산하여 중심 화소 값만 바꾼다.

-1	0	-1
0	4	0
-1	0	-1

(a) (3×3)마스크

$\frac{1}{12}$	$\frac{1}{12}$	$\frac{1}{12}$	$\frac{1}{12}$
$\frac{1}{12}$	$\frac{1}{12}$	$\frac{1}{12}$	$\frac{1}{12}$
$\frac{1}{12}$	$\frac{1}{12}$	$\frac{1}{12}$	$\frac{1}{12}$
$\frac{1}{12}$	$\frac{1}{12}$	$\frac{1}{12}$	$\frac{1}{12}$

(b) (4×4)마스크

[그림 8-37]

수식 : 화소의 위치(i, j)에 대하여 입력영상 $x(i, j)$와 출력영상 $y(i, j)$는 다음의 관계가 있다.

$$y(i, j) = \sum_{p=-a}^{a} \sum_{q=-b}^{b} M(p, q) x(i+p, j+q) \quad \cdots(8.14)$$

(-2, -2)	(-2, -1)	(-2, 0)	(-2, 1)	(-2, 2)
(-1, -2)	(-1, -1)	(-1, 0)	(-1, 1)	(-1, 2)
(0, -2)	(0, -1)	(0, 0) current pixel	(0, -1)	(0, -2)
(1, -2)	(1, -1)	(1, 0)	(1, 1)	(1, 2)
(2, -2)	(2, -1)	(2, 0)	(2, 1)	(2, 2)

[그림 8-38]

여기서 $M(p, q)$는 마스크이다. p와 q는 [그림 8-38]에서 보는 바와 같이 마스크 구성 화소의 위치이며 중앙의 화소가 현재 고려중인 화소(current pixel)이다. 그 화소 위치는 (0, 0)이다.

마스크 처리 : [그림 8-39]에 마스크를 씌운 후 계산하는 방법을 보이고 있다. 마스크 화소 값과 마스크가 씌어진 영상의 화소 값을 서로 곱한 후 모두 더한다. 그 값으로 현재 고려중인 화소의 값을 바꾼다. 이때 0보다 작으면 0으로, 255보다 작으면 255로 처리한다. 또는 마스크 처리를 모두 마친 후 최소값과 최대값을 구하여 최소값과 최대값 간격을 0~255로 조정할 수도 있다. 가령 마스크 처리를 모두 마친 출력영상의 최소값이 -120이고 최대값이 625이면 식 (8.12) 스트레칭 처리시와 동일하게

$$변환\ 후\ 값 = [변환\ 전\ 값 - (-120)] \times \frac{255}{625-(-120)}$$

로서 균일하게 처리된다. 그리고 계산결과가 소수점이 나오면 반올림하여 정수로 처리한다.

-1	0	-1
0	4	0
-1	0	-1

2	32	25	68	96	102
33	0	255	204	77	71
24	54	56	21	14	25
89	75	23	65	48	25
34	25	23	69	85	112
222	202	12	48	75	36

25×(-1)+68×0+96×(-1)
+255×0+204×4+77×0+56
×(-1)+21×0+14×(-1)
= 625

즉 204가 625로 바뀐다.
625는 255보다 크므로
255로 처리한다.

[그림 8-39]

마스크 처리는 [그림 8-40]에서 보는 바와 같이 영상 전체 화소에 걸쳐 진행한다. 영상데이터가 백만화소이면 마스크 계산은 백만번이다. 가로축으로 계산해가면서 다시 한 칸 세로로 내려와 가로축으로 계산한다. 따라서 화소수가 많을수록 계산량은 엄청나다.

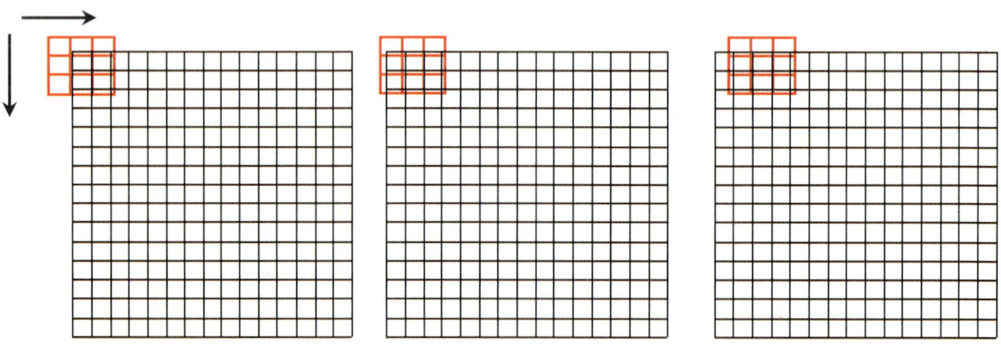

[그림 8-40]

마스크 처리 진행시 의문되는 점은 모서리나 외곽부분이다. 이곳들은 마스크가 모두 씌어지지 않으므로 식 (8.14)를 그대로 적용할 수 없다. 이 경우는 마스크의 요구조건에 따라 계산한다. 예를 들어 평균 처리하는 마스크라면 마스크가 씌어진 부분만을 계산에 넣는다. 미분처리인 경우도 마찬가지로 마스크가 올려진 화소들만으로 계산한다. 따라서 프로그램 작성시 이 부분은 별도로 고려해야 한다.

여러 가지 마스크 처리

마스크 처리에 의해 다양한 형태로 영상을 처리할 수 있다. 여기서는 그 가운데 대표적인 몇 가지만을 소개한다.

양각효과(Embossing) : 마치 알루미늄 금박판을 무늬에 따라 문지른 것과 같은 효과를 보이는 처리기법으로서 영상 데이터의 색도 변화를 방영한다.

[그림 8-41]에 사용하는 마스크와 처리 전후 영상의 상태를 보였다.

-1	0	0
0	0	0
0	0	1

(a) 마스크

(b) 처리 전 영상

(c) 처리 후 영상

[그림 8-41]

흐림처리(Blurring) : 마스크 처리를 통해 영상을 흐리게, 마치 안개낀 것처럼 주변이 뭉게진 것처럼 처리한다. 책에 따라 smoothing, 평균필터(Averaging filter), 저역통과필터(Low pass filter) 또는 중간 값 필터(Median filter) 등과 유사한 성질로 함께 불리워진다.

[그림 8-42]는 흐림 마스크와 평균 및 가우스분포함수 곡선을 보이고 있다. 여기서 가우스 함수는

$$G(i,\ j) = \frac{1}{2\pi\sigma^2}\exp\left(-\ \frac{-(i^2+j^2)}{2\sigma^2}\right) \qquad \cdots(8.15)$$

이다. 마스크의 중앙을 중심으로 외곽으로 퍼져가는 숫자들이 가우스함수 형태를 취하기 때문에 붙여진 이름이다.

$\frac{1}{9}$	$\frac{1}{9}$	$\frac{1}{9}$
$\frac{1}{9}$	$\frac{1}{9}$	$\frac{1}{9}$
$\frac{1}{9}$	$\frac{1}{9}$	$\frac{1}{9}$

$\frac{1}{16}$	$\frac{1}{8}$	$\frac{1}{16}$
$\frac{1}{8}$	$\frac{1}{4}$	$\frac{1}{8}$
$\frac{1}{16}$	$\frac{1}{8}$	$\frac{1}{16}$

(a) Blurring 마스크

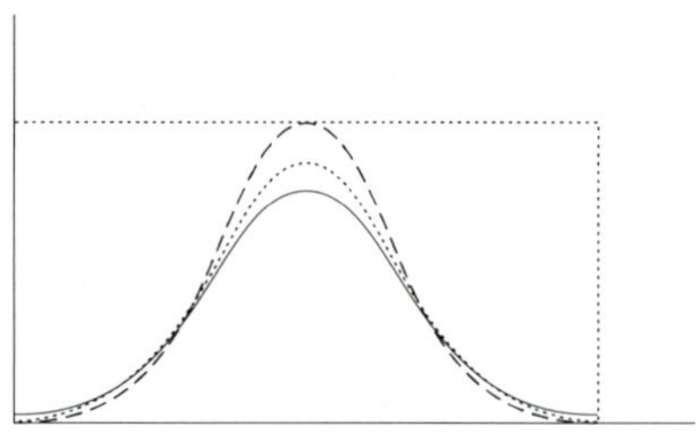

(b) 평균 및 가우시안 필터 함수

[그림 8-42]

i) 평균필터 : 마스크의 현재고려중인 화소값이 마스크가 씌워진 [그림 8-43] 구간의 숫자를 모두 더하여 평균을 취한 것과 같다. 대상영상에서 마스크가 씌워지는 부분을 $M(i,\ j)$라 하고 마스크 화소개수를 m이라 할 때, 현재 고려중인 화소값 S는

1	1	1
1	1	1
1	1	1

[그림 8-43]

$$S = \frac{1}{m}\sum M(i,\ j) \qquad \cdots(8.16)$$

이다. [그림 8-44]에 마스크의 크기를 증가시키면서 흐림효과가 진행됨을 보였다.

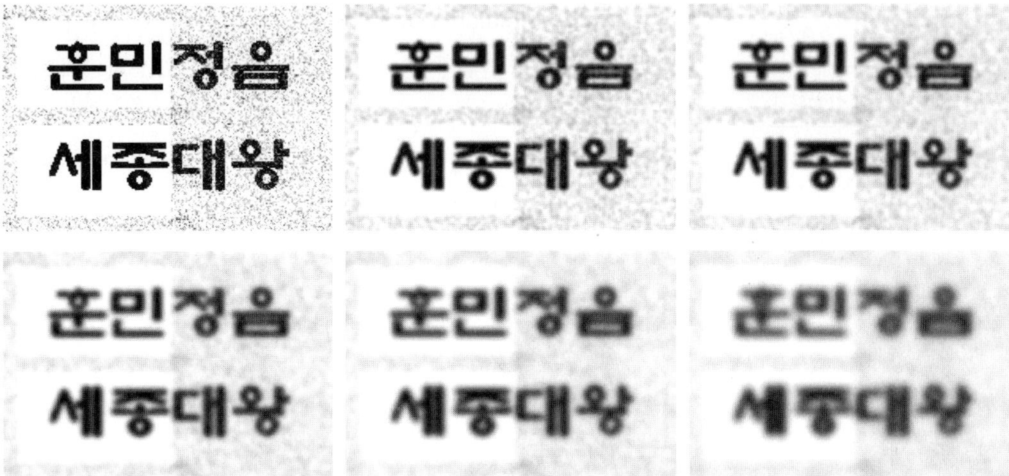

[그림 8-44]

ii) 가우시안 필터 : 식 (8.15)의 가우스분포 마스크를 사용하여 흐림처리한다. 마스크의 입체형태와 마스크 크기 증가에 따른 흐림효과를 [그림 8-45]에 보였다.

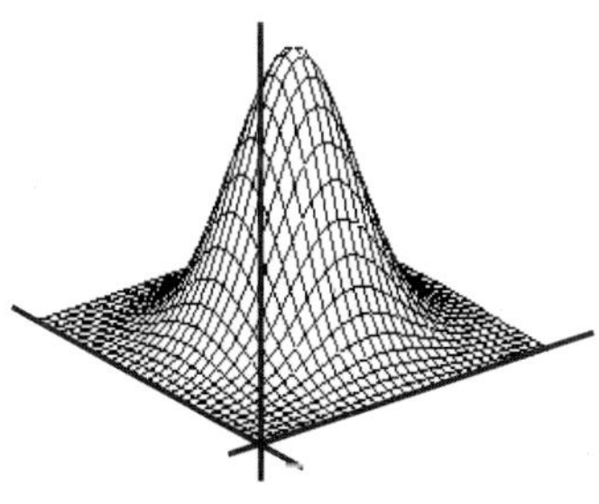

(a) 마스크 형태

(b) 마스크 크기 증가에 따른 가우시안 필터처리 결과들

[그림 8-45]

24	10	3
36	72	102
10	150	78

[그림 8-46]

iii) 중간값 필터(Median Filter) : 마스크가 씌워지는 부분의 숫자들 가운데 중간값을 찾아 현재 고려중인 화소의 색도값으로 대치한다.

예를 들어 마스크가 씌워지는 부분의 화소 색도값이 [그림 8-46]과 같을 때, 이들 9(개) 원소들을 크기별로 나열하여

$$\{3,\ 10,\ 10,\ 24,\ 36,\ 72,\ 78,\ 102,\ 150\}$$

⬆

그 중간에 위치하는 36으로 현재 고려중인 화소 72를 교체한다.

$$\text{수식} : S = median\,[M(i,\ j)] \qquad \cdots(8.17)$$

[그림 8-47]에 중간값 필터의 처리결과 예를 보이고 있다. 마스크의 크기가 커질수록 영상이 뭉게지는 것을 알 수 있다. 반면에 노이즈는 제거된다.

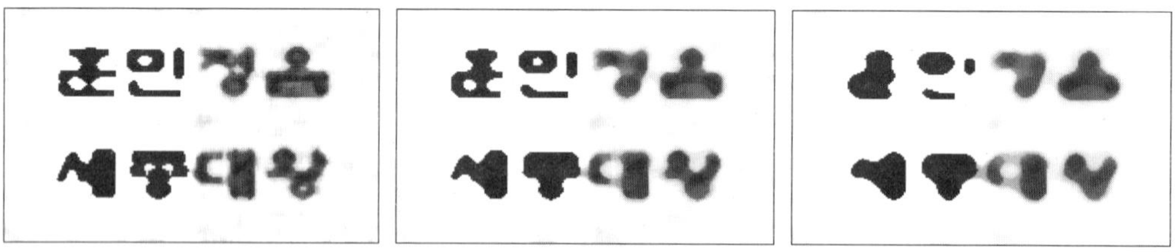

[그림 8-47]

샤프닝(Sharpening) : 샤프닝은 흐림처리와 반대이다. 흐림처리가 영상의 미세부분(details)을 뭉게는데 비해, 샤프닝은 미세부분을 강조하고 굴곡을 보다 강화하여 영상을 또렷하게 보이도록 한다. [그림 8-48]은 샤프닝에 사용하는 마스크 형태를 보이고 있다. 중심에 있는 현재 고려중인 화소와 주변 화소들 사이의 구분이 뚜렷하다. 또한 이들의 합은 0으로서 마스크에 따른 색도 균형이 한쪽으로 치우치는 것을 방지하고 있다(이를 bias라고 한다).

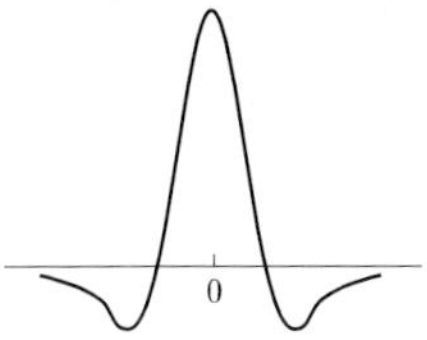

0	-1	0
-1	5	-1
0	-1	0

-1	-1	-1
-1	9	-1
-1	-1	-1

1	-2	1
-2	5	-2
1	-2	1

$-\frac{1}{9}$	$-\frac{1}{9}$	$-\frac{1}{9}$
$-\frac{1}{9}$	1	$-\frac{1}{9}$
$-\frac{1}{9}$	$-\frac{1}{9}$	$-\frac{1}{9}$

[그림 8-48]

[그림 8-49]는 샤프닝에 의해 영상의 미세부분이 보다 선명해짐을 알 수 있다. 샤프닝은 일종의 고역통과필터(High Pass Filter)이다.

[그림 8-49]

에지검출(Edge Detection) : 색도값의 급격한 변화가 발생하는 부분을 에지라 한다. 물체를 구분하고 바람이나 배경과 차이를 느끼며 다른 물체와 구별할 수 있는 것은 영상에서 영역의 외곽을 이루고 있는 에지가 있기 때문이다. 인간의 시각은 여러 물체들에서 반사하는 색도와 그들 색도가 이루는 영역과 다른 영역과의 사이인 경계선 등을 받아들여 물체를 인식한다. 영역이 갖고 있는 고유성은 영역 전체에 균일하게 분포되어 있는 색도값에 기인한다. 또한 다른 물체와 구분할 수 있음도 그 다른 물체의 색도균일성이 경계선인 에지에서 차이가 나기 때문이다. 따라서 엄밀한 의미에서 에지는 [그림 8-50]에서 보는 바와 같은 ▲으로 표시한 부분이다.

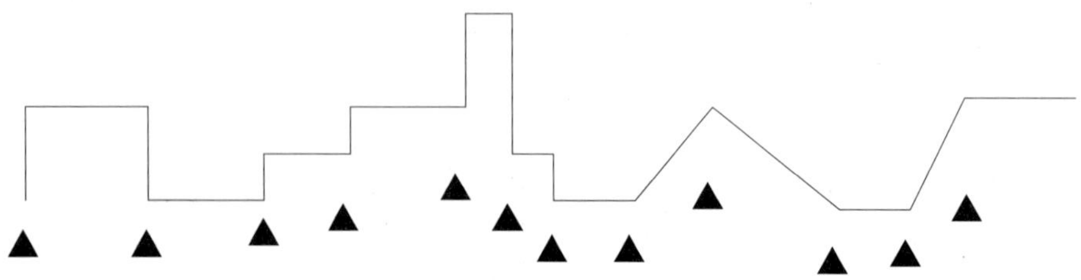

[그림 8-50]

개념적으로는 간단한 작업처럼 보이나 실제로 에지검출은 그리 만만한 일이 아니다. 영상데이터가 [그림 8-50]처럼 배열하는 경우는 매우 드물다. 대부분의 경우 랜덤 변수처럼 거의 무질서하게 나타난다. 그 가운데 영역을 설정하고 영역 사이의 경계선을 추출하는 일은 영상의 상태에 따라 다르다. 에지검출도 물론 마스크에 의해 처리되나 마스크 원소 값과 처리 계산 방식에는 차이가 있다. 그리고 최종 처리된 에지 영상은 이진영상으로서 에지선은 흰색, 나머지 부분은 모두 검정색으로 처리되는 것이 일반이다. 이하 에지검출에 관한 다양한 시도들을 하나씩 소개하면서 설명한다.

(1) 1차 미분

에지 검출의 기본은 색도변화를 감지하는 미분에 있다. 영상데이터가 가로축과 세로축으로 구성되어 있으므로 미분도 가로방향(수평)과 세로방향(수직)으로 나누어진다. 마스크를 가로 방향으로 진행시키면서 미분하고, 다시 세로방향으로 진행시켜 미분한다. 이들 두 방향 미분 결과 합성이 영상의 에지이다. 영상에서 미분에 관한 이해를 [그림 8-51] 보기를 통해 설명한다.

10	100	100	50
20	70	25	170
80	70	43	150
80	30	200	160

(a)

가로축 방향 크기 변화 →

90	0	-50
50	-45	145
-10	-27	107
-50	170	-40

(b)

세로축 방향 크기 변화 ↓

10	-30	-75	120
60	0	18	-20
0	-40	157	10

(c)

[그림 8-51]

[그림 8-51]에서 보는 바와 같이 미분이란 단지 크기 변화를 의미한다. 크기 변화 폭이 크면 미분 값이 크고 변화가 없으면 0이다. 변화가 커지는 쪽이면 (+)이고 작아지면 (-)이다. 문제는 이 경우 어떤 기준을 세워 어떠한 미분 값들을 논리적으로 "0"과 "1"로 처리하느냐에 달렸다. [그림 8-52]는 해당 마스크와 대상영상을 가로축 방향(x방향)과 세로축 방향(y방향)으로 미분한 결과 예를 보이고 있다.

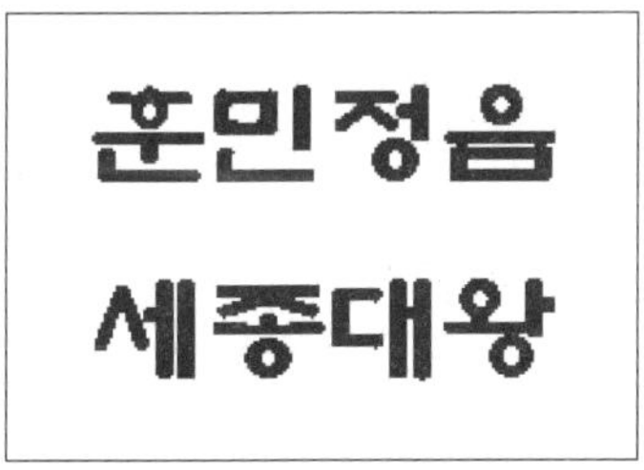

(a) 원래영상

0	0	0
0	1	0
0	-1	0

(b) 수평미분마스크

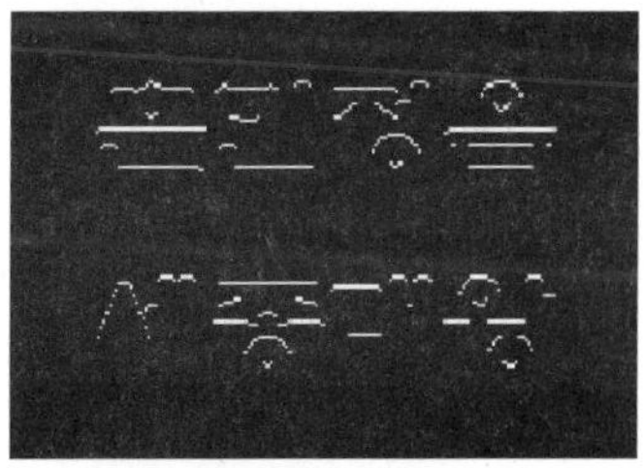

(c) 수평미분처리 결과

0	0	0
0	1	-1
0	0	0

(d) 수직미분마스크

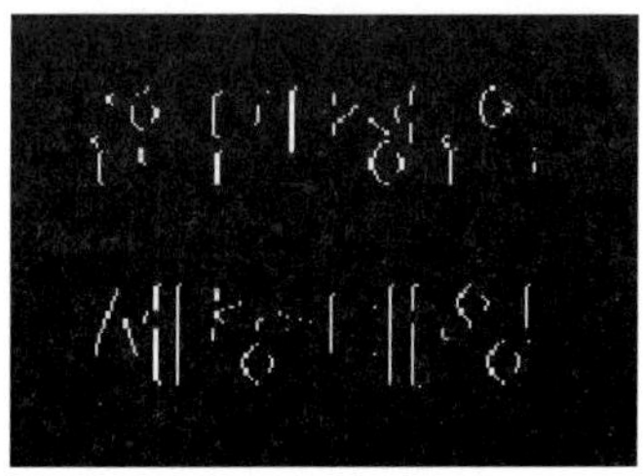

(e) 수직미분처리 결과

[그림 8-52]

$$\text{미분처리 수식}: f_x = f(i+1, j) - f(i, j): \text{가로축 방향 미분}$$
$$f_y = f(i, j+1) - f(i, j): \text{세로축 방향 미분}$$

[그림 8-53]은 수직과 수평 미분 처리한 예이다.

(a) 원래 영상 (b) 수평미분처리결과 (c) 수직미분처리결과

[그림 8-53]

(2) 에지추출 기법들

마스크를 사용한 여러 에지추출기법을 소개한다.

- Sobel
- Prewitt
- Roberts
- 2차 미분; 라플라시안(Laplacian), LoG, DoG
- Canny

[에지검출을 위한 마스크 조건]

- 마스크의 가로와 세로 크기가 같고 홀수이다.
- 마스크 모든 원소 값의 합은 0이다.
- 중심원소를 기준으로 상하 좌우 대칭구조이다.
- 중심원소값은 0을 포함한 양의 정수이며 나머지 원소는 음의 정수이다.

① Sobel 에지검출

특징: 모든 방향으로 에지를 검출하나 특히 대각선 방향 에지에 민감하다.
평균화 효과에 의해 잡음에 강인하다.

마스크: [그림 8-54]

-1	0	1
-2	0	2
-1	0	1

(a) 수평미분마스크

1	2	1
0	0	0
-1	-2	-1

(b) 수직미분마스크

[그림 8-54]

처리 결과 예: [그림 8-55]

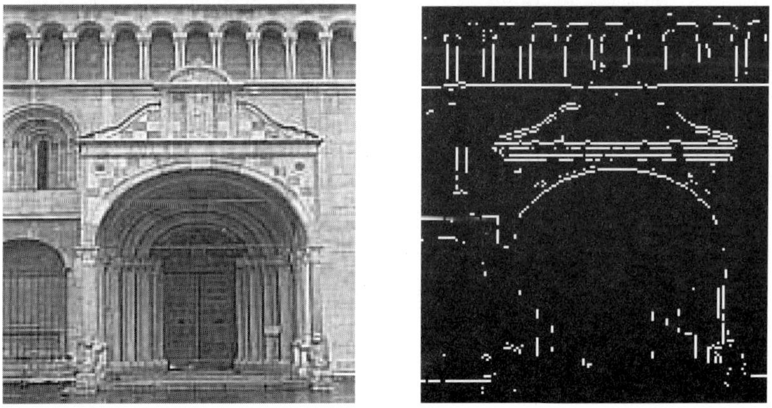

(a) 원래 영상 (b) 소벨 에지검출

[그림 8-55]

② 프레빗 (Prewitt) 에지검출

특징: 소벨기법과 유사하나 밝기의 경계에 차이가 있다.

마스크 : [그림 8-56]

-1	0	1
-1	0	1
-1	0	1

(a) 수평미분마스크

1	1	1
0	0	0
-1	-1	-1

(b) 수직미분마스크

[그림 8-56]

처리 결과 예 : [그림 8-57]

(a) 원래 영상

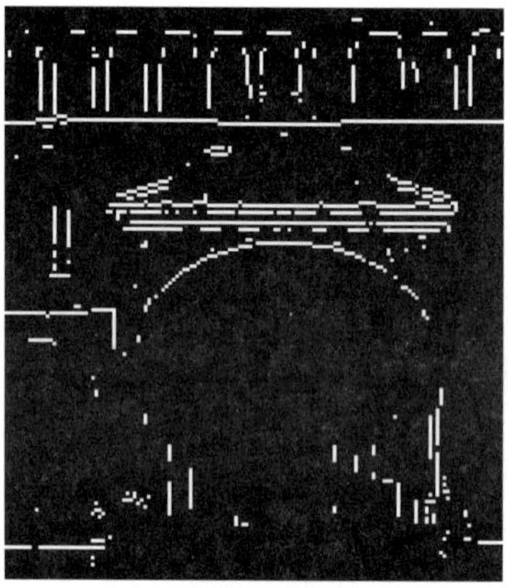

(b) 프레빗 에지검출

[그림 8-57]

③ 로버트 (Roberts) 에지검출

특징 : 마스크가 45° 기울기를 갖고 있다. 잡음에 민감하고 명확한 에지만 검출한다.

마스크 : [그림 8-58]

0	0	-1
0	1	0
0	0	0

(a) 수평미분마스크

-1	0	0
0	1	0
0	0	0

(b) 수직미분마스크

[그림 8-58]

처리 결과 예 : [그림 8-59]

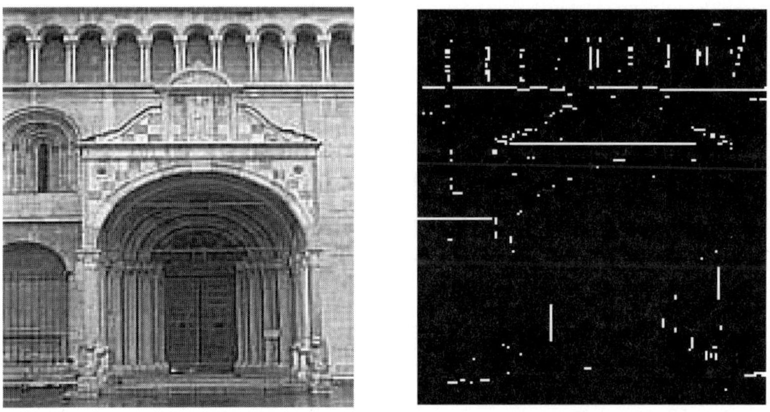

(a) 원래 영상 (b) 로버트 에지검출

[그림 8-59]

④ 2차 미분, 라플라시안 (Laplacian)

특징 : 2차 미분으로서 모든 방향의 에지를 검출한다.

마스크와 2차 미분특징 : [그림 8-60]

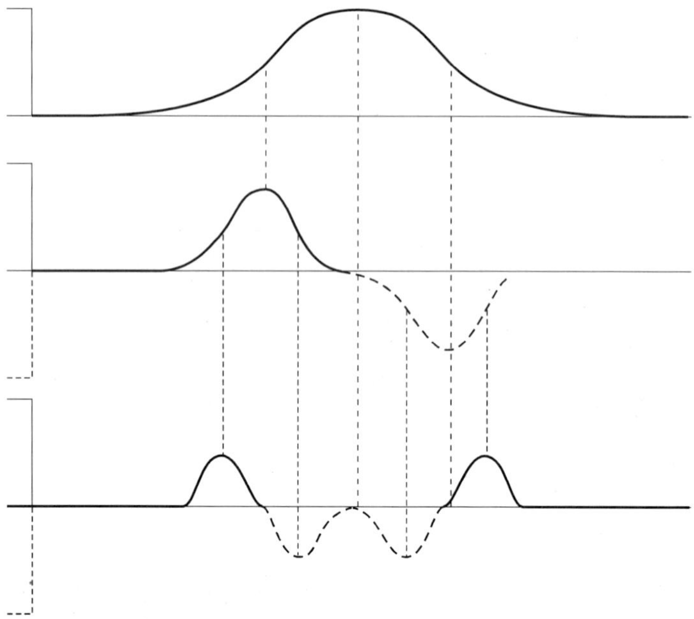

(a) 2차 미분

0	-1	0
-1	4	-1
0	-1	0

(b)

-1	-1	-1
-1	8	-1
-1	-1	-1

(c)

1	-2	1
-2	4	-2
1	-2	1

(d)

[그림 8-60]

처리 결과 예: [그림 8-61]

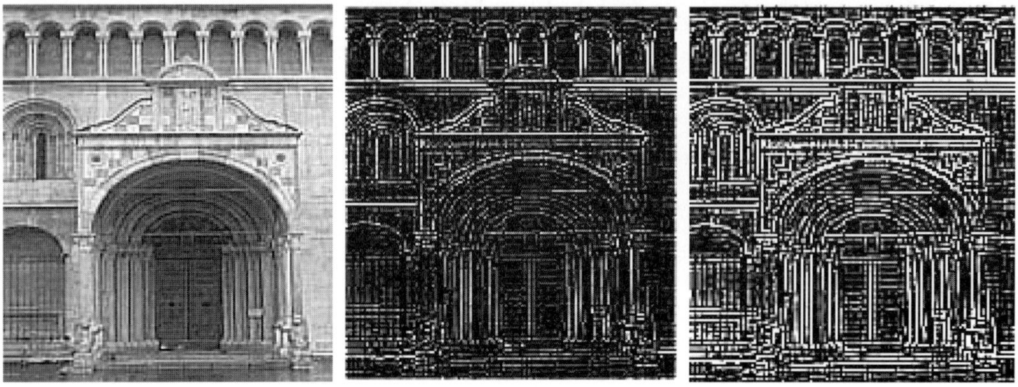

(a) 원래 영상 (b) 라플라시안 에지검출(마스크 b와 c)

[그림 8-61]

⑤ 2차 미분: LoG (Laplacian of Gaussian)
특징: 라플라시안이 잡음에 민감하다는 단점을 보완하여 먼저 가우시안으로 잡음을 완화한 후 라플라시안을 적용하는 기법이다. 라플라시안보다 잡음에 덜 민감하다.

관련수식:

$$LoG(i, j) = \left(\frac{i^2 + j^2 + 2\sigma^2}{\sigma^4}\right)\exp\left(-\frac{(i^2 + j^2)}{2\sigma^2}\right) \quad \cdots(8.18)$$

여기서 σ는 Gaussian 함수의 표준편차로서 σ에 따라 함수 형태가 달라진다[그림 8-62].

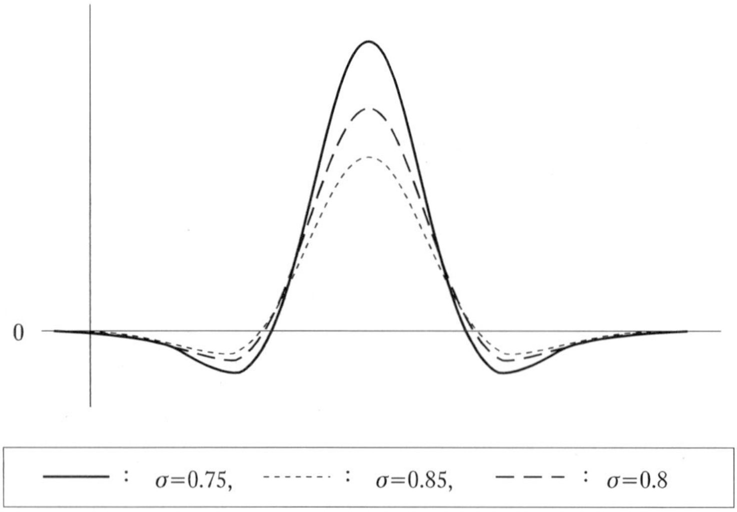

[그림 8-62]

처리 결과 예 : [그림 8-63]

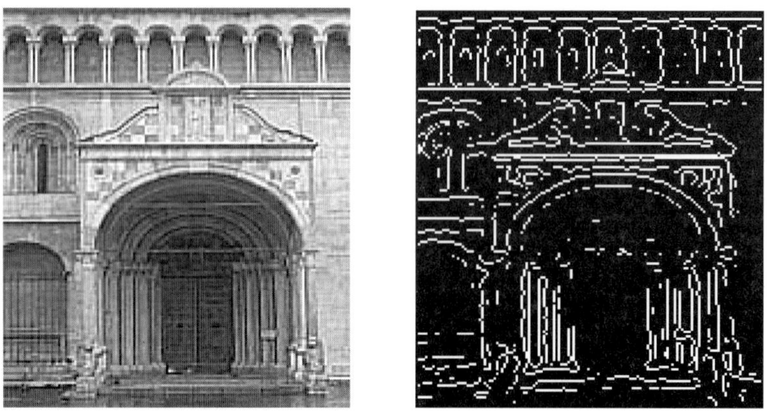

(a) 원래 영상 (b) LoG 에지검출

[그림 8-63]

⑥ 2차 미분 : DoG (Difference of Gaussian)

특징 : 서로 다른 두 개의 가우시안 마스크를 뺄셈 연산한 마스크를 사용한다. 두 개의 가우시안 마스크의 표준편차 σ_1과 σ_2를 변화시켜 에지의 넓이를 조정할 수 있다.

관련수식 :

$$DoG(i,\ j,\ \sigma_1,\ \sigma_2) = \frac{1}{\sqrt{2\pi\sigma_1}}\exp\left(-\frac{(i-j)^2}{2\sigma_1^2}\right) - \frac{1}{\sqrt{2\pi\sigma_2}}\exp\left(-\frac{(i-j)^2}{2\sigma_2^2}\right) \quad \cdots (8.19)$$

⑦ 캐니(Canny) 에지 검출

특징 : 잡음에 민감한 종래의 기법을 가우시안 흐림처리로 보완하고 실제 에지 상태의 기울기를 감안하여 에지가 아닌 부분을 제거하는 기법이다.

처리 결과 예 : [그림 8-64]

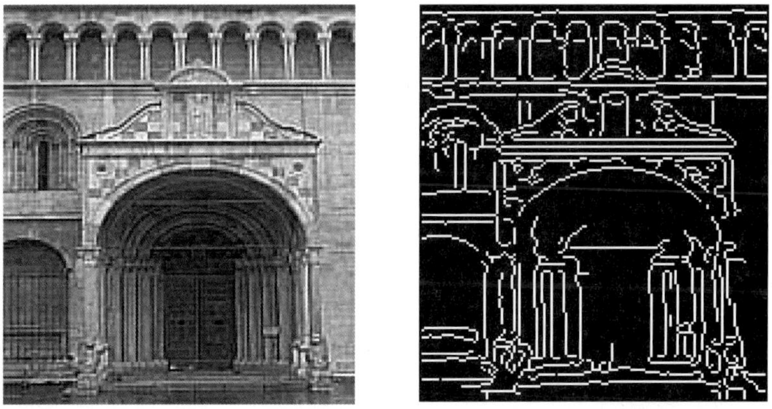

(a) 원래 영상　　(b) 캐니 에지검출

[그림 8-64]

8.6 주파수 분석

주파수 의미

영상에서의 주파수는 음성 신호의 주파수 개념과 다르다. 일곱 가지 무지개 색으로 표현되는 주파수적 의미도 아니다. 영상에서의 주파수는 영상 내에서 얼마나 많은 색도 변화가 일어나느냐를 말한다. 영상 내 데이터 값이 오직 하나의 숫자로만 표현되면 주파수는 0이다. 직류에 해당한다. 영상의 색도 변화가 클수록 주파수는 높다. 색도 변화폭이 큰 화소들이 무수히 뿌려져 있을 때 주파수는 높다. 반면에 안개 낀 것처럼 전체적으로 희미하면, 색도 변화 폭이 그리 높지 않아 저주파 성분이 많다고 말한다. 앞에서 살펴본 흐름처리(blurring)는 영상 내에 고주파 성분을 제거하고 저주파 성분만을 추출한다. 처리 후 영상은 희미하다. 그러나 샤프닝은 영상 내 저주파 성분을 억제하고 고주파 성분을 추출하여 강화하기 때문에 색도변화차이가 강조되어 영상이 선명하다. [그림 8-65]에 주파수 상태에 따른 영상의 색도변화를 보이고 있다.

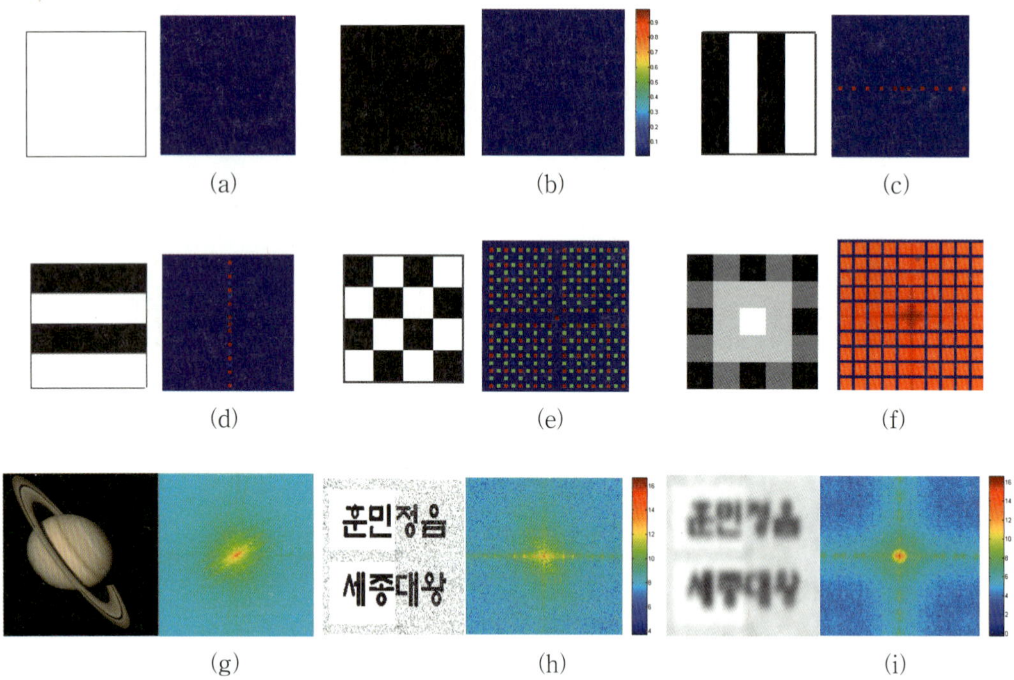

[그림 8-65]

DFT(Discrete Fourier Transform)

개요 : 일차원 신호에서도 DFT가 있듯이 이차원 신호인 영상신호도 DFT가 있다. 일차원 DFT와 접근법이 유사하다. 단지 알고리즘을 2차원으로 확대한다.

수식 : $M\times N$ 영상 $f(x, y)$의 주파수 분석

$$F(k, s) = \frac{1}{MN}\sum_{x=0}^{M-1}\sum_{y=0}^{N-1} f(x, y)e^{-j\frac{2\pi}{M}xk}e^{-j\frac{2\pi}{N}ys} \quad \cdots(8.20)$$

여기서, $x=0, 1, 2, \cdots, M-1,\ \ y=0, 1, 2, \cdots, N-1$

[참고] 역 DFT 즉 IDFT

$$f(x, y) = \sum_{k=0}^{M-1}\sum_{s=0}^{N-1} F(k, s)e^{-j\frac{2\pi}{M}xk}e^{-j\frac{2\pi}{N}ys} \quad \cdots(8.21)$$

(영상 DFT 별해)

$$G=f(x, y),\ u_{\alpha\beta} = \frac{1}{\sqrt{N}}e^{-j\frac{2\pi}{N}\alpha\beta},\ \ U=U^T,\ 0\le\alpha, \beta\le N-1$$

$$F(k, s) = UGU \quad \cdots(8.22)$$

개념 이해 예제 10

다음 영상을 DFT 하여라.

0	0	1	0
0	0	1	0
0	0	1	0
0	0	1	0

[그림 8-66]

풀이와 해설

$$f(x,\, y) = \begin{pmatrix} 0 & 0 & 1 & 0 \\ 0 & 0 & 1 & 0 \\ 0 & 0 & 1 & 0 \\ 0 & 0 & 1 & 0 \end{pmatrix} \quad x,\, y = 0,\, 1,\, 2,\, 3 \quad N = M = 4,$$

$$e^{-j\frac{2\pi}{4}} = -j$$

$f_{00} = 0,\ f_{01} = 0,\ f_{02} = 1,\ f_{03} = 0,\ f_{10} = 0,\ f_{11} = 0,\ f_{12} = 1,\ f_{13} = 0,$
$f_{20} = 0,\ f_{21} = 0,\ f_{22} = 1,\ f_{23} = 0,\ f_{30} = 0,\ f_{31} = 0,\ f_{32} = 0,\ f_{33} = 0$

$$\begin{aligned} F(k,\, s) = \ & \frac{1}{4}\{ f_{00}(-j)^{0k}(-j)^{0s} + f_{01}(-j)^{0k}(-j)^{s} + f_{02}(-j)^{0k}(-j)^{2s} \\ & + f_{03}(-j)^{0k}(-j)^{3s} + f_{10}(-j)^{k}(-j)^{0s} + f_{11}(-j)^{k}(-j)^{s} \\ & + f_{12}(-j)^{k}(-j)^{2s} + f_{13}(-j)^{k}(-j)^{3s} + f_{20}(-j)^{2k}(-j)^{0s} \\ & + f_{21}(-j)^{2k}(-j)^{s} + f_{22}(-j)^{2k}(-j)^{2s} + f_{23}(-j)^{2k}(-j)^{3s} \\ & + f_{30}(-j)^{3k}(-j)^{0s} + f_{31}(-j)^{3k}(-j)^{s} + f_{32}(-j)^{3k}(-j)^{2s} \\ & + f_{33}(-j)^{3k}(-j)^{3s} \} \\ = \ & (-j)^{2s} + (-j)^{k}(-j)^{2s} + (-j)^{2k}(-j)^{2s} + (-j)^{3k}(-j)^{2s} \end{aligned}$$

$k,\, s = 0,\, 1,\, 2,\, 3$을 대입하여 $F(k,\, s)$를 구한다.

$F(0, 0) = (1+1+1+1)/4 = 1$
$F(0, 1) = \{(-j)^2 + (-j)^2 + (-j)^2 + (-j)^2\}/4 = -1$
$F(0, 2) = \{(-j)^4 + (-j)^4 + (-j)^4 + (-j)^4\}/4 = 1$
$F(0, 3) = \{(-j)^6 + (-j)^6 + (-j)^6 + (-j)^6\}/4 = -1$
$F(1, 0) = \{(-j)^0 + (-j)(-j)^0 + (-j)^2(-j)^0 + (-j)^3(-j)^0\}/4 = 0$
$F(1, 1) = \{(-j)^2 + (-j)(-j)^2 + (-j)^2(-j)^{-2} + (-j)^3(-j)^2\}/4 = 0$

…… 이하 모두 0 ……

정리하면,

$F(k,\ 1)\ =$

1	-1	1	1
0	0	0	0
0	0	0	0
0	0	0	0

[그림 8-67]

8.7 형태론적 처리 (Morphology)

기법 : 몰폴로지로 불리는 이 기법의 수식은 학생들이 이해하기에 까다로우므로 생략하고 본 단원에서는 그림을 통해 기본 개념만을 익히도록 하겠다.

침식(Erosion) 처리

요령 : 이진 영상 데이터와 마스크를 가지고 작업한다. 마스크가 모두 영상 데이터의 검은 부분에 들어오면 마스크에 찍힌 점에 해당하는 영상 데이터 화소만 검은색으로 처리한다. 만약 마스크 화소들 모두가 검은 부분에 들어오지 않고 하나라도 밖에 있으면, 마스크의 점에 해당하는 영상 데이터 화소는 흰색으로 처리한다. [그림 8-68]을 자세히 보면서 익히기 바란다.

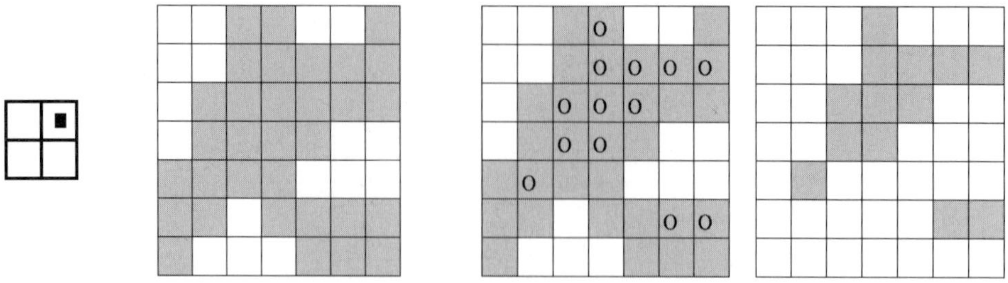

(a) 마스크 (b) 대상 영상데이터 (c) 침식처리 결과영상

과 정

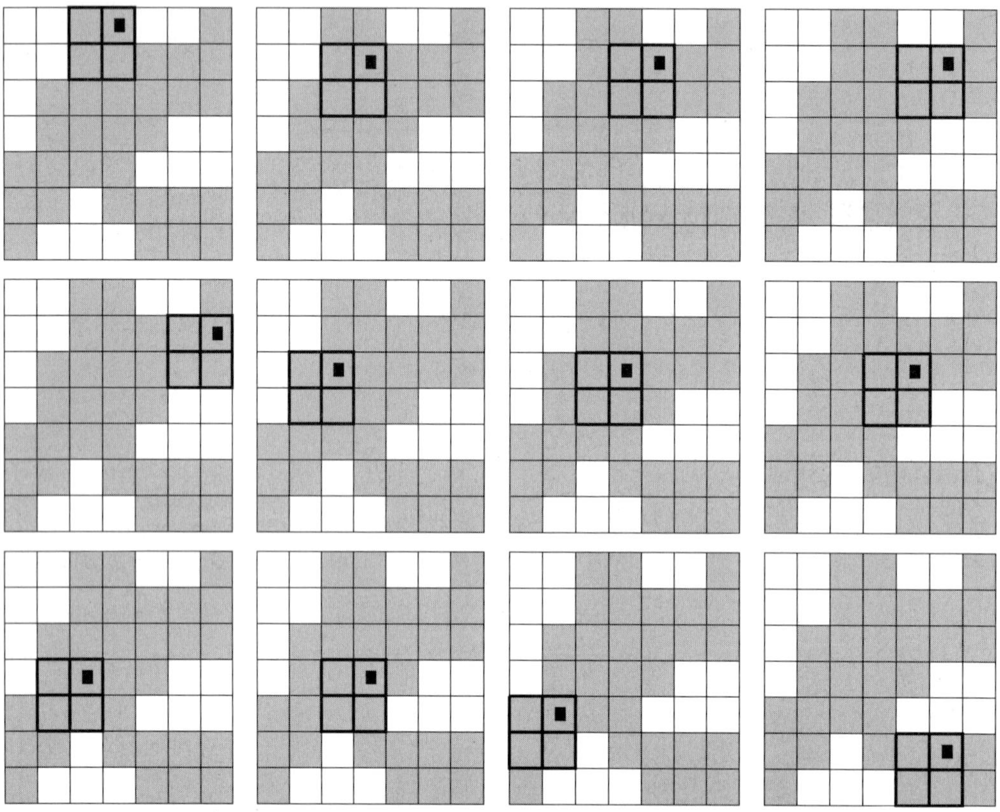

[그림 8-68]

팽창(Dilation) 처리

요령 : 침식 처리는 마스크가 영상 데이터 내에 모두 들어왔을 때 처리한 것이라면 팽창 처리는 마스크의 화소 중에 하나라도 영상 데이터에 걸리면 마스크에 찍힌 점에 해당하는 영상 데이터의 화소가 검정색으로 처리된다.

[그림 8-69]를 자세히 보기 바란다.

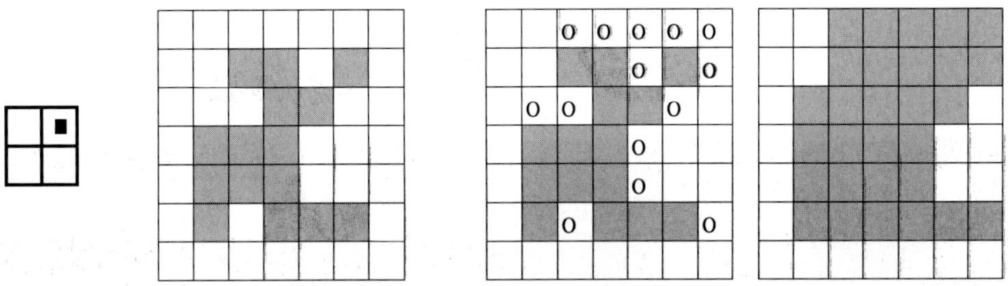

(a) 마스크 (b) 대상 영상데이터 (c) 팽창처리 결과영상

과 정

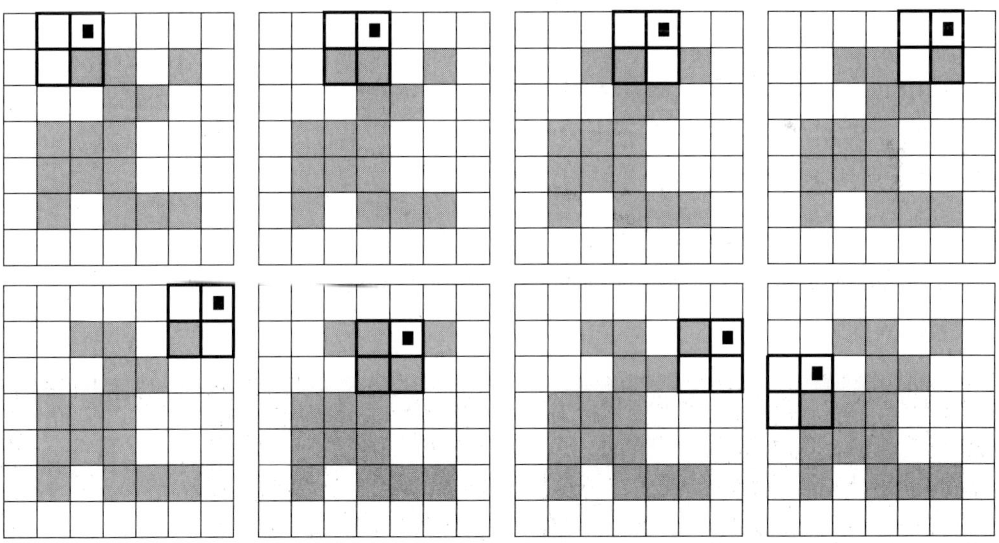

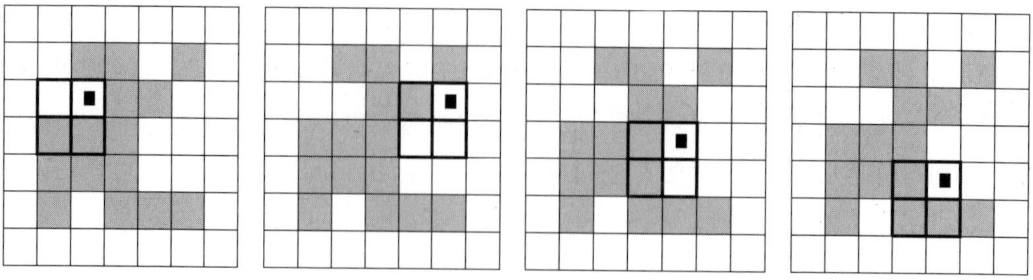

[그림 8-69]

[그림 8-70]은 침식처리와 팽창처리 예를 보이고 있다.

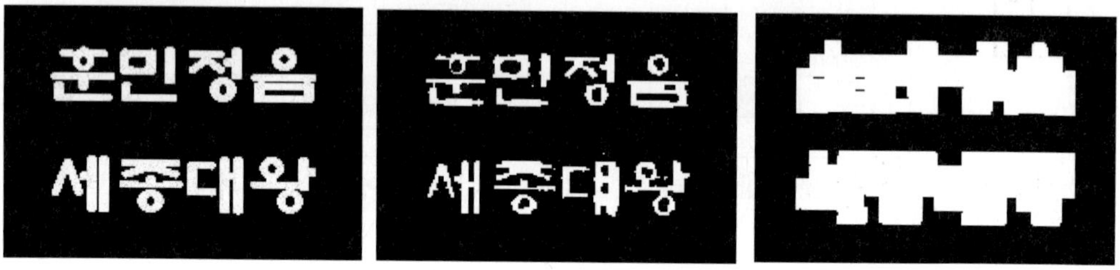

(a) 원래영상　　(b) 침식처리 결과　　(c) 팽창처리 결과

[그림 8-70]

열림(open) 처리와 닫힘(close) 처리

열림 처리 : 먼저 침식 처리 후 팽창 처리한다. 미세한 잡음을 제거한다.

닫힘 처리 : 먼저 팽창 처리 후 침식 처리한다. 영상 내 빈 공간을 메운다.

[그림 8-71]에는 open과 close 결과를 예로 보이고 있다.

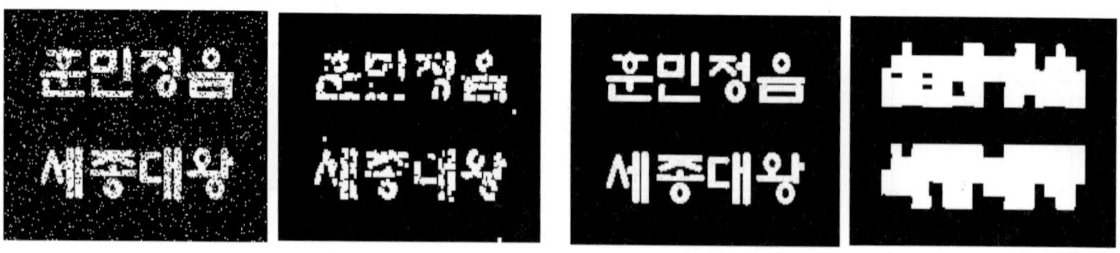

(a) Open 처리　　(b) Close 처리

[그림 8-71]

2장

1. (1) $x(n) = \delta(n+1) + 2\delta(n-1) + \delta(n-2) - \delta(n-3) - 2\delta(n-4) - \delta(n-5)$

(2)

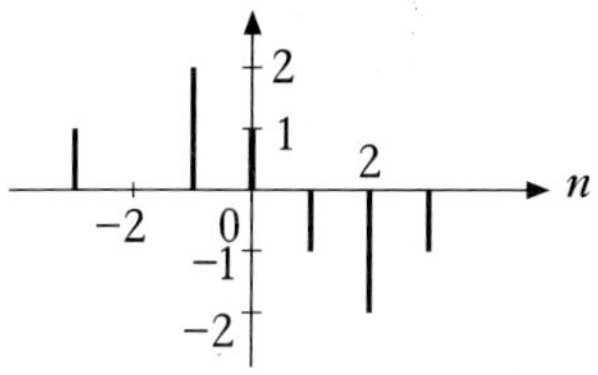

$x(n+2)$

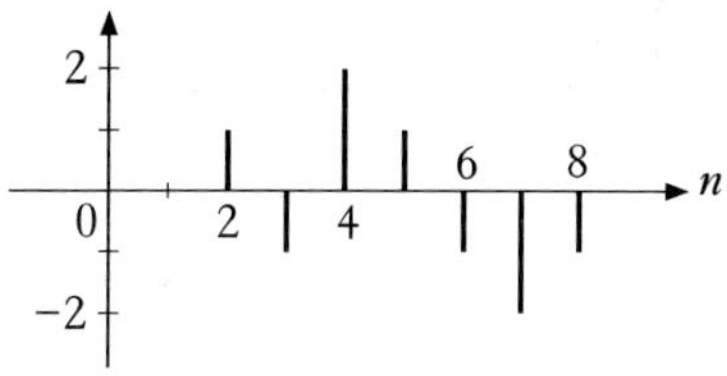

$x(n-3)$

2.

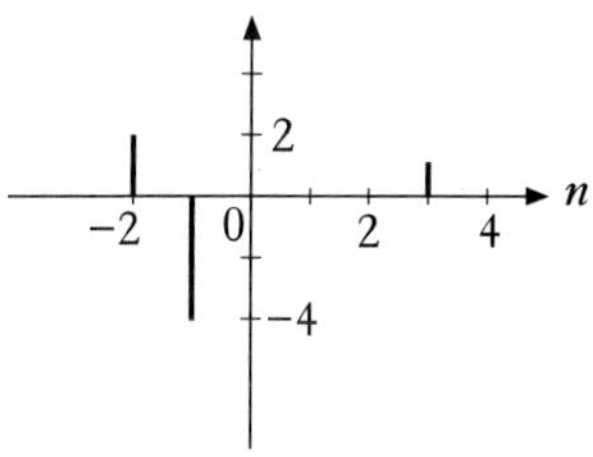

3. $x(n) = u(n-2) - u(n-6)$

4. $x(n) = \delta(n-2) + \delta(n-3) + \delta(n-4) + \delta(n-5)$

5.

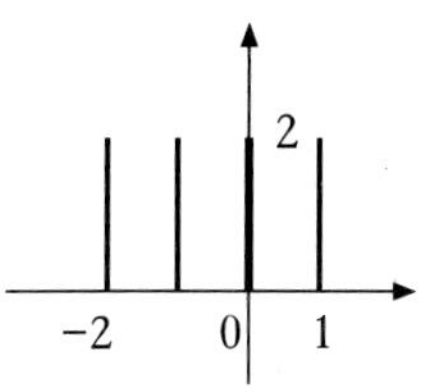

$x(n+4)$

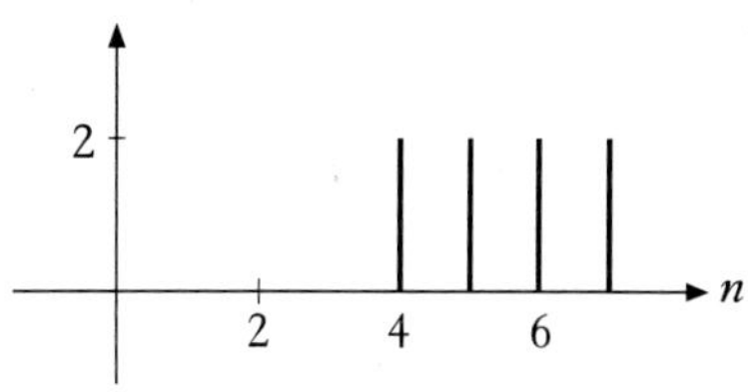

$x(n-2)$

6\. (1)

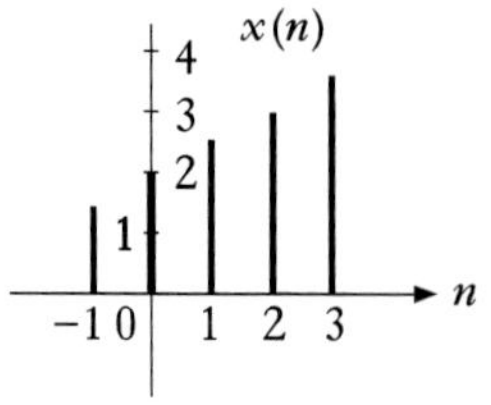

(2)

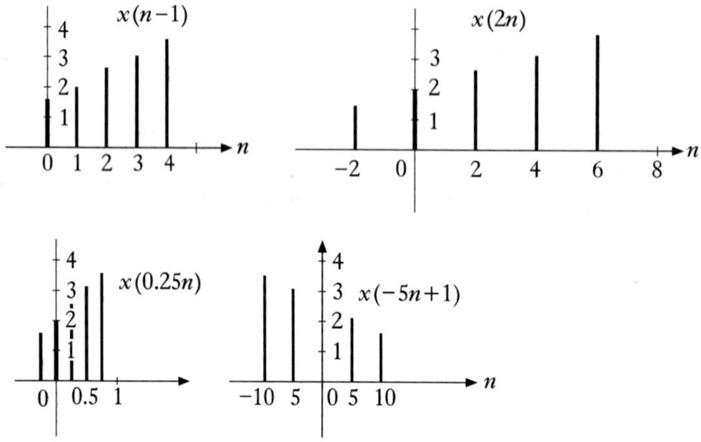

7\. (1)

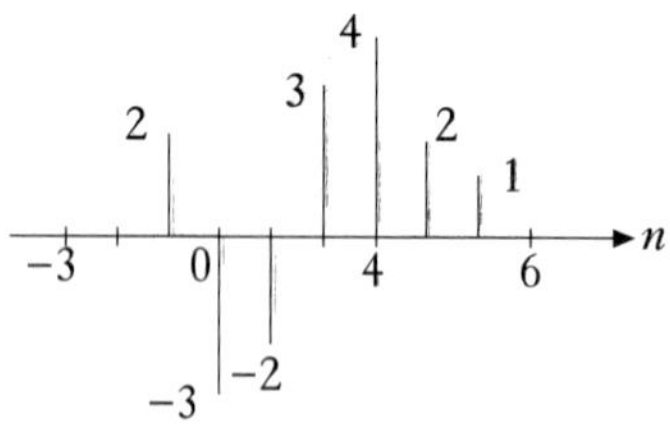

(2)

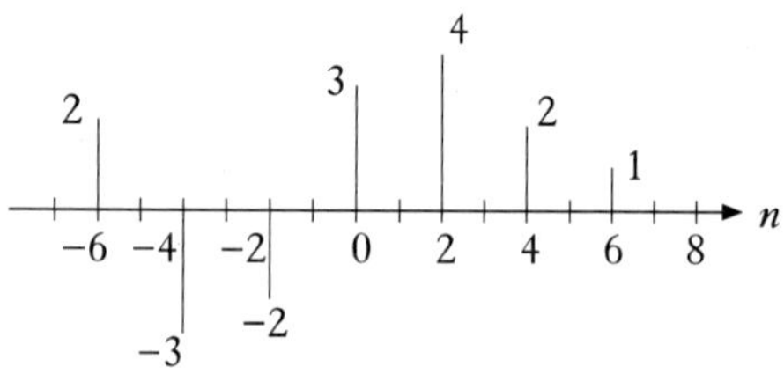

(3)

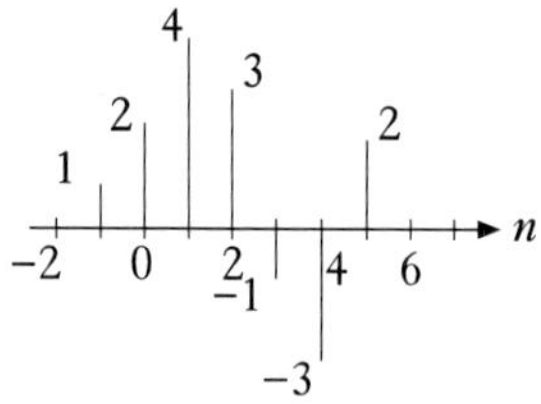

(4)

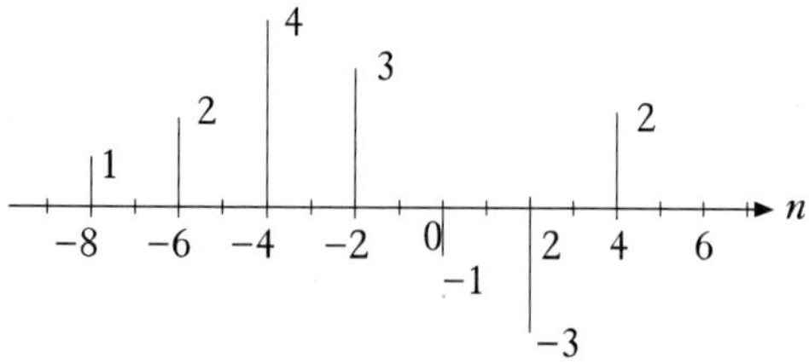

8. (1)

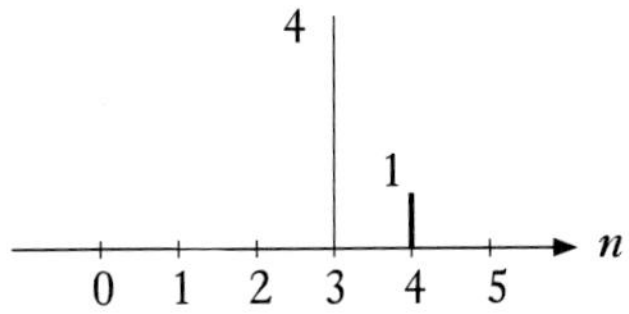

(2)

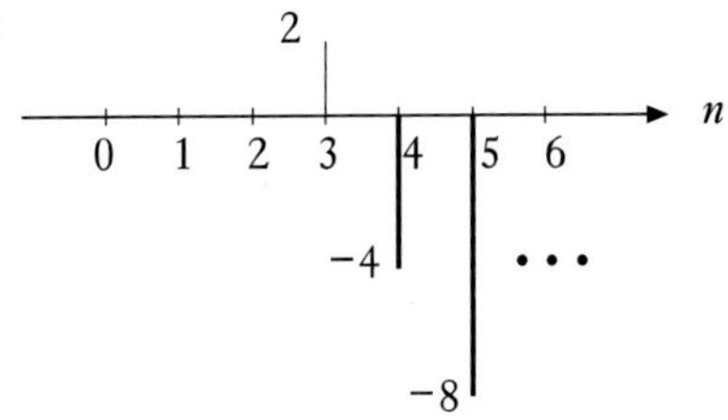

9. (1) $x(n) = \delta(n) + \delta(n-1) + \delta(n-2) + \delta(n-3) + \delta(n-4)$

(2)

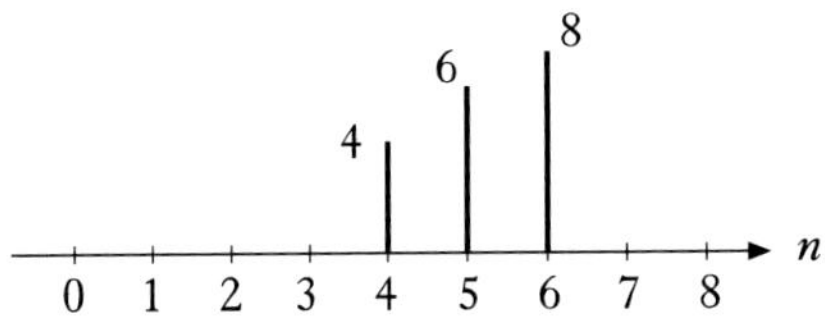

(3)

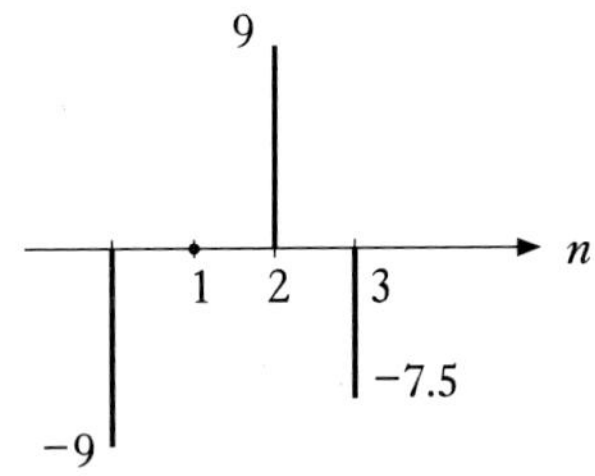

3장

1.

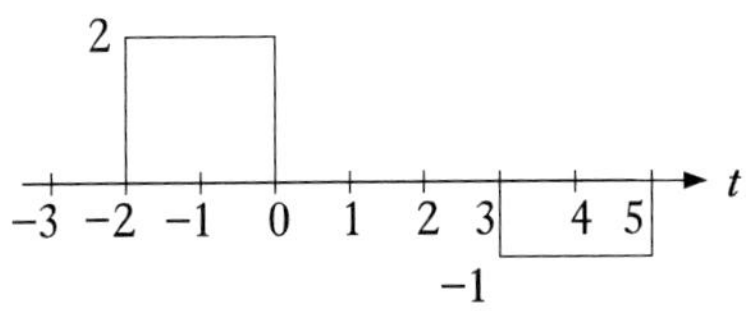

2.

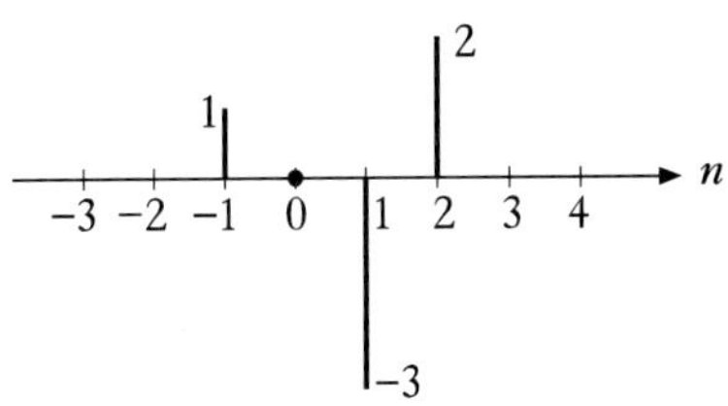

3.

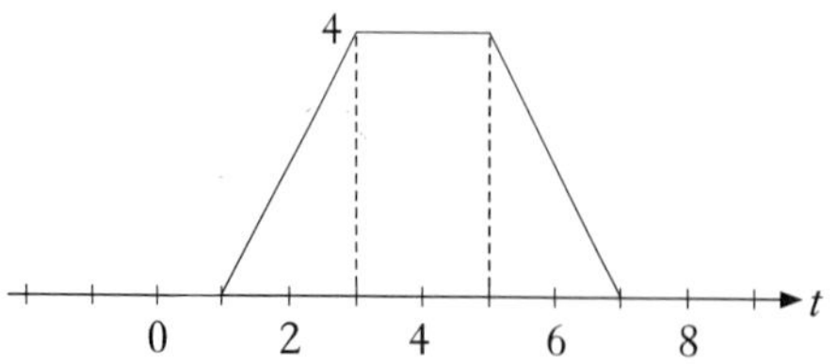

4.

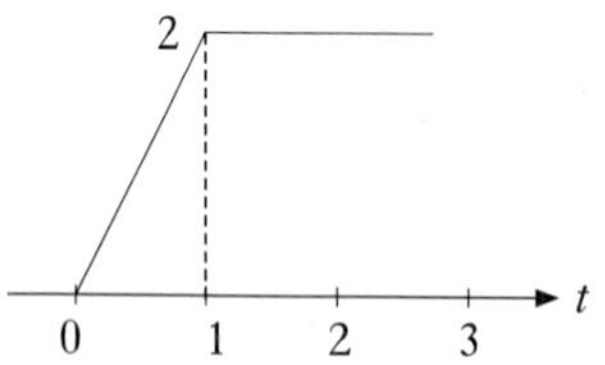

5. $x_1(t) * x_2(t) = 1 - e^{-t}$

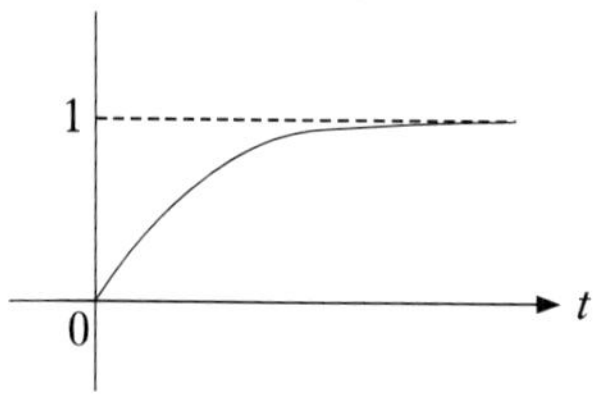

6.

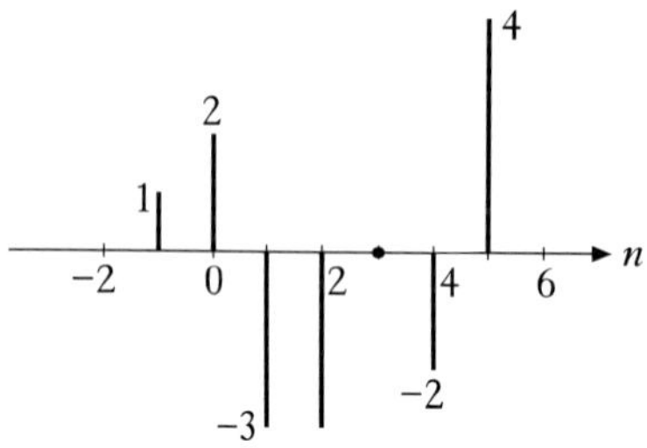

7. $y(n) + 0.5y(n-1) - y(n-3) = 10x(n) + x(n-1) - 0.5x(n-2)$

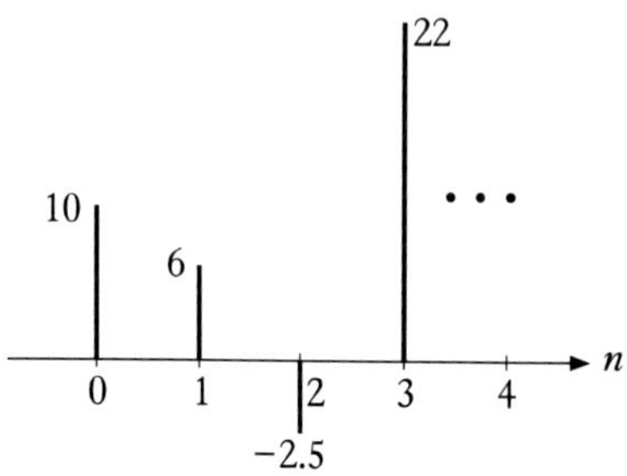

8. (1) 선형, 시불변, 비인과, 안정
(2) 선형, 시불변, 인과, 안정
(3) 선형, 시변, 비인과, 안정
(4) 선형, 시변, 비인과, 불안정

9. $y(n) = 5\delta(n) + \delta(n-1)$

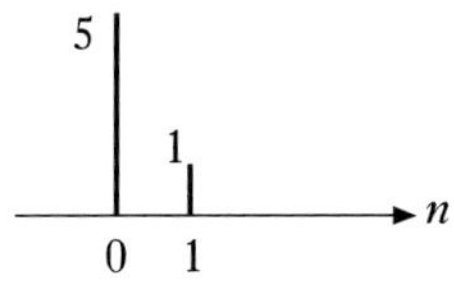

5장

1. (1) z^{-2} (2) $2z^2 - 4z + 10z^{-3}$ (3) $1 + z^{-1} + z^{-2}$ (4) $\dfrac{z^{-3}}{1 - 4z^{-1}}$

(5) $\dfrac{1}{1 - 2z^{-1}}$ (6) $\dfrac{1}{1 - (e^{-2}z^{-1})}$ (7) $\dfrac{z(z - 5\cos 2)}{z^2 - 10z\cos 2 + 25}$

(8) $\dfrac{2z\sin 4}{z^2 - 2z\cos 4 + 1} - \dfrac{4(z - \cos 3)z^{0.74}}{z^2 - 2z\cos 3 + 1}$

(9) $\dfrac{z(z-1)^6\{(2z+1)(z-1)^3 + 2z(z-1)^3 + 3(z-1)^2 z(z+1) + 9z^2 - 3\}}{(z-1)^{12}}$

$- \dfrac{6z[z(2z+1)(z-1)^3 + 3z(z^2-1)](z-1)}{(z-1)^{12}}$

2. $Y(z) = \dfrac{1 - z^{-1} + 2z^{-2}}{1 - 0.5z^{-1}}$

3. (1) $x(n) = 3\delta(n+1) - \delta(n-3) + 3\delta(n-1) - \delta(n-5)$

(2) $x(n) = 4\delta(n+3) - 4\delta(n+2) + 6\delta(n+1) - 6\delta(n) + 7\delta(n-1) + \cdots$

(3) $x(n) = \dfrac{1}{3}(-1)^n u(n) + \dfrac{1}{6}(0.5)^n u(n)$

(4) $x(n) = -0.25(z^{-1} - 2z^{-2} + 3z^{-3} + \cdots) - \dfrac{1}{16}\{(-3)^n + 1\}u(n)$

4. (1) $Y(z) = X(z) + 0.5X(z)z^{-1} + 4Y(z)z^{-1} + 8.05$

(2) $Y(z) + 10Y(z)z^{-3} = 2X(z) - 10X(z)z^{-2} - z^{-1} - 5$

5. (1) $H(z) = \dfrac{z(z-5)}{z^2 - 5z + 4}$, 영점 : 0, 5, 극점 : 1, 4

(2) 불안정

(3) $y(n) = 4\delta(n) + 4\delta(n-1) - 12\delta(n-2) - 94\delta(n-3) + \cdots$

6. (1) $H(z) = \dfrac{9.1z^{-3}}{1 - 0.3z^{-2} - 4.5z^{-4}}$

(2) $y(n) = -9.1x(n-3) + 0.3y(n-2) + 4.5y(n-4)$

(3) $y(n) = -9.1\delta(n-3) - 9.1\delta(n-5) - 7.28\delta(n-7) + \cdots$

6장

1. $W^{32} = -\dfrac{1}{2} + j\dfrac{\sqrt{3}}{2}$

3. $k = 5$

4. $x(0) = 1,\ x(1) = \dfrac{3 + \sqrt{3}j}{6},\ x(2) = \dfrac{2}{3}$

5. $x(0) = 2,\ x(1) = 2 - 2j,\ x(2) = 6,\ x(3) = 2 - 2j$

6. $x(0) = 3,\ x(1) = 1 + 2j,\ x(2) = 3,\ x(3) = 1$

7. $h(n) = 0.37\delta(n) + 0.14\delta(n-1) + 0.05\delta(n-2)$

$H(z) = 0.37 + 0.14z^{-1} + 0.05z^{-2}$

$X(z) = 1 + z^{-1} + z^{-2} + z^{-3} + z^{-4} + z^{-5} + z^{-6} + z^{-7}$

$Y(z) = 0.37 + 0.51z^{-1} + 0.56z^{-2} + \cdots + 0.56z^{-7} + 0.19z^{-8} + 0.05z^{-9}$

$N = 10,\ n = 0, 1, 2, \cdots, 9, \quad W = e^{-j\frac{2\pi}{10}}$

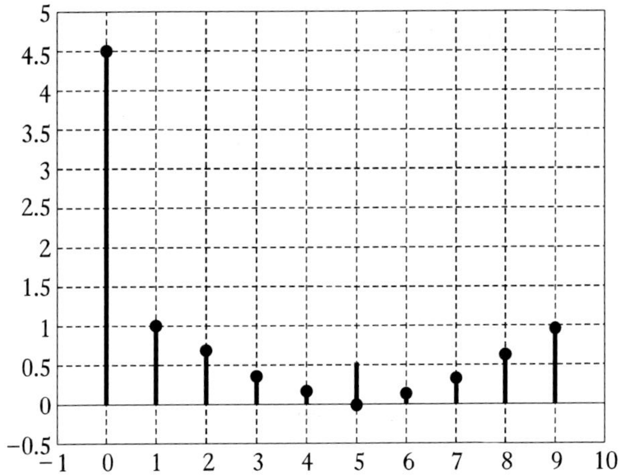

8. $X(2) = 0.3 + j1.2, \qquad X(3) = -0.4 - j0.2$

10.

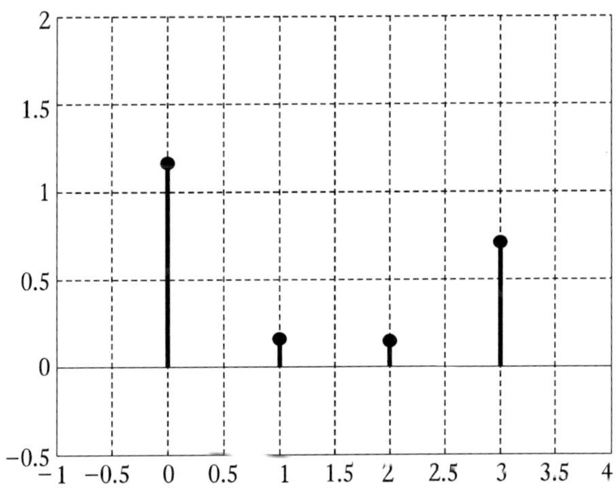

7장

1. $n = 0,\ \cdots,\ 8$에서 $y(n) = \left\{-\frac{1}{2},\ \frac{1}{2},\ 2,\ \frac{3}{2},\ -1,\ 1,\ \frac{11}{2},\ \frac{7}{2},\ \frac{1}{2}\right\}$

3. 영점 $\{2\}$, 극점 $\{0.2,\ -0.3\}$, 안정하다.

4. $|Y(k)| = \{3,\ 2,\ 0,\ 4\}$

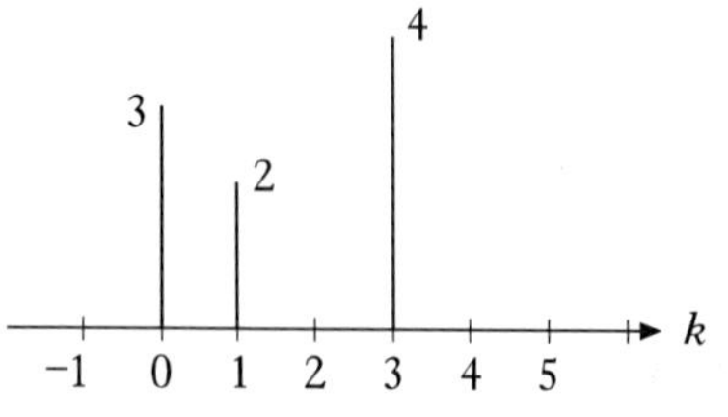

5. 전달함수

$$H(z) = 0.5 - z^{-1}$$

$$H(e^{jwT}) = G(w)\ \angle\theta(w)$$

$$G(w) = \sqrt{1.25 - \cos(wT)}$$

$$\theta(w) = \tan^{-1}\frac{\sin(wT)}{0.5 - \cos(wT)}$$

6. $h(n) = \{1,\ -2,\ 0,\ 5\}$

$n = 0,\ 1,\ 2,\ 3$

7. $$H(z) = \frac{1 - z^{-1} - 5z^{-2} + 6z^{-3}}{1 - 2z^{-1}}$$

$h(n) = \{1,\ 1,\ -3\}$, $n = 0,\ 1,\ 2$

8. 풀이과정 문제 5와 동일

9. ①

찾아보기

ㅇ

ㅈ

ㅊ

ㅋ

ㅍ

ㅎ

저자 약력

황재호 (黃載皓, Hwang Jae-ho)

1982. 2 아주대학교 전자공학과 (공학사)

1986. 2 서울대학교 대학원 전기공학과 (공학석사)

1994. 2 서울대학교 대학원 전기공학과 (공학박사)

1982 ~ 1992 전력연구원 부장대리

1992 ~ 현재 한밭대학교 전자공학과 교수

전공 및 관심 분야 : 컴퓨터비전, 영상처리, 디지털 신호처리

e-mail : hwangjh@hanbat.ac.kr

쉽게 배우는
디지털 신호처리

2007년 8월 25일 1판 1쇄 발행
2011년 3월 2일 1판 2쇄 발행

저 자 / 황재호
발행자 / 오판근
발행처 / 교우사

수 소 / 서울 동대문구 제기2동 148-19 교우빌딩 2층
전 화 / 925-2861~2, 편집부 / 925-2825
팩 스 / 925-2860

E-mail / kyowoo@kyowoo.co.kr
http://www.kyowoo.co.kr

등록 / 1994. 3. 24 제6-0256호

ISBN 978-89-8172-697-3 (93560)

값 26,000 원